国防科技大学建校70周年系列著作

# 中红外光纤气体激光技术

王泽锋　周智越　黄　威　崔宇龙　李炫熹　李智贤　著

科学出版社

北　京

## 内 容 简 介

中红外激光以位于大气传输窗口、包含大量分子吸收峰等特点引起了广泛关注,在光谱学、生物医疗、遥感、国防等领域都有着重要的应用。本书以前沿科研成果为题材,系统介绍了中红外光纤气体激光器的研究现状及产生技术。内容包括中红外激光概述、空芯光纤发展现状、中红外光纤气体激光理论、基于粒子数反转的中红外光纤气体激光(乙炔、二氧化碳、溴化氢和一氧化碳气体激光)和基于受激拉曼散射的中红外光纤气体激光(甲烷和氘气气体激光)等,共八章。全书内容丰富、层次分明,结合激光领域的新成果、新问题将中红外气体激光技术进行了透彻翔实的分析与呈现。

本书可供从事激光技术研究的科研工作者和工程技术人员参考,也可供物理学、光学、电子技术等专业的本科生与硕士、博士研究生阅读。

**图书在版编目(CIP)数据**

中红外光纤气体激光技术 / 王泽锋等著. —北京:
科学出版社,2023.12
ISBN 978-7-03-076816-2

Ⅰ.①中… Ⅱ.①王… Ⅲ.①红外激光器—气体激光器—激光技术 Ⅳ.①TN248

中国国家版本馆 CIP 数据核字(2023)第 205757 号

责任编辑:许　健 / 责任校对:谭宏宇
责任印制:黄晓鸣 / 封面设计:无极书装

**科学出版社** 出版
北京东黄城根北街 16 号
邮政编码:100717
http://www.sciencep.com

南京展望文化发展有限公司排版
广东虎彩云印刷有限公司印刷
科学出版社发行　各地新华书店经销

\*

2023 年 12 月第　一　版　开本:720×1000　1/16
2024 年 8 月第二次印刷　印张:23 1/2
字数:390 000

**定价:180.00 元**
(如有印装质量问题,我社负责调换)

# 总　序

国防科技大学从 1953 年创办的著名"哈军工"一路走来,到今年正好建校 70 周年,也是习主席亲临学校视察 10 周年。

七十载栉风沐雨,学校初心如炬、使命如磐,始终以强军兴国为己任,奋战在国防和军队现代化建设最前沿,引领我国军事高等教育和国防科技创新发展。坚持为党育人、为国育才、为军铸将,形成了"以工为主、理工军管文结合、加强基础、落实到工"的综合性学科专业体系,培养了一大批高素质新型军事人才。坚持勇攀高峰、攻坚克难、自主创新,突破了一系列关键核心技术,取得了以天河、北斗、高超、激光等为代表的一大批自主创新成果。

新时代的十年间,学校更是踔厉奋发、勇毅前行,不负党中央、中央军委和习主席的亲切关怀和殷切期盼,当好新型军事人才培养的领头骨干、高水平科技自立自强的战略力量、国防和军队现代化建设的改革先锋。

值此之年,学校以"为军向战、奋进一流"为主题,策划举办一系列具有时代特征、军校特色的学术活动。为提升学术品位、扩大学术影响,我们面向全校科技人员征集遴选了一批优秀学术著作,拟以"国防科技大学迎接建校 70 周年系列学术著作"名义出版。该系列著作成果来源于国防自主创新一线,是紧跟世界军事科技发展潮流取得的原创性、引领性成果,充分体现了学校应用引导的基础研究与基础支撑的技术创新相结合的科研学术特色,希望能为传播先进文化、推动科技创新、促进合作交流提供支撑和贡献力量。

　　在此,我代表全校师生衷心感谢社会各界人士对学校建设发展的大力支持! 期待在世界一流高等教育院校奋斗路上,有您一如既往的关心和帮助! 期待在国防和军队现代化建设征程中,与您携手同行、共赴未来!

国防科技大学校长

2023 年 6 月 26 日

# 前　言

  中红外激光位于大气传输窗口,包含了许多气体、固体、液体分子的吸收峰,在光谱学、生物医疗、遥感、光电对抗等领域具有重要的应用。固体激光、气体激光、量子级联激光、光纤激光等不同类型的激光器都可以实现中红外输出,根据自身的特点在不同场景发挥独特的优势。其中,中红外光纤激光由于具有结构紧凑、稳定性高、光束质量好、热管理方便等优势,是国内外研究的热点,被认为最有希望实现便携、稳定、高效的中红外激光输出。目前,中红外光纤激光主要基于稀土离子掺杂的软玻璃光纤实现。但是,受稀土离子种类和软玻璃光纤制备工艺、化学稳定性等因素的限制,在功率进一步提升和波长拓展方面存在技术瓶颈,输出波长主要集中在 $4\,\mu m$ 以下,并且在转换效率、输出功率、长期稳定性等方面与近红外石英光纤激光相比还具有较大差距。中红外光纤气体激光器是随着空芯光纤的发展而出现的一类新型的激光器,以空芯光纤中充入的气体为增益介质,以空芯光纤为激光传输波导,同时具有光纤激光器和气体激光器的许多优点,为中红外光纤激光波长拓展和功率提升提供了新思路。

  目前,中红外光纤气体激光的相关工作散见于国内外各种研究论文中,缺乏系统性和总体性。随着中红外激光日新月异的发展,以及各个领域对中红外激光的迫切需求,需要一本书籍系统总结中红外光纤气体激光领域的背景、原理、最新研究成果以及未来发展方向。正是在此背景下,国防科技大学王泽锋教授团队近年来在中红外光纤气体激光领域取得的研究成果基础上编撰了本书,恰逢国防科技大学建校 70 周年,谨以此书献给七十载砥砺前行的国防科技大学。

  全书内容可分为四个部分。第一部分概述中红外光纤气体激光的研究背景(第一、二章),主要回顾了中红外光纤激光、光纤气体激光和空芯光纤的发展历史；第二部分为中红外光纤气体激光的基本理论（第三章），根据工作原理分为粒子数反转和受激拉曼散射两类；第三部分介绍基于粒子数反转的中红外光纤气体激光实验研究（第四、五、六、七章），根据气体增益介质（乙炔、二氧化碳、溴化氢和一氧化碳）分类进行介绍；最后一部分介绍基于受激拉曼散射原理的中红外光纤气体激光实验研究（第八章），根据系统结构分为单级和级联两类。本书的主要内容来自作者团队发表的期刊论文和研究生学位论文。

本书的完成得到了北京工业大学王璞教授、暨南大学汪滢莹教授等专家的大力支持帮助。国防科技大学研究生裴闻喜、李昊、石婧、黄震、雷罗昊等协助完成了书稿格式整理、图表编排和校对等工作，在此一并表示感谢。

由于作者水平有限，书中难免还存在一些缺点和错误，殷切希望广大读者和专家同行批评指正。

作　者
2023 年 7 月

# 目　　录

第一章　绪论 ………………………………………………………… 1

1.1　中红外激光概述 ………………………………………………… 2

　　1.1.1　中红外波段的定义 ………………………………………… 2

　　1.1.2　中红外激光的产生 ………………………………………… 2

　　1.1.3　中红外激光的应用 ………………………………………… 5

1.2　中红外光纤激光技术发展历史与现状 ………………………… 10

　　1.2.1　基于稀土离子掺杂的中红外光纤激光 …………………… 13

　　1.2.2　基于非线性效应的中红外光纤激光 ……………………… 18

　　1.2.3　中红外光纤激光的技术难点与发展趋势 ………………… 22

1.3　光纤气体激光技术发展历史与现状 …………………………… 25

　　1.3.1　光纤气体激光器基本概念 ………………………………… 25

　　1.3.2　基于粒子数反转的光纤气体激光技术 …………………… 27

　　1.3.3　基于受激拉曼散射的光纤气体激光技术 ………………… 36

　　1.3.4　光纤气体激光技术发展趋势 ……………………………… 39

　　参考文献 ………………………………………………………… 40

第二章　空芯光纤的发展历史与现状 ……………………………… 48

2.1　空芯光纤概述 …………………………………………………… 48

　　2.1.1　空芯光纤简介 ……………………………………………… 48

　　2.1.2　空芯光纤的分类 …………………………………………… 49

2.1.3 空芯光纤的应用 ······· 49

2.2 光子带隙型空芯光纤 ······· 52

2.2.1 光子带隙型空芯光纤的历史与现状 ······· 52

2.2.2 光子带隙型空芯光纤的导光机理 ······· 55

2.3 反共振型空芯光纤 ······· 56

2.3.1 反共振型空芯光纤的历史与现状 ······· 56

2.3.2 反共振型空芯光纤的导光机理 ······· 61

2.3.3 反共振型空芯光纤的特性仿真 ······· 64

2.4 空芯光纤耦合技术 ······· 67

2.4.1 空间耦合技术 ······· 68

2.4.2 熔接耦合技术 ······· 69

2.4.3 拉锥耦合技术 ······· 73

2.4.4 端帽耦合技术 ······· 75

参考文献 ······· 85

第三章 中红外光纤气体激光理论 ······· 92

3.1 引言 ······· 92

3.2 分子特性分析 ······· 92

3.2.1 分子振动-转动能级 ······· 92

3.2.2 红外光谱 ······· 102

3.2.3 拉曼光谱 ······· 122

3.3 基于粒子数反转的光纤气体激光理论 ······· 126

3.3.1 速率方程 ······· 126

3.3.2 仿真分析 ······· 130

3.4 基于受激拉曼散射的光纤气体激光理论 ······· 146

3.4.1 耦合波方程 ······· 146

3.4.2 仿真分析 ······· 150

3.5 本章小结 ···················································· 156

参考文献 ························································· 157

第四章 中红外乙炔光纤气体激光技术 ···················· 159

4.1 引言 ························································· 159

4.2 可调谐乙炔光纤气体激光 ·································· 159

4.2.1 实验系统 ············································· 159

4.2.2 光谱特性 ············································· 166

4.2.3 功率特性 ············································· 169

4.3 高功率乙炔光纤气体激光 ·································· 173

4.3.1 实验系统 ············································· 173

4.3.2 光谱特性 ············································· 174

4.3.3 功率特性 ············································· 174

4.3.4 时域特性 ············································· 176

4.4 放大器结构乙炔光纤气体激光 ····························· 177

4.4.1 实验系统 ············································· 177

4.4.2 功率特性 ············································· 181

4.4.3 时域特性 ············································· 186

4.4.4 光束质量 ············································· 187

4.4.5 后向激光特性 ········································· 188

4.5 本章小结 ···················································· 189

参考文献 ························································· 190

第五章 中红外二氧化碳光纤气体激光技术 ················ 191

5.1 引言 ························································· 191

5.2 可调谐二氧化碳光纤气体激光 ····························· 191

5.2.1 实验系统 ············································· 191

5.2.2 光谱特性 ·················································· 194

5.2.3 功率特性 ·················································· 198

5.2.4 光束质量 ·················································· 203

5.3 高功率二氧化碳光纤气体激光 ·································· 204

5.3.1 实验系统 ·················································· 204

5.3.2 光谱特性 ·················································· 206

5.3.3 功率特性 ·················································· 210

5.3.4 线宽特性 ·················································· 224

5.3.5 光束质量 ·················································· 227

5.4 放大器结构二氧化碳光纤气体激光 ·························· 228

5.4.1 实验系统 ·················································· 228

5.4.2 光谱特性 ·················································· 230

5.4.3 功率特性 ·················································· 231

5.4.4 自吸收效应 ················································ 234

5.5 本章小结 ····················································· 242

参考文献 ·························································· 242

第六章 中红外溴化氢光纤气体激光技术 ·························· 244

6.1 引言 ··························································· 244

6.2 连续溴化氢光纤气体激光 ······································ 244

6.2.1 实验系统 ·················································· 245

6.2.2 光谱特性 ·················································· 257

6.2.3 功率特性 ·················································· 262

6.2.4 线宽特性 ·················································· 266

6.2.5 光束质量 ·················································· 267

6.3 脉冲溴化氢光纤气体激光 ······································ 272

6.3.1 实验系统 ·················································· 272

　　　　6.3.2　光谱特性 ･･････････････････････････････ 280

　　　　6.3.3　功率特性 ･･････････････････････････････ 282

　　　　6.3.4　时域特性 ･･････････････････････････････ 286

　　　　6.3.5　频域特性 ･･････････････････････････････ 288

　　　　6.3.6　光束质量 ･･････････････････････････････ 289

　　6.4　高功率溴化氢光纤气体激光 ･･････････････････････ 290

　　　　6.4.1　实验系统 ･･････････････････････････････ 291

　　　　6.4.2　光谱特性 ･･････････････････････････････ 300

　　　　6.4.3　功率特性 ･･････････････････････････････ 301

　　　　6.4.4　光束质量 ･･････････････････････････････ 308

　　6.5　本章小结 ･･････････････････････････････････ 309

　　参考文献 ･･････････････････････････････････････ 309

第七章　中红外一氧化碳光纤气体激光技术 ･･･････････････ 312

　　7.1　引言 ･･････････････････････････････････････ 312

　　7.2　2.3 μm 波段光纤激光研究进展 ･･････････････････ 312

　　　　7.2.1　基于稀土离子($Tm^{3+}$)掺杂 ･･･････････････ 314

　　　　7.2.2　基于受激拉曼散射 ･･････････････････････ 318

　　7.3　窄线宽 2.3 μm 波段光纤激光 ･･････････････････ 322

　　　　7.3.1　实验系统 ･･････････････････････････････ 322

　　　　7.3.2　实验结果与分析 ･･････････････････････ 324

　　7.4　一氧化碳光纤气体激光 ･･････････････････････ 328

　　　　7.4.1　一氧化碳气体激光器实验系统 ･･････････････ 329

　　　　7.4.2　实验结果与分析 ･･････････････････････ 330

　　7.5　本章小结 ･･････････････････････････････････ 333

　　参考文献 ･･････････････････････････････････････ 333

**第八章　中红外光纤气体拉曼激光技术** ······················· 337

　8.1　引言 ·················································· 337

　8.2　单级结构中红外光纤气体拉曼激光 ····················· 338

　　　8.2.1　实验系统 ······································ 338

　　　8.2.2　甲烷实验结果 ·································· 340

　　　8.2.3　氘气实验结果 ·································· 343

　8.3　级联结构中红外光纤气体拉曼激光 ····················· 348

　　　8.3.1　实验系统 ······································ 348

　　　8.3.2　甲烷-甲烷级联拉曼实验结果 ···················· 350

　　　8.3.3　氘气-甲烷级联拉曼实验结果 ···················· 353

　8.4　本章小结 ············································· 360

　参考文献 ················································· 360

# 第一章　绪　　论

自 1960 年美国休斯实验室的 T. H. Maiman 成功研制出波长 694.3 nm 的红宝石激光器以来[1],激光技术由实际需求和不断深入的理论研究推动,六十余年来在技术和应用方面迅猛发展,并与大量学科结合形成多个应用领域,如激光制造技术、激光化学、量子光学、激光雷达、激光制导、激光武器、非线性光学、超快激光学、激光医疗与光子生物学、激光检测与计量技术、激光全息技术、激光光谱分析技术、激光同位素分离、激光可控核聚变等。激光技术是 20 世纪最具革命性的科技成果之一。

根据工作物质的不同,气体、固体、半导体和光纤激光器各自具有优势,可在不同的应用场景发挥独特的作用。随着激光增益介质的不断增加优化和泵浦技术的发展,发射的激光波长逐渐覆盖了紫外到中红外各个波段。其中,中红外激光以位于大气传输窗口、水吸收比较强烈、包含大量的分子吸收峰等特点引起了广泛关注,在光谱学、生物医疗、遥感、国防等许多领域都有着重要的应用前景。而中红外光纤激光更是具有光束质量好、转换效率高、系统结构简单紧凑、便于盘绕、热管理方便等优势,是国内外研究的热点。

光纤激光的增益介质主要是含有掺杂稀土离子的不同基质材料光纤,常见的稀土离子有镱($Yb^{3+}$)、铒($Er^{3+}$)、铥($Tm^{3+}$)、钬($Ho^{3+}$)、镝($Dy^{3+}$)等,常见的光纤基质材料有硅酸盐玻璃(石英)、氟化物玻璃和硫系玻璃。二者结合,可以实现大范围波长的输出,其中基于硅酸盐玻璃的光纤具有性能稳定、损耗低、强度好、制备技术成熟等优点,被大量应用于近红外波段光纤激光器。但是,硅酸盐玻璃的缺点在于声子能量高达 1 100 $cm^{-1}$ 左右,对于波长大于 2.2 μm 的光有很强的吸收,导致光纤传输损耗急剧增加。氟化物玻璃和硫系玻璃等"软玻璃"材料声子能量较低,对应光纤传输带范围更宽,比硅酸盐玻璃在中红外波段更有优势,但目前制备工艺还不成熟,并受限于稀土离子的种类较少,报道的中红外输出波长都集中在 4 μm 以下,而且存在材料昂贵、强度差、化学稳定性差、易于潮解、高功率输出不耐受等亟待解决的问题,离实际应用需求还有较大差距。

基于空芯光纤(hollow-core fibers，HCF)的气体激光器是近年来出现的新型激光器,结合了光纤激光器和气体激光器的优势。通过设计在泵浦波段和激光波段具有低传输损耗的 HCF,并充入合适的气体增益介质,能够有效实现中红外波段的激光输出,为中红外激光波长拓展和功率提升提供了新思路。

## 1.1 中红外激光概述

### 1.1.1 中红外波段的定义

空间传播的交变电场为电磁波,依照波长的不同,电磁波谱可大致分为无线电波(波长 $1 \sim 10^5$ m)、微波(波长 $10^{-3} \sim 1$ m)、红外线(波长 $0.76 \sim 10^3$ μm)、可见光(波长 $390 \sim 760$ nm)、紫外线(波长 $10 \sim 390$ nm)、X 射线(波长 $10^{-2} \sim 10$ nm)、伽马射线(波长 $10^{-5} \sim 10^{-2}$ nm)。中红外波段是指处于红外线波长范围内的某一波段,由于应用需求存在差异,不同领域对中红外波长范围有着不同的定义。国际照明协会把中红外定义为 $3 \sim 1\,000$ μm 波段,军事上则一般限定 $3 \sim 5$ μm 为中红外、$5 \sim 10$ μm 为远红外,天文学意义上中红外为 $5 \sim 40$ μm。在激光技术领域中,学术期刊 *Optics Express* 2020 年的特辑 MLT(mid-infrared, long-wave infrared, and terahertz photonics)将中红外范围宽松地定义为 $2 \sim 50$ μm[2],地球科学词典(www.encyclopedia.com)则将中红外波段定义为从 $8 \sim 14$ μm,尽管该波段被其他研究人员命名为长波红外(long-wavelength infrared, LWIR)[2],国际标准化组织(International Organization for Standardization, ISO)则把 $3$ μm 当作中红外波段的短波边界。中红外光纤激光领域的知名专家 S. D. Jackson 为了与大量研究中红外激光或探测器的论文作者一致,并考虑到光纤激光的特点,认为对于小于 $2.5$ μm 的波长,硅酸盐玻璃是光纤基质中的主要材料,所以将中红外定义扩展到 $2.5$ μm,这样可以区分光纤基质材料硅酸盐玻璃和用于中红外波段的各种软玻璃[3]。这样的划分在光纤激光领域十分合适,因此本书也采用此观点,主要介绍波长介于 $2.5 \sim 5$ μm 的中红外激光。

### 1.1.2 中红外激光的产生

目前,产生中红外激光的技术方案主要有掺杂离子直接发射、非线性频率转换、半导体激光、量子级联激光、气体激光、自由电子激光和随机激光等。本节根据工作原理对中红外激光的产生进行简要介绍。

1. 掺杂离子直接发射

掺杂离子直接发射通过离子间的能级跃迁来发射中红外波段光子。优异的激活离子具有下述三个特性：① 具有独特的电荷状态和自由离子结构,即有能级结构,有亚稳态。② 激发离子应具有一定的发射截面。根据离子的发射谱可知,发射截面是反比于发射线宽的,即谱线越尖锐,发射截面越大,激光阈值越小。当然在要求具有大能量存储能力的被动调 Q 激光器和要求具有宽荧光线的超快锁模激光器中还应对激活离子的特性进行适当取舍。此外,激活离子应具有强的吸收带宽以便提高泵浦效率。③ 高的荧光量子效率对于获得高效激光来说是不可缺少的。

综合上述特点,常用的固态激光激活离子主要有稀土离子和过渡金属离子两种。可以直接发射中红外激光的稀土离子主要包括 $Er^{3+}$、$Tm^{3+}$、$Ho^{3+}$、$Pr^{3+}$ 及 $Dy^{3+}$；过渡金属离子目前研究较多的主要是 $Cr^{2+}$、$Fe^{2+}$、$Ni^{2+}$ 及 $Co^{2+}$。稀土掺杂的基质既可以是晶体、陶瓷,也可以是光纤材料,这就扩大了稀土离子的应用范围。尤其是稀土离子掺杂的光纤激光器发展迅猛,已经占据激光市场的主导地位。一般来讲,稀土离子的能级丰富,同一种离子具有多个发射峰,这也为实现多波长激光运转提供了便利条件。对于中红外激光乃至整个激光行业来说,稀土离子直接产生的激光一直以来占有绝对的主导地位。对于发射中红外波长的 $Cr^{2+}$、$Fe^{2+}$ 两种过渡金属离子来说,基质一般是半导体材料,只存在两个能级,因此不存在激发态吸收效应和上能级转换效应,发射激光过程中产生的热相对较少。另外,由于离子约束带作用,使晶格的热振动比较强烈,或者说电子与声子有很强的相互耦合,最终导致很宽的吸收谱线和增益谱线。因此,这类激活材料常用于可调谐激光器和超快激光器。

2. 非线性频率转换技术

虽然离子直接发射技术有很多优点,但是受限于材料本身的特性,只能获得某些特定波段的激光输出,这就限制了它的实际应用范围。利用非线性激光技术可以将离子直接发射产生的激光进行频移,从而有效地扩展激光波段。常用来产生中红外激光的非线性激光技术包括二阶的和频、差频、光参量振荡,以及三阶的受激拉曼散射技术等。例如,$CO_2$激光器的倍频,利用光参量振荡技术来产生中红外波段可调谐激光输出等。对于非线性频率转换技术而言,一般要求基频光具有较高的峰值功率,非线性频率转换特性主要是由非线性材料决定的,对于非线性光学材料一般要求：① 具有大的非线性极化率,即非线性系数,因为大的非线性系数对激光功率的要求会相对低一些,从而满足一些低功率激光波长的频率转换。② 良好的光学特性,包括良好的光学均匀性、宽的透光范围、易于实现相位匹配等。③ 较高的抗损伤阈值,因为非线性过程一般要求高功率激光,所以材料本身的抗击打能力是非常重要的。④ 容易获得非线性材料,生产成本低。在中红外激光领域使用较多的二阶非线性材料主要是不具有中心对称性的晶体以及超晶格材料,三阶非线性材料有气体材料、液体材料以及固态的晶体和光纤。

3. 其他中红外产生技术

半导体激光器具有体积小、寿命高、易于集成、能够高速调制等优点,在很多方面也有着重要的应用。传统基于 pn 结的半导体激光器主要是靠导带中的电子和价带中的空穴的复合产生辐射,通过进一步反馈形成激光。由于导带和价带较宽,因此发射光谱一般比其他方式产生的激光光谱宽得多。中红外波段的传统半导体激光器一般需要工作在低温状态,而且工作阈值很高,效率较低。量子阱技术的出现为传统半导体激光器的研究开辟了新天地。量子阱结构使得能带中的能态量子化,能够通过合理设计量子阱结构改变输出波长,不再受限于材料本身的带隙宽度,而且提高了态密度,降低了阈值,并使得Ⅲ~Ⅴ族大带隙材料可以用来产生中红外波段的激光。量子级联技术的出现进一步提高了量子效率和输出功率,并拓展了输出波长范围。

自由电子激光器是激光器发展中非常重要的一个发现,其发射光谱可以覆盖从微波到 X 射线的广阔范围。自由电子是指通过加速器加速到接近于光速的相对论电子。相对论电子在通过极性周期性反转的磁场区域时,在粒子前进的方向上产生自发辐射,通过加入反馈就可以产生激光。通过控制入射自由电子的能量,在很宽的范围内对输出波长进行连续调谐,覆盖很多其他技术无法达到的波长范围。而且由于工作物质是电子,不会被大功率激光损坏,所以可以获得很高的功率。但是它的缺点也很明显,需要真空环境和体积巨大、价格昂贵的粒子加速装置。

中红外气体激光器也是中红外激光器发展历程中的一个重要组成部分。中红外波段的气体激光器主要通过化学能泵浦,所以被称为化学激光器。中红外化学激光器通过化学反应将化学能释放出来,通过气体分子的能级跃迁产生中红外激光辐射。化学激光器往往能够产生高功率的激光输出,但也有着工作介质有毒、不利于运输和存储等缺点。

除以上几种技术外,色心激光器因为具有非常宽的调谐范围($0.6 \sim 3.65 \ \mu m$),也可以作为一种产生中红外波长的手段,遗憾的是目前该类激光器大多数只能在低温下工作。

　　总而言之,作为应用广泛的激光波段,中红外激光的产生技术越来越多样化和高效化。

### 1.1.3　中红外激光的应用

　　中红外波段激光由于位于大气吸收窗口、热辐射能量集中和包含大量的分子吸收峰等特性引起了广泛关注,在诸多领域都有重要的应用场景,相信随着更多稳定可靠、经济有效的高性能中红外激光光源的出现,中红外波段激光将会有更广泛的应用。

　　1. 微量气体检测

　　众所周知,许多有机和无机气体分子在中红外波段较近红外和可见光波段具有更强的吸收峰[4],图 1.1 展示了部分气体分子在 $3 \sim 5 \ \mu m$ 中红外波段的吸收强度[5],其中灰色实线背景是水汽吸收。由于气体分子振转能级特性,中红外波段吸收谱线十分密集,并且特定的吸收波长反映的是特定的气体分子特征,所以这些谱线也是鉴别诸多气体分子的"分子指纹"。根据此特点,中红外激光光源在微量气体检测中有着广泛的应用价值,可以对大气污染物、有毒气体、温室气体进行有效探测。具体来说,甲烷和乙烷作为常见的温室气体,除了在环境监测中受到关注,在石油开采、天然气管道铺设时也非常受重视,这两种气体可

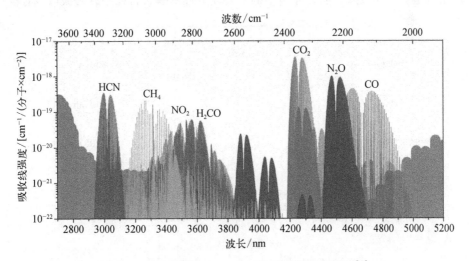

图 1.1　部分气体在 $3 \sim 5 \ \mu m$ 中红外波段吸收谱线[5]

以通过中红外光源同时在线监测,避免潜在的危险,高性能的中红外光源甚至可以达到百亿分之一颗粒数的监测灵敏度[6]。2020 年香港理工大学靳伟研究组借助 HCF 提出了一种基于光纤模式相位差探测的新型激光光热光谱学气体测量技术,对乙炔气体浓度的探测下限达到了惊人的万亿分之一量级[7],且三小时内不稳定性小于 1%,将来如果实现传输范围更广的 HCF,能覆盖更多重要待检测气体的吸收线,这种方式将可以通过单个传感元件实现多组分气体检测,并为医疗、环境和工业应用的超精密气体传感铺平道路,该成果入选了 2020 年度中国光学十大进展(应用研究类)。此外,中红外光源可对大气环境中的水汽和二氧化碳等进行监测,通过精确调节中红外光源的波长,可有效分辨同一气体的不同同位素。

2. 生物医疗

中红外波段激光作为非接触式的"手术刀"已经广泛应用于各类外科手术中,其非接触的特点具有避免交叉感染、产生创口小的优势。人体组织中含有大量的水分,水分在 3 μm 和 6.5 μm 中红外波段附近有两个明显的吸收峰,如图 1.2 所示[8],水分对 3 μm 波段中红外激光吸收是 1 μm 波段的 1 万倍[9]。可以利用此特性对水分含量较多的组织(如皮肤、角膜、脑组织等)通过中红外激光进行精确地切割,使目标组织迅速升温和汽化,而对周围邻近组织穿透深度浅,造成的热损伤和机械损伤较小,具有创口小、止血迅速、愈合快等特点。当 3 μm 波段中红外激光作用在皮肤上时,能量被组织吸收,浅层皮肤迅速汽化分离和精密脱落[10]。此外,骨骼和牙齿中的主要成分羟基磷灰石在中红外波段也有很

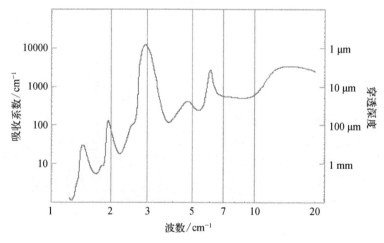

图 1.2　水分子吸收谱线[8]

强的吸收,根据切割的人体组织不同,各个波段的中红外光源在眼科、牙科、皮肤外科和脑组织等各类外科手术中发挥着巨大的作用。

　　3. 大气通信

　　光波在大气传输时会被各种气体分子和气溶胶粒子反射、吸收和散射,引起传输能量的不断衰减,只有某些特定波段的光波才能以较大的透过率通过大气,如图 1.3 中间位置所示[11],这些透过率高的波段称为大气窗口。

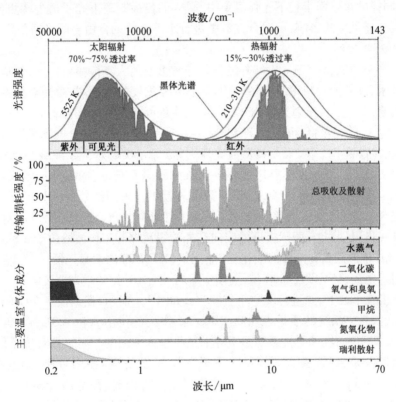

**图 1.3　大气传输窗口、主要温室气体单独吸收光谱及瑞利散射[11]**

　　图 1.3 下方是大气中常见温室气体的吸收光谱及瑞利散射,与图 1.2 是一致的,图 1.3 上方是大气窗口对太阳辐射和上行热辐射的影响。可见大气窗口主要位于 0.7~2.5 μm、3~5 μm、8~14 μm 这几个波段,且相较于微波通信,自由空间激光的通信技术具有保密性强、方向性好、通信容量大、抗电磁干扰能力强、无须铺设光缆或电缆等优势[12]。目前空间激光通信普遍采用的传输波段

在 0.8~1.55 μm,其在天气良好的环境下有较好的光通信能力,但是在霾、雾、雨、雪等恶劣天气环境下,由于大气散射会使激光衰减加强、大气湍流使激光束发生弯曲畸变,导致通信不稳定甚至链路失联。而大气的散射效应对较长激光波长的影响会更小,所以 3~5 μm 中红外波段的大气传输窗口在相对恶劣的条件下具有良好的透过率,大气湍流的影响也能有所改善,在有效通信距离和稳定性方面会更具有优势[13]。通过数值模拟表明中红外波段相对于 1.55 μm 波长,在同样的接收面半径下光强更集中,同样的传播距离下光子透过率更高,不易受大气能见度的影响,更适合在雾中进行水平链路的自由空间光通信[13]。

4. 光电对抗

在国防领域,3~5 μm 中红外波段是非常重要的大气传输窗口,广泛应用于空间技术、红外搜索与跟踪、遥感等军事上十分重要的领域,是激光对抗系统的重要组成部分[14]。发射光谱为 3~5 μm 的中红外激光器在光电对抗方面也有着重要的应用,是集预警、跟踪、瞄准和干扰、压制、致盲功能于一体的新型防御武器系统,能够有效干扰第三代红外凝视成像制导导弹,可实现车载、舰载和机载[15]。目前报道的中红外激光军事用途主要有红外预警系统、定向红外摧毁武器、定向红外干扰系统。具体来说,红外预警系统近年来采用红外凝视焦平面阵列,大幅提高了其方位分辨率和灵敏度,提高了红外对抗的反应时间,可以对来袭导弹进一步识别[15]。美国报道的定向红外摧毁武器有工作波段位于 2.8 μm 和 3.4 μm 的导弹拦截和摧毁的氟化氢/氟化氘(HF/DF)化学激光器[16,17],输出功率达到了兆瓦(MW)级,2008 年,美国空军将一台 DF 化学激光器装载于一架波音 747 机载平台上,并进行了空中实验[18],如图 1.4 所示,根据波音 747 的载重量计算,该激光系统的质量在 130~150 t,工作波长位于 3.7~4.3 μm。美国的"复仇女神"定向红外对抗系统是世界上最早投入使用的激光红外对抗系统,由导弹逼近告警系统、跟踪转台、红外干扰激光发射机、控制处理机组成,在 1~3 μm、3~5 μm 和 8~12 μm 三个波段产生红外激光,而且激光器尺寸仅为 25 cm × 10 cm × 5 cm,质量仅为 4.15 kg[15],实现的探测距离已达到 10 km,跟踪精度为 0.05°。对于定向红外干扰系统,1999 年,美国海军使用研制的"战术飞机定向红外干扰系统"在白沙导弹靶场成功干扰了地对空和空对空红外导弹[15],所干扰的响尾蛇红外导弹从 7 km 外发射,而造成的脱靶距离高达 5 km。俄罗斯 ZOMI 公司研制的 L166VIA 干扰机工作于 1.8~4.2 μm 中红外波段,可以实现幅度相位调制和全向红外干扰,被安装在直升机上对抗红外导弹[15]。2004 年乌克兰 Adros 公司研制的 KT-01AV 型干扰机,红外有效波段 1.8~5.5 μm,可以产生幅度相位调制、频率相位调制和时间脉冲调制三种干扰[18]。随着军事上中红外波段对抗技术的不断发展,相关武器的灵敏度、攻击距离、抗干扰能力都得到了大幅提升,使一些传统的红外对抗手段(如红外诱饵、闪光弹等)的效果大减甚至完全失效。

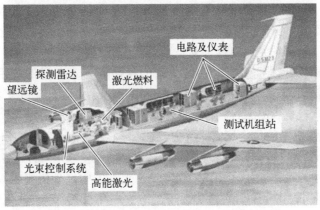

望远镜　探测雷达　激光燃料　电路及仪表　测试机组站　光束控制系统　高能激光

**图 1.4　美国空军机载中红外化学激光武器平台**[18]

中红外波段激光光源根据自身的特点与优势在微量气体检测、生物医疗、大气通信、国防等领域发挥作用,以上提到的中红外激光光源的应用只是冰山一角,相信未来随着更多稳定可靠、经济有效的高性能中红外激光光源的发展,将会为越来越多应用打开新的世界。S. D. Jackson 与 R. K. Jain 指出中红外激光光源的发展应该具有以下一个或多个特定特征:高光束质量、高平均功率、超短脉冲宽度、高峰值功率、特定工作波长、波长可调性和窄线宽[3]。实现一个或多个这些特性的特定目标是新型中红外光纤激光器和其他先进相干中红外辐射源的主要驱动力。

## 1.2　中红外光纤激光技术发展历史与现状

产生中红外激光的方法有很多,根据增益介质可分为气体激光器、固体激光器、量子级联激光器和光纤激光器。气体激光器具有输出激光功率高、散热性能好等特点,但一般体积较大、系统较为复杂,在实际应用中受到很大限制。固体激光器结构相对紧凑,体积较小,但受限于掺杂离子与掺杂技术等因素,输出波长拓展较困难,此外还存在高功率下散热困难、效率普遍不高等不足。量子级联激光器可以实现小型化,而且输出波长范围很宽,但是制备工艺水平要求很高,很多情况下需要低温运行,光束质量较差。光纤激光器具有作用距离长、光束质量好、稳定性高、转化效率高等特点,2012 年国际中红外激光领域知名专家 S. D. Jackson 在权威学术期刊 *Nature Photonics* 上发表综述文章,指出光纤结构的中红外激光器最有希望实现便携、稳定、高效的中红外激光输出[19]。目前光纤使用的材料主要有硅酸盐玻璃、氟化物玻璃和硫系玻璃。硅酸盐玻璃因其传输损耗较低、强度大、损伤阈值高的特性得到了广泛的应用,但是其在 2.2 $\mu$m 以上波段损耗急剧增大[20],不适合用于产生中红外激光。氟化物玻璃材料传输带宽较宽,在中红外波段有较低的传输损耗,受到了广泛关注。其中 ZBLAN 是最常使用的重金属掺杂光纤材料[3],它由 53 mol%①的 $ZrF_4$、20 mol% 的 $BaF_2$、4 mol% 的 $LaF_3$、3 mol% 的 $AlF_3$ 和 20 mol% 的 NaF 构成,其传输波长可达 4 $\mu$m 以上。近年来报道了大量基于 ZBLAN 光纤的中红外激光器。但是,其通常需要在低温下工作,损伤阈值相对于硅酸盐玻璃低得多,而且化学稳定性比较差,遇水很容易潮解,实现高功率输出存在较大困难。硫系玻璃是另一种用于产生中红外激光输出的重要光纤材料[3],与氟化物玻璃一样,在中红外波段具有较低的传输损耗和较宽的传输带,但是高纯度的稀土掺杂硫系玻璃光纤很难制备,此外还存在折射率较大导致端面反射较强等关键问题。

目前,光纤结构的中红外激光器主要包括基于掺杂稀土离子的中红外光纤激光器、基于软玻璃光纤的中红外拉曼激光器、中红外超连续谱光纤光源、基于空芯光纤的新型中红外光纤气体激光器等。基于掺杂稀土离子的中红外光纤激光器

---

① mol%指摩尔百分比。

近年来得到了快速的发展,输出功率水平得到了明显提升,数十瓦连续波和峰值功率千瓦级脉冲中红外光纤激光器相继得到了报道,但是输出波长主要集中的 3 μm 附近,受光纤材料的限制,功率的进一步提升难度较大。此外,受掺杂的稀土离子种类的限制(目前主要包括 $Er^{3+}$、$Ho^{3+}$ 和 $Dy^{3+}$ 等),激光输出波长难以突破 4 μm。基于软玻璃光纤的中红外拉曼激光器是实现激光波长向长波方向拓展的一种有效手段,但受限于当前软玻璃光纤的拉曼增益系数和损伤阈值等问题,研究进展缓慢,相关报道相对较少。中红外超连续谱光纤光源是产生宽谱中红外激光的一种重要手段,目前基于非掺杂软玻璃光纤的超连续谱光源输出功率已达几十瓦,但这种激光光源的光谱很宽,因此谱密度较小,应用受到一定限制。以上中红外光纤激光器的发展都有一个共同受限因素,即氟化物和硫系玻璃光纤的制备工艺成熟度还不高,远低于硅酸盐玻璃光纤,此外还存在化学稳定性差等不足。

　　基于稀土离子掺杂直接激射的光纤激光光源,通过泵浦光纤中掺杂的稀土离子,相应能级发生受激辐射跃迁产生中红外激光。基质材料和稀土离子是构成掺杂光纤的两个方面,常见的基质材料有硅酸盐、氟化物和硫化物,其不同的声子能量决定了掺杂光纤在长波段的传输损耗,图 1.5 展示了不同光纤基质材料的声子能量及多声子弛豫随能隙的变化情况[3]。硅酸盐基质材料光纤声子

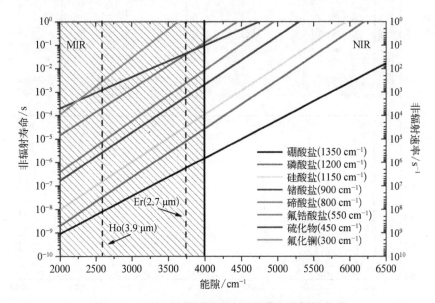

**图 1.5　不同光纤基质材料声子能量及非辐射衰减寿命(多声子弛豫速率)随能隙变化**[3]

能量高达 $1100 \text{ cm}^{-1}$ 左右,在波长超过 $2.2 \text{ μm}$ 的波段传输损耗急剧上升,虽然其具有稳定、强度好、损伤阈值高、价格便宜等特点并被广泛应用,但是不合适作为中红外光纤激光的基质材料。

图 1.5 中虽然硫化物具有较低的声子能量($450 \text{ cm}^{-1}$),是中红外波段的理想基质材料,但是工艺上难以同时兼顾低传输损耗和高掺杂浓度,还存在折射率较大使得端面反射较强等问题。氟化物材料也具有较低的声子能量,能够同时保持低传输损耗和优良的稀土离子掺杂能力,常见的有 ZBLAN 和 InF$_3$ 两种氟化物光纤,是中红外波段应用最为广泛的材料,但是其损伤阈值较低,化学稳定性比较差,遇水很容易潮解,实现高功率输出存在较大困难。

产生中红外波段常见的稀土离子主要有 $Er^{3+}$、$Tm^{3+}$、$Ho^{3+}$、$Dy^{3+}$ 等,其不同能级之间的跃迁产生不同的中红外波段,如图 1.6 所示[21],其中还包括了可以产生

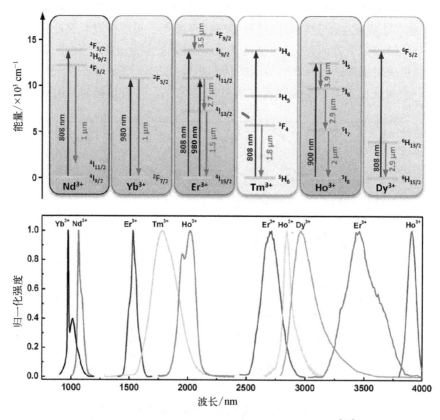

**图 1.6** 不同稀土离子能级跃迁过程及对应发射谱[21]

近红外波段的 $Nd^{3+}$ 和 $Yb^{3+}$，箭头表示最常见的泵浦波长和发射波长。可见，通过选择合适的光纤基质材料并掺杂合适浓度的稀土离子，不同稀土离子的发射谱可以覆盖大部分中红外波段。但是，这种方式由于自身能级特性会存在激光下能级寿命高于激光上能级寿命（自终止效应）、亚稳态激光能级寿命较长（被激发的离子无法快速回到基态，不利于离子在能级之间高效循环）等关键问题，导致产生激光效率低下。为解决这个问题，通常会采用以下方式来有效运转中红外掺杂光纤激光：① 高掺杂浓度下能量上转换过程；② 共掺 $Pr^{3+}$，通过离子之间高效的能量传递过程；③ 级联跃迁；④ 双波长泵浦。

## 1.2.1　基于稀土离子掺杂的中红外光纤激光

2015 年，加拿大拉瓦尔大学团队使用 980 nm 波长的半导体激光器泵浦掺 $Er^{3+}$ 的氟化物光纤，并在掺 $Er^{3+}$ 的氟化物光纤两端各熔接一段纤芯刻写布拉格光栅的非掺杂氟化物，以构成光纤结构的谐振腔，如图 1.7 所示，用铝制 V 形槽对整个系统进行被动冷却，最终在 2.94 μm 获得了 30 W 的连续波激光输出，相对泵浦功率的激光效率为 16%，是当时连续波中红外光纤激光最高输出功率水平[22]，并且具有单模输出光束质量，$M^2$ 因子小于 1.2。

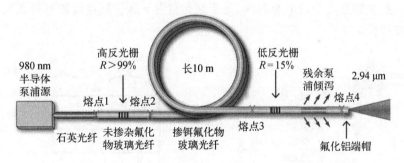

**图 1.7　中红外全光纤结构 30 W 连续波 2.94 μm 激光器系统**[22]

随后，该团队改进系统，采用图 1.8 所示 980 nm 光双端泵浦的方式，直接在增益光纤掺 $Er^{3+}$ 氟化物光纤两端的纤芯区域刻写布拉格光栅，双端泵浦较单端泵浦可以将热负荷分布在整个增益光纤上，这种方式进一步提升了输出功率，在 2.8 μm 波段实现了 41.6 W 的连续波激光输出[23]，是当时报道的连续波中红外光纤激光功率的国际最高水平，同时指出光纤尖端退化是限制 3 μm 波段光纤激光器功率提升和长期稳定性的主要因素。

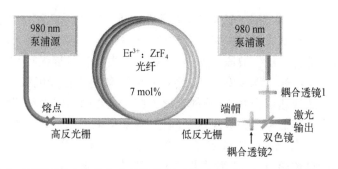

**图 1.8　双端泵浦中红外全光纤结构 41.6 W 连续波 2.8 μm 激光器系统**[23]

在掺 Er[3+] 光纤中,由于亚稳态激光能级寿命较长,从 $^4F_{9/2}\rightarrow {}^4I_{9/2}$ 跃迁高效产生约 3.5 μm 波段激光的发展一直受到限制。直到 2014 年,澳大利亚阿德莱德大学 O. Henderson-Sapir 等首次提出使用 985 nm 和 1973 nm 双波长泵浦代替传统的 655 nm 单波长泵浦掺 Er[3+] 氟化锆光纤[24],如图 1.9 所示,985 nm 的泵浦光为亚稳态 $^4I_{11/2}$ 能级提供离子,而 1973 nm 的泵浦光则将 $^4I_{11/2}$ 能级抽运到上能级 $^4I_{9/2}$,相较于 655 nm 泵浦光直接从基态 $^4I_{15/2}$ 抽运到上能级 $^4I_{9/2}$ 的方式,克服了离子数瓶颈的问题,有效地实现了 260 mW 连续波 3.604 μm 的激光输出,相对于入射光的总光光效率为 16%,是当时在室温下除了超连续谱光纤激光外最长输出波长。

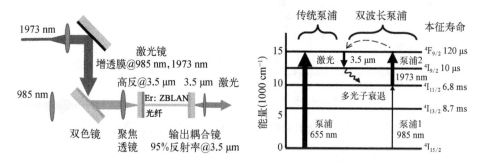

**图 1.9　双波长泵浦产生 3.604 μm 激光器系统及能级原理**[24]

2017 年,加拿大拉瓦尔大学 F. Maes 等采用类似双波长泵浦的方式,在掺 Er[3+] 氟化物光纤两端刻上布拉格光栅,构成全光纤结构[25],在 3.55 μm 波段实现了 5.6 W 连续波激光输出,总的光光效率为 26.4%,全光纤的整体结构提高了稳定性,防止了光纤尖端损伤,是当时该波段光纤激光的最高功率。但是,受限于当时石英光纤与增益氟化物光纤难以直接熔接,石英光纤中泵浦光是通过空间对接耦合的方式进入增益氟化物光纤,导致耦合效率低,高功率下输出信号光不稳定。最近,得益于石英光纤直接与氟化物光纤低损耗熔接技术的发展[26],该小组采用这项技术,将 3.55 μm 波段连续波激光输出最高功率提升到了 15 W 左右,对应斜率效率 51.3%,是在该波段光纤激光目前的最高功率[27]。

2018 年,澳大利亚麦考瑞大学 R. I. Woodward 等通过 2.83 μm 泵浦光带内泵浦掺 $Dy^{3+}$ 氟化物光纤在 3.15 μm 处实现了 1.06 W 的连续波输出,相对于入射功率的斜率效率是 73%,为目前中红外光纤激光的最高效率[28]。随后,加拿大拉瓦尔大学 V. Fortin 等采取更紧凑的全光纤整体结构,用 2.83 μm 掺 $Er^{3+}$ 光纤激光同样带内泵浦掺 $Dy^{3+}$ 氟化物光纤,得到了 10.1 W 的 3.24 μm 连续波输出,达到该波段光纤激光最高功率水平[29]。2018 年,该小组利用 888 nm 的半导体激光器包层泵浦 10 mol% 双包层重掺杂 $Ho^{3+}$ 的 $InF_3$ 光纤,通过能级 $^5I_5 \rightarrow {}^5I_6$ 跃迁在 3.92 μm 实现了 200 mW 的连续波功率输出,是当时室温下输出的最长波长[30]。2021 年,英国诺丁汉大学的 J. J. Nunes 等通过 4.15 μm 量子级联激光带内泵浦掺 $Ce^{3+}$ 硫化物光纤,在 5.14 μm、5.17 μm 和 5.28 μm 处观测到了激光辐射,是目前室温下输出的连续光纤激光最长波长记录[31],但是受限于光纤和系统中光学器件的损耗,总输出功率小于 100 μW。

就脉冲中红外光纤激光而言,其具有高峰值功率的特点,在材料加工、医疗手术组织切割、红外致盲等领域有具体的应用场景,目前实现的方式主要包括调 Q、锁模和增益调制。其中调 Q 和增益调制产生脉宽在纳秒至微秒范围的脉冲输出,锁模产生超短脉冲输出。2011 年,日本京都大学的 S. Tokita 等使用声光调制器作为主动调 Q 器件,通过图 1.10 所示的结构,半导体激光器泵浦掺 $Er^{3+}$ 的 ZBLAN 光纤,在 2.8 μm 实现了平均输出功率达 12 W 的脉冲输出,脉宽 90 ns,单脉冲能量 100 μJ,峰值功率 0.9 kW,是首个平均功率 10 W 量级的 3 μm 波段脉冲光纤激光[32]。随后,德国马克斯·普朗克研究所(简称马普所)的 S. Lamrini 等通过类似的方法在 1 kHz 的重复频率下获得了单脉冲能量 0.56 mJ、峰值功率高达 10.6 kW 的 2.8 μm 的调 Q 脉冲输出[33],是目前最高的峰值功率。澳大利亚悉尼大学 T. Hu 等将调 Q 技术拓展应用到 $Ho^{3+}/Pr^{3+}$ 共掺的氟化物光纤,产生 2.9 μm 跃迁[34],输出脉冲波长更接近水吸收峰值,这有利于发展医疗手术组织切割。

相较于主动调 Q,被动调 Q 的中红外光纤激光也引起了人们浓厚的兴趣,其中拓扑或二维纳米材料,尤其是石墨烯,可作为可饱和吸收体。2013 年,美国

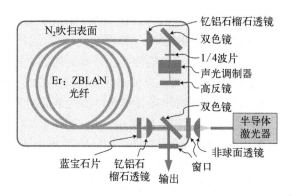

**图 1.10 首个 10 W 量级 3 μm 波段调 Q 脉冲光纤激光结构**[32]

亚利桑那大学的 G. Zhu 等通过 $Fe^{2+}$：ZnSe 晶体和石墨烯可饱和吸收体被动调 Q 实现了掺 $Ho^{3+}$ ZBLAN 光纤中 3 μm 输出[35]。2015 年,中国电子科技大学的 J. Li 等利用光纤基质材料中的稀土离子级联跃迁具有在中红外波段产生多波长输出的潜力,使用半导体可饱和吸收体在掺 $Ho^{3+}$ 氟化物光纤中同时得到 3 μm 被动调 Q 脉冲和 2 μm 增益调制脉冲[36]。此外,另一种重要的可饱和吸收材料是黑磷,一种二维纳米材料,结构类似于石墨烯,其带隙对于单层来说很窄,并且随着沉积的附加层数量增加而变窄。黑磷本质上是连接无带隙石墨烯和带隙更宽的半导体过渡金属二卤化物之间的桥梁。2015 年,上海交通大学 Z. Qin 等首次将黑磷作为可饱和吸收体在掺 $Er^{3+}$ ZBLAN 光纤中实现了 2.8 μm 被动调 Q 输出[37],最大平均功率为 485 mW,在重复频率 63 kHz 和脉宽 1.18 μs 获得了单脉冲能量 7.7 μJ。

增益调制是产生中红外光纤激光脉冲的另一种方式,其关键优势是使用组件少,不需在腔内加入调制器件,减少结构复杂性,同时脉冲输出特性可以通过控制泵浦脉冲参数进行灵活调控。增益调制已经在各种类型掺杂光纤激光中广泛使用[38-44]。2011 年,斯洛文尼亚卢布尔雅那大学 M. Gorjan 等使用脉冲半导体泵浦掺 $Er^{3+}$ 的 ZBLAN 光纤,率先在 3 μm 波段获得了单脉冲形态增益调制脉冲[39]。2018 年,加拿大拉瓦尔大学 P. Paradis 等研制了全光纤结构的 2.8 μm 增益调制光纤激光[38],结构如图 1.11 所示,在重掺 $Er^{3+}$ 的氟化物光纤两端刻写光栅构成谐振腔,泵浦源为 976 nm 的脉冲半导体激光器,得到最大输出平均功率 11.2 W,对应的脉宽 170 ns,单脉冲能量 80 μJ,是目前中红外波段增益调制光纤激光的最高功率水平。以类似的结构及增益调制,报道的最大单脉冲能量为

26 mJ[40]。在稀土离子的其他中红外波段跃迁中同样也报道了增益调制,比如 $Er^{3+}$ 的 3.5 μm 跃迁[41,42]、$Ho^{3+}$ 的 2.9 μm 跃迁[43] 和 $Dy^{3+}$ 的 3 μm 跃迁[44]。此外,脉宽在皮秒(ps)和飞秒(fs)量级的超短脉冲的锁模中红外光纤激光器也有大量的报道,比如,2015 年两个小组同时基于非线性偏振旋转技术,在环形腔中使用掺 $Er^{3+}$ 的 ZBLAN 光纤成功实现了亚皮秒量级的 3 μm 超短脉冲锁模光纤激光器输出[45,46],对应脉宽分别为 497 fs 和 207 fs,峰值功率分别为 6.4 kW 和 3.5 kW。2021 年,俄罗斯科学院的 V. S. Shiryaev 等用 1.98 μm 连续激光经过斩波器调制后泵浦掺 $Tb^{3+}$ 的硫化物光纤,观测到了 5.38 μm 的光谱[47],是目前脉冲光纤激光中输出的最长波长,但是与掺 $Ce^{3+}$ 硫化物光纤一样[31],由于光纤损耗大,总输出功率小于 10 μW。

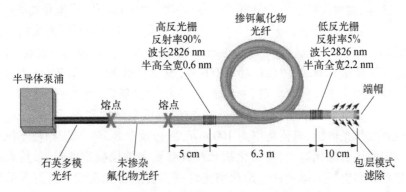

**图 1.11 全光纤结构增益调制 2.8 μm 光纤激光结构[38]**

就中红外光纤激光波长可调谐而言,在中红外光纤激光器研究初期就占主导地位,发展更为成熟[3]。$Er^{3+}$ 离子的 2.8 μm 跃迁是第一个输出达到瓦级的可调谐系统[48],随后,输出功率达到 10 W,调谐范围为 110 nm[49]。通过 1 150 nm 泵浦 $Ho^{3+}/Pr^{3+}$ 共掺 ZBLAN 光纤,实现了 2.825~2.975 μm 波长连续调谐,输出功率达 7.2 W[50],也是掺 $Ho^{3+}$ 氟化物光纤在该波段输出的最高功率。2016 年,澳大利亚阿德莱德大学 O. Henderson-Sapir 等通过 980 nm 和 1973 nm 双波长级联泵浦掺 $Er^{3+}$ 的 ZBLAN 光纤,得到了 3.33~3.78 μm 范围共 450 nm 的波长调谐[51],是当时的最宽谐范围。而目前掺杂光纤激光最宽调谐范围是 2.8~3.4 μm,是通过 1.7 μm 激光泵浦掺 $Dy^{3+}$ ZBLAN 光纤实现的[52],可在 573 nm 的波长范围连续可调。2019 年,中国电子科技大学的 H. Luo 等通过增益调制和被动调 Q 在掺 $Dy^{3+}$ 和掺 $Er^{3+}$ 氟化物光纤先后实现了脉冲光纤激光的 2.8~3.1 μm、2.71~

3.08 μm 和 3.4 ~ 3.7 μm 调谐输出[53-55]。

## 1.2.2 基于非线性效应的中红外光纤激光

第二类是基于非线性效应波长频移的光纤激光,通过光纤非线性效应实现波长由近红外向中红外转化,主要原理包括受激拉曼散射(stimulated Raman scattering, SRS)和拉曼孤子自频移(soliton self-frequency shift, SSFS)效应。由于基于稀土离子掺杂直接激射的光纤激光产生波长由稀土离子能级跃迁决定,只占到整个光谱范围很小一部分,基于 SRS 的光纤激光器得益于较宽的拉曼增益谱,只要有合适波长的泵浦源和非线性光纤,输出的波长范围很宽,十分灵活。

2013 年,加拿大拉瓦尔大学 M. Bernier 等用 3.005 μm 掺 $Er^{3+}$ 氟化物准连续光纤激光泵浦单模硫化物非线性光纤[56],通过硫化物光纤两端刻写光栅构成谐振腔,如图 1.12 所示,实现了 3.34 μm 波长输出,这也是第一个输出波长在 3 μm 以上的光纤拉曼激光器,对应峰值功率 0.6 W,激光效率 39%。同年,该小组验证了光纤拉曼激光波长具有覆盖 2 ~ 4 μm 的潜力[57]。随后,通过在硫化物光纤刻写两对对应一阶和二阶斯托克斯波长的光栅,以级联结构实现了 3.77 μm 二阶斯托克斯拉曼光输出,峰值功率为 100 mW,激光效率 8.3%[58]。相较于拉曼光纤激光中使用的硫化物光纤,碲化物光纤具有更大的拉曼增益带宽、更大的拉曼频移系数和更好的稳定性。碲化物光纤在实验上首先实现了近红外波段的拉曼激光和拉曼放大器[59,60]。美国亚利桑那大学的 G. Zhu 等理论上分析了使

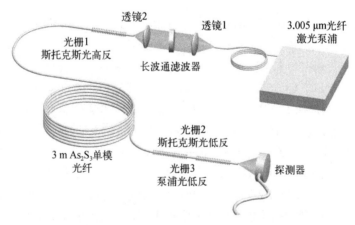

**图 1.12　首个输出波长 3 μm 以上光纤拉曼激光器结构**[56]

用易于获得的 2.8 μm 连续波的调 Q 掺 $Er^{3+}$ 氟化物光纤激光器作为泵浦源,在碲化物光纤中通过一阶或二阶拉曼散射实现输出功率 10 W 量级的 3~5 μm 拉曼光纤激光的仿真结果[61]。

拉曼 SSFS 效应是实现波长灵活调谐的一种有效手段,通过光纤内拉曼散射效应使作为泵浦光的脉冲高频分量将能量传递给脉冲低频分量,从而使得脉冲在沿光纤传播的过程中转移至更长的波长,激光波长会随着泵浦功率的增加向长波长转化。1986 年,SSFS 在实验上被发现,孤子脉冲沿光纤传输时连续频移[62]。2016 年,美国康奈尔大学 Y. Tang 等通过泵浦氟化物光纤的反常色散区,增强拉曼孤子的形成,搭建了结构如图 1.13 所示的超短脉冲激光的中红外波长可调谐系统[63],实现了波长范围在 2~4.3 μm 的连续可调谐飞秒脉冲激光,激光脉宽为 100 fs,峰值功率 50 kW,单脉冲能量约为 5 nJ。同年,拉瓦尔大学的 S. Duval 等提出了一种简单有效的激光系统,利用 2.8 μm 的超短脉冲掺 $Er^{3+}$ 氟化物光纤振荡器泵浦外部无源的氟化物非线性光纤,掺 $Er^{3+}$ 氟化物光纤的 SSFS 效应产生高能拉曼孤子脉冲,通过控制泵浦功率的大小,可以产生 2.8~3.6 μm 波长可调谐超短脉冲激光输出[64],在波长 3.4 μm 处,输出脉宽为 160 fs 的稳定脉冲序列,拉曼孤子能量可达 37 nJ,对应平均功率>2 W,峰值功率>200 kW,这种高能量的可调谐光源有望直接应用于聚合物和生物材料的激光加工。

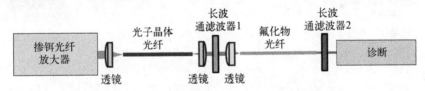

**图 1.13  氟化物光纤中 SSFS 实验结构**[63]

当高强度激光在非线性介质中传输,受到介质内部复杂的非线性效应(自相位调制、交叉相位调制、四波混频以及受激拉曼散射等)和色散的共同作用,最终在频域上获得输出光谱的极大展宽,即超连续谱,这类光源通常采用超短脉冲激光直接泵浦开腔非线性光纤,实现光谱域上呈连续状态的激光输出。2008 年,美国塔夫茨大学的 P. Domachuk 等使用通信波段 1550 nm 的飞秒脉冲泵浦 8 mm 长的高非线性碲化物光子晶体光纤,实现了从 789 nm 到 4870 nm,范围超过 4000 nm 的超连续谱输出,并指出短光纤可实现更平滑的超连续光谱、更低的色散以及长波段更小的材料吸收[65]。

2009 年,日本丰田工业大学的 G. Qin 等利用 1450 nm 的飞秒脉冲泵浦厘米量级长度的氟化物光纤,在自相位调制、拉曼散射和四波混频的共同作用下光谱展宽,实现了从紫外到 6.28 μm 的超宽带的超连续谱激光输出[66]。2014 年,北京工业大学的 K. Liu 等使用掺铥光纤主振荡功率放大产生的皮秒脉冲泵浦一段单模 ZBLAN 光纤,其中主振荡功率放大器的种子光是 1963 nm 半导体可饱和吸收镜的锁模掺铥光纤激光,首先种子光通过两级掺铥光纤放大器将激光光谱拓宽到 2.4 μm 以上,然后级联的单模 ZBLAN 光纤进一步将光谱拓宽到 3.8 μm 以上,对应平均功率为 21.8 W,光光转换效率 17%[67]。使用类似结构,国防科技大学的 W. Yang 等实现了 1.9~3.9 μm 超连续谱输出[68]。丹麦科技大学的 C. R. Petersen 等采用图 1.14(a)的实验结构,用波长 6.3 μm、峰值功率 2.29 MW、脉宽 100 fs 的脉冲泵浦一段 85 mm 长的超高数值孔径阶跃折射率硫化物光纤,获得了图 1.14(b)所示光谱覆盖 1.4~13.3 μm 超大带宽的红外超连续谱激光输出[69]。

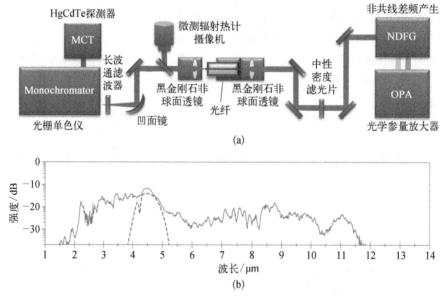

(a)

(b)

**图 1.14 超高数值孔径硫化物光纤中产生 1.4~13.3 μm 超连续谱[69]**

(a)实验结构;(b)泵浦光谱虚线和超连续光谱对比

随后,不同小组利用阶跃折射率的氟化物光纤[70]、阶跃折射率的硫化物光纤[71-73]、悬芯硫化物光纤[74]都实现了中红外波段的超连续谱输出。其中 1.8~

$10.0~\mu m^{[71]}$、$1.5\sim14.0~\mu m^{[72]}$、$2\sim15.1~\mu m^{[73]}$ 的超大带宽红外超连续谱令人印象深刻，$1.5\sim14.0~\mu m$ 的超连续谱是首次使用基于碲的硫化物光纤实现的，是泵浦正常色散区的最宽范围[72]，$2.0\sim15.1~\mu m$ 的超连续谱是光纤中观测到的最宽范围[73]。由于常见的产生长波段的超连续谱泵浦源基于空间系统，结构复杂，为了实现全光纤和全中红外波段的超连续谱，2017年，澳大利亚麦考瑞大学的 D. D. Hudson 等以 $2.9~\mu m$ 锁模 $Ho^{3+}/Pr^{3+}$ 共掺氟化物超快光纤激光器作为泵浦源，其泵浦脉宽 230 fs，峰值功率 4.2 kW，耦合进拉锥的硫化物光纤，结构如图 1.15 所示，实现了 $1.8\sim9.5~\mu m$ 的超连续谱输出，输出平均功率大于 30 mW[75]。

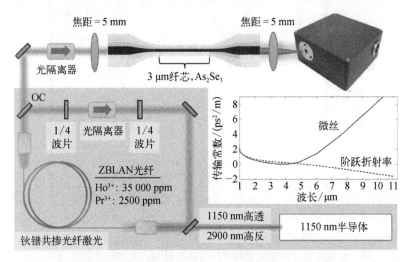

**图 1.15　拉锥硫化物光纤产生 1.8~9.5 μm 范围超连续谱实验结构**[75]

注：1 ppm = $10^{-6}$。

综上所述，中红外光纤激光的产生，无论是基于稀土离子掺杂直接激射、非线性效应（SRS、SSFS）还是超连续谱，基本上是以掺杂稀土离子的氟化物或硫化物的实芯光纤为核心，虽然已经取得了大量的成就，但是实芯光纤中光在玻璃基质材料中传输，受限于材料本征性质的发展瓶颈，如随着输出功率的提升，不利的非线性效应、热透镜效应、模式不稳定和材料损伤等都会导致光纤激光功率滞涨、光束质量下降等亟待解决的问题。此外，目前用于中红外激光的氟化物或硫化物光纤的制备工艺还不成熟，而且化学稳定性差、强度低、材料昂贵，离实际应用需求还有较大差距。

### 1.2.3 中红外光纤激光的技术难点与发展趋势

基于软玻璃光纤的中红外激光光源作为产生中红外光纤激光的传统手段，近年来得到了快速发展，在输出功率水平和波长拓展方面均得到了有效提高。就连续泵浦激光而言，图 1.16 总结了最大输出功率随着输出波长增加的变化趋势[3,19]，可以发现，随着波长增加输出功率呈指数下降的趋势，部分原因是在长波段泵浦光子与产生激光光子之间的量子亏损增加[19]。

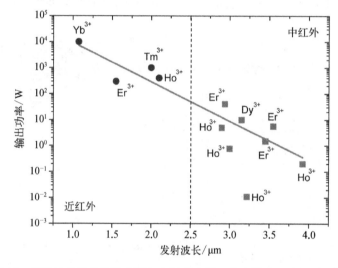

图 1.16 常见的光纤气体激光器和光纤激光器可产生的激光波段对比[3,19]

目前，基于掺杂离子的连续波中红外光纤激光器，在 2.8 μm 处最大输出功率超过了 40 W[23]，在 3 μm 以上也具有超过 10 W 的激光功率输出[29]。中红外脉冲光纤激光器在超短脉冲和长脉冲方面都在快速发展。近年来，基于硫化物光纤产生了脉冲和连续的 5 μm 中红外激光[31,47]，尽管受限于各种因素并未观测到明显的输出功率，但是为光纤激光向更长波长的发展探索了新的技术途径。基于光纤结构的拉曼激光器和超连续谱激光器是利用非线性效应输出中红外激光的重要手段。其中，拉曼激光器作为填补掺杂离子光纤激光器输出波长空白的重要手段，基于氟化物光纤的拉曼激光器的输出波长已经达到了 3.77 μm[58]。目前基于软玻璃光纤的中红外激光技术还需解决一系列关键技术问题，主要包括以下三个方面：

1. 提升软玻璃光纤的制备工艺

光纤制备工艺最成熟的当属石英玻璃光纤,但是受限于最大声子能量,在中红外波段只能使用最大声子能量更低的软玻璃光纤。近几年随着光纤技术的发展,基于氟化物玻璃的光纤已相对成熟,然而在功率水平不断提升和波长拓展需求的推动下,氟化物光纤逐渐不能满足中红外光纤激光器的需求。受限于材料自身损伤阈值和其易潮解的特性,基于氟化物光纤的中红外激光器很难在更高功率水平下稳定工作。而在波长需求方面,目前基于氟化物掺杂的连续波光纤输出不过 3.92 μm,超过 5 μm 以上的光纤激光器目前均使用硫化物光纤。对于光纤拉曼激光器而言,氟化物光纤的拉曼增益系数过低,也不适于向更长的波长拓展。基于氟化物光纤的超连续谱光源的波长难以超过 5.5 μm。硫化物光纤不论是稳定性还是传输窗口都较氟化物光纤更具优势,不过在硫化物光纤中很难实现高浓度的稀土离子掺杂。其他类型的光纤材料也可以进行尝试,如碲酸盐玻璃等。基于软玻璃光纤的中红外光纤激光器首先要解决的就是光纤的问题,一方面解决氟化物光纤制备工艺问题,降低制作成本,提高损伤阈值和稳定性;另一方面解决硫化物光纤和碲酸盐光纤等的制备问题,使其具备更低的光纤损耗和更高的掺杂浓度等。

2. 软玻璃光纤无源器件的制备与熔接技术

光纤无源器件是实现高效紧凑中红外光纤激光器的关键技术,是光纤激光器发挥其便携、稳定特点的重要组成部分,基于软玻璃光纤的光纤器件与技术是中红外光纤激光器向高功率、全光纤化发展的重点。主要包括高质量的软玻璃光纤熔接技术、基于软玻璃光纤的光纤端帽和基于软玻璃光纤的光纤布拉格光栅。基于软玻璃光纤的光纤熔接技术是实现全光纤化的关键技术之一,更有利于系统的便携性和稳定性。同时熔接可以在不同的光纤材料之间进行,例如基于石英光纤与 ZBLAN 光纤的熔接已经有较多的报道[76,77],且可以获得 0.2 dB 左右较低的熔接损耗。基于石英光纤与硫化物光纤的熔接也有相应的报道,但是不如 ZBLAN 光纤那样普遍。随着中红外光纤激光器对于光纤材料的需求不断增加,基于不同软玻璃光纤的低损耗熔接技术需要进一步的探索和突破。在中红外光纤激光器在向高功率发展的过程中,光纤端面的损伤问题和基于氟化物光纤端面材料本身易受潮解等特性会限制功率的进一步提升,目前通过将掺杂氟化物光纤与 $AlF_3$[78] 或者 $CaF_2$[79] 材料端帽的技术,已经将输出功率提升至 40 W 的功率水平。基于软玻璃光纤的端帽一方面要适应不同光纤材料,另一方面要尽量降低损耗并提高其损伤阈值。功率的进一步提升需要完善和优化软玻璃光纤端帽的熔接技术。基于软玻璃光纤的光纤布拉格光栅的作用相当于光纤内的反射镜,在特定的波长和脉宽下,光纤布拉格光栅也可以作为超窄带滤波器和反射镜,或者宽带的反射镜。在过去的 20 年中,基于软玻璃光纤的光纤布拉格光栅取得了一些进展,包括对材料改性以增加中红外软玻璃材料的光敏性、开发新的光子刻写技术(如通过高强度的超短脉冲激光实现永久的折射率调制)。目前已在软玻璃光纤上刻写了腔内高反光栅和输出耦合器[80-83]。基于软玻璃光纤光栅的一体化中红外光纤激光器也有相关报道[23,25,29]。中红外光纤布拉格光栅作为中红外全光纤激光器的关键技术,一方面要提高刻写技术和刻写质量,另一方面要适应不同光纤材料的需求。

3. 发展新的掺杂稀土离子

对于稀土离子掺杂的中红外光纤激光器来说,稀土离子的选择也至关重要,目前常用的中红外稀土离子只有 $Er^{3+}$、$Ho^{3+}$ 和 $Dy^{3+}$ 等,这些离子中输出波长最长的是 $Ho^{3+}$ 的 3.92 μm。目前超过 5 μm 的稀土掺杂离子是 $Ce^{3+}$,然而对泵浦波长的要求也相对较高,泵浦波长在 4 μm 以上,因此进一步探索合适的稀土掺杂离子也是中红外光纤激光器下一步发展的重点。其他可供参考的稀土离子主要有 $Tb^{3+}$ 等。不过由于自终止效应的存在,合适的泵浦方式仍需要进行探索。

空芯光纤的出现[84],使得基于硅酸盐玻璃的光纤在中红外波段的应用成为可能。相较于软玻璃光纤,硅酸盐玻璃光纤制备工艺最为成熟,而且稳定性更好。在中红外波段最常用的空芯光纤主要包括 Kagome 型空芯光纤和反共振空芯光纤。通过在空芯光纤中填充气体,诞生了光纤气体激光器[85]。这种新型的激光器结合了光纤激光器与气体激光器的许多优点,为解决基于软玻璃光纤的中红外激光器在功率提升和波长拓展方面的技术瓶颈提供了新的方案。近年来,随着在中红外波段具有较低传输损耗的反共振空芯光纤的制备工艺水平的不断提升,中红外光纤气体激光器获得了快速发展,已经实现了瓦级输出,激光波长已突破 4 μm,是实现高功率中红外光纤激光输出的一种非常有潜力的技术途径。空芯光纤是光纤气体激光光源的核心部件,为气体受激拉曼散射提供了理想的环境,其性能参数对激光输出特性起着决定性的影响:空芯光纤的传输带范围影响激光的输出波长,传输损耗影响激光转化效率,纤芯直径影响拉曼阈值,损伤阈值影响输出激光极限功率,抗弯曲能力影响激光源系统的体积。因此,空芯光纤制备工艺的改进和性能的提升,将极大地促进光纤气体激光光源的发展。空芯光纤与实芯光纤不同,其纤芯中空,因而在实际应用中,纤芯可充入气体、液体或者微粒,用以开展不同的研究。一般情况下,纤芯内部为空气,其折射率小于包层石英介质,激光在空芯内传输不再满足全反射原理,此时空芯光纤内激光传输主要用两种机理来解释,分别为光子带隙效应和反共振反射原理,据此可将空芯光纤大体上分为两类:一类是基于光子带隙效应的带隙型空芯光纤,另一种是基于反共振反射原理的反共振空芯光纤。

## 1.3 光纤气体激光技术发展历史与现状

### 1.3.1 光纤气体激光器基本概念

基于空芯光纤的气体激光器是随着空芯光纤的出现而发展起来的一类新型激光光源,它结合了传统气体激光器和光纤激光器的许多优点[85],近年来得到了广泛的关注。

根据工作机理,光纤气体激光器可分为两类:一类是基于分子振转能级之间的本征吸收实现粒子数反转[86];另一类是基于气体分子的受激拉曼散射效应[87]。相比于基于受激拉曼散射效应,基于气体分子振转能级的本征吸收实现粒子数反转所需的泵浦阈值功率低得多,更容易实现连续激光输出。由于绝大多数气体分子的振转能级激射跃迁对应的波长都在中红外波段,因此基于粒子数反转的光纤气体激光器基本都工作在中红外波段,如图 1.17 所示[85]。

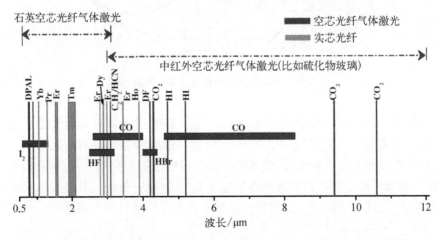

图 1.17 常见的光纤气体激光器和光纤激光器可产生的激光波段对比[85]

目前,基于粒子数反转和基于 SRS 的光纤气体激光实验系统大多采用图 1.18 所示的单程结构,该泵浦光通过反射镜、凸透镜等常见的光学元件耦合进入密封在气体腔里的空芯光纤中,空芯光纤在泵浦光波段和产生的激光波段都有较低的传输损耗,气体腔含有在相应激光波段高透过率的输入或输出玻璃窗口,通过气体腔可以对空芯光纤进行抽真空和充入所需气压的增益气体介质。图 1.18 所示的实验系统未使用反馈装置,是无谐振腔的单程结构。气体分子能级跃迁的特殊性使其吸收线宽和激射线宽都非常窄,再加上在空芯光纤中泵浦光与气体的作用距离非常长、提供的增益足够大,很容易对自发辐射产生的信号光进行受激放大,即实现无谐振腔的激光器。由于输出光同时包含产生的激光和残余的泵浦光,输出端会使用一个带通滤波片来滤除残余的泵浦光。

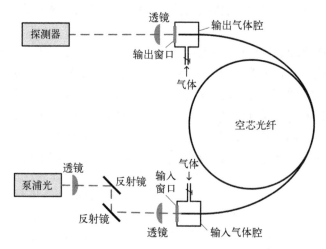

**图 1.18　光纤气体激光器典型实验系统**[87]

基于粒子数反转的光纤气体激光器与基于 SRS 的光纤气体激光器虽然结构类似,但是由于产生激光的原理不一样,实际的实验系统会有所区别。一方面,两个系统的气压差别很大,受激拉曼散射一般需要很高的气压(几巴①至几十巴),而基于粒子数反转的激光器只需要低气压(毫巴量级),这就要求系统为真空系统,而且基于粒子数反转的激光器对系统的气密性要求非常高。另一方

---

① 巴(bar),压强单位,1 bar = 10⁵ Pa。

面,两个系统对泵浦源的要求也有很大区别,对于基于受激拉曼散射的光纤气体激光器,因受激拉曼散射阈值很高,需要高峰值功率的泵浦源,但是该系统对波长稳定性和线宽要求不是很高;而对于基于粒子数反转的光纤气体激光器,粒子数反转是通过气体分子的本征吸收实现的,阈值比较低,但是该系统要求泵浦波长与吸收谱线中心精确匹配,而且对波长稳定性和线宽要求非常高,以实现有效的激光输出。此外,由于基于粒子数反转的光纤气体激光输出波长大多位于中红外波段,而泵浦激光一般都在近红外波段,这就要求空芯光纤传输带跨度比较大,特别要求在中红外波段要有较低的传输损耗,因此空芯光纤的设计与制备难度更大。这一节根据工作原理不同分别介绍这两种中红外光纤气体激光器的发展历史和现状。

## 1.3.2 基于粒子数反转的光纤气体激光技术

空芯光纤纤芯区域可以填充不同的气体增益介质,产生的激光波段范围十分丰富,相较于掺杂实芯光纤的激光器,基于空芯光纤的激光器能够有效地产生更长波段的中红外激光输出($>4$ $\mu m$)。同时,空芯光纤可以有效地将光约束在微米尺度的纤芯中,具有极高的泵浦强度,同时提供非常长的光与物质的相互作用距离,可大大降低激光阈值,提高转换效率。基于空芯光纤的气体激光器具有基于实芯光纤的激光器结构紧凑、光束质量好、转换效率高等特点,同时结合了气体激光器输出波长丰富、损伤阈值高、非线性效应小等优点,是实现高功率、窄线宽、高光束质量中红外波段光纤激光输出的一种非常有潜力的技术途径,具有广泛的应用前景。

近年来,随着空芯光纤的快速发展,特别是随着反共振空芯光纤的制备工艺水平不断提升,基于乙炔、二氧化碳、一氧化碳、溴化氢、一氧化二氮、碘蒸气等气体的光纤气体激光器均已有报道,利用 HITRAN 数据库[88],表 1.1 给出了室温和一个标准大气压条件下中红外光纤气体激光器中使用的一些常见增益气体介质及其不同的吸收泵浦波段、对应产生的激光波段等参数[86],其中 $v$ 表示气体分子的振动态,双原子分子仅有一个振动态,非双原子分子有多个振动态,用下标加以区分,光谱线强度代表了对应谱带的最大光谱线强度,在一定程度上反映了使用不同气体实现激光输出的难易程度。下面按照增益气体介质分类进行介绍。

2011 年,美国堪萨斯州立大学 A. M. Jones 等首次报道了基于粒子数反转的充乙炔的中红外光纤气体激光器[89]。如图 1.19 所示,利用一个中心波长为

表 1.1 中红外光纤气体激光光源可使用的气体及相关参数[86]

| 气体 | 泵浦波段 | | | 激光波段 | | |
| --- | --- | --- | --- | --- | --- | --- |
| | 波长/μm | 振动态跃迁过程 | 光谱线强度/(cm/分子) | 波长/μm | 振动态跃迁过程 | 光谱线强度/(cm/分子) |
| $C_2H_2$ | 1.51~1.55 | $v_0 \to v_1+v_3$ | $1.34\times10^{-20}$ | 3.09~3.21 | $v_1+v_3 \to v_1$ | — |
| CO | 1.56~1.65 | $v=0 \to v=3$ | $2.17\times10^{-23}$ | 2.32~2.51 | $v=3 \to v=1$ | $3.17\times10^{-25}$ |
| CO | 2.29~2.52 | $v=0 \to v=2$ | $3.47\times10^{-21}$ | 4.43~5.26 | $v=2 \to v=1$ | $2.70\times10^{-23}$ |
| $CO_2$ | 1.99~2.06 | $v_0 \to 2v_1+v_3$ | $1.32\times10^{-21}$ | 4.25~4.53 | $2v_1+v_3 \to 2v_1$ | $7.55\times10^{-24}$ |
| $N_2O$ | 1.98~2.02 | $v_0 \to 3v_1+2v_2$ | $5.00\times10^{-23}$ | 2.65~2.71 | $3v_1+2v_2 \to v_1$ | $5.97\times10^{-24}$ |
| HI | 1.53~1.95 | $v=0 \to v=3$ | $3.22\times10^{-22}$ | 4.45~7.49 | $v=3 \to v=2$ | $5.00\times10^{-30}$ |
| HBr | 1.94~2.72 | $v=0 \to v=2$ | $8.30\times10^{-22}$ | 3.69~6.59 | $v=2 \to v=1$ | $5.63\times10^{-25}$ |

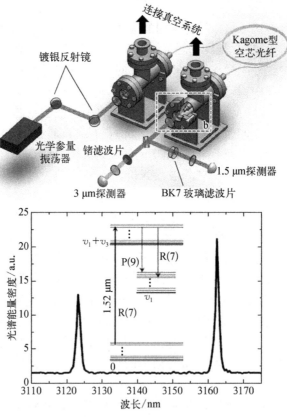

图 1.19 OPO 泵浦充乙炔 Kagome 型空芯光纤产生 3 μm 激光实验[89]

1.52 μm 的光学参量振荡器(OPO)脉冲泵浦源(脉宽 5 ns),泵浦一段充有低气压乙炔气体的 Kagome 型空芯光纤,分别在 3.12 μm 和 3.16 μm 处产生了激光辐射。当气压为 7 Torr(1 Torr ≈ 133.32 Pa)时,获得了最高为 6 nJ 的脉冲激光能量,但系统的斜率效率只有百分之几,这主要受限于空芯光纤在产生激光波段的传输损耗(20 dB/m)。通过选择合适的气体介质,并通过合理设计空芯光纤,可使泵浦波段和激光波段的传输损耗都较低,从而可以进一步得到其他技术难以获得的激光波段。

2012 年,A. M. Jones 等进一步研究了充乙炔、一氧化碳等气体的 Kagome 型空芯光纤气体激光的输出特性[90]。利用 1.5 μm 波段 1 ns 脉宽的光学参量放大器(OPA)泵浦气体介质,通过一阶振转泛频吸收实现粒子数反转,该过程减小了空芯光纤的传输损耗。基于乙炔的激光器的最大输出脉冲能量为 550 nJ,转换效率约为 20%。同年,A. V. V. Nampoothiri 等发表综述文章,详细分析了光纤气体激光器的优势[85],并通过实验研究了不同纤芯直径的光纤(具有不同损耗)和光纤长度对输出激光能量的影响,在 2 Torr 气压获得了最高 27% 的光光转换效率。

2014 年,国防科技大学与巴斯大学合作,首次报道了半导体泵浦的中红外光纤气体激光器[91]。实验系统如图 1.20 所示,利用电光调制、掺铒光纤放大的可调谐窄线宽 1.5 μm 半导体激光器(重复频率 10 kHz,脉宽 20 ns),泵浦一段充有低压乙炔气体的 10.5 m 长的无节点反共振空芯光纤,实现了 3 μm 波段中红外激光输出。在气压为 0.7 mbar、入射泵浦能量为 4.2 μJ 时,得到了 0.8 μJ 的最

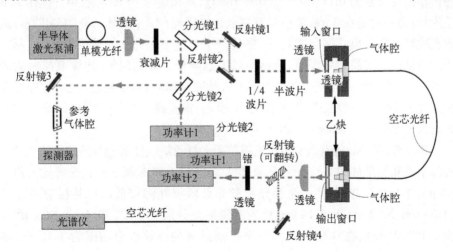

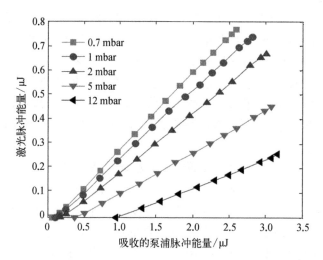

**图 1.20  可调谐半导体激光器泵浦充乙炔反共振空芯光纤单程实验**[91]

大输出能量、30% 的光光转换效率和小于 50 nJ 的激光阈值。相比于之前的 OPO 或 OPA 泵浦源，以窄线宽半导体激光器为种子的光纤激光放大器泵浦源在实现高效紧凑的中红外光纤气体激光器方面有很大优势。

2016 年，M. R. A. Hassan 等在上述工作的基础上，利用一段空芯光纤构成反馈结构，首次实现了环形腔 3 μm 光纤乙炔气体激光器[92]。如图 1.21 所示，该实验使用了两种空芯光纤：一种是无节点型负曲率反共振空芯光纤（1.53 μm 和 3.1 μm 的传输损耗分别为 0.11 dB/m 和 0.1 dB/m），其长度为 10 m，将乙炔气体作为增益光纤；另一种是在 3 μm 波段具有更低传输损耗（3.1 μm 处为 0.025 dB/m）的冰激凌型负曲率反共振空芯光纤，将其置于空气中作为激光的反馈光纤，形成环形腔结构。实验结果表明，腔结构极大地降低了激光阈值，连续泵浦时激光阈值仅为 16 mW，激光斜率效率为 6.7%；脉冲泵浦时，为了实现同步，脉冲宽度和重复频率需要与腔长匹配，当脉宽为 80 ns、重复频率为 2.6 MHz 时，输出激光的最大斜率效率为 8.8%。

2017 年，M. Xu 等首次实现了瓦级单程光纤乙炔气体激光器的连续输出[93]，实验系统和结果如图 1.22 所示。泵浦源是基于 10 W 量级的掺铒光纤放大器的 1.5 μm 半导体激光器，使用泵浦光和激光波段损耗都较低的反共振空芯光纤（1.53 μm、3.12 μm 和 3.16 μm 处的测量损耗分别为 0.037 dB/m、0.063 dB/m 和 0.069 dB/m），在 0.6 mbar 气压下得到最高的连续输出功率为 1.12 W，斜

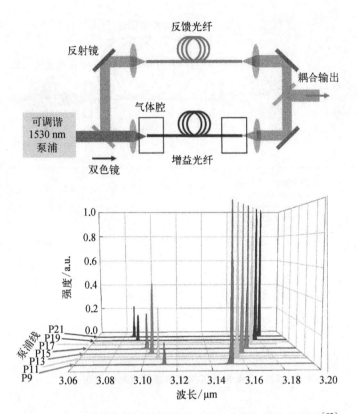

图 1.21 环形腔结构半导体泵浦充乙炔反共振空芯光纤实验[92]

率效率约为 33%。此外,该实验详细研究了输出激光功率和气压、光纤长度和泵浦光强度的关系,指出低损耗空芯光纤是实现有效高功率激光输出的关键。

2017 年,N. Dadashzadeh 等首次研究了光纤乙炔气体激光器输出激光光束质量[94]。实验系统如图 1.23 所示,利用 OPA 泵浦充乙炔的 10.9 m Kagome 型空芯光纤(1.53 μm 和 3.1 μm 的传输损耗分别为 0.08 dB/m 和 1.13 dB/m),当气压为 9.8 Torr 时获得了最大输出能量 1.41 μJ,斜效率为 20%。实验结果表明,中红外光纤气体激光器具有较好的光束质量,测量得到的最佳 $M^2$ 因子均小于 1.4,最佳值在 1.15 附近,显示了近衍射极限的光束质量。实验中斜效率与乙炔气压关系不大,说明碰撞弛豫不是实验中的输出激光效率的限制因素,更高的泵浦功率和气压有利于输出激光功率的提升。

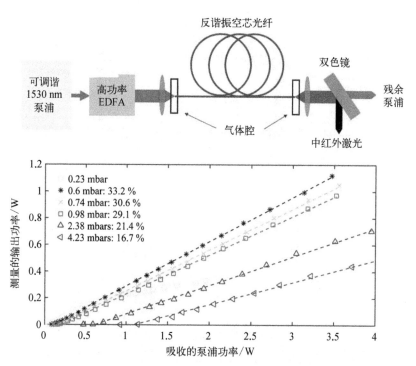

图 1.22　单程光纤乙炔气体连续激光输出实验[93]

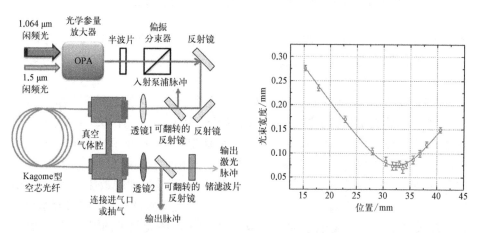

图 1.23　光纤乙炔气体激光器的输出光束质量测量实验[94]

　　2018 年,R. A. Lane 等对基于空芯光纤的光纤气体激光器进行了理论分析[95],重点建立了数值仿真模型分析激光功率输出特性,并将仿真结果与之前 OPA 泵浦的实验结果[94]进行了比较。该研究指出空芯光纤损耗、分子间碰撞引起的能量转移能够显著地影响激光阈值和输出激光功率,在短脉冲泵浦(纳秒量级)的情况下,分子与纤芯壁面的碰撞不如分子间的碰撞对输出激光的影响大,但该影响在长脉冲或者连续激光泵浦的情况下不可忽视。同年,国防科技大学报道了可调谐的脉冲和连续波近瓦级光纤乙炔激光输出[96],脉冲情况下的平均功率为 0.3 W(单脉冲能量为 0.6 μJ)、转换效率为 16%,连续波情况下激光功率为 0.77 W、转换效率为 13%。同时,通过实验详细研究了泵浦功率和乙炔气压对中红外激光两条谱线成分占比的影响,这对于激光谱线的控制和高功率下激光效率的提升有很好的指导意义。

　　2012 年,A. M. Jones 等报道了基于镀银毛细玻璃管的 4.3 μm 二氧化碳激光器[90]。实验系统如图 1.24 所示,毛细管内径为 500 μm,长度为 1.5 m,泵浦源

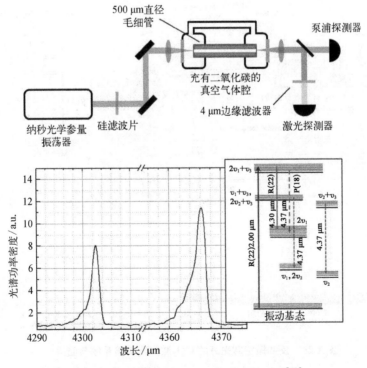

图 1.24　OPO 泵浦充 $CO_2$ 镀银毛细管实验[90]

OPO 的脉宽为 5 ns,最大输出能量为 1 mJ,泵浦波长是二氧化碳 R(22)泛频吸收线,即 2 002.5 nm。由于转动弛豫,最终输出的激光波段在 4.3 μm 和 4.37 μm 附近。在最佳气压 100 Torr 情况下,激光阈值为 40 μJ,最大输出能量为 100 μJ,光光转换效率约为 20%。

2019 年,国防科技大学报道了基于空芯光纤的二氧化碳气体激光器[97],首次实现了 4 μm 以上连续波光纤激光输出,实验系统与结果如图 1.25 所示。泵浦源是一个自研的掺铒光纤放大的可调谐窄线宽 2 μm 半导体激光器。空芯光纤是无节点型反共振空芯光纤,在 2 μm 和 4 μm 波段都具有较低的传输损耗,实验中使用的空芯光纤的长度是 5 m,光纤中充低压(几百帕)二氧化碳气体,基于粒子数反转实现了单程结构 4.3 μm 光纤激光输出,这是已经报道的常温下连续波光纤激光输出的最长波长。在最佳气压(500 Pa)的情况下,激光阈值约为 100 mW,最大输出功率约为 80 mW,激光斜率效率约为 9.3%。

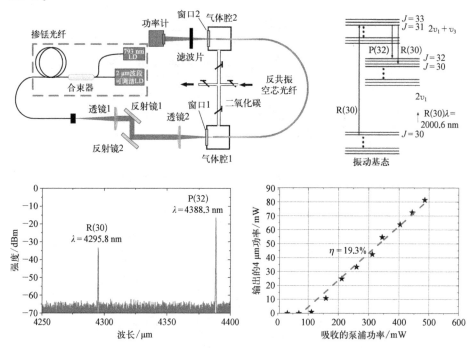

**图 1.25 反共振空芯光纤的 $CO_2$ 激光器实验系统与结果**[97]

注:dBm 指分贝毫瓦,是以 1 mW 为基准的比值。

溴化氢(HBr)气体是传统气体激光器的一种重要增益介质,主要用于产生 4 μm 波段激光输出。国防科技大学首次将 HBr 气体充入空芯光纤中,以自行搭建的窄线宽可调谐 2 μm 掺铥光纤放大器泵浦充有低压 HBr 气体的 4.4 m 长反共振空芯光纤[98,99],实现了 4 μm 波段的中红外激光输出,如图 1.26 所示。当泵浦波长精确对准同位素 H$^{79}$Br 的 R(2) 吸收线 1 971.7 nm 时,获得了包括 R(2) 激射线(3 977.2 nm) 和 P(4) 激射线(4 165.3 nm) 两条谱线的激光输出,620 Pa 时最大输出功率为 125 mW,光光转换效率约为 10%。HBr 气体分子的能级特点使其成为实现宽范围 4 μm 波段中红外激光输出的有效途径,通过改善空芯光纤传输损耗谱、提高泵浦光耦合效率、进一步优化光纤长度和气压,基于空芯光纤的 HBr 气体激光转换效率和输出功率都有望得到大幅提升。

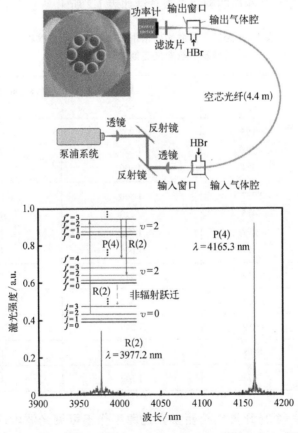

图 1.26　反共振空芯光纤的 HBr 激光器实验系统与结果[98]

### 1.3.3 基于受激拉曼散射的光纤气体激光技术

光纤气体拉曼激光光源很好地结合了光纤激光器和气体激光器的优势。相对传统的实芯光纤激光器,在增益气体介质的选择方面更灵活,因此可以输出的激光波长非常丰富。同时,由于光纤中类高斯光束的场分布,使得与空芯边沿石英玻璃接触的能量密度远小于空芯中心的能量密度,大大提升了光纤的损伤阈值,因此在高功率输出方面具有巨大潜力。此外,由于气体介质的非线性效应(与激光线宽展宽相关的)非常弱,因此在高峰值功率下保持窄线宽输出方面有巨大优势。到目前为止,使用氢气、氘气、甲烷等气体为拉曼介质,实现了紫外至中红外各个波段的光纤气体拉曼激光输出。常见的泵浦波长对应一阶斯托克斯光波长和相应的频移系数总结如表 1.2 所示[87]。

**表 1.2　光纤气体激光中常用拉曼气体介质的频移
系数及一阶斯托克斯波长[87]**

| 拉曼气体 | 频移系数/$cm^{-1}$ | 1 064 nm 泵浦下斯托克斯波长/nm | 1 550 nm 泵浦下斯托克斯波长/nm |
|---|---|---|---|
| $H_2$ | 4 155 | 1 907 | 4 354 |
| | 587 | 1 135 | 1 705 |
| | 354 | 1 106 | 1 640 |
| $D_2$ | 2 987 | 1 560 | 2 886 |
| | 415 | 1 113 | 1 657 |
| | 297 | 1 098 | 1 625 |
| | 179 | 1 084 | 1 594 |
| $CH_4$ | 2 917 | 1 543 | 2 829 |
| $C_2H_6$ | 2 954 | 1 552 | 2 859 |
| $CO_2$ | 1 389 | 1 249 | 1 975 |
| $CF_4$ | 908 | 1 178 | 1 804 |
| $SF_6$ | 775 | 1 160 | 1 762 |

历史上第一个光纤氢气拉曼激光光源工作于可见光波段,于 2002 年由巴斯大学的 F. Benabid 等在 *Science* 上报道[100]。由于拉曼增益系数大,实现

了不含谐振腔的单程结构拉曼激光输出,在此后的光纤气体拉曼激光光源的报道中,大多数采用的是此类空间光路耦合的单程结构的实验系统。其系统结构如图 1.27 左图所示,实验使用的 Kagome 型空芯光纤的两端密封于装嵌有抗反射镀膜的玻璃窗口的气体腔,通过气体腔空芯光纤内部被充入约 1.7 MPa 的氢气。

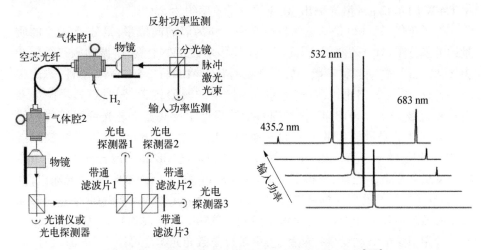

**图 1.27 空芯光纤内氢气的振动受激拉曼散射实验**[100]

泵浦源是 532 nm 的调 Q 单模倍频 Nd:YAG 激光器,其泵浦激光经由分束镜和透镜耦合到空芯光纤内,在沿光纤传输的过程中与氢气发生振动受激拉曼散射,在空芯光纤的输出端产生了 683 nm 的一阶斯托克斯红光和 435 nm 一阶反斯托克斯蓝光输出,输出光谱如图 1.27 右图所示。当光纤长度为 32 cm 左右时,实验获得 683 nm 最高的功率转化效率(斯托克斯光功率与泵浦光功率的比值)约为 30%。该项研究证明了空芯光纤在降低气体拉曼阈值和提高拉曼转化效率方面的重要作用,开启了光纤气体拉曼激光光源的新纪元。

在 2~5 μm 的中红外波段,受光纤和泵浦源性能的影响,光纤氢气拉曼激光光源的研究报道相对较少,由于氢气的振动拉曼频移系数为 4 155 cm$^{-1}$,为实现中红外激光输出,泵浦波长一般在 1.5 μm 波段,相应的拉曼波长一般在 4 μm 波段。2017 年,俄罗斯科学院的 A. V. Gladyshev 等使用波长为 1 558 nm 的脉冲掺铒光纤放大器作为泵浦源,在长度为 15 m、充有 30 atm① 氢气的无节点转轮

---

① 1 atm = 1.013 25×10$^5$ Pa。

型空芯光纤内,利用氢气的振动受激拉曼散射,首次实现了平均功率约 30 mW 的 4.42 μm 的脉冲拉曼激光输出,相应的量子效率约为 15%[101]。随后他们通过缩短光纤长度,即选用 3.2 m 长的空芯光纤,并提高气压至 50 atm,实现了平均功率 250 mW 的 4.42 μm 激光输出,相应的量子效率约为 36%[102]。之后通过优化泵浦源的性能,提高泵浦功率并且使泵浦光线偏振输出,实现了平均功率 1.4 W 的 4.42 μm 激光输出,相应的量子效率约为 53%[103,104]。

除了氢气,氘气也是常见的拉曼介质。作为氢的同位素,氘分子($D_2$)的质量约为氢分子($H_2$)的两倍,因此其拉曼频移系数要小于氢气,振动频移系数约为 2 987 cm$^{-1}$,转动频移系数中较为常见的有约 415 cm$^{-1}$、297 cm$^{-1}$和 179 cm$^{-1}$三种。另外,与氢气相比较,氘气受激拉曼散射的阈值较大,同时更容易产生多条转动拉曼谱线。2018 年,俄罗斯科学院报道了反共振空芯光纤中氢气和氘气混合气体的受激拉曼散射实验。他们使用一个 1 558 nm 掺铒光纤放大器泵浦一段长 11 m、充有 30 atm 氢气(2 atm)和氘气(28 atm)混合气体的无节点转轮型反共振空芯光纤,获得了 2.9 μm、3.3 μm 和 3.5 μm 的拉曼激光输出,其中 2.9 μm 为氘气的振动拉曼谱线,3.3 μm 和 3.5 μm 分别为 2.9 μm 的一阶转动和二阶转动斯托克斯波长,三个波长激光的总功率转化效率约为 10%[105]。

利用甲烷的级联受激拉曼散射,甲烷拉曼激光光源还可产生 2.8 μm 波段激光。2018 年,北京工业大学使用自研的 1 064 nm 波长、91 MW 高峰值功率的皮秒级 Nd:YAG 激光器作为泵浦源,在长度为 3 m、充有 18 atm 甲烷的无节点转轮型空芯光纤内,获得了 2 812 nm 的拉曼激光,输出平均功率为 113 mW,1.0~2.8 μm 的量子效率约为 40%[106]。国防科技大学则在实验系统上采取级联的方式,实现了 1.0 μm 激光向 2.8 μm 的转化[107]。系统第一级为 1 544 nm 的甲烷拉曼激光光源,通过使用 1 064 nm 的脉冲微芯激光器泵浦长 2 m、充有 2 atm 甲烷的冰激凌型反共振空芯光纤,以实现 1 544 nm 的拉曼激光输出;系统第二级以第一级的拉曼激光光源为泵浦源,将 1 544 nm 激光耦合到长度为 2.2 m、充有 11 atm 甲烷的无节点转轮型反共振空芯光纤内,实现了 2 809 nm 的激光输出。其中 2.8 μm 激光的功率为 13.8 mW,整个系统的量子效率为 65%(1.0 μm 转换至 2.8 μm)。随后国防科技大学还采取了实验系统第一、二级的空芯光纤分别充入氘气、甲烷,实现了 2.8 μm 不同气体级联拉曼激光输出[108],以及实验系统第一、二级的空芯光纤都充入氘气,实现了 2.9 μm 的级联拉曼激光输出[109]。此外,通过使用 1.5 μm 波段的脉冲激光泵浦,也可以产生 2.8 μm 波段的激光输出。2019 年,国防科技大学使用自行搭建的 1.5 μm 可调谐脉冲光纤放大器,泵浦长

度为 15 m、充有 16 atm 甲烷的无节点转轮型反共振空芯光纤,实现了 2 796～
2 863 nm 的可调谐拉曼激光输出,最高输出功率约为 34 mW[110]。

## 1.3.4 光纤气体激光技术发展趋势

近年来光纤气体激光器得到了快速发展,但是整体研究还处于非常初
始的发展阶段,目前存在的主要问题包括空间结构的不稳定性限制了激光
器的实用化、空芯光纤特别是反共振空芯光纤的拉制工艺还没有达到商业化
水平、空芯光纤相关的器件还未发展起来、实芯光纤与空芯光纤的低损耗耦
合亟待解决等。针对这些问题,未来光纤气体激光光源的发展主要有以下几
个方向。

一是光源系统的全光纤化。图 1.18 所示的空间耦合实验系统比较复杂,而
且耦合效率对周围环境比较敏感,这在很大程度上制约了光纤气体激光光源的
实际应用。在未来发展中,光纤气体激光光源的实用化是一个必然的趋势,为
此泵浦激光到空芯光纤的低损耗、高稳定性的耦合是一个需要解决的关键问
题。虽然目前已经存在实芯光纤和带隙型光纤熔接的方式实现高稳定性的激
光耦合,但是对于反共振空芯光纤而言,实用型的高稳定性低损耗耦合器件的
研究仍然处在起步阶段,相关技术仍有待研究和发展。实芯光纤和空芯光纤的
高稳定性低损耗耦合密封器件的研制,将是光纤气体激光光源走向产品化生产
的关键。此外全光纤气体腔的制备、充放气装置的小型化设计等,也是光纤气
体激光光源实用化发展中需要逐步解决的问题。

二是输出激光波长往中红外甚至远红外方向拓展。光纤气体激光器是实
现中红外甚至远红外激光输出的有效手段。相比于传统的光纤激光器,光纤气
体激光器得益于空芯光纤的优势,利用不同增益气体能够比较方便地实现 3～
5 μm 波段中红外光激光输出,而且可以实现大范围的输出激光波长调谐。因
此,在进一步深入研究后,成熟的光纤气体激光光源将能够填补目前光纤激光
器在中红外波段领域(特别是 4 μm 以上)的空白,成为中红外激光领域的重要
光源。更进一步,通过合理设计空芯光纤,选用合适的玻璃材料(如氯化物或氟
化物玻璃)制备空芯光纤,采用合适的气体增益介质,有望实现有效的远红外波
段的光纤气体激光输出。

三是光源系统输出功率的提升。到目前为止,光纤气体激光的研究集中在
波长拓展方面,大多数研究报道的功率水平在瓦级以下。当前,空间光路耦合
结构下,耦合点处能量密度巨大导致空芯光纤端面极易损伤,是影响激光源功

率提升的主要因素。未来通过优化系统、解决端面损坏的问题、使用平均功率更高的泵浦源,将进一步提升光纤气体激光光源功率。特别是,随着全光纤气体腔关键技术的突破,有望实现高功率的全光纤气体激光器,极大推动此类光源往应用方向发展。

# 参考文献

[ 1 ] Maiman T H. Stimulated optical radiation in Ruby[J]. Nature, 1960, 187(4736): 493 – 494.

[ 2 ] Jain R K, Hoffman A J, Jepsen P U, et al. Mid-infrared, long-wave infrared, and terahertz photonics: Introduction[J]. Optics Express, 2020, 28(9): 14169 – 14175.

[ 3 ] Jackson S D, Jain R K. Fiber-based sources of coherent MIR radiation: Key advances and future prospects[J]. Optics Express, 2020, 28(21): 30964 – 31019.

[ 4 ] Henderson-Sapir O, Malouf A, Bawden N, et al. Recent advances in 3.5 μm erbium-doped mid-infrared fiber lasers[J]. IEEE Journal of Selected Topics in Quantum Electronics, 2017, 23(3): 0900509.

[ 5 ] Vainio M, Halonen L. Mid-infrared optical parametric oscillators and frequency combs for molecular spectroscopy[J]. Physical Chemistry Chemical Physics, 2016, 18(6): 4266 – 4294.

[ 6 ] Werle P, Slemr F, Maurer K, et al. Near and mid-infrared laser-optical sensors for gas analysis[J]. Optics and Lasers in Engineering, 2002, 37(2 – 3): 101 – 114.

[ 7 ] Zhao P, Zhao Y, Bao H, et al. Mode-phase-difference photothermal spectroscopy for gas detection with an anti-resonant hollow-core optical fiber [ J ]. Nature Communications, 2020, 11(1): 847.

[ 8 ] Wieliczka D M, Weng S, Querry M R. Wedge shaped cell for highly absorbent liquids: Infrared optical constants of water[J]. Applied Optics, 1989, 28(9): 1714 – 1719.

[ 9 ] Richardson D J, Nilsson J, Clarkson W A. High power fiber lasers: Current status and future perspectives[J].Journal of the Optical Society of America B, 2010, 27(11): B63 – B92.

[10] Ohki T, Nakagawa A, Hirano T, et al. Experimental application of pulsed Ho: YAG laser-induced liquid jet as a novel rigid neuroendoscopic dissection device[J]. Lasers in Surgery and Medicine, 2004, 34(3): 227 – 234.

[11] Wikipedia. Atmospheric window [ EB/OL ]. https://en. jinzhao. wiki/wiki/Atmospheric _ window[2022 – 8 – 18].

［12］ 付强，姜会林，王晓曼，等. 空间激光通信研究现状及发展趋势［J］. 中国光学，2012, 5(2)：116 − 125.

［13］ 张泽宇，谢小平，段弢，等. 3.8 μm 和 1.55 μm 激光辐射在雾中传输特性的数值计算［J］. 红外与激光工程，2016, 45(S1)：42 − 47.

［14］ 李森森，闫秀生. 激光对抗系统中的中红外激光源及其关键技术［J］. 光电技术应用，2018, 33(5)：19 − 23.

［15］ 钟鸣，任钢. 3~5μm 中红外激光对抗武器系统［J］. 四川兵工学报，2007, 28(1)：3 − 6.

［16］ Hecht J. Half a century of laser weapons［J］. Optics & Photonics News, 2009, 20(2)：15 − 21.

［17］ Hecht J. History of gas lasers, part 1-continuous wave gas lasers ［J］. Optics & Photonics News, 2010, 21(1)：16 − 23.

［18］ 杨俊彦，公发全，刘锐，等. 中红外激光在光电对抗领域的应用及进展［J］. 飞控与探测，2020, 3(6)：34 − 42.

［19］ Jackson S D. Towards high-power mid-infrared emission from a fibre laser［J］. Nature Photonics, 2012, 6(7)：423 − 431.

［20］ Zhou P, Wang X, Ma Y, et al. Review on recent progress on mid-infrared fiber lasers［J］. Laser Physics, 2012, 22(11)：1744 − 1751.

［21］ Wang W C, Zhou B, Xu S H, et al. Recent advances in soft optical glass fiber and fiber lasers［J］. Progress in Materials Science, 2019, 101：90 − 171.

［22］ Fortin V, Bernier M, Bah S T, et al. 30 W fluoride glass all-fiber laser at 2.94 μm［J］. Optics Letters, 2015, 40(12)：2882 − 2885.

［23］ Aydin Y O, Fortin V, Vallée R, et al. Towards power scaling of 2.8 μm fiber lasers［J］. Optics Letters, 2018, 43(18)：4542 − 4545.

［24］ Henderson-Sapir O, Munch J, Ottaway D J. Mid-infrared fiber lasers at and beyond 3.5 μm using dual-wavelength pumping［J］. Optics Letters, 2014, 39(3)：493 − 496.

［25］ Maes F, Fortin V, Bernier M, et al. 5.6 W monolithic fiber laser at 3.55 μm［J］. Optics Letters, 2017, 42(11)：2054 − 2057.

［26］ Fähnle O, Cozic S, Boivinet S, et al. Splicing fluoride glass and silica optical fibers［J］. EPJ Web of Conferences, 2019, 215：04003.

［27］ Lemieux-Tanguay M, Fortin V, Boilard T, et al. 15 W monolithic fiber laser at 3.55 μm ［J］. Optics Letters, 2022, 47(2)：289 − 292.

［28］ Woodward R I, Majewski M R, Bharathan G, et al. Watt-level dysprosium fiber laser at 3.15 μm with 73% slope efficiency［J］. Optics Letters, 2018, 43(7)：1471 − 1474.

［29］ Fortin V, Jobin F, Larose M, et al. 10-W-level monolithic dysprosium-doped fiber laser at 3.24 μm［J］. Optics Letters, 2019, 44(3)：491 − 494.

[30] Maes F, Fortin V, Poulain S, et al. Room-temperature fiber laser at 3.92 μm[J]. Optica, 2018, 5(7): 761-764.

[31] Nunes J J, Sojka L, Crane R W, et al. Room temperature mid-infrared fiber lasing beyond 5 μm in chalcogenide glass small-core step index fiber[J]. Optics Letters, 2021, 46(15): 3504-3507.

[32] Tokita S, Murakami M, Shimizu S, et al. 12W Q-switched Er: ZBLAN fiber laser at 2.8 μm[J]. Optics Letters, 2011, 36(15): 2812-2814.

[33] Lamrini S, Scholle K, Schäfer M, et al. High-energy Q-switched Er: ZBLAN fibre laser at 2.79 μm[C]. Conference on Lasers and Electro-Optics, Munich, 2015.

[34] Hu T, Hudson D D, Jackson S D. Actively Q-switched 2.9 μm $Ho^{3+}Pr^{3+}$-doped fluoride fiber laser[J]. Optics Letters, 2012, 37(11): 2145-2147.

[35] Zhu G, Zhu X, Balakrishnan K, et al. $Fe^{2+}$: ZnSe and graphene Q-switched singly $Ho^{3+}$-doped ZBLAN fiber lasers at 3 μm[J]. Optical Materials Express, 2013, 3(9): 1365-1377.

[36] Li J, Luo H, Wang L, et al. Mid-infrared passively switched pulsed dual wavelength $Ho^{3+}$-doped fluoride fiber laser at 3 μm and 2 μm[J]. Scientific Reports, 2015, 5: 10770.

[37] Qin Z, Xie G, Zhang H, et al. Black phosphorus as saturable absorber for the Q-switched Er: ZBLAN fiber laser at 2.8 μm[J]. Optics Express, 2015, 23(19): 24713-24718.

[38] Paradis P, Fortin V, Aydin Y O, et al. 10W-level gain-switched all-fiber laser at 2.8 μm [J]. Optics Letters, 2018, 43(13): 3196-3199.

[39] Gorjan M, Petkovsek R, Marincek M, et al. High-power pulsed diode-pumped Er: ZBLAN fiber laser[J]. Optics Letters, 2011, 36(10): 1923-1925.

[40] Shen Y, Huang K, Luan K, et al. 26 mJ total output from a gain-switched single-mode $Er^{3+}$-doped ZBLAN fiber laser operating at 2.8 μm[J]. Journal of Russian Laser Research, 2017, 38(1): 84-90.

[41] Jobin F, Fortin V, Maes F, et al. Gain-switched fiber laser at 3.55 μm[J]. Optics Letters, 2018, 43(8): 1770-1773.

[42] Luo H, Yang J, Liu F, et al. Watt-level gain-switched fiber laser at 3.46 μm[J]. Optics Express, 2019, 27(2): 1367-1375.

[43] Luo H, Li J, Zhu C, et al. Cascaded gain-switching in the mid-infrared region[J]. Scientific Reports, 2017, 7: 16891.

[44] Pajewski L, Sójka L, Lamrini S, et al. Gain-switched $Dy^{3+}$: ZBLAN fiber laser operating around 3 μm[J]. Journal of Physics: Photonics, 2019, 2(1): 014003.

[45] Hu T, Jackson S D, Hudson D D. Ultrafast pulses from a mid-infrared fiber laser[J]. Optics Letters, 2015, 40(18): 4226-4228.

[46] Duval S, Bernier M, Fortin V, et al. Femtosecond fiber lasers reach the mid-infrared[J].

Optica, 2015, 2(7): 623 - 626.

[47] Shiryaev V S, Sukhanov M V, Velmuzhov A P, et al. Core-clad terbium doped chalcogenide glass fiber with laser action at 5.38 μm[J]. Journal of Non-Crystalline Solids, 2021, 567(33): 120939.

[48] Zhu X, Jain R. Compact 2 W wavelength-tunable Er: ZBLAN mid-infrared fiber laser[J]. Optics Letters, 2007, 32(16): 2381 - 2383.

[49] Tokita S, Hirokane M, Murakami M, et al. Stable 10 W Er: ZBLAN fiber laser operating at 2.71 - 2.88 μm[J]. Optics Letters, 2010, 35(23): 3943 - 3945.

[50] Crawford S, Hudson D D, Jackson S D. High-power broadly tunable 3-μm fiber laser for the measurement of optical fiber loss[J]. IEEE Photonics Journal, 2015, 7(3): 1 - 9.

[51] Henderson-Sapir O, Jackson S D, Ottaway D J. Versatile and widely tunable mid-infrared erbium doped ZBLAN fiber laser[J]. Optics Letters, 2016, 41(7): 1676 - 1679.

[52] Majewski M R, Woodward R I, Jackson S D. Dysprosium-doped ZBLAN fiber laser tunable from 2.8 μm to 3.4 μm, pumped at 1.7 μm[J]. Optics Letters, 2018, 43(5): 971 - 974.

[53] Luo H, Xu Y, Li J, et al. Gain-switched dysprosium fiber laser tunable from 2.8 to 3.1 μm [J]. Optics Express, 2019, 27(19): 27151 - 27158.

[54] Luo H, Li J, Gao Y, et al. Tunable passively Q-switched $Dy^{3+}$-doped fiber laser from 2.71 to 3.08 μm using PbS nanoparticles[J]. Optics Letters, 2019, 44(9): 2322 - 2325.

[55] Luo H, Yang J, Li J, et al. Widely tunable passively Q-switched $Er^{3+}$-doped $ZrF_4$ fiber laser in the range of 3.4 - 3.7 μm based on a $Fe^{2+}$: ZnSe crystal[J]. Photonics Research, 2019, 7(9): 1106 - 1111.

[56] Bernier M, Fortin V, Caron N, et al. Mid-infrared chalcogenide glass Raman fiber laser [J]. Optics Letters, 2013, 38(2): 127 - 129.

[57] Fortin V, Bernier M, Caron N, et al. Towards the development of fiber lasers for the 2 to 4 μm spectral region[J]. Optical Engineering, 2013, 52(5): 054202.

[58] Bernier M, Fortin V, El-Amraoui M, et al. 3.77 μm fiber laser based on cascaded Raman gain in a chalcogenide glass fiber[J]. Optics Letters, 2014, 39(7): 2052 - 2055.

[59] Qin G, Liao M, Suzuki T, et al. Widely tunable ring-cavity tellurite fiber Raman laser[J]. Optics Letters, 2008, 33(17): 2014 - 2016.

[60] Mori A, Masuda H, Shikano K, et al. Ultra-wide-band tellurite-based fiber Raman amplifier[J]. Journal of Lightwave Technology, 2003, 21(5): 1300 - 1306.

[61] Zhu G, Geng L, Zhu X, et al. Towards ten-watt-level 3 - 5 μm Raman lasers using tellurite fiber[J]. Optics Express, 2015, 23(6): 7559 - 7573.

[62] Mitschke F M, Mollenauer L F. Discovery of the soliton self-frequency shift[J]. Optics Letters, 1986, 11(10): 659 - 661.

[63] Tang Y, Wright L G, Charan K, et al. Generation of intense 100 fs solitons tunable from 2

to 4.3 μm in fluoride fiber[J]. Optica, 2016, 3(9): 948−951.

[64] Duval S, Gauthier J C, Robichaud L R, et al. Watt-level fiber-based femtosecond laser source tunable from 2.8 to 3.6 μm[J]. Optics Letters, 2016, 41(22): 5294−5297.

[65] Domachuk P, Wolchover N A, Cronin-Golomb M, et al. Over 4000 nm bandwidth of mid-IR supercontinuum generation in sub-centimeter segments of highly nonlinear tellurite PCFs [J]. Optics Express, 2008, 16(10): 7161−7168.

[66] Qin G, Yan X, Kito C, et al. Ultrabroadband supercontinuum generation from ultraviolet to 6.28 μm in a fluoride fiber[J]. Applied Physics Letters, 2009, 95(16): 161103.

[67] Liu K, Liu J, Shi H, et al. High power mid-infrared supercontinuum generation in a single-mode ZBLAN fiber with up to 21.8 W average output power[J]. Optics Express, 2014, 22(20): 24384−24391.

[68] Yang W, Zhang B, Yin K, et al. High power all fiber mid-IR supercontinuum generation in a ZBLAN fiber pumped by a 2 μm MOPA system[J]. Optics Express, 2013, 21(17): 19732−19742.

[69] Petersen C R, Møller U, Kubat I, et al. Mid-infrared supercontinuum covering the 1.4−13.3 μm molecular fingerprint region using ultra-high NA chalcogenide step-index fibre[J]. Nature Photonics, 2014, 8(11): 830−834.

[70] Salem R, Jiang Z, Liu D, et al. Mid-infrared supercontinuum generation spanning 1.8 octaves using step-index indium fluoride fiber pumped by a femtosecond fiber laser near 2 μm[J]. Optics Express, 2015, 23(24): 30592−30602.

[71] Yu Y, Zhang B, Gai X, et al. 1.8−10 μm mid-infrared supercontinuum generated in a step-index chalcogenide fiber using low peak pump power[J]. Optics Letters, 2015, 40(6): 1081−1084.

[72] Zhao Z, Wang X, Dai S, et al. 1.5−14 μm mid-infrared supercontinuum generation in a low-loss Te-based chalcogenide step-index fiber[J]. Optics Letters, 2016, 41(22): 5222−5225.

[73] Cheng T, Nagasaka K, Tuan T H, et al. Mid-infrared supercontinuum generation spanning 2.0 to 15.1 μm in a chalcogenide step-index fiber[J]. Optics Letters, 2016, 41(9): 2117−2120.

[74] Moller U, Yu Y, Kubat I, et al. Multi-milliwatt mid-infrared supercontinuum generation in a suspended core chalcogenide fiber[J]. Optics Express, 2015, 23(3): 3282−3291.

[75] Hudson D D, Antipov S, Li L, et al. Toward all-fiber supercontinuum spanning the mid-infrared[J]. Optica, 2017, 4(10): 1163−1166.

[76] Huang T, He Q, She X, et al. Study on thermal splicing of ZBLAN fiber to silica fiber[J]. Optical Engineering, 2016, 55(10): 106119.

[77] Al-Mahrous R, Caspary R, Kowalsky W. A thermal splicing method to join silica and

fluoride fibers[J]. Journal of Lightwave Technology, 2014, 32(2): 303 – 308.

[78] Faucher D, Bernier M, Androz G, et al. 20 W passively cooled single-mode all-fiber laser at 2.8 μm[J]. Optics Letters, 2011, 36(7): 1104 – 1106.

[79] Uehara H, Konishi D, Goya K, et al. Power scalable 30-W mid-infrared fluoride fiber amplifier[J]. Optics Letters, 2019, 44(19): 4777 – 4780.

[80] Bernier M, Trépanier F, Carrier J, et al. High mechanical strength fiber Bragg gratings made with infrared femtosecond pulses and a phase mask[J]. Optics Letters, 2014, 39(12): 3646 – 3649.

[81] Zou L E, Kabakova I V, Mägi E C, et al. Efficient inscription of Bragg gratings in As$_2$S$_3$ fibers using near bandgap light[J]. Optics Letters, 2013, 38(19): 3850 – 3853.

[82] Suo R, Lousteau J, Li H, et al. Fiber Bragg gratings inscribed using 800 nm femtosecond laser and a phase mask in single-and multi-core mid-IR glass fibers[J]. Optics Express, 2009, 17(9): 7540 – 7548.

[83] Grobnic D, Mihailov S J, Smelser C W. Femtosecond IR laser inscription of Bragg gratings in single- and multimode fluoride fibers[J]. IEEE Photonics Technology Letters, 2006, 18(24): 2686 – 2688.

[84] Cregan R F, Mangan B J, Knight J C, et al. Single-mode photonic band gap guidance of light in air[J]. Science, 1999, 285(5433): 1537 – 1539.

[85] Nampoothiri A V V, Jones A M, Fourcade-Dutin C, et al. Hollow-core optical fiber gas lasers (HOFGLAS): A review[J]. Optical Materials Express, 2012, 2(7): 948 – 961.

[86] 王泽锋, 周智越, 崔宇龙, 等. 光纤气体激光光源研究进展及展望(Ⅱ): 基于粒子数反转[J]. 中国激光, 2021, 48(4): 157 – 172.

[87] 王泽锋, 黄威, 李智贤, 等. 光纤气体激光光源研究进展及展望(Ⅰ): 基于受激拉曼散射[J]. 中国激光, 2021, 48(4): 142 – 156.

[88] HITRAN Spectroscopic Database[EB/OL]. http://hitran.org/[2023 – 07 – 15].

[89] Jones A M, Nampoothiri A V V, Ratanavis A, et al. Mid-infrared gas filled photonic crystal fiber laser based on population inversion[J]. Optics Express, 2011, 19(3): 2309 – 2316.

[90] Jones A M, Fourcade-Dutin C, Mao C, et al. Characterization of mid-infrared emissions from C$_2$H$_2$, CO, CO$_2$, and HCN-filled hollow fiber lasers[C]. Proc. of SPIE 8237, Fiber Lasers IX: Technology, Systems, and Applications, San Francisco, 2012: 82373Y.

[91] Wang Z F, Belardi W, Yu F, et al. Efficient diode-pumped mid-infrared emission from acetylene-filled hollow-core fiber[J]. Optics Express, 2014, 22(18): 21872 – 21878.

[92] Hassan M R A, Yu F, Wadsworth W J, et al. Cavity-based mid-IR fiber gas laser pumped by a diode laser[J]. Optica, 2016, 3(3): 218 – 221.

[93] Xu M, Yu F, Knight J. Mid-infrared 1 W hollow-core fiber gas laser source[J]. Optics Letters, 2017, 42(20): 4055 – 4058.

［94］ Dadashzadeh N, Thirugnanasambandam M P, Weerasinghe H W K, et al. Near diffraction-limited performance of an OPA pumped acetylene-filled hollow-core fiber laser in the mid-IR［J］. Optics Express, 2017, 25(12)：13351－13358.

［95］ Lane R A, Madden T J. Numerical investigation of pulsed gas amplifiers operating in hollow-core optical fibers［J］. Optics Express, 2018, 26(12)：15693－15704.

［96］ Zhou Z, Tang N, Li Z, et al. High-power tunable mid-infrared fiber gas laser source by acetylene-filled hollow-core fibers［J］. Optics Express, 2018, 26(15)：19144－19153.

［97］ Cui Y, Huang W, Wang Z, et al. 4.3 μm fiber laser in $CO_2$-filled hollow-core silica fibers ［J］. Optica, 2019, 6(8)：951－954.

［98］ 周智越, 李昊, 崔宇龙, 等. 基于空芯光纤的光泵浦 4 μm 连续波 HBr 气体激光器 ［J］. 光学学报, 2020, 40(16)：122－131.

［99］ Zhou Z, Wang Z, Huang W, et al. Towards high-power mid-IR light source tunable from 3.8 to 4.5 μm by HBr-filled hollow-core silica fibres［J］. Light：Science & Applications, 2022, 11(1)：15－27.

［100］ Benabid F, Knight J C, Antonopoulos G, et al. Stimulated Raman scattering in hydrogen-filled hollow-core photonic crystal fiber［J］. Science, 2002, 298(5592)：399－402.

［101］ Gladyshev A V, Kosolapov A F, Khudyakov M M, et al. 4.4-μm Raman laser based on hollow-core silica fibre ［J］. Quantum Electronics, 2017, 47(5)：491－494.

［102］ Gladyshev A V, Kosolapov A F, Astapovich M S, et al. Revolver hollow-core fibers and Raman fiber lasers［C］. Optical Fiber Communications Conference and Exposition (OFC), San Diego, 2018：1－3.

［103］ Astapovich M S, Gladyshev A V, Khudyakov M M, et al. 4.4-μm Raman generation with an average power above 1 W in silica revolver fibre［J］. Quantum Electronics, 2018, 48(12)：1084－1088.

［104］ Astapovich M S, Gladyshev A V, Khudyakov M M, et al. Watt-level nanosecond 4.42 μm Raman laser based on silica fiber［J］. IEEE Photonics Technology Letters, 2019, 31(1)：78－81.

［105］ Gladyshev A V, Bufetov I A, Dianov E M, et al. 2.9, 3.3, and 3.5 μm Raman lasers based on revolver hollow-core silica fiber filled by $^1H_2/D_2$ gas mixture［J］. IEEE Journal of Selected Topics in Quantum Electronics, 2018, 24(3)：0903008.

［106］ Cao L, Gao S F, Peng Z G, et al. High peak power 2.8 mum Raman laser in a methane-filled negative-curvature fiber［J］. Optics Express, 2018, 26(5)：5609－5615.

［107］ Li Z, Huang W, Cui Y, et al. Efficient mid-infrared cascade Raman source in methane-filled hollow-core fibers operating at 2.8 μm［J］. Optics Letters, 2018, 43(19)：4671－4674.

［108］ Huang W, Cui Y, Li Z, et al. 1.56 μm and 2.86 μm Raman lasers based on gas-filled anti-resonance hollow-core fiber[J]. Chinese Optics Letters, 2019, 17(7): 70 – 74.

[109] 黄威, 李智贤, 崔宇龙, 等. 反共振空芯光纤中氘气受激拉曼散射实验研究[J]. 中国激光, 2020, 47(1): 33 – 40.

[110] Huang W, Cui Y, Li Z, et al. Diode-pumped single-pass tunable mid-infrared gas Raman source by methane-filled HCF[J]. Laser Physics Letters, 2019, 16(8): 085107.

# 第二章 空芯光纤的发展
# 历史与现状

空芯光纤(hollow-core fibers，HCF)的出现为解决实芯光纤存在的问题提供了一种新途径。顾名思义,空芯光纤的纤芯不再是实芯的玻璃基质材料,而是各种周期性的空芯结构。这种结构排布简单、设计自由度高,其优势在于光场只与 HCF 包层少量的玻璃材料通过倏逝场作用,其光场强度比 HCF 纤芯中心区域的光场强度至少小一个数量级,对玻璃材料的损伤减少,具有良好的抗电离辐射性能。大部分的光能量在纤芯区域传播而不与玻璃材料接触,相较于实芯光纤极大地降低了非线性的影响。而且,光场与玻璃材料的低重叠使得HCF 的吸收损耗影响急剧减小,因此目前 HCF 的基质材料大量使用技术成熟的硅酸盐材料,通过空芯结构的设计,可以低损耗地传输中红外波段的光,为基于 HCF 的中红外光纤气体激光的发展提供了有力支撑,是光纤领域的研究热点之一。

## 2.1 空芯光纤概述

### 2.1.1 空芯光纤简介

自 1966 年英国华裔科学家高琨博士提出可将高纯度低损耗石英玻璃用于光传输介质以来,基于高纯度低损耗石英玻璃的光纤得到了极大发展,光纤通信彻底改变了人们的生活方式。如今随着 5G 技术的发展,对光纤通信的传输容量要求越来越高,而基于石英玻璃传输的光纤,由于其材料的吸收、色散、非线性、低损伤阈值等本征属性,逐渐成为光纤通信技术的瓶颈。同时,在高功率、超快光学、非线性光学等一些特殊领域中,光纤也表现出材料导致的局限性。其他基质的光传输介质材料,也会面临相应的问题。

随着光纤技术的发展,HCF 出现在人们视野中,HCF 由于其特殊的包层结构,将光限制在纤芯的空气中传输,可从根本上避免光在石英玻璃或其他介质材料中的本征限制问题,比传统全内反射型光纤具有更加优秀的光学性质以及设计的多样性,为克服当前光纤的瓶颈提供了一个完美的解决方案。此外,HCF 的纤芯为空气,与实芯光纤相比在光传输方面降低了光与基质材料的相互作用,具有较低的色散和非线性效应特性。因而 HCF 近年来受到普遍关注并得到极大的发展。

## 2.1.2　空芯光纤的分类

对 HCF 的研究最早从空芯金属波导管以及空芯电介质波导管开始,随着人们对 HCF 中光传导机制的深入理解,根据导光机理不同,HCF 大致可以分为空芯光子带隙光纤(hollow-core photonic bandgap fiber, HC–PBGF)、Kagome 型 HCF 以及近年来出现的各种反共振空芯光纤(anti-resonant hollow-core fiber, AR–HCF),主要的里程碑成就如图 2.1 所示[1]。其中 HC–PBGF 的重要研究进展如图 2.1(b)所示,Kagome 型 HCF 和 AR–HCF 的导光机理相似,可以归为一类,标志性的成果如图 2.1(c)所示,详细的发展历程将在接下来两节介绍。

## 2.1.3　空芯光纤的应用

HCF 由于纤芯是真空或者气体介质,高功率情况下损伤阈值更高而且非线性效应更小。另外,HCF 可以有效地将光约束在微米尺度的纤芯中,具有极高的泵浦强度,同时提供非常长的光与物质相互作用距离,所以 HCF 目前在高能激光传输、激光与气体相互作用以及超快激光传输等方面都有重要的应用。

1. 光与气体相互作用

HCF 可以克服自由空间中光的衍射导致的光与物质有效相互作用距离很短的缺点,为光与物质相互作用提供一个理想的平台。光和气体相互作用的程度可用以下评价因子近似表示[2]:

$$F_{om} = \frac{\lambda}{A_{core}\alpha} \tag{2.1}$$

其中,$\alpha$ 表示传输损耗;$A_{core}$ 为纤芯面积;$\lambda$ 表示激光波长。对于高斯光束,在自由空间中主要受限于衍射效应,有效作用距离为瑞利长度,$F_{om}$ 大约为 2。对于纤芯尺寸在 10 μm 量级的 HCF 而言,$F_{om}$ 能够达到 $10^6$ 量级。可见光与气体相互作用程度提高了近一百万倍,这样的高效率使得 HCF 成为研究光与气体相互

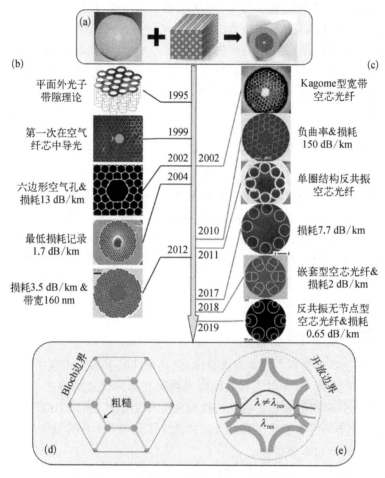

**图 2.1 HCF 发展历史及里程碑进展**[1]

(a) 将二维光子带隙材料应用到 HCF 的概念提出;(b) HC – PBGF 的主要进展;
(c) AR – HCF 的主要进展;(d) HC – PBGF 包层的典型几何形状;
(e) AR – HCF 包层的典型几何形状

作用极好的平台。

根据光与气体相互作用原理的不同,HCF 中光与气体相互作用主要分为两类:一类是基于粒子数反转的气体分子振动-转动能级吸收跃迁的中红外光纤气体激光器;另一类是基于气体受激拉曼散射作用的 HCF 气体拉曼激光器。这两种激光器已经在第一章详细介绍。

## 2. 高能激光传输

研究和拉制低损耗 HCF 的目的之一是用于高能激光的传输,在激光手术和激光加工领域有着广泛的应用前景。低损耗金属空芯波导的出现,证实了在空气和真空中传输高能激光的可行性。与折射率引导型光纤相比,HCF 的光场和包层材料之间重合很小,使得材料吸收和非线性光学效应极大减小,从而能够得到更高的峰值功率。同时,由于在光纤端面没有菲涅耳反射,理论上光源和 HCF 的耦合效率可以很高。

在空芯光子带隙光纤出现之前,内表面金属涂覆的空芯波导被广泛用于高至 20 μm 的中红外波段高能激光的传输[3]。但是,金属空芯波导中心面积很大、多模传输下弯曲损耗很高、输出光束质量退化严重,这些缺点限制了金属空芯波导的性能。在新型 HCF 出现之后,布拉格光纤、空芯光子带隙光纤和 Kagome型光纤在近红外波段传统激光波长上都成功实现了高能激光的传输[4-7],但空芯光子带隙光纤和其他 HCF 相比,在单模传输下,弯曲损耗要小得多。

负曲率 HCF 最初用于中红外传输。中红外波段被称为“分子指纹”区域,有很强的分子振动吸收谱线。随着新型中红外激光光源的产生,其在光谱学和药学中的广泛应用引起了越来越多研究人员的关注。在负曲率 HCF 中已实现2.94 μm 高平均功率皮秒和纳秒脉冲激光的传输,可用于高精度微加工领域[8]。

## 3. 超快超短脉冲传输

超快(飞秒)激光脉冲相比纳秒调 Q 激光脉冲有着更短的脉冲宽度。超快激光在材料加工、成像、频谱术等领域有着广泛的用途。在传统折射率引导型光纤中,超快激光脉冲传输几厘米就会因非线性效应发生严重的失真。当增加脉冲能量时,在光纤端面和光纤内部极易产生光学损伤。这些问题主要是固体的纤芯材料引起的。因此,自从低损耗 HCF 出现以后,研究人员一直在致力于把 HCF 应用到超快激光脉冲的传输中。

孤子是由于反常群速度色散和自相位锁模之间的平衡而形成的。在负曲率 HCF 中,非线性效应相比传统光纤极大减弱,从而能够传递更高能量的超快孤子脉冲。基于孤子动力学的超快脉冲压缩技术,通过选取合适的光纤长度,能够显著压缩输出的脉冲宽度。

在物理上,当超快脉冲的频谱宽度超过若干太赫兹时,脉冲的高频分量也能够泵浦低频分量,导致脉冲传播时在长波区域有微小移动,这种现象叫作脉冲内受激拉曼散射。由于空芯光子带隙光纤传输窗口的限制,当移动过后的孤子频率达到空芯光子带隙光纤传输带的边缘时,孤子压缩停止。为了进一步减小由于空气纤芯的拉曼效应而导致的孤立子自频移,空芯光子带隙光纤的纤芯使用非拉曼活性气体来填充。

4. 传感应用

HCF 在传感领域的应用主要包括光频标准应用、气体分子探测以及温度测量等。光频标准可用于激光稳频、通信等领域。丹麦科技大学在 2015 年报道了充 $C_2H_2$ 气体的 HCF 产生 1 542 nm 的光学频率标准用于光纤激光稳频实验[9],实验在 $10^4$ s 时间内实现了频率不稳定度低于 $10^{-12}$。同年,该课题组又通过封装的 HCF 气体腔实现了紧凑化和便携化的光频标准[10]。在分子探测方面,美国加利福尼亚大学 2010 年报道了利用空芯光纤中拉曼散射探测分子的实验,将分子探测灵敏度提高了 100 倍[11]。2015 年德国波茨坦大学利用 HCF 腔衰荡技术进行氧气探测,实现了无校准气体探测[12]。此外,德国马普所于 2015 年报道了 HCF 悬浮微粒的温度、电场传感器[13]。实验利用 HCF 中双向传输的两束脉冲激光使微米尺度的微粒悬浮在纤芯中,悬浮微粒在变化的电场中横向位移产生的扰动会引起透射光信号变化,从而反映电场的分布。

5. 空芯光纤用于激光脉冲压缩

2015 年,德国马普所首先报道利用充惰性气体的 Kagome 型 HCF 中的非线性效应,将亚皮秒的 1 030 nm 高能脉冲激光的脉宽压缩了两个数量级,实现飞秒脉冲激光输出[14]。2016 年,德国汉堡大学在充 Ar 气的 Kagome 型 HCF 成功实现 2 μm 中红外皮秒脉冲压缩,输出了上百飞秒脉宽的 2 μm 中红外激光[15]。

## 2.2 光子带隙型空芯光纤

### 2.2.1 光子带隙型空芯光纤的历史与现状

早在 1964 年,HCF 的概念就被提出[16],当时构想的结构十分简单,仅在金属圆管内表面镀上一层高反膜,经过理论计算光场可以在金属圆管中心传输,为了方便镀高反膜,圆管孔径一般较大,导致传输的模式很多,这种结构难以保持长距离的单模传输,而且受限于当时的材料及工艺水平,HCF 的概念淹没在迅速发展的各类实芯光纤中。1987 年,由电解质组成的光子带隙材料相继出现[17,18],可以充当高反镜的作用,克服了之前缺乏合适的光子材料的问题,为 HCF 的发展提供了新的契机。1991 年,P. S. J. Russell 开创性地提出将二维光子带隙材料与光纤结合,指明一个微结构玻璃毛细管阵列可以作为复合材料形成光纤包层,在空气纤芯实现低损耗光波导,如图 2.1(a)所示。1995 年,英国南安普敦大学的 T. A. Birks 等进一步证实了由二维周期性的空气孔阵列可以组成光纤的新型包层结构[19],如图 2.1(b)所示。这种新型的结构具有光子带隙,与半导体中的带隙概念类似,纤芯的引入使周期性结构遭到破坏,形成了具有一定频宽的缺陷态或局域态,只有特定频率的光波可以在这个缺陷区域中传播,而其他频率的光波则不能传播,形成对光场的约束,这种结构的光纤就是 HC‐PBGF 的雏形。1999 年,英国巴斯大学的 R. F. Cregan 等从实验上首次拉制了 HC‐PBGF[20],横截面如图 2.2(a)所示,包层中周期性排列的空气孔结构形成了光子带隙,结构中心位置缺陷为空气形成的纤芯,通过布拉格反射(Bragg reflection)约束在纤芯区域并且沿着纤芯方向传输,其最大的特点是具有几段特定波长范围较窄的传输带,只有在传输带内光才能被限制在其中以较低的损耗传播。20 世纪初,美国康宁公司的 N. Venkataraman 等率先拉制了图 2.1(b)从上往下第三张图所示的低损耗 HC‐PBGF,在 125 nm 范围的传输窗口损耗小于 30 dB/km,在 1 500 nm 处有最低的损耗 13 dB/km[21]。随后,英国巴斯大学的 B. J. Mangan 等拉制的横截面如图2.2(b)所示的包层19孔 HC‐PBGF 将1 565 nm 处的传输损耗降到 1.72 dB/km[22]。

2005 年,英国巴斯大学的 P. Roberts 等从理论上指出 HC‐PBGF 的传输损耗来源于表面粗糙引起的散射[23],光纤基质材料石英和空气表面的散射损耗决定了 HC‐PBGF 在 1.5 μm 处的传输损耗极限约为 1.2 dB/km,是目前该种光纤最低的传输损耗,并且只能在约 20 nm 内的带宽内实现,这是因为 HC‐PBGF 还会受到表面模的影响,传输通带内会出现多个损耗峰,导致出现色散大、带宽窄的问题。在传输高功率超短脉冲激光时,HC‐PBGF 较大的表面散射还会造成光纤的严重损伤。2008 年,B. Amezcua-Correa 发现 HC‐PBGF 的表面模通过降低纤芯壁的厚度可以得到抑制[24],传输带宽在 1 550 nm 附近的通信波段拓展到了 300 nm,整体传输损耗小于 50 dB/km,最低的损耗达 15 dB/km。随后,英国南安普敦大学的 F. Poletti 等报道了一款结合了低传输损耗(3.5 dB/km)和宽传输带宽(160 nm)的 HC‐PBGF[25,26],横截面如图 2.2(c)中插图所示,更重要的是,相较于传统的光纤,其通信传输速度更快,首次在实验上论证了 HCF 中接近光速(99.7%)的波分复用传输数据。此外,图 2.2(c)还比较了与图 2.2(b)对应的 HC‐PBGF 的传输损耗,其中 S、C、L 分别代表光纤通信中短波、传统和长波通信带,可以明显看出在保持低损耗的情况下,传输带宽有了明显的提升。2019 年,北京工业大学的 X. Zhang 等报道了目前在 1 760 nm 波段具有最长传输带宽 458 nm 的 HC – PBGF[27]，其传输损耗在 1 633 nm 为 6.5 dB/km，通过减小结构尺寸，该款 HC – PBGF 在 1 080 nm 和 1 440 nm 波段分别具有 258 nm 和 420 nm 的传输带宽。总之，HC – PBGF 的典型包层几何形状可以总结为图 2.1(d)，包层是各种周期性的结构，构成周期性结构的毛细管膜厚度一般在 50～150 nm，这些玻璃材料薄膜与光场有所重叠，支持不同阶数的束缚光子谐振，相邻玻璃节点之间的模式耦合可以产生光子带隙[1]。可见，随着 HC – PBGF 的不断发展，传输带宽不断拓宽，传输损耗不断降低。

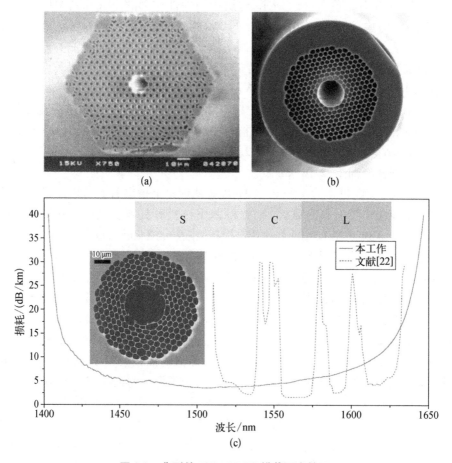

图 2.2　典型的 HC – PBGF 横截面电镜图

（a）首次报道的 HC – PBGF[20]；（b）低损耗 HC – PBGF(1.72 dB/km@1 565 nm)[22]；
（c）宽带低损耗光子 HC – PBGF(插图)及与(b)图对应的传输损耗对比[25,26]

## 2.2.2 光子带隙型空芯光纤的导光机理

带隙型 HCF 的包层分布着周期性结构的空气孔,这种周期性结构的排布,形成了一种被称为"光子晶体"的结构。

光子晶体的概念最早在 1987 年提出,其结构的基本特征是周期性的折射率分布,根据其周期性排布的方向,具体可以把光子晶体分为一维、二维和三维三类,如图 2.3 所示。如果只沿一个方向上存在周期性的折射率分布,则形成的是一维光子晶体。像带隙型 HCF 这种在二维平面上存在周期性的折射率分布,形成二维光子晶体。在空间三个方向都有周期性的折射率分布,形成的是三维光子晶体。对于带隙型 HCF,其纤芯折射率要低于包层折射率,所以带隙型 HCF 不属于折射率引导型光纤,其导光机制需要依靠光子晶体的带隙效应进行解释。

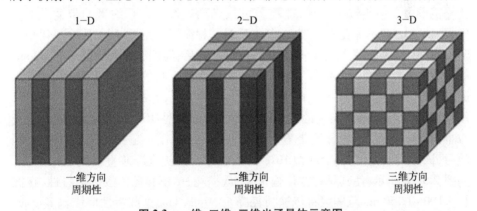

图 2.3 一维、二维、三维光子晶体示意图

光子带隙类似于半导体中存在的电子跃迁禁带,周期性的折射率分布使得光子晶体存在光子禁带,频率位于禁带的光无法通过光子晶体,因而会被完全反射。在数学上体现为,光子晶体内的电磁波方程在某一频段内无解,而这一频段即为光子带隙。如图 2.4 所示,在带隙型 HCF 中,光子带隙的约束作用可以理解为,满足布拉格散射条件的光在通过多层电介质边界时发生了多次散射和干涉,最终又汇聚到纤芯处传播。

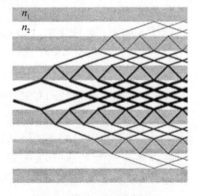

图 2.4 布拉格散射原理

## 2.3 反共振型空芯光纤

### 2.3.1 反共振型空芯光纤的历史与现状

相较于传输带较窄的 HC – PBGF,另一种重要的 HCF 是 Kagome 型 HCF。2002 年,英国巴斯大学的 F. Benabid 首次报道了一种新型的具有 Kagome 栅格包层结构的 HCF[28],如图 2.5(a)所示,与 HC – PBGF 相比,该 HCF 在包层同样具有周期性栅格结构,但实验和理论研究中均未发现光子带隙的存在,且由于周期结构使用玻璃材料更少,光场重叠比 HC – PBGF 小几个数量级,有效减少了玻璃材料中杂质的影响。这种 HCF 可以有效实现传输带宽很宽的光传导,传输范围由多个传输带组成,能覆盖可见光到近红外几百纳米的带宽。由于 Kagome 型 HCF 不存在光子带隙,其本质是一种泄漏型光纤,所以传输损耗相比于折射率引导的实芯光纤要高很多。2010 年前后,英国巴斯大学的 Y. Y. Wang 等先后在会议和期刊上报道了一种新型的内摆线形状的 Kagome 型 HCF[29,30],通过在纤芯与包层界面引入内摆线结构,如图 2.1(c)从上往下的第二张图所示,增强了纤芯模和包层模的模式抑制,将 Kagome 型 HCF 的损耗从 dB/m 量级减小到 dB/km 量级,在传输带宽超过 200 THz 的范围传输损耗为 180 dB/km。随后,该课题组优化 Kagome 型 HCF 内摆线形状并扩大纤芯直径到 66 μm[31],如图 2.5(b)所示,使其具有宽传输带宽、低损耗、单模和低色散传输特性,在波长 1 100~1 750 nm 范围内将传输损耗降至 40 dB/km,这些特性使该款 Kagome 型 HCF 适合于传输高功率激光。2013 年,内摆线 Kagome 型 HCF 在 1 064 nm 处的传输损耗降至 17 dB/km[32]。同年,法国利摩日大学的 T. D. Bradley 等将内摆线 Kagome 型 HCF 在 780 nm 处的传输损耗降至 70 dB/km[33],纤芯直径为 40 μm,传输带为 750~850 nm。随后,一系列低损耗的内摆线 Kagome 型 HCF 也相继被报道,法国利摩日大学的 B. Debord 等将内摆线 Kagome 型 HCF 在可见光波段 600 nm 和 532 nm 的损耗分别降至 70 dB/km 和 130 dB/km[34]。英国南安普敦大学的 N. V. Wheeler 等拉制了在中红外波段通光的三款 Kagome 型 HCF[35],纤芯直径分别为 43 μm、64 μm 和 97 μm,在 1 μm、1.55 μm 和 2.5 μm 波段的损耗分别为 12.3 dB/km、13.9 dB/km 和 9.6 dB/km,均是目前该波段的最低损耗,纤芯直径越大,其对应的传输波段向长波移动。其中 2.5 μm 波段通光的 Kagome 型 HCF 横截面如图 2.5(c)所示。

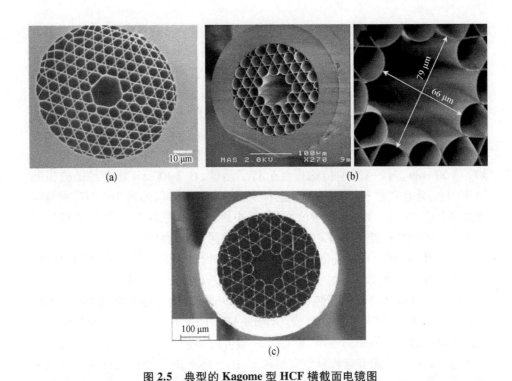

**图 2.5　典型的 Kagome 型 HCF 横截面电镜图**

（a）首次报道的 Kagome 型 HCF[28]；（b）内摆线 Kagome 型 HCF[31]；
（c）中红外波段低损耗内摆线 Kagome 型 HCF[35]

随着内摆线 Kagome 型 HCF 的光学性能不断提升，人们对其导光机理进行了更深入的研究，逐渐意识到内摆线 Kagome 型 HCF 成功的关键在于其内摆线形状的纤芯具有图 2.1（e）所示的负曲率，而不是 Kagome 结构的包层[29,30]，具有负曲率纤芯边界的 Kagome 型 HCF 的传输损耗比具有常规纤芯边界的 HCF 传输损耗低很多。随后围绕纤芯负曲率形状和单包层的设计理念，结构更简单、光学性能更优异的 AR‐HCF 不断涌现。"反共振"一词来源于解释其导光机制的反共振反射光学波导（anti‐resonant reflecting optical waveguide，ARROW）理论模型[36,37]，HCF 传输的光主要由包层中的玻璃毛细管壁厚度决定，只有当玻璃毛细管壁厚度满足共振条件时，光才会被显著地泄漏掉。

2011 年，俄罗斯科学院的 A. D. Pryamikov 等首次成功拉制了如图 2.6（a）所示的第一根硅酸盐材料 AR‐HCF[38]，其传输带可达 3.5 μm，该 AR‐HCF 包层由相互接触的 8 根毛细管环绕组成单圈结构,与 HC-PBGF 和 Kagome 型 HCF 不同,单圈结构的 AR-HCF 对包层周期性结构的几何规整度要求不高[39]。随后,英国巴斯大学的 F. Yu 等对拉制工艺进行改进,制备了图 2.6(b)所示具有冰激凌型包层结构的负曲率 AR-HCF[40],具有在 3~4 μm 中红外波段低损耗传输的潜力,在 3.05 μm 波段获得了 34 dB/km 的最低传输损耗,该值比硅酸盐材料在相同波段的吸收损耗低了 3 个数量级,同时还支持 4 μm 以上的激光传输。2013 年,该小组拉制了 9 款硅酸盐材料的负曲率 AR-HCF[41],然后对 800~4 500 nm 波段范围的传输损耗进行了测量,在 2 400 nm 处有最低的损耗 24 dB/km,并且在波长 4 000 nm 处也有 85 dB/km 的损耗,远远小于石英材料在此波段高达 86 500 dB/km 的吸收损耗,该小组认为这种 HCF 的低传输损耗是负曲率纤芯结构和较大的纤芯直径(65 μm)共同作用的结果。

2013 年,俄罗斯科学院的 A. N. Kolyadin 等设计了图 2.6(c)所示的包层毛细管不接触的无节点结构的 AR-HCF[42],并发现该 HCF 在 2.5~7.9 μm 的中红外波段具有很低的传输损耗,实验测得 3.39 μm 处的传输损耗为 50 dB/km,与有节点的 AR-HCF 相比,无节点结构的 AR-HCF 具有更低的传输损耗而且可以使损耗曲线变得更为平滑,降低光纤的弯曲损耗。2014 年,英国巴斯大学的 W. Belardi 等对无节点和有节点结构的 AR-HCF 的弯曲损耗特性进行数值仿真[43],发现如图 2.6(d)所示去除 AR-HCF 包层的节点时,不仅可以有效降低 AR-HCF 的弯曲损耗,还能在较宽波段范围低损耗传输光,当 AR-HCF 弯曲半径为 2.5 cm 时,在 3.35 μm 波长处弯曲损耗为 0.25 dB/圈,在 3.1 μm 中红外波段附近 600 nm 范围内整体损耗小于 200 dB/km。2016 年,北京工业大学 S. F. Gao 等通过理论仿真优化,设计了如图 2.6(e)所示的无节点负曲率 AR-HCF[44],该光纤包层毛细管数量由 8 根减少到 6 根,实验证明这可以有效降低弯曲损耗,实现了 850~1 700 nm 宽带波段传输,在长波长方向,弯曲半径为 5 cm 的情况下其弯曲损耗为 200 dB/km,在短波长方向,弯曲半径为 2 cm 的情况下其弯曲损耗为 4 500 dB/km。

AR-HCF 在可见光和近红外波段光传输也有着重要的应用。2015 年,爱丁堡赫瑞瓦特大学的 P. Jaworski 等报道了一款能传输绿光波段高能短脉冲和超短脉冲激光的低损耗 AR-HCF[45],如图 2.6(f)所示,在 532 nm 和 515 nm 波长处传输损耗分别为 150 dB/km 和 180 dB/km,能够保证激光源单模、稳定(低弯曲敏感性)、光谱和时域特性。2017 年,北京工业大学 S. F. Gao 等优化了如图 2.6(e)所示的无节点负曲率 AR-HCF 的拉制参数并减小石英壁的厚度,实

现了其在可见光至近红外波段(420~1 400 nm)跨倍频程传输,进一步验证了
532 nm 绿光高功率超快皮秒激光传输[46]。同年,法国利摩日大学的 B. Debord
等报道了图 2.1(c)从上往下第四张图所示的从紫外到近红外低损耗的无节点
AR－HCF[47],波长在 750 nm 处传输损耗为 7.7 dB/km,仅仅为瑞利散射极限的
2 倍,也是目前同类 HCF 最低损耗纪录,在 600~1 200 nm 超宽传输带内传输损
耗为 10~20 dB/km。英国南安普敦大学的 J. R. Hayes 等报道了在近红外波段
跨倍频程传输的无节点 AR－HCF[48],有一个超宽的低损耗传输窗口,从 1 000~
1 400 nm 传输损耗低于 30 dB/km,在 1 200 nm 处最小传输损耗为 25 dB/km,该
光纤可用于低时间延迟光通信。

　　然而,目前 AR－HCF 在紫外波段的传输损耗比较高。2014 年,德国莱布尼
茨光子技术研究所的 A. Hartung 等报道了一款紫外波段传输的 AR－HCF[49],如
图 2.6(g)所示,在紫外波段表现出三个反共振传输带,其损耗从最低的 2 400 dB/km
(在波长 348 nm 处)增加到 9 100 dB/km(在波长 276 nm 处)和 49 700 dB/km
(在波长 231 nm 处)。随后,该小组优化设计并拉制了另外一款大模场直径并
能有效单模传输的 AR－HCF[50],如图 2.6(h)所示,在紫外波段 270~310 nm 的
传输损耗降至 3 000 dB/km,此外,该款 HCF 在深紫外激光传输上表现出优异的
特性。2018 年,北京工业大学 S. F. Gao 等设计并拉制了两款低损耗紫外传输
的无节点 AR－HCF[51],并在波长为 355 nm 处实现了长时间稳定的高能皮秒
脉冲激光传输。第一款 HCF 具有无接触的 6 个毛细管结构,在紫外到可见光
波段展现出三个传输通带,其在 300 nm、375 nm 和 515 nm 的传输损耗分别为
130 dB/km、170 dB/km 和 300 dB/km;另外一款 HCF 具有无接触的 4 个毛细管结
构,如图 2.6(i)所示,可以同时覆盖三个激光波长(266 nm、355 nm 和 532 nm),在
355 nm 和 532 nm 传输带的损耗分别约为 300 dB/km 和 900 dB/km。同年,英国巴
斯大学的 F. Yu 等也拉制了能在紫外低损耗传输的 AR－HCF[52],在 218 nm 和
355 nm 波长处的传输损耗分别为 100 dB/km 和 260 dB/km,并且 AR－HCF 在
266 nm 波段长时间的传输特性与实芯石英抗紫外辐照光纤的传输特性进行对
比,没有观察到无节点 AR－HCF 传输效率降低和紫外辐照引起的光暗化情况。

　　除了上述单圈毛细管结构的 AR－HCF,能够低损耗传输的各种嵌套型
AR－HCF 也相继被报道。2014 年前后,英国巴斯大学的 W. Belardi 等首次在
理论和实验上报道了嵌套型的负曲率 HCF[53,54],通过数值仿真指出,嵌套的
毛细管引入的额外的反共振机制可以完全抑制泄漏损耗并大大降低弯曲损耗,
从而获得极低的传输损耗,理论计算预测可以达到 0.03 dB/km,拉制的嵌套型

AR‑HCF 如图 2.6(j)所示,在 480 nm 波长损耗为 175 dB/km,但由于包层内侧石英管壁厚远大于外侧石英管壁厚,因此光纤并没有表现出超低的传输损耗。2016 年,俄罗斯科学院的 A. F. Kosolapov 等对嵌套型 HCF 进行优化设计[55],如图 2.6(k)所示,将波长 1 850 nm 处光纤损耗减低到 75 dB/km。2018 年前后,两款 AR‑HCF 在低传输损耗方面获得突破,北京工业大学 S. F. Gao 等在国际上首次报道了超低损耗超带宽的空芯 AR‑HCF[56],包层由 6 个八字形连体毛细管组成,壁厚仅 1 μm,纤芯仅 30 μm,如图 2.6(l)所示。这一结构通过在包层区域由内向外构建几个波长精确重叠的反共振层,在 1 512 nm 实现了 2 dB/km 的最低传输损耗,比同样纤芯大小的其他结构反共振光纤降低了 1 个数量级以上。英国南安普敦大学的 T. D. Bradley 等拉制了嵌套式无节点 AR‑HCF,最初在 1 450 nm 实现了 1.3 dB/km 的损耗[57],随后经过结构优化,将损耗在 C 和 L

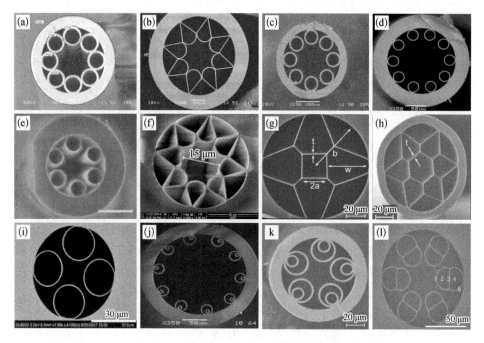

**图 2.6　典型的 AR‑HCF 横截面电镜图**

(a) 有节点负曲率 AR‑HCF[38];(b) 冰激凌型负曲率 AR‑HCF[40];(c) 无节点负曲率 AR‑HCF[42];(d) 低弯曲损耗无节点负曲率 AR‑HCF[43];(e) 无节点负曲率 AR‑HCF[44];(f) 绿光波段传输 AR‑HCF[45];(g) 紫外波段传输 AR‑HCF[49];(h) 紫外波段传输 AR‑HCF[50];(i) 紫外波段传输 AR‑HCF[51];(j) 嵌套型 AR‑HCF[54];(k) 嵌套型反 AR‑HCF[55];(l) 低传输损耗嵌套型 AR‑HCF[56]

通信波段降至惊人的 0.65 dB/km[58],这个损耗在通信波段首次达到了与发展成熟的石英光纤损耗相比拟的程度。此后,这种嵌套型反共振无节点光纤的损耗被不断地降低,在 2020 年实现了 1 510~1 600 nm 波段内 0.28 dB/km 的光纤损耗[59],在 2022 年,这一损耗记录又被降低至 0.174 dB/km[60]。

综上,HCF 的传输带能够从紫外覆盖到中红外波段,甚至是远红外波段。图 2.7 对比了传统的石英实芯光纤与 HCF 传输窗口[61],虽然目前只有极少部分 HCF 的传输损耗能达到传统石英实芯光纤的损耗水平,大部分 HCF 的传输损耗相较于石英实芯光纤还较大,但 HCF 由于自身周期性结构,光场在 HCF 纤芯中空区域传输,具有打破传统实芯光纤损耗极限的潜力和超宽的传输带宽。

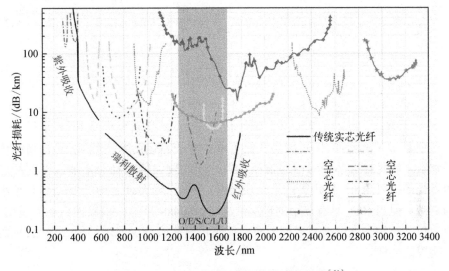

**图 2.7　HCF 与石英实芯光纤传输波段对比**[61]

## 2.3.2　反共振型空芯光纤的导光机理

随着 HCF 的不断发展,负曲率 AR–HCF 由于其低损耗、超大带宽、结构简单等优势逐渐成为 HCF 中的研究热点。传统的实芯光纤的导光机制是基于全反射定律,而 HCF 的纤芯为真空或者充有气体,折射率小于包层的折射率,所以光在 HCF 纤芯中传输时,不再适用全反射定律。目前没有完整的理论能完全解释负曲率 AR–HCF 的导光机制及性质,比较常用的解释有 Marcatili-Schmeltzer 模型、ARROW 模型和抑制模式耦合模型。

### 1. Marcatili-Schmeltzer 模型

以 Marcatili 和 Schmeltzer 名字命名的模型早在 1964 年就被提出,他们二人首次分析了由电介质或金属材料构成的中空圆形波导在弯曲和伸直的状态下电磁场模式特性和传播常数,在近似条件 $\overline{|v_n|u_{nm}} \ll ka$ 下传播常数 $r$ 表示为[16]

$$r = k \left[ 1 - \frac{1}{2} \left( \frac{u_{nm}\lambda}{2\pi a} \right)^2 \left( 1 - \frac{iv_n\lambda}{\pi a} \right) \right] \tag{2.2}$$

每个模式的相位常数和损耗常数分别是传播常数 $r$ 的实部和虚部,由式(2.3)和式(2.4)表示:

$$\alpha_{nm} = \mathrm{Re}(r) = \left( \frac{u_{nm}}{2\pi} \right)^2 \frac{\lambda^2}{a^3} \mathrm{Re}(v_n) \tag{2.3}$$

$$\beta_{nm} = \mathrm{Im}(r) = \frac{2\pi}{2} \left\{ 1 - \frac{1}{2} \left( \frac{u_{nm}\lambda}{2\pi a} \right)^2 \left[ 1 + \mathrm{Im}\left( \frac{v_n\lambda}{\pi a} \right) \right] \right\} \tag{2.4}$$

式中,$v_n$ 是由包层折射率和模式阶数 $n$ 决定的常数;$u_{nm}$ 是贝塞尔函数 $J_{n-1}(u_{nm}) = 0$ 的第 $m$ 个解;$k = 2\pi/\lambda$,是自由空间的传播常数;$\lambda$ 是真空中波长;$a$ 是纤芯半径。随着 $a/\lambda$ 的增加,模式损耗快速下降。对于特定阶数的模式,需较高的传播常数来满足较大芯径的横向谐振条件。同时较大的芯径会增加入射到纤芯边界光的掠射角,产生更高的菲涅耳反射。因此,较大纤芯中的模式具有较小的衰减。但当 HCF 具有复杂的包层结构时,Marcatili-Schmeltzer 模型不再适用,因为包层结构多次反射引起的干涉相长或相消能够减少或增加模式损耗,从而影响模式色散。

### 2. 反共振反射光波导(ARROW)模型

ARROW 模型最先被提出来解释包层具有一系列高低折射率区域的平面波导增强限制[36]。2002 年,ARROW 模型被引入微结构光纤中,用来解释 HC-PBGF 中的光传输[37]。光场在 AR-HCF 传输时,由周围的空芯毛细管将光限制在纤芯区域,原理如图 2.8 所示,左图展示了单个毛细管的折射率分布,玻璃材料区域折射率为 $n_1$,空气折射率为 $n_0$。当光场透过毛细管壁(厚度为 $t$)时,可以简化成右图[62],光直接到毛细管壁另一端的相位是 $\Phi_0$,经过往返到毛细管壁另一端的相位 $\Phi_1$,对整个 AR-HCF,由于较少的玻璃材料,有效折射率可以看作接近于空气的折射率,纵向传播常数 $k_L$ 近似为 $n_0 k_0$,$k_0$ 是自由空间的传播常数。空芯区域的横向传播常数近似为 0,玻璃材料中的横向传播常数

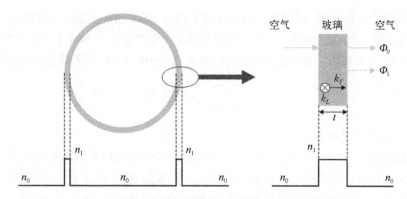

图 2.8 AR－HCF 中 ARROW 模型原理示意图[62]

$k_T$ 为 $\sqrt{n_0^2 k_1^2 - n_0^2 k_0^2}$，光在毛细管壁往返一次后相位差为 $2t\sqrt{n_0^2 k_1^2 - n_0^2 k_0^2}$，也就是
$\Phi_1 - \Phi_0 = 2t\sqrt{n_0^2 k_1^2 - n_0^2 k_0^2}$。

当相位差是 $\pi$ 的偶数倍时，两束光相干增强，光可以泄漏出毛细管壁，此时为共振情况，可得共振波长为

$$\lambda_m = \frac{2t}{m}\sqrt{n_1^2 - 1} \tag{2.5}$$

其中，$n_0$ 考虑为 1；$m$ 为共振阶数，取值为正整数，共振情况下无法有效将光场限制在纤芯区域传输，如图 2.9(a) 所示[61]，光能够透过毛细管壁泄漏出 AR－HCF。

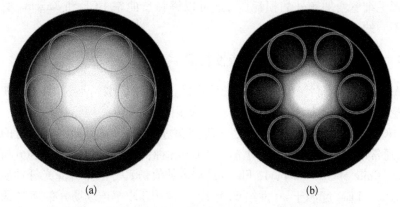

图 2.9 AR－HCF 在共振和反共振情况下光场分布[61]

(a) 共振情况；(b) 反共振情况

当相位差是 π 的奇数倍时,两束光相干相消,光从毛细管壁反射回来,此时为反共振情况,对应反共振波长由式(2.6)给出,只有在反共振条件下,光场可以如图 2.9(b)所示被限制在纤芯区域传输,这是 ARROW 模型中"反共振"的由来。

$$\lambda_m = \frac{2t}{m - 0.5} \sqrt{n_1^2 - 1} \qquad (2.6)$$

**3. 抑制模式耦合模型**

抑制模式耦合模型是在 Marcatili-Schmeltzer 模型基础上应用模式耦合理论分析 HCF 的性质逐渐发展起来的[63]。实际拉制的 HCF 包层不再是理想的无限且同质的介质,而是具有复杂的折射率分布结构。模式耦合理论指出,纤芯模式的性质可由与包层模式纵向耦合结果来解释。这种方法成功应用于 HC‐PBGF 的带隙形成[64],同时通过这种方法,抑制耦合被提出来解释 Kagome 型 HCF 的导光机理[65]。2007 年,澳大利亚悉尼大学的 A. Argyros 等将模式耦合应用于方形晶格聚合物 HCF 并定量分析了泄漏型 HCF 带边的形成[66],对于实现包层和纤芯模式的有效耦合,绝对的相位匹配是不必要的,$10^{-4}$ m 左右的纤芯模式和包层模式传播常数失配被发现是用来估计传输带边缘的阈值,与实验测量吻合。随后,模式耦合理论被应用于负曲率 HCF,对一个电介质管或包层是一系列电介质管构成的 HCF 的导光机理进行了更深入的解释,通过相应的有效折射率曲线介绍了包层模式特征的详细信息[67]。包层元素的几何形状对确定 HCF 的限制损耗是一个重要因素,由于纤芯和包层间法诺共振,包层的多边形毛细管增加额外的损耗[68],这可以解释负曲率 HCF 和 Kagome 型 HCF 之间不同的光谱特征。

## 2.3.3 反共振型空芯光纤的特性仿真

AR‐HCF 具有特殊的负曲率光纤边界,其理论模型尚不完善,不能使用光线理论或几何光学方法进行分析,而应使用电磁场相关理论进行研究。由于 AR‐HCF 结构相对于实芯光纤更复杂,无法直接获得麦克斯韦方程组的解析解,故通常使用数值计算方法对 AR‐HCF 各种传输性能进行预测和分析。有限元法(finite element method, FEM)是众多数值仿真方法中计算光纤性质最主要的方法。FEM 起源于 20 世纪 60 年代,主要用于求解连续场分布,基本思想是将连续的求解区域分割离散化,得到有限个不同形状且互不重叠的单元,这些有限单元通过各自端点互相连接,组成代替原来结构的集合体,若设各单元都有一个近似解,之后求解满足全域的条件,从而求得问题的解。近年来,基于 FEM 的 COMSOL 软件在科研领域发展迅速,在各类期刊使用该软件发表的文章数量不断上升,利用该软件可对 AR - HCF 的模式及传输损耗性质进行仿真分析。

　　模型的建立过程主要包括建立几何模型、定义材料属性、进行网格划分、完成数值求解四个步骤。在仿真过程中,以图 2.10(a)所示的实验中用到的 AR - HCF 为例,以其相关尺寸参数在 COMSOL 软件中建立了如图 2.10(b)所示的 AR - HCF 几何模型,完成几何模型的建立后,需要对模型中不同区域设置材料属性。图 2.10(b)中内环浅色区域为空气孔结构,填充材料为气体,其折射率设为 1.0 (忽略气体的色散)。外环较深色区域为石英材料,其折射率与波长有关,具体可用 Sellmeier 公式[式(2.7)]表示。

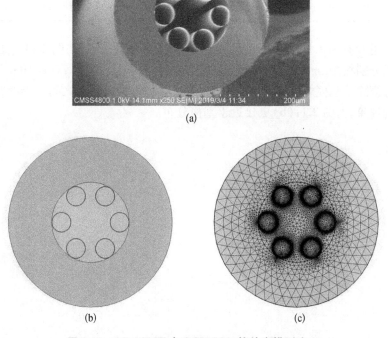

(a)

(b)　　(c)

**图 2.10　AR - HCF 在 COMSOL 软件中模型建立**

(a) AR - HCF 的实测横截面电镜图;(b) AR - HCF 的几何模型;(c) AR - HCF 的网格划分

图 2.10(a)中最外侧厚度为 85 μm 的圆环为完美匹配层(perfectly matched layer, PML),泄漏的光波场可以无反射地入射其中,并且按指数规律衰减。以上环节完成之后,对求解区域进行划分网格,网格划分得越细,则计算越精确,但是所需时间越长,所以在仿真过程中,按图 2.10(c)所示区域划分,在复杂结构处划分比较精细,而在其他区域网格划分相对粗糙。网格划分完成后设置求解类型即可进行不同波长下模式求解。

$$n(\lambda)^2 = 1 + \sum_{j=1}^{m} \frac{B_j \lambda^2}{\lambda^2 - \lambda_j^2} \tag{2.7}$$

其中,$\lambda_j$是第 $j$ 个共振波长;$B_j$是第 $j$ 个共振波长的强度,一般只取前三项,其取值如表 2.1 所示。

表 2.1　石英材料 Sellmeier 公式参数

| $B_1 = 0.696\ 166\ 3$ | $B_2 = 0.407\ 942\ 6$ | $B_3 = 0.897\ 479\ 4$ |
| --- | --- | --- |
| $\lambda_1 = 0.068\ 404\ 3\ \mu m$ | $\lambda_2 = 0.116\ 241\ 4\ \mu m$ | $\lambda_3 = 9.089\ 616\ 1\ \mu m$ |

利用 COMSOL 的射频模块对 AR - HCF 的模场进行求解,图 2.11 给出了传输波长分别在 2 μm 和 4 μm 处典型的模式模场分布图。图 2.11(a)仿真结果显示纤芯模除了基模之外还存在高阶模,而且纤芯模和包层模之间可能存在相互耦合的现象,而图 2.11(b)更接近于基模分布。

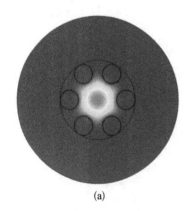
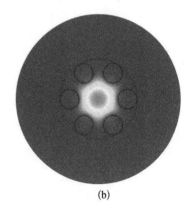

(a)　　　　　　　　　　　　　(b)

图 2.11　AR - HCF 典型模场分布

(a)波长 2 μm 处;(b)波长 4 μm 处

在 2～4.5 μm 波长范围内,求解每个波长下的纤芯基模及其有效折射率。某一波长的基模限制损耗与有效折射率之间的关系可以表示为

$$\mathrm{Loss}(\lambda)=-\frac{40\pi}{2}\frac{\mathrm{Im}\big[\,n_{\mathrm{eff}}(\lambda)\,\big]}{\ln10}\qquad(2.8)$$

其中,$\lambda$ 表示真空波长;$n_{\mathrm{eff}}(\lambda)$ 为对应的基模有效模式折射率;$\mathrm{Loss}(\lambda)$ 为基模限制损耗。根据式(2.8)以及数值求解得到的基模有效折射率可以求得空芯光纤在每个波长下的基模限制损耗,从而可以得到空芯光纤的基模传输损耗谱如图 2.12 所示。此外对 AR－HCF 采用截断法可以测量实际的损耗,该方法操作相对简单,通过测量截断前后光纤的透射光谱,则可以计算 AR－HCF 的损耗,可见实测损耗和仿真损耗虽然数值上有差异,但具有一致的变化趋势。

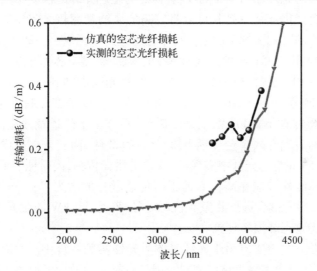

图 2.12　AR－HCF 仿真的损耗及实测的传输损耗

## 2.4　空芯光纤耦合技术

虽然空芯光纤具有广泛的应用前景,但目前其实现方式大多是基于自由空间光耦合方式。随着各类拥有特殊结构的空芯光纤应用的深入发展,实现空芯光纤与普通实芯光纤低损耗耦合成为影响空芯光纤实际应用的重要因素,如何

采取简便易行的技术方案有效降低空芯光纤的耦合损耗成为研究的热点之一。正是由于空芯光纤独特的微结构,使它在具有优越特性的同时,也增加了与其他光纤器件的连接难度。目前空芯光纤与实芯光纤的耦合方案主要包括空间耦合技术、熔接耦合技术、拉锥耦合技术和端帽耦合技术。

### 2.4.1　空间耦合技术

利用光纤耦合器和陶瓷插芯套管等同轴结构实现的空芯光纤与实芯光纤对接耦合和利用透镜自由空间准直聚焦等实现上述两种光纤的耦合,都属于自由空间内耦合方案。目前常见的空芯光纤耦合方案是利用透镜组直接将实芯光纤输出的空间光耦合至空芯光纤的纤芯内。通过不同焦距透镜的组合来放大或者缩小实芯光纤输出激光的模场,使之与空芯光纤的模场相匹配。

空间耦合的优点之一是其可以将较高的泵浦功率耦合进空芯光纤内。目前以空间耦合的方式可耦合的泵浦功率已经达到千瓦以上。2016 年,耶拿大学 S. Hädrich 等利用空间耦合的方式向制冷的 Kagome 型空芯光纤内注入了 1 000 W 连续激光,从输出端测得最终 900 W 的连续激光输出,同时他们在高功率下持续测量了约 20 分钟[69]。2021 年,上海光机所 X. Zhu 等在非制冷的情况下向反共振空芯光纤内耦合了 300 W 的连续激光,不过由于热透镜效应的存在,在耦合一定的时间后耦合效率会逐渐下降[70]。2022 年,南安普敦大学的 H. C. H. Mulvad 等在 1 km 空芯光纤中实现了 1 kW 的激光传输,同时证明了空芯光纤由于其较低的非线性效应在高功率远距离传输激光的潜力[71]。同年,上海光机所将 1 500 W 激光耦合进反共振空芯光纤内,实现了 1 kW 的激光传输,同时也观察到了激光致光纤损坏现象[72]。

这种耦合方式主要应用于光纤气体激光器实验系统中。此时不仅要考虑泵浦光的耦合,也要考虑气体的密封。国防科技大学设计了如图 2.13 所示的密封气体腔。该气体腔通过挤压橡胶垫圈使得系统实现密封状态。橡胶垫圈在此气体腔结构中至关重要,但是这也大大增加了此种耦合方式的不稳定性,过高的注入功率使得橡胶垫圈发热,热形变使得空芯光纤的输入端位置发生变化,导致耦合效率有所下降。这种不稳定性使得空间耦合结构在高功率下难以应用。目前此种结构仅能耦合不超过 20 W 的泵浦功率。于是,对此气体腔结构进行了改进,得到如图 2.14 所示的斜面水冷气体腔。通过有机硅灌封胶实现气体腔密封,通过水冷装置防止温度过高,通过斜面窗口的设计防止回光影响泵浦源性能。该气体腔可将最大泵浦功率提升至 50~60 W。

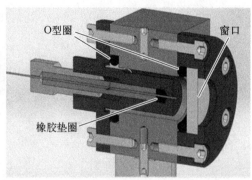

图 2.13　密封气体腔的渲染图和剖视图

暨南大学团队利用空芯光纤连接器的方式实现了实芯光纤与空芯光纤的低损耗耦合,同时在实芯光纤上镀膜,减少了菲涅耳反射[73,74],其结构如图 2.15 所示。以此种方式制备成的空芯光纤连接器在 1.5 μm 波段可实现空芯光纤与实芯光纤 0.1 dB 的插入损耗,回光反射小于−35 dB,空芯光纤与空芯光纤的插入损耗为 0.13 dB。此种空芯光纤连接器结构简单,耦合稳定,损耗较低,适用于光纤通信领域。针对光纤气体激光器,这种方式由于缺少制冷和气体密封的设计需要进行适当的改进。

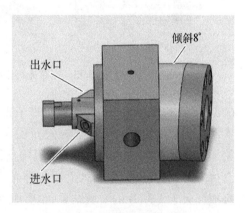

图 2.14　用于高功率耦合的斜面水冷气体腔

## 2.4.2　熔接耦合技术

目前,实现空芯光纤与实芯光纤耦合最常用的技术方案是熔接耦合。熔接耦合技术具有操作简单、便携稳定、可实现全光纤化等优点,但是由于空芯光纤的特殊结构,其同样存在以下技术难点:空芯光纤空气孔易塌缩、空芯光纤与实芯光纤的模场匹配、空芯光纤与实芯光纤熔接面的菲涅耳反射。

2003 年,J. H. Chong 等首次借助 $CO_2$ 激光器对空芯光纤与实芯光纤的熔接技术进行了研究[75,76]。这种方案主要是利用功率为 10 W、光束直径约为 500∼

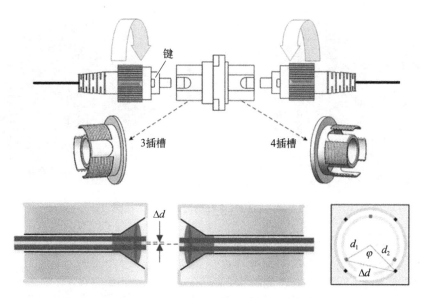

**图 2.15** 空芯光纤连接器结构示意图[73]

600 μm 高斯分布的 $CO_2$ 激光束垂直于光纤轴照射进行熔接,可实现空芯光纤与实芯光纤的熔接耦合。对于有效面积大的空芯光纤和标准单模光纤之间的熔接损耗可达 0.6~0.9 dB。而对于模场直径约为 11.8 μm 的空芯光纤与单模光纤直接进行的熔接耦合,虽然上述两种光纤的模场失配并不大,但依旧得到了熔接损耗大于 1.3 dB 的实验结果,主要原因是 $CO_2$ 激光器在熔接过程中对空芯光纤结构产生破坏。由于大部分机构并不具有可开展熔接空芯光纤与实芯光纤的相关 $CO_2$ 激光器设备,因此利用 $CO_2$ 激光器进行熔接耦合的技术方案并未得到大规模推广使用。

相比于难以得到广泛应用的 $CO_2$ 激光器熔接耦合技术,使用普通光纤熔接机电弧放电实现空芯光纤与普通光纤的熔接耦合,使得空芯光纤的熔接变得更为简单和实用。使用光纤熔接机耦合的技术方案采用了熔接普通单模光纤的熔接技术(图 2.16),主要通过合理控制放电时间、放电强度及人为追加放电次数来实现空芯光纤与实芯光纤的直接熔接。这种方案相比于自由空间内耦合避免了透镜反射,紧凑性好、可靠性高,同时对空芯光纤也可以起到一定的保护作用,目前针对各类型空芯光纤和实芯光纤的熔接,耦合损耗典型值为 0.2~2.0 dB。

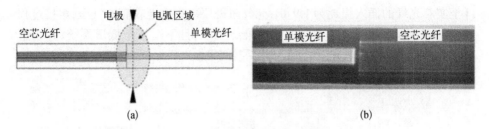

**图 2.16　使用光纤熔接机电弧放电耦合技术**

(a) 示意图；(b) 实拍图

2001 年,J. T. Lizier 等[77]利用时域有限差分法对阶跃折射率光纤与多孔光纤的熔接损耗进行了理论计算。2003 年,B. Bourliaguet 等[78]利用光纤熔接机对实芯光纤与微结构光纤进行熔接,验证了利用这种方法的熔接方案的可行性,得到了最低 1.1 dB 的熔接损耗。2005 年,英国巴斯大学 F. Benabid 等[79]将空芯光子晶体光纤双端均与单模实芯光纤进行熔接,制备了全光纤气体腔,总损耗约为 1~2 dB。2006 年,堪萨斯州立大学 R. Thapa 等[80]利用光纤熔接机对光子晶体带隙光纤与实芯光纤进行了熔接,对于 10.9 μm 纤芯的空芯光纤,正向熔接损耗为 1.5~2 dB,反向损耗为 2.6~3 dB,而对于纤芯直径 20 μm 的空芯光纤正向熔接损耗为 0.3~0.5 dB,反向损耗大于 2 dB。2007 年,L. Xiao 等[81]对多种不同结构的光子晶体光纤与实芯光纤进行熔接,指出针对不同种光子晶体光纤,可通过避免空气孔结构的塌缩、多次放电的方式使空气孔逐渐塌缩、引入过渡光纤等方式来减小损耗。2008 年,丹麦科技大学的 J. T. Kristensen 等[82]报道了保偏实芯光纤与空芯光子晶体光纤的低损耗熔接实验,正向损耗 0.62 dB,反向损耗为 2.19 dB。2014 年,北京工业大学 S. F. Gao 等[83]通过在 SMF28 光纤和 HC - 1550 - 02 之间加入高 V 值的过渡光纤 SM1950,将 SMF28 与 HC - 1550 - 02 光纤的熔接损耗由 1.25 dB 降低至 0.73 dB。2016 年,南安普敦大学 J. R. Hayes 等[84]用无节点型反共振空芯光纤和实芯单模光纤进行熔接,通过引入过渡光纤的方法实现两端总损耗 2.1 dB。

基于空芯光纤的熔接方案,可以实现空芯光纤全光纤气体腔,如图 2.17 所示。首先将空芯光纤的一端与单模光纤进行熔接,将空芯光纤的另一端插入气体腔内进行充气。待气体平衡后将光纤从气体腔内取出,并迅速与单模实芯光纤进行熔接,从而实现全光纤结构的气体腔。然而这种方案目前存在以下不足:熔接的插入损耗较大,从实芯光纤至空芯光纤的插入损耗为 1.4 dB,空芯光纤至实芯光纤的插入损耗为 1.9 dB;充气时需要事先充至较高的气压,熔接过程中,气体会逐渐泄漏;无法确认系统内最终气压,且不适用于低压系统;并未解决空芯光纤与实芯光纤熔接面菲涅耳反射问题。

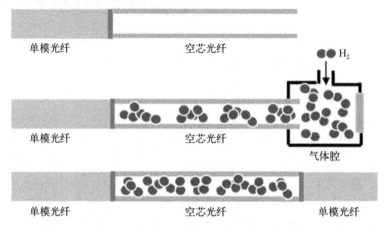

单模光纤　　　　　空芯光纤

H₂　气体腔

单模光纤　　　　　空芯光纤

单模光纤　　　　　空芯光纤　　　　　单模光纤

**图 2.17　空芯光纤全光纤气体腔制备示意图**

　　为解决熔接过程中的菲涅耳反射,目前主要有两种解决方案:一种是斜角熔接方案,2022 年,南安普敦大学 C. Zhang 等[85]利用斜角切割的实芯光纤与空芯光纤进行熔接,如图 2.18 所示。在斜角角度约为 2° 时,熔接损耗为 1.25 dB,相比于常规熔接手段的损耗大了约 0.6 dB。后向反射小于−40 dB,比常规熔接小−25 dB,可以有效地抑制后向回光。另一种方案是镀膜熔接方案,2023 年,复旦大学 C. Wang 等[86]利用在实芯光纤镀膜后再与空芯光纤熔接的方式。通过控制熔接机的放电量使得透射膜的传光性质几乎不受影响。最终得到的熔接损耗为 0.3 dB,且回光损耗低于−28 dB。尽管上述两种方案暂时可以解决熔接过程中的菲涅耳反射问题,但都未能在高功率状态下运行,仍有进一步发展的空间。

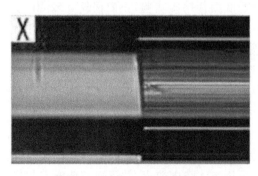

**图 2.18　空芯光纤与实芯光纤
斜角熔接示意图**

### 2.4.3　拉锥耦合技术

拉锥是一种光纤后处理技术,主要是在加热过程中将光纤通过拉力向两侧均匀地进行拉伸,将光纤的包层和纤芯进行等比例地缩小,从而改变激光的模场。如图 2.19 所示,拉锥光纤主要包括 3 个区域,原光纤区域、拉锥锥区、拉锥腰区。根据所需要的模场大小,将光纤拉锥至合适的尺寸,然后由腰区中间将光纤切开则可得到两段拉锥后的光纤。

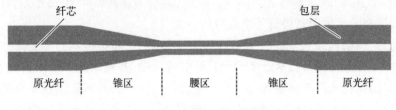

纤芯　　　　　　　　　　　　　　　　　　　包层

原光纤　　　锥区　　　腰区　　　锥区　　　原光纤

**图 2.19　拉锥光纤示意图**

拉锥的一种方式是对空芯光纤进行拉锥,通过减小空芯光纤纤芯的尺寸来减小空芯光纤的模场直径,从而达到与实芯光纤的匹配。2001 年,B. J. Eggleton 等[87]和 G. E. Town 等[88]对空芯光纤拉锥进行了理论上的研究。尽管拉锥后的空芯光纤能有效地减少模场直径,但是在拉锥过程中极易对空芯光纤内部的包层结构造成破坏,从而进一步增大实芯光纤与空芯光纤的熔接损耗。

鉴于拉锥空芯光纤方案的可行性较低,于是就有了拉锥实芯光纤的方案。这种方案主要是将原本纤芯尺寸较小的实芯光纤进一步拉锥,使纤芯尺寸进一步减小,当纤芯尺寸减小至纤芯难以束缚激光时,激光则会由拉锥后的纤芯和包层出射,此时的模场直径会大于未拉锥之前的模场直径,从而使实芯光纤的模场增大。这种方案主要适用于实芯光纤与模场直径较大的空芯光纤之间的耦合。

2016 年,德国马普所 S. Xie 等[89,90]利用纳米针技术将单模光纤通过拉锥,使其直径变为亚微米量级,然后将拉锥后的实芯光纤插入空芯光子晶体光纤的纤芯内,实现了 87.8% 的耦合效率。另外,此种耦合方式具有自聚焦效应,且菲涅耳反射较小。这种方式为实芯光纤与反共振空芯光纤的耦合提供了新的方案。

2017 年,国防科技大学研究人员[91]提出将实芯光纤拉锥至几十微米的量级,使其模场尽可能增大,以实现与空芯光纤的模场匹配。开展多种反共振空芯光纤与拉锥实芯光纤单端、双端输出端不拉锥与双端拉锥耦合方案的仿真研究。仿真结果表明,对于纤芯直径为 45 μm 的冰激凌型反共振空芯光纤,单端耦合效率在等效模场直径匹配时可超过 94%,双端耦合效率最高 92%。开展了单端反共振空芯光纤与拉锥光纤低损耗耦合实验研究,结果表明,对于纤芯直径为 45 μm 的冰激凌型反共振空芯光纤,单端耦合效率在等效模场直径较好匹配时可超过 90%,同时还对影响耦合的其他因素进行了定量分析。开展了双端反共振空芯光纤与拉锥光纤低损耗耦合的实验研究,实验结果表明,对于纤芯直径为 45 μm 的冰激凌型反共振空芯光纤,耦合效率最高可达 85%,同时对影响双端耦合的具体因素进行了定量分析。

此后,国防科技大学研究人员在该方法基础上,将拉锥实芯光纤与空芯光纤耦合处进行点胶密封,从而实现全光纤的输入端,并利用此种结构实现了"准全光纤"结构的光纤气体激光器[92-94]。然而,此种方法并不能实现完全的模场匹配,拉锥实芯光纤的模场增大会有一定限制,以目前技术来说仍难以实现较高的耦合效率。由于模场不匹配,在耦合过程中会有高阶模激发,在一定距离内传输时损耗仍然非常大。且由于光纤被拉锥后尺寸较小,其承受功率的能力有待进一步验证。

2021 年,复旦大学 L. M. Xiao 等提出一种新型反拉锥-热致扩芯方法,将拉锥技术与熔接技术进行结合。通过将实芯光纤反向拉锥至约与光子晶体光纤尺寸相当,同时初步扩大了实芯光纤的模场,再通过热致扩芯的方法在保持尺寸不变的情况下,加热扩大实芯光纤的纤芯模场,使之与光子晶体光纤模场相匹配,实现了单模光纤与光子晶体光纤之间 0.23 dB 的低损耗熔接[95],如图 2.20 所示。实芯光纤与反共振空芯光纤可实现双端 0.88 dB 的熔接损耗[96]。

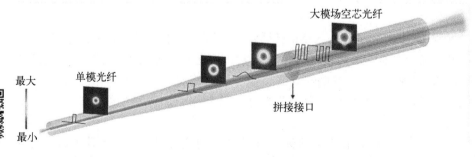

**图 2.20　反拉锥-热致扩芯实现单模实芯光纤与光子晶体光纤熔接**

### 2.4.4　端帽耦合技术

结合以上耦合方式的优缺点,国防科技大学创新性地提出利用空芯光纤与石英端帽熔接的方式来取代输入端气体腔结构,将实芯光纤输出的激光耦合进空芯光纤的纤芯内。由于石英端帽本身可以承受较高的功率水平,因此空芯光纤端帽具备将高功率泵浦光耦合进空芯光纤的能力。

1. 空芯光纤端帽的制备技术

空芯光纤的熔接采用大芯径光纤熔接机作为熔接设备。熔接过程的图像如图 2.21(a)所示。在图中,端帽位于右侧,由全石英材料组成。端帽总长 20 mm,最大直径 8.2 mm。当高斯光束传输到输出端时,通过增大光斑大小,减少了功率密度。此外,在较宽的一侧镀 1 080 nm 的增透膜,增加激光的透射率。在端帽的另一端,设计了一个最小直径为 1 mm 的小圆锥体,用于在熔接时降低使端帽变为熔融状态的温度,从而防止空芯光纤端面的严重损坏。左侧是空芯光纤,为了确保熔接的效果,空芯光纤必须具备光滑的表面。使用切割刀切割空芯光纤,以确保空芯光纤表面的角度小于 0.5°。在熔接之前,空芯光纤由光纤夹具固定,端帽由三根玻璃管组成的自制夹具固定。调整两者的位置,以确保空芯光纤的中心与端帽的中心对齐。使用三个电极将端帽均匀加热至熔融状态,随后,电极移开一段距离,利用余热熔接空芯光纤和端帽。

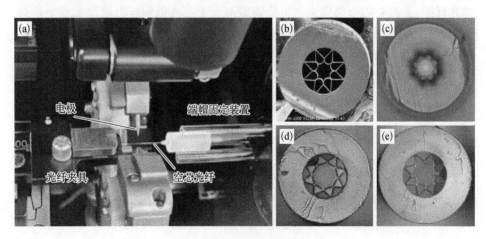

**图 2.21　熔接过程及结果**

(a) 熔接过程示意图;(b) 未加热空芯光纤的横截面图;相对较高温度(c)、
合适温度(d)和相对较低温度(e)下空芯光纤的横截面图

在熔接过程中,空芯光纤与熔融状态下的端帽直接接触,高温会破坏其空芯结构,尤其是毛细管壁较薄的空芯光纤。因此,控制加热温度非常重要。此外,通常在将端帽加热到熔融状态后移开电极,并使用余热熔接空芯光纤和端帽,以确保对空芯光纤包层的损坏最小。图 2.21(b)~(e)显示了空芯光纤在未熔接和熔接后的横截面图。图 2.21(b)显示了未熔接的横截面,其包层具有完整的负曲率结构。当温度相对较高时,包层结构被破坏,如图 2.21(c)所示。由于毛细管壁的破坏,空芯光纤的模场和传输带将会发生变化,这并不是一个好的熔接状态。如图 2.21(d)所示,当温度合适时,尽管负曲率被破坏,包层结构仍然保持,塌陷的长度较短。虽然在这种情况下模场会发生轻微变化,但可以修改透镜的组合以保持耦合效率。如图 2.21(e)所示,当温度相对较低时,尽管保持了完整的包层结构和负曲率,但空芯光纤和端帽之间的黏合较弱。因此,一个非常小的力将足以分离空芯光纤和端帽。考虑到熔接后的上述三种结构,图 2.21(d)的结构是期望的熔接状态。

2. 空芯光纤端帽的高功率耦合应用

基于空芯光纤端帽的高功率空芯光纤传输系统如图 2.22 所示。光纤激光源在 1070 nm 波长下发射最大输出功率为 1500 W 的连续激光。输出光纤为带端帽的纤芯 20 μm 的实芯光纤,最大输出功率为 1500 W 时,激光源的光束质量 $M^2$ 为 1.17。功率通过由两个平凸透镜和两个反射镜组成的耦合系统耦合到空芯光纤中,并将它们全部固定在三维调整平台上。透镜和反射镜均为高功率传输定制,采用康宁 7980 OD 和紫外熔融石英材料,并在相应的波段进行镀膜。两个透镜的焦距为 30 mm,透射率大于 99.9%,反射镜的反射率大于 99.8%。

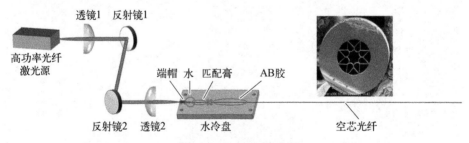

**图 2.22　基于空芯光纤端帽的高功率空芯光纤传输系统**

空芯光纤的横截面如图 2.22 中插图所示,纤芯直径约为 46 μm,纤芯周围由 8 个冰激凌毛细管形成反共振区,毛细管的厚度约为 1.3 μm,包层的外径为

280 μm。空芯光纤的输入端带有端帽,用于固定和保护空芯光纤。带端帽的空芯光纤固定在自行设计的水冷板上。约 25 cm 长的空芯光纤处于水冷区域,其中 10 cm 无涂覆层、15 cm 有涂覆层,图 2.22 中的红十字标志是包层和涂覆层之间的交界。包层部分涂抹匹配膏以滤除包层光,悬空的光纤处用水冷却。涂覆层部分正面涂有有机硅灌封胶(AB 胶),冷却效果更好。

　　千瓦级功率耦合实验的功率传输结果如图 2.23 所示。左轴显示传输效率,即空芯光纤输出功率除以激光源的传输功率,右轴显示传输功率。当激光源功率为 1 167 W 时,最高传输功率为 1 021 W,总传输效率高达87.5%。在输入功率为 300 W 时,耦合效率有波动,这是因为功率计在相对较低的功率水平下波动较大,当输入功率大于 300 W 时,随着激光源功率的增加,传输效率稳定在87.5%左右。

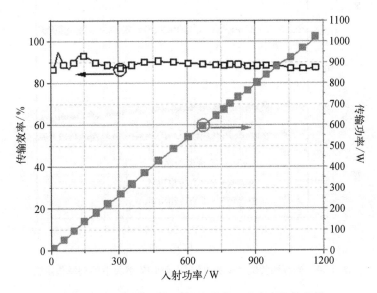

**图 2.23　传输功率和传输效率随输入功率变化的曲线**

　　考虑到透镜和反射镜的损耗约为 0.03 dB,空芯光纤端帽的菲涅耳反射约为0.15 dB,光纤损耗约为 0.12 dB,估计耦合效率约为 94%。耦合效率为 94%,表明这是一种有效的耦合方法。由于使用的两个透镜的焦距比为 1,注入空芯纤芯的光束的模场直径应与激光源输出光纤的模场直径相同。但在实际应用中,在输出端使用功率计实时监控,改变焦距以确保最高的耦合效率,透镜后光束的实际模场直径非常接近空芯光纤,因此耦合效率高达 94%。另外 6% 的损耗可能是模场形状的不匹配,一些光在损耗较高的包层区域传输。

功率稳定性结果如图 2.24 所示。由于水冷系统的周期性工作,激光光源的功率会上下波动。为了保护系统,最大传输功率下的功率稳定性并未测量。当传输功率为 950 W 时,在 60 min 的测试时间内,传输功率从 950 W 下降到 930 W,这是由于热量积累,随着空芯光纤温度的变化,空芯光纤出现微变形,导致效率下降。当传输功率降至 915 W 时,功率随光源功率周期性变化,功率波动小于 ±0.5%。与上述条件相比,当传输功率为 915 W 时,系统可以稳定工作。随着功率的降低,稳定性有所提高,表明该方法是一种在 900 W 功率水平下长时间工作的有效耦合方法。

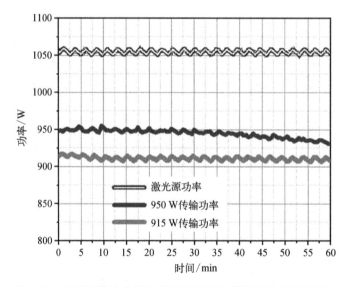

**图 2.24** 光源和传输功率为 950 W、915 W 情况下的功率稳定性

光束质量因子 $M^2$ 是使用激光质量测试仪测量的。在空芯光纤的输出端,使用焦距为 50 mm 的平凸透镜准直光束,结果图 2.25 所示。图 2.25(a) 显示了在 700 ~ 1 000 W 的不同传输功率下的 $M^2$,随着传输功率的增加,$M^2$ 稳定在 1.2 左右,与激光源的 1.17 相比,$M^2$ 在激光经过空芯光纤中传输后保持良好。由于系统能够在 900 W 功率水平下稳定工作,因此测量了传输功率为 900 W 时 $M^2$ 随时间的变化,结果如图 2.25(b) 所示。在测试期间,$M^2$ 相对稳定在 1.2 左右,这表明 $M^2$ 在空芯光纤中传输后可以在高功率水平下保持稳定。

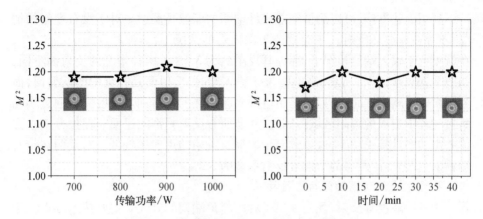

**图2.25　高功率传输下的光束质量测量结果**

（a）光束质量 $M^2$ 随传输功率的变化；（b）传输功率为900 W时，光束质量 $M^2$ 与时间的关系

### 3. 空芯光纤端帽的菲涅耳反射

空芯光纤与端帽之间的熔接不同于实芯光纤与端帽之间的熔接，因为二氧化硅和空气之间有一个界面，所以存在菲涅耳反射。为了测量空芯光纤端帽的菲涅耳反射，在第二个反射镜和第二透镜之间放置一个非偏振分束立方体，测试过程如图2.26(a)所示。使用前，回光方向上测量的实际（R：T）分光比为5：95。后向光分为两部分，$P_1$ 和 $P_2$，其中 $P_1$ 由功率计测量，$P_2$ 根据非偏振分束立方体的分光比计算。

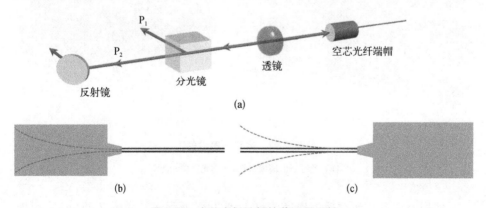

**图2.26　空芯光纤端帽的菲涅耳反射**

（a）菲涅耳反射测试结构图；（b）端帽作为入射端时的菲涅耳反射；
（c）端帽作为输出端时的菲涅耳反射

利用上述方法,可以测量空芯光纤端帽的菲涅耳反射。对于没有端帽的情况,不存在菲涅耳反射。在端帽位于输出端的情况下,菲涅耳反射约为1.5%,在端帽位于输入端的情况下,菲涅耳反射约为3.5%。两种情况的反射面不同,如图2.26(b)和(c)所示,当端帽位于输入端时,反射面是石英中的反射面,而当端帽位于输出端时,反射面是由电极直接加热的反射面。反射光将通过端帽熔接过程中造成的塌陷区域。因此,并非所有反射光都能返回非偏振分束立方体并由功率计接受功率,这导致测量的输出端帽的反射率较低。对于两端带有端帽的空芯光纤,测得的菲涅耳反射系数为3.9%。

4. 空芯光纤端帽的斜角熔接技术

为解决菲涅耳反射,我们提出了利用斜角端帽的方式。主要技术难点在于空芯光纤斜面的处理。为处理空芯光纤的斜角,主要采取以下三种方式。

对于处理空芯光纤斜角,最先采用的方法是研磨法。使用工具如图2.27所示,图2.27(a)为不同颗粒大小的光纤研磨薄膜,图2.27(b)为手动光纤抛光圆盘,圆盘自身具有8°斜角。将光纤固定于手动抛光圆盘上,按照颗粒由大到小的顺序使用光纤研磨薄膜对空芯光纤进行研磨,研磨时空芯光纤在研磨薄膜上重复画"八"字,直至抛光薄膜上不再有划痕为止。

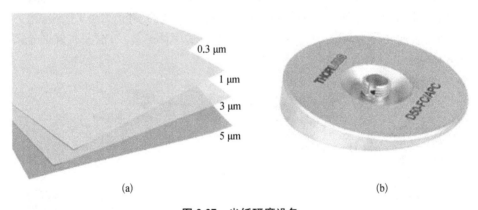

(a)                                          (b)

**图2.27   光纤研磨设备**

(a)光纤研磨薄膜;(b)手动光纤抛光圆盘

使用上述方法研磨后的空芯光纤如图2.28所示。其中图2.28(a)为研磨后空芯光纤的侧视图,看出研磨后空芯光纤的前端会有大片黑色区域,这是在研磨过程中,光纤研磨薄膜和石英碎屑。需要对上述碎屑进行清洗,使用超声波清洗机大约两分钟时间可以将上述端面处的碎屑清理干净。使用熔接机测量研磨后空芯光纤的角度如图2.28(b)所示,研磨后空芯光纤的角度为7.9°,与8°较为接近。同样利用熔接机观察其研磨面,如图2.28(c)所示,无法观察到端面处的包层结构,可能是由于研磨过程中包层结构过脆,导致损坏,不过此区域长度过短,实际应用中调节焦距可恢复至正常耦合状态。

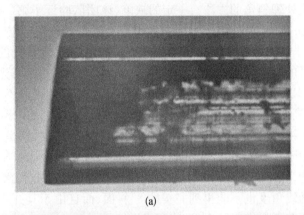

(a)

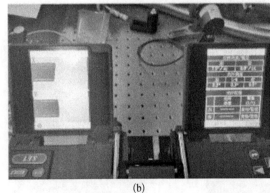

(b)

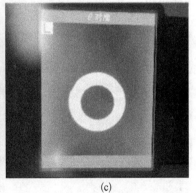

(c)

图2.28　研磨后空芯光纤图片

(a) 研磨后空芯光纤侧视图;(b) 研磨后空芯光纤角度测试;(c) 研磨后空芯光纤研磨面正视图

　　将上述研磨的斜角空芯光纤进行通光测试,发现光纤中出现明显的热点,输出效率很低,用感光卡观察输出端的激光,发现有很多发散极快的散射光。将光纤在热点后几厘米处断开,耦合效率恢复至正常水平。将空芯光纤沿热点处切开,发现此处光纤内有黑色杂质。这可能是研磨过程中部分碎屑被吸入空芯光纤内,而在通光过程中,激光因为碎屑的存在而散射至包层区域传输,输出端测量得到的大部分是经由包层传输的激光。为解决上述问题,该团队验证了以下几种方法:① 使用高压氦气清洗空芯光纤;② 使用静电风蛇,边去除静电边吹气;③ 一端充有高压氦气的同时对空芯光纤进行研磨。然而以上方法均不能将光纤内的碎屑杂质去除。以上方法的最高耦合效率仅能达到30%。

由于以上处理斜角的方法有一定的缺陷,该团队验证了第二种处理空芯光纤斜角的方法——激光切割。实验中采用$CO_2$激光器,对空芯光纤进行切割。切割时采用与$CO_2$激光器刻写长周期光纤相同的方式,运动轨迹为具有8°的斜线。切割后的结果如图2.29所示。实验采用20/400的实芯光纤进行试验,图2.29(a)为切割后空芯光纤的测试图,可以看到切割的平面不是一个标准的斜面,而是类高斯型,这主要是由$CO_2$激光的光束形状决定的。图2.29(b)为切割后端面的正视图,可以看到端面上有一圈圈的环形波纹,这是由激光多次烧蚀引起的。由于切割的平面并不是标准的斜面,难以准确测量切割的角度,而经过粗略测量,当画线角度为8°时切割角度通常大于10°,且每次切割角度难以固定。减小画线角度也不能得到完美的8°斜面,而且由于其并不是标准斜面,熔接时有一侧并不会完美贴合,无法完成熔接。

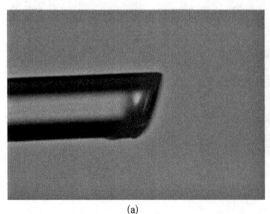 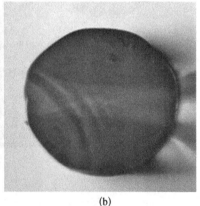

(a)                                         (b)

**图 2.29    激光切割空芯光纤图片**

(a) 激光切割空芯光纤侧视图;(b) 激光切割空芯光纤端面正视图

最后采用了以斜角切割刀对空芯光纤斜角进行处理的办法。经过调节切割刀参数,可以成功切出8°的斜角,切割后的光纤如图2.30所示。由图2.30(a)中观察到切割的端面会有一定的崩口,但是测量其角度效果较好。相比于以上两种方案,尽管切割面并不是特别的平整,对激光的传输影响却是最小的。

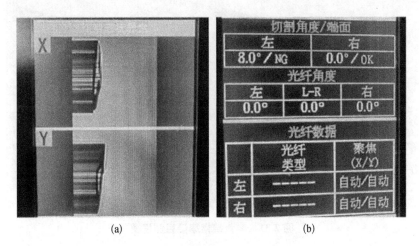

(a)　　　　　　　　　　　　　(b)

**图 2.30　光纤切割刀空芯光纤图片**

(a) 光纤切割刀切割空芯光纤侧视图;(b) 光纤切割刀切割空芯光纤角度

　　将上述切割好的空芯光纤与斜角端帽进行熔接,由于大芯径光纤熔接机不具备旋转光纤和端帽以及测量角度的功能,因此,8°斜面的对准全靠手动调整。此外,由于斜角端帽相比于平角端帽的熔接机械强度更弱,熔接过程中需要牺牲一定的耦合效率,增大熔接的火量,以保证熔接的机械强度。熔接后的图片如图 2.31 所示。

　　将上述熔接好的斜角空芯光纤端帽进行通光测试,结果如图 2.32 所示。其中黑线为使用斜角端帽时在输出端测量得到的功率,红线为使用气体腔时在输出端测量的功率。可以看到使用斜角端帽后的耦合效率略低于使用气体腔时的耦合效率。这是由于熔接过程中为保证熔接面的机械强度,增大了火量导致的。

　　上述斜角空芯光纤端帽可以保证激光的正常传输。之后需要对其进行气密性检测。在充气的过程中发现系统的气密性并不好,整个系统在持续漏气,而用紫外固化胶将斜角空芯光纤端帽的熔接处密封后,系统的气密性恢复正常。证明斜角空芯光纤端帽处存在漏气的情况。分析漏气原因,应该是切割后图 2.30(a) 中留下的崩口导致的。尽管可以用紫外固化胶密封,但是封胶处发热

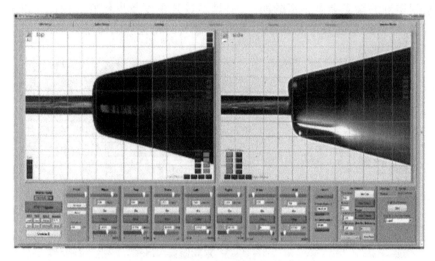

**图 2.31 斜角端帽熔接后侧视图**

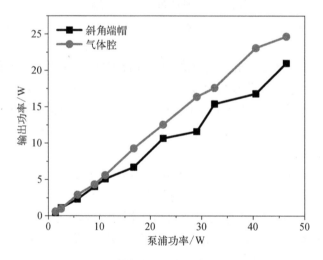

**图 2.32 斜角空芯光纤端帽通光测试**

极其严重,无法正常通光。而在一端漏气的情况下,单端充气无法将低压 $CO_2$ 充入空芯光纤。

    综上,尽管斜角空芯光纤端帽熔接成功,但是想将其应用在中红外光纤气体激光实验中仍然困难重重,需要进一步优化熔接方案。

# 参考文献

[ 1 ]　Ding W, Wang Y, Gao S, et al. Recent progress in low-loss hollow-core anti-resonant fibers and their applications[J]. IEEE Journal of Selected Topics in Quantum Electronics, 2020, 26(4): 4400312.

[ 2 ]　Benabid F, Knight J C, Antonopoulos G, et al. Stimulated Raman scattering in hydrogen-filled hollow-core photonic crystal fiber[J]. Science, 2002, 298(5592): 399 – 402.

[ 3 ]　Hongo A, Morosawa K, Matsumoto K, et al. Transmission of kilowatt-class $CO_2$ laser light through dielectric-coated metallic hollow waveguides for material processing[J]. Applied Optics, 1992, 31(24): 5114 – 5120.

[ 4 ]　Bowden B F, Harrington J A. Fabrication and characterization of chalcogenide glass for hollow Bragg fibers[J]. Applied Optics, 2009, 48(16): 3050 – 3054.

[ 5 ]　Humbert G, Knight J C, Bouwmans G, et al. Hollow core photonic crystal fibers for beam delivery[J]. Optics Express, 2004, 12(8): 1477 – 1484.

[ 6 ]　Shephard J, Jones J, Hand D, et al. High energy nanosecond laser pulses delivered single-mode through hollow-core PBG fibers[J]. Optics Express, 2004, 12(4): 717 – 723.

[ 7 ]　Shephard J D, Couny F, Russell P S, et al. Improved hollow-core photonic crystal fiber design for delivery of nanosecond pulses in laser micromachining applications[J]. Applied Optics, 2005, 44(21): 4582 – 4588.

[ 8 ]　Urich A, Maier R R J, Yu F, et al. Flexible delivery of Er: YAG radiation at 2.94 μm with negative curvaturesilica glass fibers: A new solution for minimally invasive surgical procedures[J]. Biomedical Optics Express, 2012, 4(2): 193 – 205.

[ 9 ]　Triches M, Michieletto M, Hald J, et al. Optical frequency standard using acetylene-filled hollow-core photonic crystal fibers[J]. Optics Express, 2015, 23(9): 11227 – 11241.

[10]　Triches M, Brusch A, Hald J. Portable optical frequency standard based on sealed gas-filled hollow-core fiber using a novel encapsulation technique[J]. Applied Physics B, 2015, 121(3): 251 – 258.

[11]　Yang X, Shi C, Wheeler D, et al. High-sensitivity molecular sensing using hollow-core photonic crystal fiber and surface-enhanced Raman scattering[J]. Journal of the Optical Society of America A: Optics Image Science & Vision, 2010, 27(5): 977 – 984.

[12]　Munzke D, Böhm M, Reich O. Gaseous oxygen detection using hollow-core fiber-based linear cavity ring-down spectroscopy[J]. Journal of Lightwave Technology, 2015, 33(12): 2524 – 2529.

[13] Bykov D S, Schmidt O A, Euser T G, et al. Flying particle sensors in hollow-core photonic crystal fibre[J]. Nature Photonics, 2015, 9(7): 461 – 465.

[14] Mak K F, Seidel M, Pronin O, et al. Compressing μJ-level pulses from 250 fs to sub-10 fs at 38-MHz repetition rate using two gas-filled hollow-core photonic crystal fiber stages[J]. Optics Letters, 2015, 40(7): 1238 – 1241.

[15] Murari K, Stein G J, Cankaya H, et al. Kagome-fiber-based pulse compression of mid-infrared picosecond pulses from a Ho: YLF amplifier[J]. Optica, 2016, 3(8): 816 – 822.

[16] Marcatili E A J, Schmeltzer R A. Hollow metallic and dielectric waveguides for long distance optical transmission and lasers[J]. Bell System Technical Journal, 1964, 43(4): 1783 – 1809.

[17] Yablonovitch E. Inhibited spontaneous emission in solid-state physics and electronics[J]. Physical Review Letters, 1987, 58(20): 2059 – 2062.

[18] John S. Strong localization of photons in certain disordered dielectric superlattices [J]. Physical Review Letters, 1987, 58(23): 2486 – 2489.

[19] Birks T A, Roberts P J, Russell P S J, et al. Full 2-D photonic bandgaps in silica/air structures[J]. Electronics Letters, 1995, 31(22): 1941 – 1943.

[20] Cregan R F, Mangan B J, Knight J C, et al. Single-mode photonic band gap guidance of light in air[J]. Science, 1999, 285(5433): 1537 – 1539.

[21] Venkataraman N, Gallagher M T, Smith C M, et al. Low loss (13 dB/km) air core photonic band-gap fibre [C]. 28th European Conference on Optical Communication, Copenhagen, 2002: 1 – 2.

[22] Mangan B J, Farr L, Langford A, et al. Low loss (1.7 dB/km) hollow core photonic bandgap fiber[C]. Optical Fiber Communication Conference, Los Angeles, 2004.

[23] Roberts P, Couny F, Sabert H, et al. Ultimate low loss of hollow-core photonic crystal fibres[J]. Optics Express, 2005, 13(1): 236 – 244.

[24] Amezcua-Correa R, Gerome F, Leon-Saval S G, et al. Control of surface modes in low loss hollow-core photonic bandgap fibers[J]. Optics Express, 2008, 16(2): 1142 – 1149.

[25] Wheeler N V, Petrovich M N, Slavík R, et al. Wide-bandwidth, low-loss, 19-cell hollow core photonic band gap fiber and its potential for low latency data transmission[C]. Optical Fiber Communication Conference, Los Angeles, 2012.

[26] Poletti F, Wheeler N V, Petrovich M N, et al. Towards high-capacity fibre-optic communications at the speed of light in vacuum[J]. Nature Photonics, 2013, 7(4): 279 – 284.

[27] Zhang X, Gao S, Wang Y, et al. 7-cell hollow-core photonic bandgap fiber with broad spectral bandwidth and low loss[J]. Optics Express, 2019, 27(8): 11608 – 11616.

[28] Benabid F. Stimulated Raman scattering in hydrogen-filled hollow-core photonic crystal

fiber[J]. Science, 2002, 298(5592): 399 – 402.

[29] Wang Y Y, Couny F, Roberts P J, et al. Low loss broadband transmission in optimized core-shape Kagome hollow-core PCF[C]. Conference on Lasers and Electro-Optics, San Jose, 2010.

[30] Wang Y Y, Wheeler N V, Couny F, et al. Low loss broadband transmission in hypocycloid-core Kagome hollow-core photonic crystal fiber[J]. Optics Letters, 2011, 36(5): 669 – 671.

[31] Wang Y Y, Peng X, Alharbi M, et al. Design and fabrication of hollow-core photonic crystal fibers for high-power ultrashort pulse transportation and pulse compression[J]. Optics Letters, 2012, 37(15): 3111 – 3113.

[32] Debord B, Alharbi M, Bradley T, et al. Hypocycloid-shaped hollow-core photonic crystal fiber Part I: Arc curvature effect on confinement loss[J]. Optics Express, 2013, 21(23): 28597 – 28608.

[33] Bradley T D, Wang Y, Alharbi M, et al. Optical properties of low loss (70 dB/km) hypocycloid-core Kagome hollow core photonic crystal fiber for Rb and Cs based optical applications[J]. Journal of Lightwave Technology, 2013, 31(16): 2752 – 2755.

[34] Debord B, Alharbi M, Benoit A, et al. Ultra low-loss hypocycloid-core Kagome hollow-core photonic crystal fiber for green spectral-range applications[J]. Optics Letters, 2014, 39(21): 6245 – 6248.

[35] Wheeler N V, Bradley T D, Hayes J R, et al. Low-loss Kagome hollow-core fibers operating from the near- to the mid-IR[J]. Optics Letters, 2017, 42(13): 2571 – 2574.

[36] Duguay M A, Kokubun Y, Koch T L, et al. Antiresonant reflecting optical waveguides in $SiO_2$-Si multilayer structures[J]. Applied Physics Letters, 1986, 49(1): 13 – 15.

[37] Litchinitser N M, Abeeluck A K, Headley C, et al. Antiresonant reflecting photonic crystal optical waveguides[J]. Optics Letters, 2002, 27(18): 1592 – 1594.

[38] Pryamikov A D, Biriukov A S, Kosolapov A F, et al. Demonstration of a waveguide regime for a silica hollow-core microstructured optical fiber with a negative curvature of the core boundary in the spectral region >3.5 μm[J]. Optics Express, 2011, 19(2): 1441 – 1448.

[39] Gerome F, Jamier R, Auguste J L, et al. Simplified hollow-core photonic crystal fiber[J]. Optics Letters, 2010, 35(8): 1157 – 1159.

[40] Yu F, Wadsworth W J, Knight J C. Low loss silica hollow core fibers for 3 – 4 μm spectral region[J]. Optics Express, 2012, 20(10): 11153 – 11158.

[41] Yu F, Knight J C. Spectral attenuation limits of silica hollow core negative curvature fiber [J]. Optics Express, 2013, 21(18): 21466 – 21471.

[42] Kolyadin A N, Kosolapov A F, Pryamikov A D, et al. Light transmission in negative curvature hollow core fiber in extremely high material loss region[J]. Optics Express,

2013, 21(8): 9514 - 9519.

[43] Belardi W, Knight J C. Hollow antiresonant fibers with low bending loss [J]. Optics Express, 2014, 22(8): 10091 - 10096.

[44] Gao S F, Wang Y Y, Liu X L, et al. Bending loss characterization in nodeless hollow-core anti-resonant fiber[J]. Optics Express, 2016, 24(13): 14801 - 14811.

[45] Jaworski P, Yu F, Carter R M, et al. High energy green nanosecond and picosecond pulse delivery through a negative curvature fiber for precision micro-machining[J]. Optics Express, 2015, 23(7): 8498 - 506.

[46] Gao S F, Wang Y Y, Liu X L, et al. Nodeless hollow-core fiber for the visible spectral range[J]. Optics Letters, 2017, 42(1): 61 - 64.

[47] Debord B, Amsanpally A, Chafer M, et al. Ultralow transmission loss in inhibited-coupling guiding hollow fibers[J]. Optica, 2017, 4(2): 209 - 217.

[48] Hayes J R, Fokoua E N, Petrovich M N, et al. Antiresonant hollow core fiber with an octave spanning bandwidth for short haul data communications[J]. Journal of Lightwave Technology, 2017, 35(3): 437 - 442.

[49] Hartung A, Kobelke J, Schwuchow A, et al. Double antiresonant hollow core fiber − guidance in the deep ultraviolet by modified tunneling leaky modes[J]. Optics Express, 2014, 22(16): 19131 - 19140.

[50] Hartung A, Kobelke J, Schwuchow A, et al. Low-loss single-mode guidance in large-core antiresonant hollow-core fibers[J]. Optics Letters, 2015, 40(14): 3432 - 3435.

[51] Gao S F, Wang Y Y, Ding W, et al. Hollow-core negative-curvature fiber for UV guidance [J]. Optics Letters, 2018, 43(6): 1347 - 1350.

[52] Yu F, Cann M, Brunton A, et al. Single-mode solarization-free hollow-core fiber for ultraviolet pulse delivery[J]. Optics Express, 2018, 26(8): 10879 - 10887.

[53] Belardi W, Knight J C. Hollow antiresonant fibers with reduced attenuation[J]. Optics Letters, 2014, 39(7): 1853 - 1856.

[54] Belardi W. Design and properties of hollow antiresonant fibers for the visible and near infrared spectral range[J]. Journal of Lightwave Technology, 2015, 33(21): 4497 - 4503.

[55] Kosolapov A F, Alagashev G K, Kolyadin A N, et al. Hollow-core revolver fibre with a double-capillary reflective cladding[J]. Quantum Electronics, 2016, 46(3): 267 - 270.

[56] Gao S F, Wang Y Y, Ding W, et al. Hollow-core conjoined-tube negative-curvature fibre with ultralow loss[J]. Nature Communications, 2018, 9(1): 2828.

[57] Bradley T D, Hayes J R, Chen Y, et al. Record low-loss 1.3 dB/km data transmitting antiresonant hollow core fibre[C]. European Conference on Optical Communication (ECOC), Rome, 2018: 1 - 3.

[58] Bradley T D, Jasion G T, Hayes J R, et al. Antiresonant hollow core fibre with 0.65 dB/km

attenuation across the C and L telecommunication bands[C]. 45th European Conference on Optical Communication (ECOC 2019), Dublin, 2019: 1 - 4.

[59] Jasion G T, Bradley T, Harrington K, et al. Hollow core NANF with 0.28 dB/km attenuation in the C and L bands[C]. Optical Fiber Communications Conference and Exhibition (OFC), San Diego, 2020: 1 - 3.

[60] Gregory T J, Hesham S, John R H, et al. 0.174 dB/km hollow core double nested antiresonant nodeless fiber (DNANF)[C]. Optical Fiber Communications Conference and Exhibition (OFC), San Diego, 2022: 1 - 3.

[61] 陈翔. 反谐振负曲率空芯光纤的结构设计、制备工艺及后处理技术研究[D]. 武汉: 华中科技大学, 2020.

[62] 严世博. 新型空芯反谐振光纤的设计及其应用研究[D]. 北京: 北京交通大学, 2021.

[63] Allan W, Snyder J D L. Optical waveguide theory[M]. New York: Springer, 1983: 734.

[64] Birks T A, Pearce G J, Bird D M. Approximate band structure calculation for photonic bandgap fibres[J]. Optics Express, 2006, 14(20): 9483 - 9490.

[65] Benabid F, Roberts P J. Linear and nonlinear optical properties of hollow core photonic crystal fiber[J]. Journal of Modern Optics, 2011, 58(2): 87 - 124.

[66] Argyros A, Pla J. Hollow-core polymer fibres with a kagome lattice: Potential for transmission in the infrared[J]. Optics Express, 2007, 15(12): 7713 - 7719.

[67] Vincetti L, Setti V. Waveguiding mechanism in tube lattice fibers[J]. Optics Express, 2010, 18(22): 23133 - 23146.

[68] Vincetti L, Setti V. Extra loss due to Fano resonances in inhibited coupling fibers based on a lattice of tubes[J]. Optics Express, 2012, 20(13): 14350 - 14361.

[69] Hädrich S, Rothhardt J, Demmler S, et al. Scalability of components for kW-level average power few-cycle lasers[J]. Applied Optics, 2016, 55(7): 1636 - 1640.

[70] Zhu X, Wu D, Wang Y, et al. Delivery of CW laser power up to 300 watts at 1080 nm by an uncooled low-loss anti-resonant hollow-core fiber[J]. Optics Express, 2021, 29(2): 1492 - 1501.

[71] Mulvad H C H, Abokhamis Mousavi S, Zuba V, et al. Kilowatt-average-power single-mode laser light transmission over kilometre-scale hollow-core fibre[J]. Nature Photonics, 2022, 16(6): 448 - 453.

[72] Zhu X, Yu F, Wu D, et al. Laser-induced damage of an anti-resonant hollow-core fiber for high-power laser delivery at 1 μm[J]. Optics Letters, 2022, 47(14): 3548 - 3551.

[73] Zhang Z, Ding W, Jia A, et al. Connector-style hollow-core fiber interconnections[J]. Optics Express, 2022, 30(9): 15149 - 15157.

[74] Zhang Z, Hong Y, Sheng Y, et al. High extinction ratio and low backreflection polarization maintaining hollow-core to solid-core fiber interconnection[J]. Optics Letters, 2022, 47(13):

3199 – 3202.

[75] Chong J H, Rao M K. Development of a system for laser splicing photonic crystal fiber[J]. Optics Express, 2003, 11(12): 1365 – 1370.

[76] Chong J H, Rao M K, Zhu Y, et al. An effective splicing method on photonic crystal fiber using $CO_2$ laser[J]. Photonics Technology Letters, IEEE, 2003, 15(7): 942 – 944.

[77] Lizier J T, Town G E. Splice losses in holey optical fibers[J]. IEEE Photonics Technology Letters, 2001, 13(8): 794 – 796.

[78] Bourliaguet B, Paré C, Émond F, et al. Microstructured fiber splicing[J]. Optics Express, 2003, 11(25): 3412 – 3417.

[79] Benabid F, Couny F, Knight J, et al. Compact, stable and efficient all-fibre gas cells using hollow-core photonic crystal fibres[J]. Nature, 2005, 434(7032): 488 – 491.

[80] Thapa R, Knabe K, Corwin K L, et al. Arc fusion splicing of hollow-core photonic bandgap fibers for gas-filled fiber cells[J]. Optics Express, 2006, 14(21): 9576 – 9583.

[81] Xiao L, Demokan M S, Jin W, et al. Fusion splicing photonic crystal fibers and conventional single-mode fibers: Microhole collapse effect[J]. Journal of Lightwave Technology, 2007, 25(11): 3563 – 3574.

[82] Kristensen J T, Houmann A, Liu X, et al. Low-loss polarization-maintaining fusion splicing of single-mode fibers and hollow-core photonic crystal fibers, relevant for monolithic fiber laser pulse compression[J]. Optics Express, 2008, 16(13): 9986 – 9995.

[83] Gao S F, Wang Y Y, Tian C P, et al. Splice loss optimization of a photonic bandgap fiber via a high V-number fiber [J]. IEEE Photonics Technology Letters, 2014, 26(21): 2134 – 2137.

[84] Hayes J R, Sandoghchi S R, Bradley T D, et al. Antiresonant hollow core fiber with an octave spanning bandwidth for short haul data communications[J]. Journal of Lightwave Technology, 2017, 35(3): 437 – 442.

[85] Zhang C, Fokoua E N, Fu S, et al. Angle-spliced SMF to hollow core fiber connection with optimized back-reflection and insertion loss[J]. Journal of Lightwave Technology, 2022, 40(19): 6474 – 6479.

[86] Wang C, Yu R, Xiong C, et al. Ultralow-loss fusion splicing between antiresonant hollow-core fibers and antireflection-coated single-mode fibers with low return loss[J]. Optics Letters, 2023, 48(5): 1120 – 1123.

[87] Eggleton B J, Kerbage C, Westbrook P S, et al. Microstructured optical fiber devices[J]. Optics Express, 2001, 9(13): 698 – 713.

[88] Town G E, Lizier J T. Tapered holey fibers for spot-size and numerical-aperture conversion [J]. Optics Letters, 2001, 26(14): 1042 – 1044.

[89] Zeltner R, Xie S, Pennetta R, et al. Broadband, lensless and optomechanically stabilised

coupling into microfluidic hollow-core photonic crystal fiber using glass nanospike[J]. ACS Photonics, 2016(4): 378 – 383.

[90] Xie S, Pennetta R, Russell P. Self-alignment of glass fiber nanospike by optomechanical back-action in hollow-core photonic crystal fiber[J]. Optica, 2016, 3(3): 277 – 282.

[91] 张乃千, 秦天令, 王泽锋, 等. 反共振空芯光子晶体光纤与拉锥光纤低损耗耦合[J]. 激光与光电子学进展, 2017, 54(10): 100608.

[92] Cui Y, Zhou Z, Huang W, et al. Quasi-all-fiber structure CW mid-infrared laser emission from gas-filled hollow-core silica fibers[J]. Optics & Laser Technology, 2020, 121: 105794.

[93] Huang W, Cui Y, Li X, et al. Low-loss coupling from single-mode solid-core fibers to anti-resonant hollow-core fibers by fiber tapering technique[J]. Optics Express, 2019, 27(26): 37111 – 37121.

[94] Huang W, Cui Y, Zhou Z, et al. Towards all-fiber structure pulsed mid-infrared laser by gas-filled hollow-core fibers[J]. Chinese Optics Letters, 2019, 17(9): 68 – 71.

[95] Yu R W, Wang C Y, Benabid F, et al. Robust mode matching between structurally dissimilar optical fiber waveguides[J]. ACS Photonics, 2021, 8(3): 857 – 863.

[96] Wang C Y, Yu R W, Debord B, et al. Ultralow-loss fusion splicing between negative curvature hollow-core fibers and conventional SMFs with a reverse-tapering method[J]. Optics Express, 2021, 29(14): 22470 – 22478.

# 第三章　中红外光纤气体激光理论

## 3.1　引言

　　基于乙炔、二氧化碳、溴化氢等气体的中红外 HCF 激光的基本原理是通过光泵浦 HCF 中增益气体分子,使其实现振动-转动能级的粒子数反转,输出中红外激光。基于气体 SRS 的中红外光纤气体拉曼激光的基本原理与之类似,通过泵浦 HCF 中的拉曼增益介质,在 HCF 特定传输带的波长限制下,实现较高效率的中红外拉曼激光输出。这一章根据粒子数反转和 SRS 两类原理分两节介绍两类光纤气体激光器的基本理论。其中基于粒子数反转的光纤气体激光简要介绍了增益介质乙炔、二氧化碳、溴化氢分子的振动-转动能级特性、能级跃迁、吸收线宽和碰撞引起的能级弛豫等物理特性,考虑到相对于乙炔和二氧化碳分子、溴化氢分子简单的能级结构特点,建立 HCF 中溴化氢气体激光的速率方程,在连续泵浦和脉冲泵浦两种情况下进行求解,分析了各能级粒子数及光功率沿 HCF 分布、输出激光功率及激光脉冲沿 HCF 位置演化等特性。基于 SRS 的光纤气体拉曼激光器简要介绍了气体拉曼效应、拉曼增益系数、稳态和瞬态 SRS,简要推导了 HCF 中气体 SRS 的稳态耦合波方程,在改变各参数的情况下进行求解,分析了光纤长度、增益系数、光纤损耗等参数对拉曼转化的影响。

## 3.2　分子特性分析

### 3.2.1　分子振动-转动能级

　　图 3.1 总结了分子各种过程发射的不同频率、不同波长的电磁波谱的划分[1],不同划分区域之间的界线并不严格精确,只是大致的数量级。从左到

右频率逐渐增大,分别是射频区域、微波区域、红外区域、可见光及紫外区域、
X 射线区域和 γ 射线区域。其中射频谱区域对应核磁共振和电子自旋共振
光谱,是由原子核或电子自旋反转引起的,频率范围是 $3\times10^6 \sim 3\times10^{10}$ Hz(波
长 10 m~1 cm);微波区域对应转动光谱,是由分子的转动能级跃迁引起的,频
率范围是 $3\times10^{10} \sim 3\times10^{12}$ Hz(波长 1 cm~100 μm);红外区域对应振动光谱,是
由分子的振动能级跃迁引起的,频率范围是 $3\times10^{12} \sim 3\times10^{14}$ Hz(波长 100 μm ~
1 μm),由于其广泛的应用前景也是备受关注的光谱区域;可见光及紫外区域对
应电子光谱,是由分子的外层价电子能级跃迁引起的,频率范围是 $3\times10^{14} \sim$
$3\times10^{16}$ Hz(波长 1 μm ~10 nm);X 射线区域是由内层价电子能级跃迁引起的,
频率范围是 $3\times10^{16} \sim 3\times10^{18}$ Hz(波长 10 nm ~100 pm);γ 射线区域又称穆斯堡
尔光谱(Mossbauer spectroscopy),是由原子核重新排列引起的,频率范围是 $3\times$
$10^{18} \sim 3\times10^{20}$ Hz(波长 100 pm ~1 pm)。

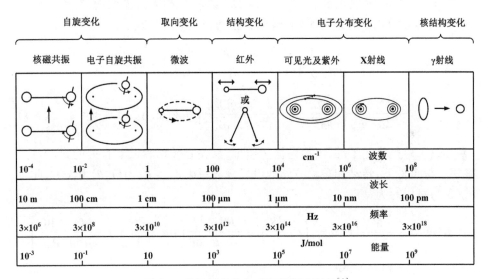

图 3.1　分子相关的电磁波谱粗略划分[1]

对于光泵浦气体分子产生中红外波段激光,从图 3.1 可以看出对应跃迁
能量小于 $10^5$ J/mol(对应单个分子能量小于 1 eV),因此可以忽略电子能级跃
迁引起的能量变化,认为电子能级没有变化,主要考虑分子的转动能量、振动
能量以及平动能量。使用振动-转动理论及量子理论可以分析分立的能级能
量,为简单起见,以双原子分子模型为例推导。双原子分子两个原子质量分别

为 $m_1$ 和 $m_2$，原子间距为 $r$，由薛定谔方程：

$$\left[ -\frac{h^2}{2m_1} \nabla_1^2 - \frac{h^2}{2m_2} \nabla_2^2 + V(r) \right] \psi_r = E_r \psi_r \tag{3.1}$$

其中，$\nabla_i^2 = \partial^2/\partial x_i^2 + \partial^2/\partial y_i^2 + \partial^2/\partial z_i^2$，是拉普拉斯算子；$h$ 是普朗克常量；$\psi_r$ 是总波函数；$E_r$ 是总能量。利用分离变量法，设 $\psi_r = \psi_i \psi_{rv}$，$\psi_i$ 为平动波函数，$\psi_{rv}$ 为转动和振动波函数，把其代入式（3.1）得

$$-\frac{h^2}{2M} \frac{1}{\psi_i} \left( \frac{\partial^2 \psi_i}{\partial X^2} + \frac{\partial^2 \psi_i}{\partial Y^2} + \frac{\partial^2 \psi_i}{\partial Z^2} \right) - \frac{h^2}{2\mu} \frac{1}{\psi_{rv}} \left( \frac{\partial^2 \psi_{rv}}{\partial X^2} + \frac{\partial^2 \psi_{rv}}{\partial Y^2} + \frac{\partial^2 \psi_{rv}}{\partial Z^2} \right)$$
$$+ V(x, y, z) = E_r \tag{3.2}$$

其中，$M = m_1 + m_2$，$\mu = (m_1 + m_2)/(m_1 m_2)$，由数学物理方程知识可知，式（3.2）左边前一项及后两项之和分别为一常数，设为 $E_i$ 和 $E_{rv}$，显然有 $E_r = E_i + E_{rv}$。式（3.2）可以分离成分别与平动、转动和振动相关的两个式子：

$$-\frac{h^2}{2M} \frac{1}{\psi_i} \left( \frac{\partial^2 \psi_i}{\partial X^2} + \frac{\partial^2 \psi_i}{\partial Y^2} + \frac{\partial^2 \psi_i}{\partial Z^2} \right) = E_i \tag{3.3}$$

$$-\frac{h^2}{2\mu} \frac{1}{\psi_{rv}} \left( \frac{\partial^2 \psi_{rv}}{\partial X^2} + \frac{\partial^2 \psi_{rv}}{\partial Y^2} + \frac{\partial^2 \psi_{rv}}{\partial Z^2} \right) + V(x, y, z) = E_{rv} \tag{3.4}$$

式（3.3）是描述平动，由简谐振子模型，只关心转动和振动有关的式（3.4），在极坐标条件下，转动和振动波函数可以分离写成 $\psi_{rv} = R(r) \Theta(\theta) \Phi(\varphi)$，此时式（3.4）可以写为

$$E_{rv} R\Theta\Phi = -\frac{\hbar^2}{2\mu r^2} \left[ \Theta\Phi \frac{\mathrm{d}}{\mathrm{d}r} \left( r^2 \frac{\mathrm{d}R}{\mathrm{d}r} \right) + \frac{R\Phi}{\sin\theta} \frac{\mathrm{d}}{\mathrm{d}\theta} \left( \sin\theta \frac{\mathrm{d}\Theta}{\mathrm{d}\theta} \right) + \frac{R\Theta}{\sin^2\theta} \frac{\mathrm{d}\Phi}{\mathrm{d}\varphi^2} \right]$$
$$+ V(r) R\Theta\Phi \tag{3.5}$$

整理得

$$\frac{\sin^2\theta}{R} \frac{\mathrm{d}}{\mathrm{d}r} \left( r^2 \frac{\mathrm{d}R}{\mathrm{d}r} \right) + \frac{\sin\theta}{\Theta} \frac{\mathrm{d}}{\mathrm{d}\theta} \left( \sin\theta \frac{\mathrm{d}\Theta}{\mathrm{d}\theta} \right) + \frac{1}{\Phi} \frac{\mathrm{d}^2\Phi}{\mathrm{d}\varphi^2}$$
$$+ \frac{2\mu r^2 \sin^2\theta}{\hbar^2} \left[ E_{rv} - V(r) \right] = 0 \tag{3.6}$$

其中，$\Phi$ 函数与其他项无关，可设为 $-m^2$：

$$\frac{1}{\Phi} \frac{d^2\Phi}{d\varphi^2} = - m^2 \tag{3.7}$$

把式(3.7)代入式(3.6),两边同时除以 $\sin^2\theta$, 得到:

$$\frac{1}{R} \frac{d}{dr}\left(r^2 \frac{dR}{dr}\right) + \frac{1}{\sin^2\theta \times \Theta} \frac{d}{d\theta}\left(\sin\theta \frac{d\Theta}{d\theta}\right) + \frac{-m^2}{\sin^2\theta} + \frac{2\mu r^2}{\hbar^2}[E_{rv} - V(r)] = 0 \tag{3.8}$$

式(3.8)要为 0,设第一、四项为一常数,第二、三项为这一常数的相反数,由量子力学相关知识,该常数设为 $J(J+1)$, $J$ 为角量子数,(3.8)可以写成:

$$\frac{1}{\sin^2\theta \times \Theta} \frac{d}{d\theta}\left(\sin\theta \frac{d\Theta}{d\theta}\right) - \frac{m^2}{\sin^2\theta} + J(J+1) = 0 \tag{3.9}$$

$$\frac{1}{R} \frac{d}{dr}\left(r^2 \frac{dR}{dr}\right) + \frac{2\mu r^2}{\hbar^2}[E_{rv} - V(r)] - J(J+1) = 0 \tag{3.10}$$

其中,$J$ 只能取非负整数,即 $J = 0, 1, 2, 3, \cdots$。对于一个已知的 $J$ 值,$m$ 只能取 $0, \pm 1, \pm 2, \cdots, \pm J$。$\Theta(\theta)\Phi(\varphi)$ 表示双原子分子的转动波函数,称为球谐函数。因为 $\Theta(\theta)\Phi(\varphi)$ 中 $\Theta(\theta)$ 和 $\Phi(\varphi)$ 均与 $V(r)$ 的形式无关,转动波函数同样与所选定的分子振动模型无关。

在简谐振子模型中,势能 $V(r) = 1/2 \times k(r - r_e)^2$,$k$ 是力常数,单位 N/m,$r_e$ 是双原子的平衡位置的核间距,利用原子物理知识,对简谐振子模型能级求和,总能量为

$$E_{v,J} = \left(v + \frac{1}{2}\right)h\omega + BJ(J+1) - DJ^2(J+1)^2 \tag{3.11}$$

式中右侧第一项为与振动相关的能量,第二项和第三项为与转动相关的能量。其中,$v$ 为振动量子数,决定振动能级;$\omega$ 为分子的本征振动频率,决定振动能级的差值;$J$ 为角量子数,决定转动能级;$B$ 和 $D$ 为决定转动能级差值的常数。

由式(3.11)可知,在简谐振子模型中,振动能级的间距是相等的,而在非简谐振子模型中,振动能级的间距是不相等的。双原子简谐振子模型的本征振动频率可以表示为

$$v_0 = \frac{1}{2\pi} \sqrt{\frac{k}{M}} \tag{3.12}$$

其中，$k$ 为一比例常数；$M$ 为折合质量，本征频率对应的本征波数为

$$\overline{v_0} = \frac{v_0}{c} = \frac{\sqrt{k/M}}{2\pi c} \tag{3.13}$$

双原子分子的本征振动频率 $v_0$ 只有一个，对于多原子分子，其分子运动可分解，看成是基本运动的叠加。假设一个分子由 $N$ 个原子组成，每个原子核具有三个自由度，则分子总共有 $3N$ 个自由度。其中三个自由度是在坐标系中的整体平动，还有三个（在线型分子中是两个）自由度是自由转动。这就剩下 $3N-6$（在线性分子中为 $3N-5$）种可能的简正振动模式。任何可能的振动都可以分解为 $3N-6$（在线性分子中为 $3N-5$）种简正振动模式之和。事实上，常用每两个原子之间、原子与基团之间或基团与基团之间的相互作用来分解一个多原子分子，至于各原子间的耦合或扰动，不再考虑，然后采用类似于双原子分子的分析方法[2]处理。双原子分子的任何一个组合振动模式的能级近似为

$$E_{v_i} = h \sum_i \left( \gamma_i + \frac{1}{2} \right) v_{0i} \tag{3.14}$$

其中，$\gamma_i$ 是简正振动 $v_i$ 的振动量子数，$\gamma_i$ 的取值为 $0$，$1$，$2$，$\cdots$；$v_{0i}$ 是对应 $v_i$ 的本征频率，$i$ 是组合模式在简正振动的模式序号。

下面介绍光纤气体激光常用的气体分子结构和能级特性。

1. 氢气/氘气分子

$H_2$ 为对称的双原子分子，具备沿着分子键伸缩振动的唯一简正振动模式，如图 3.2 所示，箭头的方向代表氢原子振动的方向。因而，氢分子的振动量子数 $v$ 可以从 0 开始，取逐渐增大的整数，对应了一系列的振动能级，对于每一个振动能级，$H_2$ 由于转动具备一系列转动能级。因为 $H_2$ 振动能量 $h\omega$ 约为 0.5 eV，$B$ 约为 0.008 eV[2]，因此，在 $v=0$ 和 $v=1$ 的振动能态间有 8 个转动能级，对应 $J=0$ 至 $J=7$。对于 $D_2$ 双原子分子，由于其每个原子核质量约为 $H_2$ 的两倍，因此折合质量也是 $H_2$ 的两倍，根据式（3.12）可以推断出 $D_2$ 的振动能级间隔约为氢气的 $1/\sqrt{2}$。

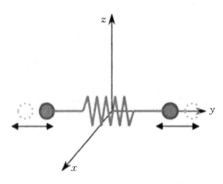

图 3.2　氢分子简正振动模式示意图

### 2. 溴化氢分子

同氢分子相同,作为双原子分子,HBr 唯一的简正振动模式是沿着分子键伸缩振动的伸缩模式,如图 3.3 所示,箭头的方向代表氢原子和溴原子振动的方向。HBr 的唯一振动模式中振动量子数 $v$ 可以从 0 开始,取逐渐增大的整数,对应了一系列的振动能级,对于每一个振动能级,都有一系列的转动能级,两者相加就构成了 HBr 的能级结构。

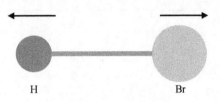

图 3.3 HBr 的振动模式

根据式(3.11),考虑 HBr 分子的能级细节,HBr 分子的振动量子数为 $v$ 和转动量子数为 $J$ 的能级能量可以表示为

$$\varepsilon_{\text{total}} = \varepsilon_{J,\,v} = BJ(J+1) + \left(v + \frac{1}{2}\right)\bar{\omega}_{\text{e}} - \left(v + \frac{1}{2}\right)^2 \bar{\omega}_{\text{e}}\chi_{\text{e}} \text{ cm}^{-1} \quad (3.15)$$

HBr 分子在自然界中主要存在两种同位素 $H^{79}Br$ 和 $H^{81}Br$,对应的丰度由 HITRAN 数据库[3]可得分别为 50.68% 和 49.31% 左右(还有极少量的同位素 $D^{79}Br$ 和 $D^{81}Br$ 不予考虑)。同位素 $H^{79}Br$ 和 $H^{81}Br$ 不同的分子质量导致参数 $B$ 及 $\bar{\omega}_{\text{e}}$ 有所区别[4,5],如表 3.1 所示,其中的转动常数 $B$ 由于随着振动能级增大,分子间间距略微增大,其值随之减小。通过表 3.1 中具体参数及式(3.15)就可以具体计算出 HBr 两种同位素的具体能级能量,表 3.2 展示了 $v=0,1,2$ 三个振动能级及相应 $J=0\sim5$ 六个转动能级的能量,可以发现 HBr 分子振动-转动能级结构稀疏,$H^{81}Br$ 能级能量略小于 $H^{79}Br$ 能级能量,因此两种同位素能级之间跃迁产生的激光波长会有微小差异。

表 3.1 同位素 $H^{79}Br$ 和 $H^{81}Br$ 振动-转动能级相关参数

| 同位素 | 振动能级 $v$ | $B/\text{cm}^{-1}$ | $\bar{\omega}_{\text{e}}/\text{cm}^{-1}$ | $\chi_{\text{e}}$ |
|---|---|---|---|---|
| $H^{79}Br$ | 0 | 8.351 030 806 | | |
| | 1 | 8.119 071 3 | 2 649.387 6 | 0.017 07 |
| | 2 | 7.887 684 6 | | |
| $H^{81}Br$ | 0 | 8.348 448 996 | | |
| | 1 | 8.116 589 | 2 648.975 2 | 0.017 07 |
| | 2 | 7.885 327 3 | | |

表 3.2    同位素 $H^{79}Br$ 和 $H^{81}Br$ 部分振动-转动能级能量

| 振动能级 $v$ | 转动能级 $J$ | $H^{79}Br$ 能级能量/$cm^{-1}$ | $H^{81}Br$ 能级能量/$cm^{-1}$ |
|---|---|---|---|
| 0 | 0 | 1 313.388 | 1 313.183 |
|  | 1 | 1 330.090 | 1 329.880 |
|  | 2 | 1 363.494 | 1 363.274 |
|  | 3 | 1 413.600 | 1 413.364 |
|  | 4 | 1 480.408 | 1 480.152 |
|  | 5 | 1 563.918 | 1 563.637 |
| 1 | 0 | 3 872.325 | 3 871.722 |
|  | 1 | 3 888.563 | 3 887.955 |
|  | 2 | 3 921.039 | 3 920.422 |
|  | 3 | 3 969.754 | 3 969.121 |
|  | 4 | 4 034.706 | 4 034.054 |
|  | 5 | 4 115.897 | 4 115.220 |
| 2 | 0 | 6 340.812 | 6 339.825 |
|  | 1 | 6 356.588 | 6 355.596 |
|  | 2 | 6 388.139 | 6 387.137 |
|  | 3 | 6 435.465 | 6 434.449 |
|  | 4 | 6 498.566 | 6 497.532 |
|  | 5 | 6 577.443 | 6 576.385 |

3. 一氧化碳

同 HBr 一样,CO 也是非对称的双原子分子,由一个碳原子和氧原子结合而成,因此其球棍模型与图 3.3 所示的 HBr 的分子结构类似。由于双原子分子结构的简单性,CO 也仅存在一种振动模式,由于分子转动,CO 在每个振动能级上存在多个转动能级。从 HITRAN 数据库[3]可以获得 CO 分子的部分能级参数,如表 3.3 所示。

4. 乙炔分子

乙炔为线性分子,即两个原子和两个原子排列在同一条直线上。由前面的理论可知,线性分子一共有 $3N-5$ 种简正振动模式。因此,乙炔分子有 7 种简正振动模式。又因为乙炔分子是对称的,C、H 原子作对称和非对称弯曲振动时,会分别出现一对除振动方向不同外,其他均相同的振动模式。实际上可把它们视为同一种简正振动模式。

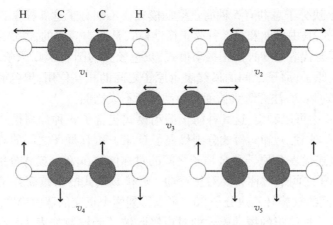

图 3.4　乙炔分子的 5 种简正振动模式

表 3.3　CO 部分振动-转动能级能量

| 振动能级 $v$ | 转动能级 $J$ | $H^{79}Br$ 能级能量/$cm^{-1}$ |
|---|---|---|
| 0 | 0 | 0 |
| | 1 | 3.845 |
| | 2 | 11.535 |
| | 3 | 23.069 5 |
| | 4 | 38.448 1 |
| | 5 | 57.670 4 |
| 1 | 0 | 2 143.271 1 |
| | 1 | 2 147.081 1 |
| | 2 | 2 154.701 |
| | 3 | 2 166.130 5 |
| | 4 | 2 181.369 2 |
| | 5 | 2 200.416 4 |
| 2 | 0 | 4 260.062 2 |
| | 1 | 4 263.837 2 |
| | 2 | 4 271.387 1 |
| | 3 | 4 282.711 6 |
| | 4 | 4 297.810 2 |
| | 5 | 4 316.682 4 |

这样,乙炔分子总共有 5 种简正振动模式。乙炔分子这 5 种简正振动模式如图 3.4 所示,其中第 4 和第 5 种简正振动模式是双重简并的,乙炔分子 $v_1$、$v_2$、$v_3$、$v_4$、$v_5$ 的标识代表了 5 种简正振动模式;灰色较大的圆表示 C 原子,白色较小的圆表示 H 原子;原子之间的横线表示原子之间的相互作用;黑色箭头示意原子之间的相对运动,注意箭头长度与运动强度不成比例。

从图 3.4 中可以看出,这 5 种简正振动模式包含了 3 种伸缩模式和 2 种弯曲模式。具体来说,$v_1$ 和 $v_3$ 模式分别代表了 C 原子和 H 原子之间的对称和反对称伸缩,$v_2$ 模式代表 C 原子和 C 原子之间的对称伸缩,$v_4$ 和 $v_5$ 模式分别代表了 C 原子和 H 原子之间的对称和反对称弯曲。$v_4$ 和 $v_5$ 模式的双重简并是由于通过绕着原子核间的轴旋转乙炔分子 90°,可以得到两个正交的弯曲模式。

$v_1 \sim v_5$ 这 5 种简正的振动模式的对应吸收波长和波数如表 3.4 示。由于简正振动模式基频吸收对应的波长没有合适的光源,而且不在常见的光纤低损耗范围之内,可以选择吸收强度不如基频吸收强烈的 $v_1 + v_3$ 振动泛频吸收作为泵浦源波长,其对应吸收波长在 1.5 μm 通信波段。这一波段的技术已经发展相当成熟,有大量成熟的激光光源产品可以作为泵浦源,而且石英光纤在 1550 nm 附近为低损窗口,可以选择结构紧凑的光纤激光作为泵浦源。$v_1 + v_3$ 振动模式可以理解为 C-H 对称伸缩模式 $v_1$ 和 C-H 反对称伸缩模式 $v_3$ 的合成。

表 3.4　乙炔分子的 5 种简正振动模式对应的波数和波长

| 模　式 | 对应波数/cm$^{-1}$ | 对应波长/μm |
|:---:|:---:|:---:|
| $v_1$ | 3 397.12 | 2.943 67 |
| $v_2$ | 1 981.80 | 5.045 92 |
| $v_3$ | 3 316.86 | 3.014 90 |
| $v_4$ | 608.73 | 16.427 6 |
| $v_5$ | 729.08 | 13.715 9 |

5. 二氧化碳分子

$CO_2$ 分子是一种线性对称的三原子分子,两侧两个氧原子与中心的碳原子相连,有一条沿 3 个原子连接方向的对称轴,其结构如图 3.5(a)所示。建立笛卡尔坐标系,分子中每个原子可以通过 3 个自由度来表述,因此 $CO_2$ 分子具有 9 个自由度,其中有 3 个平动自由度和 3 个转动自由度。又因为 $CO_2$ 分子属于线性分子,其沿着分子轴向转动无法实现,因此线性分子只有两个转动自由度。

其余的自由度均为振动自由度,所以 $CO_2$ 分子共有 4 个振动自由度。其中有两个振动自由度是垂直于轴向的弯曲振动,这两个振动实际上是简并的。$CO_2$ 分子实际上只有三种基本振动模式:对称振动、形变振动和反对称振动。

对称振动如图 3.5(b)所示,碳原子在中心位置保持不动,两个氧原子同时向碳原子运动或者同时远离碳原子运动,运动方向均为 $CO_2$ 分子的对称轴。此种振动模式用 $v_1$ 表示。其对应的振动能量 $E_{v_1 00}$,$v_1 = 0,1,2,\cdots$,振动波数 $\tilde{v}_{10} = 1\,330\ \mathrm{cm}^{-1}$。

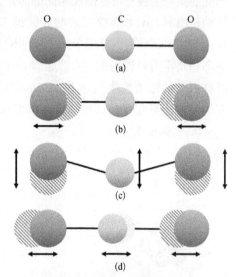

形变振动如图 3.5(c)所示。三个原子均发生运动,运动方向与 $CO_2$ 分子的对称轴垂直,其中两个氧原子的运动方向相同,碳原子的运动方向与氧原子的运动方向相反。此种振动模式用 $v_2$ 表示。其对应的振动能量 $E_{0 v_2 0}$,$v_2 = 0,1,2,\cdots$,振动波数 $\tilde{v}_{20} = 667.3\ \mathrm{cm}^{-1}$。对称振动模式在能量上是二重简并的,一种是沿上下方向振动,另一种是沿前后方向振动。正常情况下两者并无区别,只有在有外力作用时,两种简并模式才有所区别,振动能量也会有所不同。

**图 3.5　二氧化碳的分子结构及 3 种基本振动模式**

(a) 二氧化碳分子结构;(b) 对称振动模式;
(c) 形变振动模式;(d) 反对称振动模式

反对称振动如图 3.5(d)所示。三个原子均发生运动,运动方向沿 $CO_2$ 分子的对称轴。其中两个氧原子向同一方向运动,碳原子的运动方向与氧原子的运动方向相反。这种振动模式用 $v_3$ 表示。其对应的振动能量 $E_{00 v_3}$,$v_3 = 0,1,2,\cdots$,振动波数 $\tilde{v}_{30} = 2\,349.3\ \mathrm{cm}^{-1}$。

在一级近似条件下,三种基本振动模式是相互独立的。$CO_2$ 分子的振动实际上可以当作以上三种基本振动模式混合组成的态,由相应的三个振动态量子数 $v_1,v_2,v_3$ 表示。在目前的 HITRAN 数据库[3]中,$CO_2$ 分子的振动能级用 $(v_1 v_2 l v_3 r)$ 的形式表示。其中 $l$ 为形变振动相关的角动量量子数,当 $v_2$ 为偶数时:

$$l = v_2, v_2 - 2, \cdots, 0 \tag{3.16}$$

当 $v_2$ 为奇数时

$$l = v_2, v_2 - 2, \cdots, 1 \qquad (3.17)$$

$l = 0$ 表示能级是非简并的,$l \geqslant 1$ 时,能级是二重简并的。$r$ 表示的是费米共振,由于 $CO_2$ 分子中对称振动的振动波数 $\tilde{v}_{10}$ 与形变振动波数的 2 倍 $2\tilde{v}_{20}$ 较为接近,因此不同的振动能级有可能出现相同的能量,这种共振现象会导致能级的扰动。这种扰动是由两个振动能级之间的非简谐力产生,相互作用的结果导致一个能级上移,一个能级下移,因此两个能级之间的分离要远大于预期。当 $v_1$ 振动态与 $2v_2$ 振动态相互作用时得到的实际能量 $E_{\mathrm{I}} = 1\,388.3\ \mathrm{cm}^{-1}$ 和 $E_{\mathrm{II}} = 1\,285.5\ \mathrm{cm}^{-1}$。相比于对称振动的振动波数 $\tilde{v}_{10} = 1\,330\ \mathrm{cm}^{-1}$ 与形变振动波数的 2 倍 $2\tilde{v}_{20} = 1\,334.6\ \mathrm{cm}^{-1}$ 有较大的能量变化。这种新产生的能级可以用共振 I 型或 II 型等来表示[6]。

6. 甲烷分子

$CH_4$ 为五原子分子,由一个碳原子和四个氢原子构成,其中四个氢原子构成正四面体的结构,碳原子为正四面体的中心,如图 3.6 所示。根据前文对多原子分子自由度的分析,$CH_4$ 应当存在 $3\times5-6=9$ 个振动模式,但是由于其结构的立方对称性,$CH_4$ 存在简并振动,考虑了振动模式简并的因素后,正四面体 $CH_4$ 仅存在四种振动模式 $v_1$、$v_2$、$v_3$、$v_4$,对应吸收波长和波数如表 3.5 所示。由于结构的立方对称性,$CH_4$ 在振动基态上不存在转动能级(位于其他振动态时,$CH_4$ 的立方对称性因振动而被破坏)。

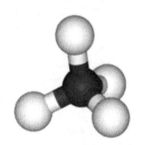

图 3.6 甲烷分子结构

表 3.5 甲烷分子的 4 种简正振动模式对应的波数和波长[7]

| 模 式 | 对应波数/cm$^{-1}$ | 对应波长/μm |
| --- | --- | --- |
| $v_1$ | 2 917 | 3.428 |
| $v_2$ | 1 534 | 6.519 |
| $v_3$ | 3 020 | 3.311 |
| $v_4$ | 1 306 | 7.657 |

## 3.2.2 红外光谱

1. 能级跃迁

处于某一振动-转动能级的分子可以通过吸收或发射光子跃迁到其他能

级,薛定谔方程限制了允许跃迁的能级过程,即选择定则[1]。对于简谐振动近似的分子,振动能级满足的选择定则是

$$\Delta v = \pm 1 \tag{3.18}$$

同时必须有偶极矩的变化[8,9],这两个条件缺一不可。而对于非简谐振动近似的分子,振动能级选择定则条件没有那么严格,可以是

$$\Delta v = \pm 1, \ \pm 2, \ \pm 3, \ \pm 4, \cdots \tag{3.19}$$

尽管非简谐振动允许更大范围的振动能级跃迁,但随着振动能级差值的增加,跃迁的概率大大下降,实验上主要观测到 $\Delta v = \pm 1$, $\pm 2$, $\pm 3$ 的振动能级跃迁。通常称 $v=0 \rightarrow v=1$ 为基频跃迁;$v=0 \rightarrow v=n (n>1)$ 为泛频跃迁,常见的 $v=0 \rightarrow v=2$ 和 $v=0 \rightarrow v=3$ 称为一阶泛频跃迁和二阶泛频跃迁[1];$v=n \rightarrow v=n+1 (n>0)$ 为热频跃迁。

转动能级选择定则与转动类型有关,对于刚性双原子分子,转动能级跃迁需要满足

$$\Delta J = \pm 1 \tag{3.20}$$

和偶极矩发生变化两个条件。具体来说,异核双原子分子(如 HBr、HCl、CO 等)转动时偶极矩会发生变化,可以观察到相应的转动光谱,而同核双原子分子(如 $N_2$、$O_2$ 等)转动时偶极矩则不会发生变化,不会发生相应的跃迁。$\Delta J = +1$ 称为 R 支跃迁而 $\Delta J = -1$ 称为 P 支跃迁,R 支跃迁和 P 支跃迁通常表示为 R($J$) 和 P($J$),其中的 $J$ 是较低转动能级的转动量子数。

对于多原子分子能够允许的能级跃迁,需要使用分子群论[10,11],直接使用结论:当振动基态和振动伸缩模式发生振动跃迁或振动伸缩模式之间发生振动跃迁时,转动选择定则是 $\Delta J = \pm 1$;除此情况之外发生的振动跃迁时,转动选择定则是 $\Delta J = 0, \pm 1$。其中的 $\Delta J = 0$ 称为 Q 支跃迁,同样通常表示为 Q($J$),其中的 $J$ 是较低转动能级的转动量子数。

需要指出的是,P($J$)、Q($J$) 和 R($J$) 中的较低能级的转动量子数 $J$ 可以是跃迁的初始能级,也可以是跃迁的最终能级,分别对应于吸收跃迁和发射跃迁,比如 P($J$) 可以表示 $J \rightarrow J+1$ 的吸收跃迁,也可以表示 $J+1 \rightarrow J$ 的发射跃迁。

下面介绍乙炔、二氧化碳、溴化氢和一氧化碳分子的能级吸收和跃迁过程。

1) 乙炔

吸收线的强度正比于初态的分子数和跃迁几率。跃迁几率可以认为是一种概率,即分子与特定频率的光相互作用时,确实吸收了光子并且经历跃迁的

可能性。它是分子从初态到终态转换的有效速率。在任何给定初始能级 $i$ 的平衡系统中,分子数 $N_i$ 可以由波尔兹曼方程很容易地计算出来:

$$N_i \propto g_i \left[ \exp\left( -\frac{E_i}{k_B T} \right) \right] \tag{3.21}$$

其中,$g_i$ 是简并度;$E_i$ 是参照于基态的能量;$k_B$ 是玻尔兹曼常数;$T$ 是温度。$E_i$ 越大,平衡时处于能级 $i$ 上的分子数就越少。室温下大多数分子处于振动基态。

可以用玻尔兹曼分布来估计各转动能级上的分子数分布。对于每一个角动量状态 $J$,其简并度为

$$g_J = 2J + 1 \tag{3.22}$$

因此,在刚性转子近似值中每个转动态的分子数为

$$N_J \propto (2J + 1)\exp\left[ -\frac{hcBJ(J+1)}{k_B T} \right] \tag{3.23}$$

如果假设跃迁几率是相同的,则振动谱带的强度分布应该如图 3.7 所示。强度轮廓是线性递增函数和指数递减函数的产物。$J$ 大的时候主要体现为指数递减,$J$ 小的时候主要体现为线性递增,$J$ 最大强度线发生在 $J$ 值中等的时候。但实际上乙炔分子吸收强度受到核自旋的影响。

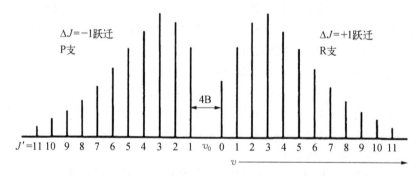

图 3.7　理论上的乙炔气体近红外 1.5 μm 波段吸收线的强度分布

核自旋统计学和泡利不相容原理有很大联系。泡利不相容原理应用于多原子分子,对于任何不可区别的核子交换,分子的波函数只能是对称或反对称的。如果粒子是费密子(自旋为半整数的粒子),则波函数是反对称的,交换时波函数的符号改变。如果粒子是玻色子(自旋为整数的粒子),则波函数是对称的,交换时波函数的符号不变。即当核子相互交换时,波函数的符号可能发生

变化。为了理解对称对于波函数的影响，可以把整个波函数看作电子、振动、转动和核子自旋这四部分的乘积，即：

$$\Psi_{TOT} = \Psi_{elec} \Psi_{vib} \Psi_{rot} \Psi_{ns} \tag{3.24}$$

式中，$\Psi_{TOT}$、$\Psi_{elec}$、$\Psi_{vib}$、$\Psi_{rot}$ 和 $\Psi_{ns}$ 分别指分子总的波函数、电子波函数、振动波函数、转动波函数和核自旋波函数。根据泡利不相容原理，总的波函数对于相同核子的交换必须是对称的或反对称的，但是它无法判定该波函数的每一个部分是对称的还是反对称的。对于一个带有两个或多个非零自旋的分子，总有不止一种的分子核自旋波函数。其中只有对称或反对称的核自旋波函数是被泡利不相容原理所允许的。对乙炔而言，两个氢是费密子，因此总的波函数关于两个氢的交换是对称的。波函数的电子、振动和转动部分对称性的推导较为烦琐，这里直接给出结论。该结论是振动波函数关于核子交换是对称的。转动波函数在对称和反对称之间变换，对乙炔来说，当 $J$ 的值是偶数时 $\Psi_{rot}$ 是对称的，$J$ 是奇数时 $\Psi_{rot}$ 是反对称的。因此，为了满足泡利不相容原理，$J$ 是偶数时乙炔分子有反对称的核自旋波函数，$J$ 是奇数时乙炔分子有对称的核自旋波函数。氢核子的自旋量子数 $I = 1/2$。$I$ 是由 $|M| = h[I(I+1)]^{1/2}$ 给定的，正如转动角动量向量那样。通常，简并度由 $g_I = 2I+1$ 给定。因此对于氢核子，简并度是 $g_I = 2$。两个简并自旋轨道由自旋次级量子数 $m_I = \pm1/2$ 表示。自旋的两个方向通常指自旋向上和自旋向下。

为满足泡利不相容原理，分子的核子波函数作为一个整体必须保持如下的对称形式：

$$\uparrow(1)\uparrow(2)$$
$$\downarrow(1)\downarrow(2)$$
$$\frac{1}{\sqrt{2}}[\uparrow(1)\downarrow(2) + \downarrow(1)\uparrow(2)] \tag{3.25}$$
$$\frac{1}{\sqrt{2}}[\uparrow(1)\downarrow(2) - \downarrow(1)\uparrow(2)]$$

其中，1 和 2 代表两个氢，箭头表示自旋向上和自旋向下。例如 $\uparrow(1)\downarrow(2)$ 的波函数不能存在，因为两个核子的交换后产生的波函数与最初的不同，既不是对称的也不是反对称的。前三式是关于核子交换对称的，最后一个式子是反对称的。这意味着有三个可能的自旋波函数应用于每一个奇数值 $J$，对于偶数值 $J$ 只有一个自旋波函数。因此，乙炔分子的核自旋简并度为

$$g_I = 3, (J \rightarrow \text{odd})$$
$$g_I = 1, (J \rightarrow \text{even}) \tag{3.26}$$

包含核自旋简并度的玻尔兹曼分布形式为

$$N_J \propto g_I(2J + 1)\exp\left[-\frac{hcBJ(J + 1)}{k_B T}\right] \tag{3.27}$$

$J$ 为奇数时的跃迁强度比为偶数时大三倍,所以有一个强度的交替变化,如图 3.8 所示。

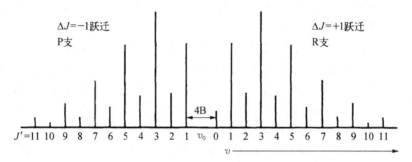

**图 3.8  乙炔气体近红外 1.5 μm 波段吸收线的强度分布**

利用 HITRAN 数据库[3],乙炔分子在 1.5 μm 波段的吸收谱如图 3.9 所示,其中部分具体吸收线波长如表 3.6 所示。图中 P 支和 R 支分别代表选择定则

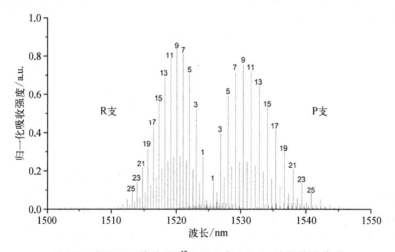

**图 3.9  室温下乙炔分子($^{12}C_2H_2$)在 1.5 μm 波段的吸收谱**

表 3.6　室温下乙炔分子在 1.5 μm 波段的部分吸收波长

| 吸收跃迁谱线 | 对应波长/μm | 吸收跃迁谱线 | 对应波长/μm |
|---|---|---|---|
| R(25) | 1.513 201 | P(1) | 1.525 760 |
| R(24) | 1.513 584 | P(2) | 1.526 314 |
| R(23) | 1.513 974 | P(3) | 1.526 875 |
| R(22) | 1.514 369 | P(4) | 1.527 442 |
| R(21) | 1.514 771 | P(5) | 1.528 015 |
| R(20) | 1.515 179 | P(6) | 1.528 594 |
| R(19) | 1.515 594 | P(7) | 1.529 180 |
| R(18) | 1.516 015 | P(8) | 1.529 773 |
| R(17) | 1.516 442 | P(9) | 1.530 371 |
| R(16) | 1.516 875 | P(10) | 1.530 977 |
| R(15) | 1.517 315 | P(11) | 1.531 588 |
| R(14) | 1.517 761 | P(12) | 1.532 206 |
| R(13) | 1.518 214 | P(13) | 1.532 831 |
| R(12) | 1.518 672 | P(14) | 1.533 462 |
| R(11) | 1.519 137 | P(15) | 1.534 099 |
| R(10) | 1.519 609 | P(16) | 1.534 743 |
| R(9) | 1.520 086 | P(17) | 1.535 393 |
| R(8) | 1.520 570 | P(18) | 1.536 050 |
| R(7) | 1.521 061 | P(19) | 1.536 713 |
| R(6) | 1.521 557 | P(20) | 1.537 383 |
| R(5) | 1.522 061 | P(21) | 1.538 059 |
| R(4) | 1.522 570 | P(22) | 1.538 741 |
| R(3) | 1.523 086 | P(23) | 1.539 430 |
| R(2) | 1.523 608 | P(24) | 1.540 126 |
| R(1) | 1.524 136 | P(25) | 1.540 828 |

$\Delta J = -1$ 和 $\Delta J = +1$ 对应的情况,竖线代表相应的归一化强度,竖线上的数字代表相应的吸收线(其中的偶数吸收线未标出)。可以看出,P 支对应更长的吸收波长,R 支对应更短的吸收波长,奇数吸收线相较于偶数吸收线有更强的吸收强度,与图 3.8 有着相似的规律。

　　如图 3.10 所示,原则上所有的吸收线都可以被选作泵浦波长,因为这些波长的吸收线都可以让乙炔分子通过振动-转动跃迁从基态 $v_0$(振动态)跃迁到上能级($v_1+v_3$ 振动态)。由于 $v_1$ 振动态在室温下的热粒子分布是可以忽略的[12],

所以上能级 $v_1+v_3$ 振动态会和 $v_1$ 振动态(下能级)立刻形成反转粒子数,积累得越来越多。然后乙炔分子会通过受激跃迁从 $v_1+v_3$ 振动态跃迁到几乎没有粒子数分布的 $v_1$ 振动态,产生激光。

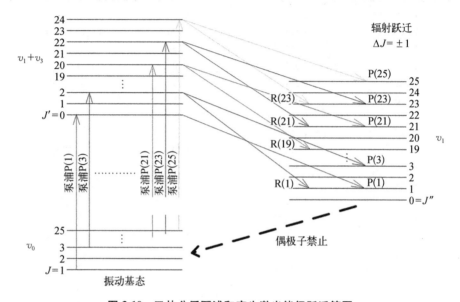

**图 3.10 乙炔分子泵浦和产生激光能级跃迁简图**

以 P(9)吸收线为例,乙炔分子吸收该波长能量满足从 $v_0$ 振动态转动量子数为 9 的能级跃迁到 $v_1+v_3$ 振动态量子数为 8 的能级;而后乙炔分子受激辐射产生激光的 P(9)跃迁,即乙炔分子从 $v_1+v_3$ 振动态 $J=8$ 的转动能级跃迁到 $v_1$ 振动态 $J=9$ 的转动能级,辐射 P(9)跃迁激光。可以看出这两种 P(9)分别对应了吸收和辐射,由于其能级差不一样,所以对应波长也不一样,吸收波段在 1.5 μm 附近,辐射跃迁波段在 3.1~3.2 μm 附近。乙炔分子从 $v_1$ 振动态弛豫跃迁到基态 $v_0$ 振动态是偶极子禁止的[12],$v_1$ 振动态能通过非辐射跃迁的机理来降低其能级上对应的粒子数[3]。为了简洁起见,图 3.10 仅仅画出了乙炔分子被奇数 P 支吸收线泵浦的情况,对于偶数 P 支吸收线和 R 支吸收线泵浦,乙炔分子有类似的振动-转动跃迁规律。

2) 二氧化碳

在 $CO_2$ 分子的能级跃迁中,由于 $CO_2$ 分子的对称性,Q 支跃迁通常不存在。P 支谱线的增益通常要比 R 支大,因此通常产生的 P 支强度要更强。在一个振动能级里,并不是所有的转动能级都能存在。以 $CO_2$ 分子激光上能级$(2v_1+v_3)_{II}$($20012$)至激光下能级$(2v_1)_{II}$($20002$)的跃迁为例,如图 3.11 所示。在 20012 激光上能级只存在 $J$ 为奇数的转动能级,在 20002 激光下能级只存在 $J$ 为偶数的转动能级,这种现象称为转动能级的缺位。由于分子态波函数的对称性导致了 $CO_2$ 分子转动能级的缺位。激光上能级 20012 只存在 $J$ 为奇数的转动能级是由于 20012 态波函数为非对称的(奇态),激光下能级 20002 只存在 $J$ 为偶数的转动能级是由于 20002 态波函数为对称的(偶态)[13]。

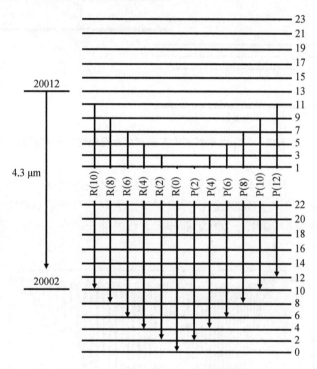

**图 3.11　$CO_2$ 分子 20012－20002 的振动-转动能级跃迁及缺位示意图**

以产生 4.3 μm 波长激光的过程为例介绍 $CO_2$ 分子振动-转动能级跃迁的过程,如图 3.12 所示。在泵浦光未注入的情况下,$CO_2$ 分子服从玻尔兹曼分布[14],几乎全部分子均处于基态能级。当有 2 μm 泵浦光注入的情况下,基态的分子受激跃迁至激光上能级 20012,随后迅速向激光下能级 20002 跃迁,在跃迁过程中遵循选择定则,此时会同时产生 R 支与 P 支的谱线,产生激光的波长在 4.3 μm 附近。

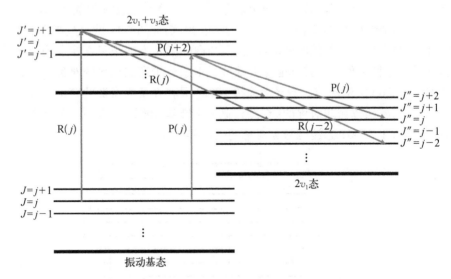

**图 3.12  4.3 μm 光纤气体激光产生过程能级跃迁示意图**

图 3.13 为从 HITRAN 数据库中计算得到的由基态 00001–20012 吸收过程的吸收谱和由 20012–20002 过程的辐射谱。表 3.7 列举了 00001–20012 吸收过程部分吸收线和 20012–20002 部分发射线的波长。

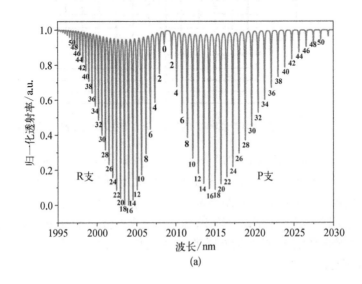

(a)

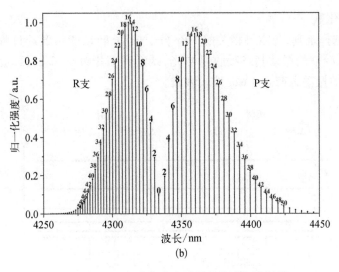

(b)

图 3.13 4.3 μm 激光产生过程吸收谱与发射谱

（a）00001－20012 吸收谱；（b）20012－20002 发射谱

表 3.7 00001－20012 吸收谱和 20012－20002 辐射谱对应波长

| 00001－20012 | 波长/nm | 00001－20012 | 波长/nm | 20012－20002 | 波长/nm | 20012－20002 | 波长/nm |
|---|---|---|---|---|---|---|---|
| R(0) | 2 008.594 | P(2) | 2 009.539 | R(0) | 4 333.76 | P(2) | 4 338.156 |
| R(2) | 2 007.979 | P(4) | 2 010.184 | R(2) | 4 330.893 | P(4) | 4 341.146 |
| R(4) | 2 007.377 | P(6) | 2 010.842 | R(4) | 4 328.074 | P(6) | 4 344.188 |
| R(6) | 2 006.787 | P(8) | 2 011.512 | R(6) | 4 325.305 | P(8) | 4 347.28 |
| R(8) | 2 006.209 | P(10) | 2 012.194 | R(8) | 4 322.585 | P(10) | 4 350.421 |
| R(10) | 2 005.643 | P(12) | 2 012.889 | R(10) | 4 319.913 | P(12) | 4 353.613 |
| R(12) | 2 005.09 | P(14) | 2 013.596 | R(12) | 4 317.291 | P(14) | 4 356.854 |
| R(14) | 2 004.548 | P(16) | 2 014.316 | R(14) | 4 314.716 | P(16) | 4 360.147 |
| R(16) | 2 004.02 | P(18) | 2 015.048 | R(16) | 4 312.191 | P(18) | 4 363.49 |
| R(18) | 2 003.503 | P(20) | 2 015.792 | R(18) | 4 309.713 | P(20) | 4 366.884 |
| R(20) | 2 002.998 | P(22) | 2 016.549 | R(20) | 4 307.284 | P(22) | 4 370.33 |
| R(22) | 2 002.506 | P(24) | 2 017.318 | R(22) | 4 304.903 | P(24) | 4 373.826 |
| R(24) | 2 002.026 | P(26) | 2 018.1 | R(24) | 4 302.571 | P(26) | 4 377.374 |
| R(26) | 2 001.558 | P(28) | 2 018.894 | R(26) | 4 300.285 | P(28) | 4 380.974 |
| R(28) | 2 001.102 | P(30) | 2 019.701 | R(28) | 4 298.049 | P(30) | 4 384.625 |
| R(30) | 2 000.659 | P(32) | 2 020.52 | R(30) | 4 295.859 | P(32) | 4 388.329 |
| R(32) | 2 000.227 | P(34) | 2 021.352 | R(32) | 4 293.718 | P(34) | 4 392.085 |

3）溴化氢

根据选择定则,与本书相关的 HBr 分子振动-转动能级跃迁过程如图 3.14 所示,是从 $v=0$ 的振动基态吸收泵浦光,跃迁到上能级 $v=2$ 的振动态,然后跃迁到 $v=1$ 的振动态产生 4 μm 波段激光。

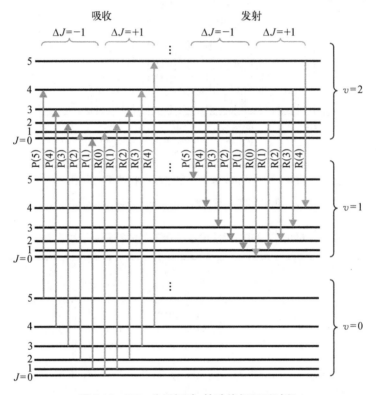

**图 3.14　HBr 分子振动-转动能级跃迁过程**

通过式(3.15)计算的每一个振动-转动能级,可以得到每一条跃迁线对应的波长,对于选择合适的泵浦波长具有指导意义。表 3.8 总结了图 3.14 中跃迁过程对应的波长(以同位素 $H^{79}Br$ 分子为例,同位素 $H^{81}Br$ 同样可以得到相近的对应波长)。

虽然图 3.14 中画出的所有跃迁过程都可以发生,但是每一条跃迁线发生的可能性(跃迁线强度)是不一样的。事实上,尽管某一振动-转动能级上某一个分子满足选择定则发生跃迁的内在概率是相同的[1],但是每个能级上分布的分

**表 3.8　H$^{79}$Br 分子振动-转动能级跃迁对应波长**

| $v=0 \to v=2$ R 支吸收 | 波长/nm | $v=0 \to v=2$ P 支吸收 | 波长/nm | $v=2 \to v=1$ R 支跃迁 | 波长/nm | $v=2 \to v=1$ P 支跃迁 | 波长/nm |
|---|---|---|---|---|---|---|---|
| R(12) | 1 939.00 | P(1) | 1 995.75 | R(12) | 3 759.78 | P(1) | 4 077.99 |
| R(11) | 1 940.53 | P(2) | 2 002.80 | R(11) | 3 809.67 | P(2) | 4 105.94 |
| R(10) | 1 942.44 | P(3) | 2 010.26 | R(10) | 3 824.48 | P(3) | 4 135.04 |
| R(9) | 1 944.74 | P(4) | 2 018.14 | R(9) | 3 840.21 | P(4) | 4 165.31 |
| R(8) | 1 947.42 | P(5) | 2 026.45 | R(8) | 3 856.88 | P(5) | 4 196.78 |
| R(7) | 1 950.49 | P(6) | 2 035.20 | R(7) | 3 874.49 | P(6) | 4 229.49 |
| R(6) | 1 953.95 | P(7) | 2 044.39 | R(6) | 3 893.06 | P(7) | 4 263.46 |
| R(5) | 1 957.79 | P(8) | 2 054.02 | R(5) | 3 912.60 | P(8) | 4 298.73 |
| R(4) | 1 962.02 | P(9) | 2 064.12 | R(4) | 3 933.13 | P(9) | 4 335.34 |
| R(3) | 1 966.65 | P(10) | 2 074.68 | R(3) | 3 954.66 | P(10) | 4 373.31 |
| R(2) | 1 971.67 | P(11) | 2 085.71 | R(2) | 3 977.21 | P(11) | 4 412.69 |
| R(1) | 1 977.09 | P(12) | 2 097.12 | R(1) | 4 000.80 | P(12) | 4 453.52 |
| R(0) | 1 982.90 | P(13) | 2 109.23 | R(0) | 4 025.44 | P(13) | 4 495.85 |

子数却不相同,因此每一条跃迁线强度正比于能级上初始分布的粒子数。能级上分布的粒子数由玻尔兹曼分布(Boltzmann distribution)和能级简并度共同决定。对于玻尔兹曼分布,考虑转动能级 $J=0$ 上的粒子数为 $N_0$,则转动能级 $J$ 上的粒子数 $N_J$ 在热平衡状态下可以表示为

$$N_J/N_0 = \exp(-E_J/k_B T) \tag{3.28}$$

可见,$N_J$ 随着 $J$ 的增加而减少。决定能级上粒子数的另一个因素是能级简并度,即某一个能级上能够存在的状态数,转动能级 $J$ 的能级简并度为 $2J+1$[1],随着 $J$ 的增加,虽然 $N_J$ 减少,但能级简并度却增加,因此能级 $J$ 上的粒子数(下式中用 $P$ 表示)可以简单表示为

$$P \propto (2J+1)\exp(-E_J/k_B T) \tag{3.29}$$

通过式(3.29)可以得到关注的 HBr 分子振动能级跃迁过程 $v=0 \to v=2$ 和 $v=2 \to v=1$ 不同跃迁线强度,分别如图 3.15(a)和图 3.15(b)所示,其中的 $v=0 \to v=2$ 吸收过程用归一化的透过率表示,与 $v=2 \to v=1$ 发射过程区分。数字代表 P 支或 R 支跃迁的转动量子数 $J$,随着 $J$ 的增加,能级上粒子数先增加后

减少,对式(3.29)求导可以得到极值 $\sqrt{k_B T/2hcB} - 1/2$,当 $J$ 取最接近极值的整数值时,对应的能级粒子数分布最多,图3.15中 $J$ 取整数值3或4时,对应的跃迁线有最大的强度。

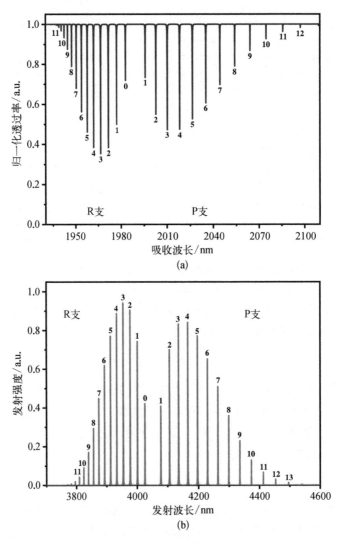

(a)

(b)

**图 3.15   HBr 分子不同跃迁线强度**

(a) $v=0 \rightarrow v=2$ 振动能级吸收跃迁强度;(b) $v=2 \rightarrow v=1$ 振动能级发射跃迁强度

此外,从图 3.15 中可以发现,R 支跃迁随着 $J$ 值的增加跃迁线之间的间隔越来越小,而 P 支跃迁随着 $J$ 值的增加跃迁线之间的间隔越来越大,这是由于不同振动能级上的常数 $B$ 略有不同所导致的[1]。对比图 3.15(a)和图 3.15(b)可以发现,HBr 在 $v=0 \rightarrow v=2$ 的吸收波段覆盖的波段范围要远小于 $v=2 \rightarrow v=1$ 的发射波段范围,利用此特性,如果使用 1 940~1 983 nm 小范围内对应吸收线的泵浦源,就可以实现 3 800~4 500 nm 大范围的中红外波长输出。

4)一氧化碳

由于 CO 的能级结构与 HBr 类似,因此其红外吸收发射谱的能级跃迁图也同溴化氢的类似,见图 3.14。CO 是从 $v=0$ 的振动基态吸收 2.3 μm 波段泵浦光,跃迁到上能级 $v=2$ 的振动态,然后跃迁到 $v=1$ 的振动态产生 4 μm 波段激光,根据选择定则 $\Delta J = \pm 1$,吸收和发射谱线仅为 P 支和 R 支。根据 HITRAN 数据库[3],具体的吸收谱和发射谱如图 3.16 所示。可以看到,CO 分子的吸收谱线覆盖范围为 2.3~2.4 μm,宽度为 100 nm,发射谱线范围则为 4.5~5 μm,宽达 500 nm,这意味着如果使用 2.3 μm 波段可调谐窄线宽激光泵浦 CO,可以实现大范围的中红外可调谐激光输出。表 3.9 列举部分系数谱线和发射谱线波长具体值。

表 3.9 CO 分子振动-转动能级跃迁对应波长

| $v=0 \rightarrow v=2$ R 支吸收 | 波长/nm | $v=0 \rightarrow v=2$ P 支吸收 | 波长/nm | $v=2 \rightarrow v=1$ R 支跃迁 | 波长/nm | $v=2 \rightarrow v=1$ P 支跃迁 | 波长/nm |
|---|---|---|---|---|---|---|---|
| R(0) | 2 345.305 | P(1) | 2 349.504 | R(0) | 4 715.722 | P(1) | 4 732.65 |
| R(1) | 2 343.269 | P(2) | 2 351.667 | R(1) | 4 707.42 | P(2) | 4 741.278 |
| R(2) | 2 341.275 | P(3) | 2 353.873 | R(2) | 4 699.225 | P(3) | 4 750.015 |
| R(3) | 2 339.323 | P(4) | 2 356.121 | R(3) | 4 691.136 | P(4) | 4 758.863 |
| R(4) | 2 337.413 | P(5) | 2 358.413 | R(4) | 4 683.154 | P(5) | 4 767.822 |
| R(5) | 2 335.544 | P(6) | 2 360.747 | R(5) | 4 675.276 | P(6) | 4 776.893 |
| R(6) | 2 333.717 | P(7) | 2 363.125 | R(6) | 4 667.504 | P(7) | 4 786.077 |
| R(7) | 2 331.932 | P(8) | 2 365.546 | R(7) | 4 659.835 | P(8) | 4 795.374 |
| R(8) | 2 330.188 | P(9) | 2 368.011 | R(8) | 4 652.27 | P(9) | 4 804.786 |
| R(9) | 2 328.485 | P(10) | 2 370.519 | R(9) | 4 644.807 | P(10) | 4 814.312 |
| R(10) | 2 326.823 | P(11) | 2 373.071 | R(10) | 4 637.447 | P(11) | 4 823.955 |
| R(11) | 2 325.203 | P(12) | 2 375.668 | R(11) | 4 630.189 | P(12) | 4 833.714 |
| R(12) | 2 323.623 | P(13) | 2 349.504 | R(12) | 4 623.032 | P(13) | 4 732.65 |

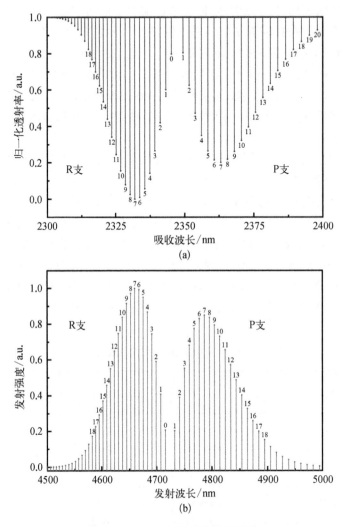

**图 3.16　CO 分子吸收谱和发射谱**

## 2. 谱线加宽

振动-转动能级实际上不是无限窄的,而是具有一定宽度,对应的跃迁谱线也不是单色的,而是分布在中心频率附近很小的频率范围内,这种分布就是线型函数。图 3.9、图 3.13、图 3.15 和图 3.16 中每一条跃迁谱线都有有限的线宽和线型函数决定的特征形状,分子跃迁谱线的线宽主要由自然加宽、碰撞加宽和多普勒加宽三种谱线加宽过程决定,其中的自然加宽和碰撞加宽是均匀加宽,即引起加宽的物理因素对每个分子都是相同的[15];多普勒加宽是非均匀加宽,只对谱线内与它表观中心频率相应的部分有贡献[15]。

　　自然加宽是在不受外界影响时,激发态的分子自发地向低能态跃迁,在激发态上具有有限的寿命造成的,对应的线型函数为[15]

$$S_n(v) = \frac{\Delta v_n / 2\pi}{(v - v_0)^2 + (\Delta v_n / 2)^2} \tag{3.30}$$

其中,$S_n(v)$ 是与频率 $v$ 有关的自然加宽的线型函数,具有洛伦兹(Lorentz)线型形式;$v_0$ 是跃迁对应的中心频率;$\Delta v_n$ 是线型函数的谱线宽度(定义为半高宽,full width at half maximum, FWHM),其值为

$$\Delta v_n = \frac{1}{2\pi\tau_e} \tag{3.31}$$

式中,$\tau_e$ 是自发辐射寿命,由自发辐射过程决定,与爱因斯坦(Einstein)$A$ 系数自发跃迁概率互成倒数。由于 HBr 分子振动能级 $v=0 \rightarrow v=2$ 跃迁对应的 $A$ 系数在 0.1 s$^{-1}$ 量级,振动能级 $v=2 \rightarrow v=1$ 跃迁对应 $A$ 系数在 1 s$^{-1}$ 量级[3],由式(3.31)可知,相应的自然加宽在 0.1~1 Hz 量级。因此在分子跃迁谱线加宽中自然加宽可以忽略不计,由碰撞加宽和多普勒加宽主导。

　　在分子气体介质中,大量分子处于无规则运动状态,分子之间或分子与器壁之间发生的碰撞会改变原来的运动状态。由于分子碰撞是完全随机的,只能通过统计平均性质来处理分子碰撞,碰撞加宽的线型函数为[15]

$$S_c(v) = \frac{\Delta v_c / \pi}{(v - v_0)^2 + \Delta v_c^2} \tag{3.32}$$

同样是洛伦兹线型,$\Delta v_c$ 是碰撞加宽线型函数的谱线宽度(FWHM),其值为

$$\Delta v_c = \frac{2}{\pi} N_t \sigma_A \sqrt{\frac{k_B T}{m\pi}} \tag{3.33}$$

其中,分子数密度 $N_t$ 与气体的压强有关,存在关系 $N_t = 7.24 \times 10^{22} P/T$[15],$P$ 为压强,$T$ 为温度。可见碰撞加宽的线宽 $\Delta v_c$ 与气体的压强、分子间碰撞有效截面和温度等因素有关。在低气压条件下,$\Delta v_c$ 与气压成正比,可以使用经验公式 $\Delta v_c = \alpha P$,其中 $\alpha$ 为比例系数,表 3.10 给出了各个气体分子的 $\alpha$ 系数。

表 3.10　各气体分子碰撞加宽系数

| 气体种类 | HBr[16,17] | $C_2H_2$[3] | $CO_2$[15] | CO[18] |
|---|---|---|---|---|
| α系数 | 6~7.5 MHz/mbar | 3~6 MHz/mbar | 4.9 MHz/mbar | 5.251 MHz/mbar |

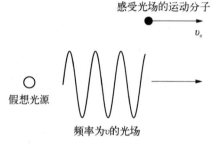

感受光场的运动分子
$v_z$

假想光源

频率为$v$的光场

图 3.17　运动分子与光波相互作用时的多普勒频移

多普勒加宽是由于做热运动的分子所发出的辐射的多普勒频移引起的。在激光器中,核心问题是分子和光波场的相互作用,如图 3.17 所示,假想一个频率为 $v$ 单色光沿 $z$ 轴传播和中心频率为 $v_0$ 运动分子相互作用,可以把单色光波看作是一假想光源发出,把分子看作是这个光波的接收器,沿 $z$ 轴以速度 $v_z$ 运动[15]($v_z$ 远远小于光速 $c$,沿着 $z$ 轴方向 $v_z>0$,反之 $v_z<0$)。

由于多普勒效应,分子感受到的光波频率 $v'=v(1-v_z/c)$,当分子感受的光波频率与中心频率相等时 $v'=v_0$,有最大的受激跃迁概率,则 $v=v_0/(1-v_z/c)$,取一阶近似 $v \approx v_0(1+v_z/c)$,也就是说光波频率只有取该值时才有最大的相互作用,相应的,分子表现出的表观中心频率 $v'_0$ 为

$$v'_0 = v_0\left(1 + \frac{v_z}{c}\right) \tag{3.34}$$

对于处于热平衡的气体,大量的分子数按表观中心频率分布,根据分子运动论,它们的热运动服从麦克斯韦-玻尔兹曼分布规律(Maxwell-Boltzmann distribution),沿 $z$ 轴运动,速度介于 $v_z$ 和 $v_z+\mathrm{d}v_z$ 之间分子数为

$$p(v_z)\mathrm{d}v_z = \left(\frac{m}{2\pi k_B T}\right)^{1/2} \exp(-mv_z^2/2k_B T)\mathrm{d}v_z \tag{3.35}$$

即分子数按 $v_z$ 的分布函数 $p(v_z)$ 分布,由式 $v \approx v_0(1+v_z/c)$ 可以推出速度 $v_z$ 与频率的关系 $v_z=c/v_0(v-v_0)$,有 $\mathrm{d}v_z=(c/v_0)\mathrm{d}v$,将其代入式(3.35),对比可以得到多普勒加宽的线型函数:

$$S_d(v) = \frac{c}{v_0}\left(\frac{m}{2\pi k_B T}\right)^{1/2} \exp\left[-mc^2(v-v_0)^2/2k_B T v_0^2\right] \tag{3.36}$$

其具有高斯函数形式,可得多普勒线宽:

$$\Delta v_{\mathrm{d}} = \frac{2}{\lambda} \left( \frac{2k_{\mathrm{B}}T}{m} \ln 2 \right)^{1/2} \tag{3.37}$$

可见对于确定的分子,多普勒线宽与波长成反比,与分子质量成根号反比。

以 HBr 分子为例,图 3.18 给出了室温条件下(25℃)根据式(3.37)求得的多普勒线宽与波长的关系,振动能级 $v=0 \rightarrow v=2$ 的 2 μm 波段吸收跃迁的多普勒线宽为 206 MHz,振动能级 $v=2 \rightarrow v=1$ 的 4 μm 波段跃迁的多普勒线宽为 103 MHz。

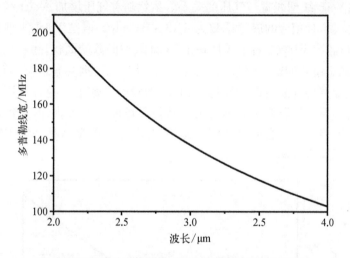

**图 3.18 HBr 分子室温条件下多普勒线宽与波长关系**

利用式(3.37),式(3.36)也可简写为

$$S_{\mathrm{d}}(v) = \frac{1}{\Delta v_{\mathrm{d}}} \left( \frac{4\ln 2}{\pi} \right)^{1/2} \exp\left[ -4(v - v_0)^2 \ln 2 / \Delta v_{\mathrm{d}}^2 \right] \tag{3.38}$$

事实上,在光波传播方向上具有速度 $v_z$ 的分子的表观中心频率由于能级寿命有限并不完全满足式(3.34),而是围绕中心频率显示了一个洛伦兹分布,因此实际上的跃迁光谱线型是高斯线型和洛伦兹线型的卷积,称为 Voigt 线型,是多普勒加宽线型和碰撞加宽线型的叠加。根据多普勒效应引起的表观中心频率,碰撞加宽线型函数修正为

$$S_{\mathrm{c}}(v, v_z) = \frac{\Delta v_{\mathrm{c}} / \pi}{(v_0 + v_0 v_z / c - v)^2 + \Delta v_{\mathrm{c}}^2} \tag{3.39}$$

Voigt 线型是式(3.39)和麦克斯韦-玻尔兹曼分布规律[式(3.35)]乘积的积分:

$$S_v(v) = \left(\frac{m}{2\pi k_B T}\right)^{1/2} \frac{\Delta v_c}{\pi} \int_{-\infty}^{\infty} \frac{\exp(-mv_z^2/2k_B T)\,\mathrm{d}v_z}{(v_0 + v_0 v_z/c - v)^2 + \Delta v_c^2} \qquad (3.40)$$

Voigt 线型线宽可以估计为[8]

$$\Delta v_v \approx 1.069\,2\Delta v_c + \sqrt{0.866\,4\Delta v_c^2 + \Delta v_d^2} \qquad (3.41)$$

图 3.19 画出了 HBr 分子在室温条件下振动能级 $v=0 \to v=2$ 的 2 μm 波段吸收跃迁时,Voigt 线型线宽与气压的关系。虽然随着气压增加,Voigt 线型线宽逐渐增加,通过拟合相应的展宽系数为 8.48 MHz/mbar,但是 Voigt 线型在中心频率处值 $S_v(v_0)$ 会下降,二者乘积反映了 Voigt 线型函数的面积,随着气压增加会趋于一个稳定值 0.64[8],当气压较低时,多普勒加宽占据主导地位,而当气压上升时,碰撞加宽会逐渐占据主导地位,相应的吸收系数也会随着气压增加逐渐趋于平稳,不再与气压有关。尽管为了获得尽可能高的吸收,激光器需要在高气压下运转,但高气压会使分子间的碰撞加剧,导致能量转移和增加额外的损耗,因此需要综合考虑。

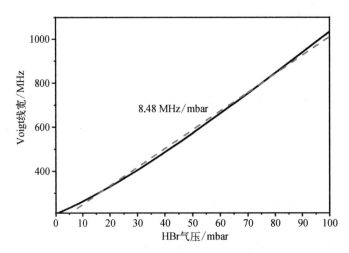

图 3.19　HBr 分子室温条件下 2 μm 波段 Voigt 线宽与气压关系

3. 能级弛豫

由于分子热运动,分子时时刻刻与其他分子或器壁发生碰撞,其中不发生能量交换的过程为弹性碰撞,弹性碰撞只会使自发辐射的波列发生无规则的相位突变[15]，是谱线加宽中碰撞加宽的原因，这个过程不会使激发态分子的能级发生改变。而出现非弹性碰撞时，激发态分子的能级发生改变，比如将自身内能变为其他分子动能或给予器壁，而自身回到基态，非弹性碰撞过程与自发辐射一样，会引起激发态能级寿命缩短，由于非弹性碰撞过程能级发生跃迁而不会产生辐射，这种跃迁称为无辐射跃迁。非弹性碰撞（能量转移）过程也叫作能级弛豫，描述各个能级分子数之间通过无辐射跃迁进行转移，分子系统的能量转移过程十分复杂，已经超出本书研究的范畴，这里只简要介绍本书相关的能级弛豫过程，略去大部分公式，主要关注 HBr 分子能级的弛豫速率参数。

　　能级弛豫过程包括转动弛豫（rotational-rotational relaxation，通常简写为 R－R 过程）、振动弛豫（vibrational-vibrational relaxation，简写为 V－V 过程）和振动-平动弛豫（vibrational-translational relaxation，简写为 V－T 过程）。

　　转动弛豫是在转动能级上的分子数通过非弹性碰撞非辐射跃迁到同一振动能级上其他转动能级的过程，转动弛豫速率与跃迁过程起始转动能级最终转动能级的能量差密切相关，可以表示为[19]

$$k_{J \to J'}^{R-R} = k_0 \left( \frac{E_{J'} - E_J}{B} \right)^{-\beta} \exp\left( -\alpha \frac{E_{J'} - E_J}{k_B T} \right) \tag{3.42}$$

其中，$E_J$ 和 $E_{J'}$ 分别表示初始转动能级和最终转动能级的能量，存在条件 $E_{J'} > E_J$，即从低转动能级弛豫到高转动能级，$k_0$、$\alpha$ 和 $\beta$ 是拟合常数，随着能级差 $E_{J'} - E_J$ 的增加，转动能级弛豫速率减小。对于转动弛豫的逆向过程，也就是从高转动能级弛豫到低转动能级，$E_J > E_{J'}$ 时，两个方向的转动弛豫速率 $k_{J \to J'}^{R-R}$ 和 $k_{J' \to J}^{R-R}$ 存在关系[19]：

$$k_{J \to J'}^{R-R} = k_{J' \to J}^{R-R} \frac{2J + 1}{2J' + 1} \exp\left( \frac{E_{J'} - E_J}{k_B T} \right) \tag{3.43}$$

参考文献[8]给出了 HBr 分子不同转动能级间的转动弛豫速率，但是对比不同参考文献[20-23]后，发现量级不对，我们认为是作者的错误，将其乘上对应数量级，修正后的转动弛豫速率如表 3.11 所示。

　　另一种弛豫是不同振动能级通过非弹性碰撞交换能量的过程，V－V 过程可以分为分子自身不同振动能级参与能量转移、不同同位素分子振动能量转移、分子与器壁碰撞导致的振动能量转移；V－T 过程是分子的平动能量和振动能量发生能量转移，这个过程可以有其他不同分子参与（比如缓冲气体分子）。一般来说，V－V 过程发生能量转移的能量差 $\Delta E < k_B T$，而 V－T 过程能量转移的

表 3.11 HBr 分子不同转动能级间的转动弛豫
速率[$\times 10^{-16}$ $m^3/$(分子·s)]

| $J$ $J'$ | 0 | 1 | 2 | 3 | 4 | 5 |
|---|---|---|---|---|---|---|
| 0 | — | 3.5 | 2.34 | 1.27 | 0.56 | 0.2 |
| 1 | 1.26 | — | 2.87 | 1.56 | 0.69 | 0.25 |
| 2 | 0.59 | 2.00 | — | 2.34 | 1.04 | 0.38 |
| 3 | 0.28 | 0.97 | 2.09 | — | 1.91 | 0.69 |
| 4 | 0.13 | 0.45 | 0.97 | 2.00 | — | 1.56 |
| 5 | 0.06 | 0.19 | 0.41 | 0.86 | 1.85 | — |

能量差 $\Delta E$ 是远大于 $k_B T$ 的,转动能级之间正向弛豫速率 $k_V$ 和逆向弛豫速率 $k_V'$ 同样存在与式(3.43)类似的关系[8]:

$$k_V' = k_V \exp(-\Delta E/k_B T) \qquad (3.44)$$

能级弛豫过程与能级之间能量差密切相关,能量差决定了能量转移的速度快慢,对于双原子分子来说,R-R 过程弛豫速率最快,其次是 V-V 过程,最后是 V-T 过程。表 3.12 给出了 HBr 分子不同弛豫过程正向弛豫速率的参考值[8,16]。

表 3.12 HBr 分子不同弛豫过程正向弛豫速率[$\times 10^{-20}$ $m^3/$(分子·m)]

| 弛豫种类 | 弛豫过程 | 弛豫速率 |
|---|---|---|
| V-V | $HBr(v=1, J) + HBr(v=1, J) \leftrightarrow HBr(v=2, J) + HBr(v=0, J)$ | 300 |
| V-T | $HBr(v=1, J) + HBr(v=0, J) \leftrightarrow HBr(v=0, J) + HBr(v=0, J)$ | 1.8 |
| V-T | $HBr(v=2, J) + HBr(v=0, J) \leftrightarrow HBr(v=1, J) + HBr(v=0, J)$ | <31 |
| V-T | $HBr(v, J) + He \leftrightarrow HBr(v-1, J) + He$ | $2.8 \times 10^{-2}$ |
| V-T | $HBr(v, J) + H_2 \leftrightarrow HBr(v-1, J) + H_2$ | 0.64 |
| 同位素 V-V | $H^{79}Br(v=1, J) + H^{81}Br(v=0, J) \leftrightarrow H^{79}Br(v=0, J) + H^{81}Br(v=1, J)$ | 1 500 |

### 3.2.3 拉曼光谱

1. 能级跃迁

拉曼散射是由印度物理学家拉曼于 1928 年在实验中发现,并以拉曼名字命名的一种物理现象,描述的是入射光照射在材料介质上,出射光波频率改变的现象。从经典理论的角度分析,拉曼散射是入射光与介质中的分子发生相互

作用,引起粒子的振动或者转动,从而使粒子的极化率发生变化,极化率的变化
对入射光场进行调制,进而辐射出新波长光的过程。从量子力学理论的角度分
析,拉曼散射是入射光子和分子发生非弹性碰撞的过程,碰撞过程使得分子发生
振动能态或者转动能态间的能级跃迁,并使入射光子发生能量改变,散射成为
另一个频率的光子。拉曼散射的能级跃迁过程可以简单地由图3.20(a)表示。

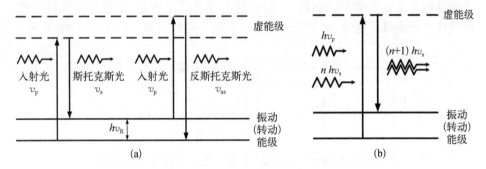

图 3.20　(a) 拉曼散射和(b) 受激拉曼散射能级跃迁示意简图

　　不同于红外吸收发射谱的能级跃迁,对于拉曼过程,当入射光作用于分子
时,分子吸收入射光子的能量 $hv_p$,首先从振动(转动)基态跃迁至虚能级,而后
迅速跃迁至能量为 $hv_R$ 振动(转动)激发态能级,同时释放出能量为 $hv_s$ 的光子,
其频率满足关系 $v_s = v_p - v_R$,其中 $v_R$ 为分子振动(转动)能级改变所对应的声子频
率,此时发生的过程为斯托克斯拉曼散射,称散射光为斯托克斯光。当入射光
作用于已处于振动(转动)激发态的分子,使得分子跃迁经历虚能级又回到基
态,同时释放出一个频率 $v_{as} = v_p + v_R$ 的散射光子时,则发生的过程为反斯托克斯
拉曼散射,此时的散射光被称为反斯托克斯光。一般拉曼散射的斯托克斯光或
者反斯托克斯光之间并没有相干性。

　　除了发生上述的自发拉曼散射之外,在激光束照射下的介质中也会发生如
图3.20(b)所示的受激拉曼散射(SRS)过程。当频率为 $v_p$ 的入射光子和某个频
率为 $v_s$ 的散射光子一起照射到分子时,分子经历了从基态能级到虚能级再到振
动(转动)能级的跃迁,入射光子被吸收,同时产生了一个方向和频率与原散射
光子相同的新的散射光子,此时斯托克斯光的两个光子具备了相干性。另外,
当入射激光的光强足够高时,图3.20(b)所示的SRS过程将会不断发生,使得入
射激光功率以指数的形式衰减(被吸收),产生的斯托克斯光以指数的形式增长
(被放大),最终入射激光基本消耗殆尽,几乎全部转化为斯托克斯光,并以相干

性好的激光形式输出。因此 SRS 可以作为实现激光输出的一种途径。

从图 3.20 的能级跃迁过程可以知道,拉曼过程对于泵浦激光的波长没有特定的要求,只要泵浦激光的强度足够大,SRS 过程就可以发生。下面介绍 SRS 过程中氢气、氘气、甲烷分子的能级吸收和跃迁过程。

从 3.2.1 节知道氢气和氘气分子为双原子分子,只存在一种振动模式,在每个振动能级上存在多个转动能级,对于特定波长的泵浦光,根据发生拉曼过程后气体分子能级的变化,拉曼光谱线将有各种不同的结果。图 3.21 给出了 SRS

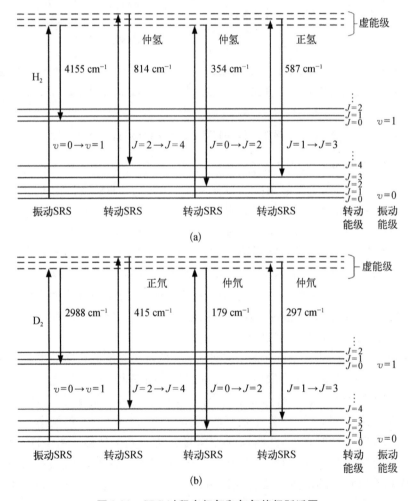

图 3.21　SRS 过程中氢气和氘气能级跃迁图

过程中,氢气分子和氘气分子的部分能级跃迁图[24]。根据拉曼散射后能级能量的变化,可以得到氢气和氘气分子振动 SRS 对应的拉曼频移分别为 4 155 cm$^{-1}$ 和 2 988 cm$^{-1}$。正氢的 $J=1 \to J=3$,仲氢的 $J=0 \to J=2$,仲氢的 $J=2 \to J=4$ 的转动能级跃迁对应的拉曼频移分别为 587 cm$^{-1}$、354 cm$^{-1}$、814 cm$^{-1}$。正氘的 $J=0 \to J=2$,正氘的 $J=2 \to J=4$,仲氘的 $J=1 \to J=3$ 的能级跃迁对应的拉曼频移分别约为 179 cm$^{-1}$、415 cm$^{-1}$、297 cm$^{-1}$。

　　表3.13记录了氢气以及氘气分子的拉曼频移系数,以及在1 064 nm、1 550 nm、2 000 nm 波长激光泵浦下,不同拉曼频移系数下一阶斯托克斯激光的波长。由于氢气和氘气的振动拉曼频移系数较大,基于氢气和氘气的 SRS,使用合适波长的近红外激光进行泵浦,可以实现特定中红外波长激光输出。

表 3.13　氢气和氘气的拉曼频移系数以及斯托克斯波长

| 气体种类 | 拉曼频移系数/cm$^{-1}$ | 1 064 nm 激光泵浦下斯托克斯波长/nm | 1 550 nm 激光泵浦下斯托克斯波长/nm | 2 000 nm 激光泵浦下斯托克斯波长/nm |
|---|---|---|---|---|
| H$_2$ | 4 155 | 1 907 | 4 354 | 11 834 |
|  | 587 | 1 135 | 1 705 | 2 266 |
|  | 354 | 1 106 | 1 640 | 2 152 |
| D$_2$ | 2 987 | 1 560 | 2 886 | 4 968 |
|  | 415 | 1 113 | 1 657 | 2 181 |
|  | 297 | 1 098 | 1 625 | 2 126 |

　　甲烷分子为具有立方对称性的多原子分子,从经典理论的角度分析,由于具备高度对称的分子结构,甲烷分子在转动过程中在旋转方向上不会发生极化率的变化,因此甲烷分子不存在转动 SRS。对于振动 SRS,从表 3.5 可以看到甲烷分子由于存在四种固有频率的振动方式,从基态到第一振动态的跃迁甲烷分子就具有四种能级的跃迁,分别对应拉曼频移:$v_1 = 2\,917$ cm$^{-1}$,$v_2 = 1\,534$ cm$^{-1}$,$v_3 = 3\,020$ cm$^{-1}$,$v_4 = 1\,306$ cm$^{-1}$,其中 $v_1$ 振动方式的拉曼增益最大,且比其他振动方式的增益要高得多,因此 $v_1$ 振动 SRS 最容易发生。由于甲烷的振动拉曼频移系数比较接近,因此使用 1.5 μm 波段近红外激光泵浦可以实现 2.8 μm 波段中红外拉曼激光输出,使用 1.9 μm 波段近红外激光泵浦可以实现 4 μm 波段中红外拉曼激光输出。

### 2. 拉曼线宽

拉曼光谱能级跃迁过程产生的拉曼谱线并非是无限窄,而是具备一定的宽度,受碰撞展宽与多普勒展宽影响。由于气体发生 SRS 的时候一般都是在高气压中实现的,气体拉曼线宽主要受碰撞加宽影响,故与气体气压成正相关关系。一般来说,氢气、甲烷等气体的拉曼线宽通过实验测量获得经验公式,对于氢气振动 SRS,以 MHz 为单位的拉曼线宽 $\Delta\nu$ 的经验公式为[25]

$$\Delta\nu = (309/p)(T/298)^{0.92} + \left[51.8 + 0.152(T-298) + 4.58 \times 10^{-4}(T-298)^2\right]p \tag{3.45}$$

其中,$T$ 是以 K 为单位的温度;$\rho$ 是以阿马伽(amagat)为单位的粒子密度。对于氢气,在室温下式(3.45)可以简化为 $\Delta\nu = 309/\rho + 51.8\rho$[26]。

对于甲烷振动 SRS,拉曼线宽公式为[26]

$$\Delta\nu = 8\ 220 + 384\rho \tag{3.46}$$

对于氘气振动 SRS,拉曼线宽公式为[26]

$$\Delta\nu = 101/\rho + 120\rho \tag{3.47}$$

## 3.3 基于粒子数反转的光纤气体激光理论

在不同气体条件下基于粒子数反转的光纤气体激光的能级跃迁产生中红外波段的过程类似,以能级结构稀疏的双原子分子 HBr 为例进行理论分析。

### 3.3.1 速率方程

仅关注任意一条谱线泵浦及对应跃迁产生激光的过程,可以建立一个四能级系统,如图 3.22 所示。其中 $E_0$ 能级是振动能级 $v=0$ 的泵浦下能级,$E_2$ 能级是振动能级 $v=2$ 的泵浦上能级,也是产生激光的上能级,$E_{1P}$ 和 $E_{1R}$ 能级是振动能级 $v=1$ 的产生激光的下能级,分别对应产生 P 支跃迁和 R 支跃迁。$N_0$、$N_2$、$N_{1P}$ 和 $N_{1R}$ 分别是对应能级的粒子数密度,粒子数总和不会发生改变,设为 $N_{\text{total}}$:

$$N_0 + N_{1P} + N_{1R} + N_2 = N_{\text{total}} \tag{3.48}$$

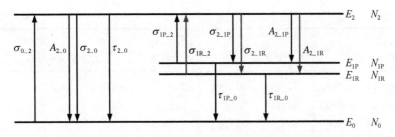

**图 3.22 气体分子跃迁产生激光四能级系统示意图**

为便于仿真简化模型,能级之间的跃迁只考虑自发辐射、受激辐射和受激吸收,能级 $E_2$、$E_{1P}$ 和 $E_{1R}$ 只能通过无辐射跃迁的方式回到基态 $E_0$。能级 $E_2$ 与图 3.22 中未画出的同一振动能级的其他转动能级间的转动弛豫 R−R 过程没有具体描述,而是用一个总的非辐射跃迁过程对应的能级寿命进行表征,事实上通过后续的实验,在低压条件下也没有观测到转动弛豫现象,如果具体描述会涉及更多的能级及跃迁过程,极大增加模型的复杂性。

$A_{2\_0}$ 是 $E_2$ 能级到 $E_0$ 能级的爱因斯坦 $A$ 系数,代表自发跃迁的概率,同样的,$A_{2\_1P}$ 和 $A_{2\_1R}$ 是 $E_2$ 能级分别到 $E_{1P}$ 能级和 $E_{1R}$ 能级的自发跃迁概率,$A$ 系数的倒数也反映了能级由于自发辐射决定的能级寿命。HBr 分子振动能级 $v=0 \rightarrow v=2$ 跃迁及振动能级 $v=2 \rightarrow v=1$ 跃迁对应的 $A$ 系数总结如表 3.14 所示[3],由于同位素 $H^{79}Br$ 和 $H^{81}Br$ 的 $A$ 系数差别不大,表 3.14 列出的是 $H^{79}Br$ 的 $A$ 系数。

**表 3.14 $H^{79}Br$ 分子振动−转动能级跃迁对应爱因斯坦 $A$ 系数**

| $v=0 \rightarrow v=2$ R 支吸收 | $A/s^{-1}$ | $v=0 \rightarrow v=2$ P 支吸收 | $A/s^{-1}$ | $v=2 \rightarrow v=1$ R 支跃迁 | $A/s^{-1}$ | $v=2 \rightarrow v=1$ P 支跃迁 | $A/s^{-1}$ |
|---|---|---|---|---|---|---|---|
| R(12) | 0.155 4 | P(1) | 0.335 9 | R(12) | 5.403 | P(1) | 14.54 |
| R(11) | 0.154 4 | P(2) | 0.226 | R(11) | 5.527 | P(2) | 9.797 |
| R(10) | 0.153 5 | P(3) | 0.205 3 | R(10) | 5.644 | P(3) | 8.906 |
| R(9) | 0.152 7 | P(4) | 0.197 5 | R(9) | 5.752 | P(4) | 8.558 |
| R(8) | 0.151 9 | P(5) | 0.194 1 | R(8) | 5.85 | P(5) | 8.388 |
| R(7) | 0.151 | P(6) | 0.192 8 | R(7) | 5.935 | P(6) | 8.295 |
| R(6) | 0.15 | P(7) | 0.192 6 | R(6) | 6.004 | P(7) | 8.241 |
| R(5) | 0.148 7 | P(8) | 0.193 1 | R(5) | 6.05 | P(8) | 8.206 |
| R(4) | 0.147 | P(9) | 0.194 1 | R(4) | 6.066 | P(9) | 8.182 |

| $v=0\rightarrow v=2$ R 支吸收 | $A/s^{-1}$ | $v=0\rightarrow v=2$ P 支吸收 | $A/s^{-1}$ | $v=2\rightarrow v=1$ R 支跃迁 | $A/s^{-1}$ | $v=2\rightarrow v=1$ P 支跃迁 | $A/s^{-1}$ |
|---|---|---|---|---|---|---|---|
| R(3) | 0.144 4 | P(10) | 0.195 5 | R(3) | 6.031 | P(10) | 8.163 |
| R(2) | 0.139 9 | P(11) | 0.197 3 | R(2) | 5.908 | P(11) | 8.146 |
| R(1) | 0.131 4 | P(12) | 0.199 2 | R(1) | 5.596 | P(12) | 8.128 |
| R(0) | 0.110 2 | P(13) | 0.201 4 | R(0) | 4.728 | P(13) | 8.107 |

图 3.22 中 $\sigma_{2\_0}$ 和 $\sigma_{0\_2}$ 是能级 $E_2$ 和 $E_0$ 之间受激辐射和受激吸收对应的发射截面和吸收截面,同样的,$\sigma_{2\_1P}$ 和 $\sigma_{1P\_2}$ 是能级 $E_2$ 和 $E_{1P}$ 之间的发射截面和吸收截面,$\sigma_{2\_1R}$ 和 $\sigma_{1R\_2}$ 是能级 $E_2$ 和 $E_{1R}$ 之间的发射截面和吸收截面。以 $\sigma_{2\_0}$ 和 $\sigma_{0\_2}$ 为例,发射截面和吸收截面表示为

$$\begin{cases} \sigma_{2\_0} = \dfrac{A_{2\_0}\lambda_{2\_0}^2 S_v(v)}{8\pi} \\ \sigma_{0\_2} = \dfrac{f_2}{f_0}\sigma_{2\_0} = \dfrac{2J_2+1}{2J_0+1}\dfrac{A_{0\_2}\lambda_{0\_2}^2 S_v(v)}{8\pi} \end{cases} \tag{3.49}$$

其中,$\lambda_{2\_0}$ 和 $\lambda_{0\_2}$ 是能级 $E_2$ 和 $E_0$ 间跃迁对应的波长,具有相同的值,为了便于区分,下标写法不一样;$S_v(v)$ 是线型函数,已经在前面介绍过;$f_2$ 和 $f_0$ 是能级 $E_2$ 和 $E_0$ 对应的简并度,分别表示为 $2J_2+1$ 和 $2J_0+1$,其他能级之间的发射截面和吸收截面也有类似的表达式。由发射截面和吸收截面可以得到受激辐射跃迁概率和受激吸收跃迁概率(同样以 $\sigma_{2\_0}$ 和 $\sigma_{0\_2}$ 为例):

$$\begin{cases} W_{2\_0} = \dfrac{I_p}{hv_{2\_0}}\sigma_{2\_0} \\ W_{0\_2} = \dfrac{I_p}{hv_{0\_2}}\sigma_{0\_2} \end{cases} \tag{3.50}$$

其中,$I_p$ 是能级 $E_2$ 和 $E_0$ 间跃迁存在的光强,也就是泵浦光光强,$v_{2\_0}$ 和 $v_{0\_2}$ 是 $\lambda_{2\_0}$ 和 $\lambda_{0\_2}$ 对应的频率。$\tau_{2\_0}$、$\tau_{1P\_0}$ 和 $\tau_{1R\_0}$ 分别是能级 $E_2$、$E_{1P}$ 和 $E_{1R}$ 通过无辐射跃迁的方式回到基态能级 $E_0$ 对应的能级寿命,其倒数是无辐射跃迁的概率,这里的无辐射跃迁主要通过 V - T 弛豫过程释放出热量。因此,根据图 3.22 可以得到

各能级粒子数随时间变化的速率方程:

$$
\begin{cases}
\dfrac{\mathrm{d}N_0}{\mathrm{d}t} = -\dfrac{I_\mathrm{p}\sigma_{0\_2}}{hv_{0\_2}}N_0 + \dfrac{1}{\tau_{1\mathrm{P}\_0}}N_{1\mathrm{P}} + \dfrac{1}{\tau_{1\mathrm{R}\_0}}N_{1\mathrm{R}} + \left(\dfrac{I_\mathrm{p}\sigma_{2\_0}}{hv_{2\_0}} + \dfrac{1}{\tau_{2\_0}} + A_{2\_0}\right)N_2 \\[3mm]
\dfrac{\mathrm{d}N_{1\mathrm{P}}}{\mathrm{d}t} = \left(\dfrac{I_\mathrm{sP}\sigma_{2\_1\mathrm{P}}}{hv_{2\_1\mathrm{P}}} + A_{2\_1\mathrm{P}}\right)N_2 - \left(\dfrac{I_\mathrm{sP}\sigma_{1\mathrm{P}\_2}}{hv_{1\mathrm{P}\_2}} + \dfrac{1}{\tau_{1\mathrm{P}\_0}}\right)N_{1\mathrm{P}} \\[3mm]
\dfrac{\mathrm{d}N_{1\mathrm{R}}}{\mathrm{d}t} = \left(\dfrac{I_\mathrm{sR}\sigma_{2\_1\mathrm{R}}}{hv_{2\_1\mathrm{R}}} + A_{2\_1\mathrm{R}}\right)N_2 - \left(\dfrac{I_\mathrm{sR}\sigma_{1\mathrm{R}\_2}}{hv_{1\mathrm{R}\_2}} + \dfrac{1}{\tau_{1\mathrm{R}\_0}}\right)N_{1\mathrm{R}}
\end{cases}
$$

$$(3.51)$$

其中,$I_\mathrm{sP}$ 是能级 $E_2$ 和 $E_{1\mathrm{P}}$ 间跃迁产生的 P 支激光光强;$v_{2\_1\mathrm{P}}$ 和 $v_{1\mathrm{P}\_2}$ 都是对应 P 支激光的频率,具有相同的值;$I_\mathrm{sR}$ 是能级 $E_2$ 和 $E_{1\mathrm{R}}$ 间跃迁产生的 R 支激光光强;$v_{2\_1\mathrm{R}}$ 和 $v_{1\mathrm{R}\_2}$ 都是对应 R 支激光的频率,具有相同的值。

当泵浦光注入 HCF 中,沿着 HCF 传输并与 HBr 发生相互作用,泵浦光强 $I_\mathrm{p}$、P 支激光光强 $I_\mathrm{sP}$ 和 R 支激光光强 $I_\mathrm{sR}$ 都会沿着 HCF 发生改变,受到增益、损耗及自发辐射共同影响,其中增益与发射截面和反转粒子数存在关系(以能级 $E_2$ 和 $E_0$ 间跃迁为例)$g_{2\_0} = \sigma_{2\_0}\Delta N = \sigma_{2\_0}\left(N_2 - \dfrac{f_2}{f_0}N_0\right)$,泵浦光强和激光光强沿 HCF 变化为

$$
\begin{cases}
\dfrac{\mathrm{d}I_\mathrm{p}}{\mathrm{d}z} = \left[\sigma_{2\_0}\left(N_2 - \dfrac{f_2}{f_0}N_0\right) - \alpha_\mathrm{p}\right]I_\mathrm{p} + \Omega A_{2\_0}hv_{2\_0}N_2 \\[3mm]
\dfrac{\mathrm{d}I_\mathrm{sP}}{\mathrm{d}z} = \left[\sigma_{2\_1\mathrm{P}}\left(N_2 - \dfrac{f_2}{f_{1\mathrm{P}}}N_{1\mathrm{P}}\right) - \alpha_\mathrm{sP}\right]I_\mathrm{sP} + \Omega A_{2\_1\mathrm{P}}hv_{2\_1\mathrm{P}}N_2 \\[3mm]
\dfrac{\mathrm{d}I_\mathrm{sR}}{\mathrm{d}z} = \left[\sigma_{2\_1\mathrm{R}}\left(N_2 - \dfrac{f_2}{f_{1\mathrm{R}}}N_{1\mathrm{R}}\right) - \alpha_\mathrm{sR}\right]I_\mathrm{sR} + \Omega A_{2\_1\mathrm{R}}hv_{2\_1\mathrm{R}}N_2
\end{cases}
$$

$$(3.52)$$

其中,设沿 HCF 方向为 $z$ 向,把 HCF 看作一份份无穷小的微元 $\mathrm{d}z$,$\mathrm{d}z$ 与 $\mathrm{d}t$ 存在关系 $\mathrm{d}z = c\mathrm{d}t$;$\alpha_\mathrm{p}$、$\alpha_\mathrm{sP}$ 和 $\alpha_\mathrm{sR}$ 分别是使用的 HCF 中泵浦光波段、P 支跃迁激光和 R 支跃迁激光的传输损耗;$\Omega$ 是自发辐射中沿着 HCF 方向传输的比例,即作为最开始产生激光的种子光,估计为 $10^{-4}$[3];$f_{1\mathrm{P}}$ 和 $f_{1\mathrm{R}}$ 是能级 $E_{1\mathrm{P}}$ 和 $E_{1\mathrm{R}}$ 对应的简并度,分别表示为 $2J_{1\mathrm{P}}+1$ 和 $2J_{1\mathrm{R}}+1$。仿真中所用的具体参数值如表 3.15 所示。

表 3.15　基于粒子数反转的光纤气体激光仿真使用的具体参数

| $N_{total}$ | $3.79×10^{21}$分子/$m^3$ | $\sigma_{2\_1P}$ | $4.93×10^{-20}$ $m^2$ | $A_{2\_1P}$ | 8.56 s |
|---|---|---|---|---|---|
| $v_{2\_0}$, $v_{0\_2}$ | $1.52×10^{14}$ Hz | $\sigma_{1R\_2}$ | $4.17×10^{-20}$ $m^2$ | $A_{2\_1R}$ | 5.91 s |
| $v_{2\_1P}$, $v_{1P\_2}$ | $7.2×10^{13}$ Hz | $\sigma_{2\_1R}$ | $2.98×10^{-20}$ $m^2$ | $\Omega$ | $10^{-7}$ |
| $v_{2\_1R}$, $v_{1R\_2}$ | $7.54×10^{13}$ Hz | $\tau_{2\_0}$ | $4.11×10^{-6}$ s | $\alpha_p$ | 0.53 dB/m |
| $\sigma_{0\_2}$ | $1.28×10^{-22}$ $m^2$ | $\tau_{1P\_0}$ | $4.11×10^{-7}$ s | $\alpha_{sP}$ | 0.3 dB/m |
| $\sigma_{2\_0}$ | $9.14×10^{-23}$ $m^2$ | $\tau_{1R\_0}$ | $4.11×10^{-7}$ s | $\alpha_{sR}$ | 0.3 dB/m |
| $\sigma_{1P\_2}$ | $3.84×10^{-20}$ $m^2$ | $A_{2\_0}$ | 0.14 s | | |

## 3.3.2　仿真分析

1. 连续泵浦空芯光纤 HBr 气体激光仿真结果与分析

联立式(3.48)、式(3.51)和式(3.52)，并考虑到连续泵浦的条件，认为各能级的粒子数处于稳态，式(3.51)中有 $dN_0/dt=0$、$dN_{1P}/dt=0$ 和 $dN_{1R}/dt=0$，可以利用数学软件 MATLAB 进行求解，仿真思路如下。

设定 HCF 中 HBr 气体激光相关的参数，包括普朗克常数、光速、玻尔兹曼常数、阿伏伽德罗常数、HBr 的摩尔质量、HCF 长度、传输损耗、HCF 模场直径、HBr 气压、温度等参数；设定 HBr 分子的同位素种类，后续根据同位素不同选择相应的参数。

根据表 3.8 定义四个矩阵，判定 HBr 同位素种类后，分别赋上 HBr 分子振动能级 $v=0 \to v=2$ 跃迁的 R(0) 至 R(10) 和 P(1) 至 P(10) 各个波长值，振动能级 $v=2 \to v=1$ 跃迁的 R(0) 至 R(10) 和 P(1) 至 P(10) 各个波长值。

根据表 3.1 定义两个矩阵，判定 HBr 同位素种类后，分别赋上 HBr 分子转动常数、本征频率等能级参数，根据式(3.17)计算各个能级的能量，其中注意到本书介绍的能量单位是 $cm^{-1}$，仿真中所有单位需要换算成国际标准单位，比如能量单位要换算成焦耳，然后根据式(3.29)计算各个能级的粒子数分布，赋值在一个矩阵中。

根据表 3.14 定义四个矩阵，判定 HBr 同位素种类后，分别赋上 HBr 分子振动能级 $v=0 \to v=2$ 跃迁的 R(0) 至 R(10) 和 P(1) 至 P(10) 对应的 A 系数，振动能级 $v=2 \to v=1$ 跃迁的 R(0) 至 R(10) 和 P(1) 至 P(10) 对应的 A 系数；根据式(3.37)分别计算各个跃迁的多普勒线宽，使用经验公式 $\Delta v_c = \alpha P$ 计算 HBr 的碰撞线宽，然后根据式(3.41)计算最接近实际的 Voigt 线宽；再根据式(3.40)

计算 Voigt 线型函数在中心频率处的取值;最后根据式(3.46)计算各个跃迁的发射截面和吸收截面。

将 HCF 分解成大量的长度微元 $\mathrm{d}z$(仿真中将 HCF 分成了 10 万份),初始条件为在初始位置给定的入射连续泵浦功率(由泵浦功率可知泵浦光强 $I_\mathrm{p}$),一开始为零的 P 支激光光强 $I_\mathrm{sP}$ 和 R 支激光光强 $I_\mathrm{sR}$,一开始粒子数全都集中在能级 $E_0$ 上;利用式(3.48)、式(3.51)及稳态条件 $\mathrm{d}N_0/\mathrm{d}t=0$、$\mathrm{d}N_{1P}/\mathrm{d}t=0$ 和 $\mathrm{d}N_{1R}/\mathrm{d}t=0$,可以求解初始位置的各能级粒子数分布;然后利用式(3.52)和欧拉折线法(Euler's method)求解下一微元位置的泵浦光强 $I_\mathrm{p}$、P 支激光光强 $I_\mathrm{sP}$ 和 R 支激光光强 $I_\mathrm{sR}$,然后求解各能级的粒子数分布,循环下去,直至把 HCF 每个微元位置的 $I_\mathrm{p}$、$I_\mathrm{sP}$、$I_\mathrm{sR}$ 和各能级的粒子数分布都求解完毕。

1)能级粒子数及光功率沿空芯光纤分布

设定温度为室温 25℃,气压为 1 mbar,HCF 长度为 5 m,泵浦波长为 $\mathrm{H}^{79}\mathrm{Br}$ 同位素的 R(2)吸收线 1 971.67 nm。图 3.23 展示了不同泵浦功率条件下,沿 HCF 不同位置的各能级粒子数及泵浦光激光功率分布。从各能级的粒子数分布来看,由于是稳态条件,基态能级 $E_0$ 上粒子数迅速跃迁到激光上能级 $E_2$,泵浦功率大小反映了从基态抽运粒子数到上能级的能力大小,在图 3.23(a)低泵浦功率下,在初始位置处的 $N_0 > N_2$,而随着泵浦功率的增加,图 3.23(b)、(c)和(d)中初始位置处的 $N_2 > N_0$,仿真结果表明当泵浦功率为 1.5 W 时,初始位置处 $N_2 \approx N_0$(图 3.23 中未画出)。随着泵浦光沿着 HCF 的传输,激光上能级 $E_2$ 的粒子数通过受激辐射逐渐向激光下能级 $E_{1P}$ 和 $E_{1R}$ 跃迁,所以 $N_2$ 逐渐减少,$N_{1P}$ 和 $N_{1R}$ 逐渐增加,表 3.14 中可知 P 支跃迁相比于 R 支跃迁具有更大的爱因斯坦 A 系数,由式(3.49)可知 P 支跃迁具有更大的发射截面,因此 $N_{1P}$ 增长速率要快于 $N_{1R}$,而且从图 3.23 可以看出 P 支激光的阈值更低,$N_2$ 的下降和 $N_{1P}$ 的增加同时发生,$N_{1P}$ 开始积累一段时间后,$N_{1R}$ 才开始积累,相应的 P 支激光产生要早于 R 支激光。此外,跃迁到激光下能级 $E_{1P}$ 和 $E_{1R}$ 的粒子会通过无辐射跃迁的方式回到基态 $E_0$,且在模型中速率不变,随着 $N_2$ 逐渐减少,能级 $E_2$ 到 $E_{1P}$ 和 $E_{1R}$ 的粒子数减少,而粒子数从能级 $E_{1P}$ 和 $E_{1R}$ 无辐射跃迁回到基态 $E_0$ 的速率不变,因此积累的 $N_{1P}$ 和 $N_{1R}$ 在达到顶峰后会逐渐减少,由于 P 支跃迁具有更大的发射截面,从图 3.23 可以看出能级 $E_{1P}$ 上粒子数 $N_{1P}$ 相较于 $N_{1R}$ 更早到达顶峰,且 $N_{1P}$ 的峰值大于 $N_{1R}$ 的峰值,所有抽运的粒子数最终逐渐回到基态能级 $E_0$。从泵浦功率和激光功率分布来看,泵浦光功率一直沿着 HCF 被吸收,不断衰减,而 P 支跃迁和 R 支跃迁激光功率逐渐增加,且 P 支跃迁激光由于较大的发射截面,功率比 R 支跃迁更大。

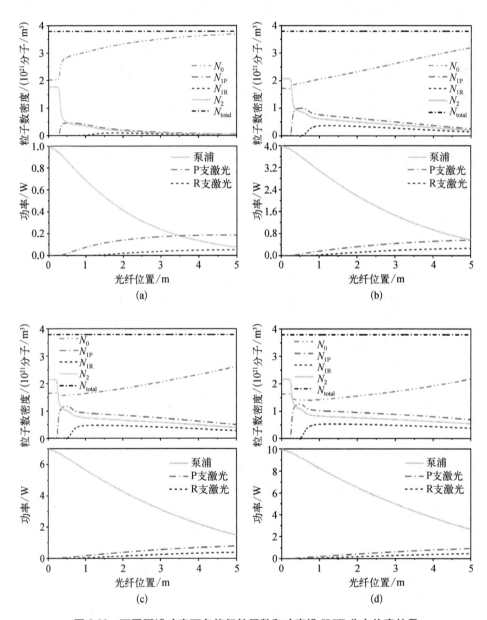

**图 3.23 不同泵浦功率下各能级粒子数和功率沿 HCF 分布仿真结果**

（a）泵浦功率 1 W；（b）泵浦功率 4 W；（c）泵浦功率 7 W；（d）泵浦功率 10 W

在 HCF 的 HBr 气体激光中,气压是一个重要的参数,代表了参与能级跃迁的粒子数密度。在图 3.23 的仿真结果基础上,设定泵浦功率 10 W,不同气压下沿 HCF 不同位置的各能级粒子数及泵浦光激光功率分布如图 3.24 所示。当在图 3.24(a)低气压条件下(1 mbar),粒子数没有完全回到基态能级 $E_0$,$N_0$ 一直处于增长的状态,而且泵浦光功率没有被完全吸收,在 HCF 末端还有残余的泵浦光,激光功率也一直处于增长状态,表明目前 HCF 长度下低气压的 HBr 不能有效吸收泵浦光,随着气压的增加,HBr 能够有效吸收泵浦光,在 4 mbar、7 mbar 和 10 mbar 气压下[对应图 3.24(b)、(c)和(d)],可见分别在 HCF 的 3 m、2 m 和 1.5 m 处泵浦光都被吸收完全,相应的粒子数都回到基态能级 $E_0$,$N_0$ 已接近于总粒子数 $N_{total}$。在此 HCF 长度后,P 支和 R 支激光的传输本质上只受到 HCF 的传输损耗的影响,功率逐渐下降。因此可以看出,对于确定长度的 HCF 存在一个最佳的气压,在此气压下,泵浦光恰好在 HCF 的末端被吸收完全,产生的 P 支和 R 支激光不会受到后续 HCF 传输损耗的影响。

2)气压对输出激光功率影响

除了 HCF 不同位置处的各能级粒子数和泵浦光激光功率分布,还仿真了最终输出的泵浦光激光功率。当温度为 25℃、HCF 长度为 5 m、泵浦波长为 $H^{79}Br$ 同位素的 R(2)吸收线 1 971.67 nm 时,图 3.25 展示了不同气压条件下的残余泵浦功率、P 支激光功率、R 支激光功率和激光总输出功率特性。在图 3.25(a)所示 1 mbar 气压下,残余泵浦功率约为 2.6 W,而随着气压的增加,在 4 mbar 气压及以上,泵浦光被完全吸收,几乎没有残余泵浦光,可见本模型中气压的变化对泵浦光吸收影响很大,而且激光阈值随着气压增加也变大,这是由于气压的增加加剧了分子的碰撞,导致能级 $E_2$ 无辐射跃迁寿命降低,对于激光产生增加了损耗,而且 R 支激光阈值增加程度远大于 P 支激光阈值,可以预见当气压进一步上升时,泵浦功率不能达到 R 支激光功率阈值,输出激光中只包含 P 支激光,因此可以通过改变泵浦功率和气压来控制输出只含有一条谱线纯净的光谱。

此外,气压增加虽然加剧碰撞,增加损耗,但同时增强了吸收,有更多的粒子数参与产生激光,增加了增益,因此激光功率输出是这两种因素共同决定的结果。从图 3.25 也可以发现,存在一个最佳气压,当气压从较低开始增加,增益占据主导因素,激光总输出功率从图 3.25(a)中的约 1.4 W 增加到图 3.25(b)中的约 3 W,达到最佳气压后继续增加气压,损耗占据了主导因素,激光总输出功率从图 3.25(c)中的约 2.9 W 下降到图 3.25(d)中的约 2.8 W,可以预见随着气压的进一步增加,激光总输出功率会进一步下降,这也与图 3.24 中介绍的结论相一致。

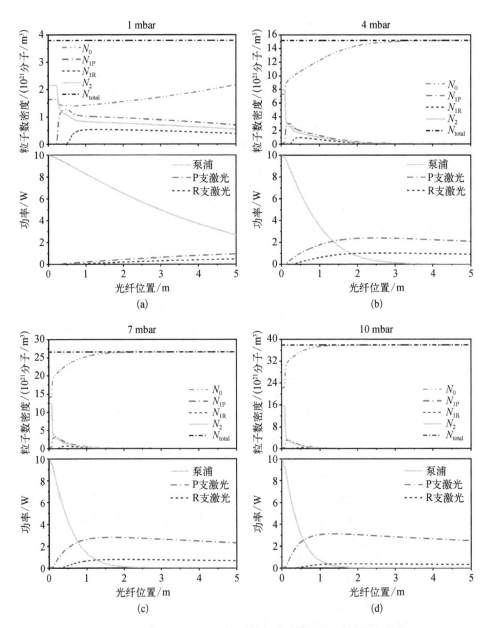

**图 3.24 不同气压下各能级粒子数和功率沿 HCF 分布仿真结果**

（a）1 mbar 气压；（b）4 mbar 气压；（c）7 mbar 气压；（d）10 mbar 气压

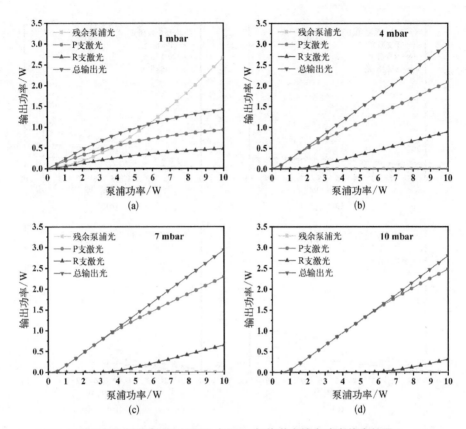

**图 3.25　不同气压下 HCF 中 HBr 气体激光输出功率仿真结果**

（a）1 mbar 气压；（b）4 mbar 气压；（c）7 mbar 气压；（d）10 mbar 气压

3）不同泵浦波长对输出激光功率影响

图 3.26 展示了在温度为 25℃、气压为 1 mbar、HCF 长度为 5 m 时,泵浦 $H^{79}Br$ 同位素不同的 R 支吸收线时输出的泵浦光激光功率,其中选择的泵浦波长也是后续实验中使用的。图 3.26 的仿真结果与图 3.15（a）R 支吸收线强度分布相一致,R 支吸收线强度由玻尔兹曼分布和能级简并度决定,R（2）和 R（3）吸收线有最强的吸收强度,因此图 3.26（b）和（c）中泵浦光被吸收得最多,剩下的残余泵浦光最少,相应产生的激光功率也最大。其余泵浦波长的吸收强度从图 3.15（a）可知,R（5）>R（7）>R（0）>R（11）,与图 3.26（a）和（d）~（f）仿真结果一致:泵浦较大吸收强度的波长,对泵浦光的吸收越强,相应残余泵浦光越少,输出激光功率越高。

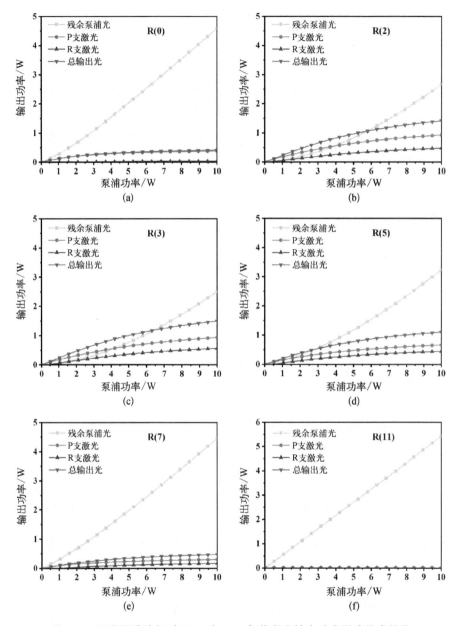

**图 3.26 不同泵浦波长对 HCF 中 HBr 气体激光输出功率影响仿真结果**

(a) R(0)泵浦波长；(b) R(2)泵浦波长；(c) R(3)泵浦波长；(d) R(5)泵浦波长；
(e) R(7)泵浦波长；(f) R(11)泵浦波长

　　此外,与泵浦其他吸收线不同,图 3.26(a)中产生的激光功率主要包括 P(2)跃迁,而 R(0)跃迁几乎没有产生,从表 3.14 可知 P(2)跃迁对应的 $A$ 系数 (9.797 $s^{-1}$)要大于 R(0)跃迁对应的 $A$ 系数(4.728 $s^{-1}$),而且这种差异相比于其他泵浦波长是最大的,因此泵浦 R(0)吸收线时,P 支跃迁相比于 R 支跃迁是最容易占据主导地位的。由于 R(11)吸收线吸收强度十分低,目前 HCF 长度和气压下,几乎没有激光产生,大部分都是残余泵浦光,但是仿真结果显示通过增加 HCF 长度可以增强对泵浦光的吸收,最终产生激光,而通过增加气压仿真虽然增强了吸收,残余泵浦光更少,却对产生激光的作用有限,因为气压增加同时使碰撞加剧,增加了损耗,需要在合适的气压条件下才有低功率的激光产生。

　　此外,从图 3.14 可知,产生激光的上能级 $v=2$ 的振动能级的某一转动能级可以通过 R 支泵浦或 P 支泵浦达到,比如 R(2)泵浦和 P(4)泵浦都可以使粒子数跃迁到 $v=2$ 的振动能级上 $J=3$ 的转动能级,图 3.27 比较了这两种泵浦方式对激光输出功率的影响,可以看出二者的功率特性类似,由于 R(2)泵浦和 P(4)泵浦共享一个激光上能级,振动能级 $v=2 \rightarrow v=1$ 跃迁产生激光对应的 R(2)和 P(4)跃迁具有相同的发射截面,而从表 3.14 可知 P(4)泵浦的 $A$ 系数(0.197 5 $s^{-1}$)大于 R(2)泵浦的 $A$ 系数(0.139 9 $s^{-1}$),具有更大的吸收截面,因此图 3.27(b)中残余泵浦光要略小于图 3.27(a)中残余泵浦光,产生的激光功率略大。

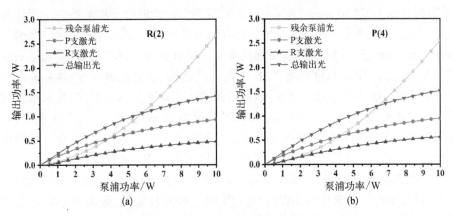

**图 3.27　可以泵浦到相同上能级的两种泵浦波长对激光输出功率影响仿真结果**

(a) R(2)泵浦波长;(b) P(4)泵浦波长

　　图 3.28 对比了分别使用 $H^{79}Br$ 和 $H^{81}Br$ 同位素的 R(2)吸收线作为泵浦波长对输出残余泵浦光和激光功率的影响。由于 HBr 的两种同位素除了分子质

量有细微差别外,其他性质没有明显区别,图 3.28(a)和图 3.28(b)也几乎没有区别,因此泵浦不同同位素对输出激光和残余泵浦光几乎没有影响。

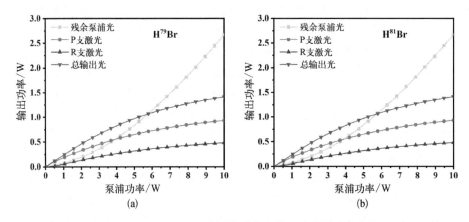

**图 3.28  泵浦不同 HBr 同位素对激光输出功率影响仿真结果**

(a) 泵浦 $H^{79}Br$ 同位素;(b) 泵浦 $H^{81}Br$ 同位素

4) 空芯光纤长度对输出激光功率影响

图 3.29 比较了温度为 25℃、气压为 1 mbar、泵浦波长为 $H^{79}Br$ 同位素的 R(2)吸收线 1 971.67 nm 时,不同 HCF 长度下泵浦光的激光功率特性。当长度较小时,没有足够的作用距离将泵浦光有效地吸收,图 3.29(a)中残余的泵浦光约为 8 W,相较于 10 W 的入射泵浦功率几乎没有被吸收,相应只有低功率的激光产生,而随着 HCF 长度的增加,作用距离的增长,泵浦光被吸收,残余的泵浦光迅速下降,当 HCF 长度为 5 m,残余的泵浦光下降到约 2.6 W,产生总激光功率约 1.4 W,如图 3.29(b)所示,当 HCF 长度为 10 m,泵浦光大部分被吸收,残余泵浦光只剩下约 0.3 W,总激光功率上升到约 1.6 W,当 HCF 长度进一步增加到 15 m,泵浦光已经完全被吸收,但由于较长长度下的 HCF 传输损耗更大,导致输出的总激光功率有所下降,只有约 1.2 W。与图 3.25 结论类似,对于确定的 HBr 气压,会有一个最佳的 HCF 长度,当 HCF 长度较短时,泵浦光不能被有效吸收,而 HCF 过长时,HCF 的传输损耗会降低输出激光功率。

2. 脉冲泵浦空芯光纤 HBr 气体激光仿真结果与分析

脉冲泵浦的基本模型与上一小节中的连续泵浦一致,都是图 3.22 所示的四能级系统,但是两者也存在明显的区别。脉冲泵浦时,由于脉冲泵浦持续时间短,激光产生过程在还未达到平衡之前就结束了,各能级的粒子数及产生的光

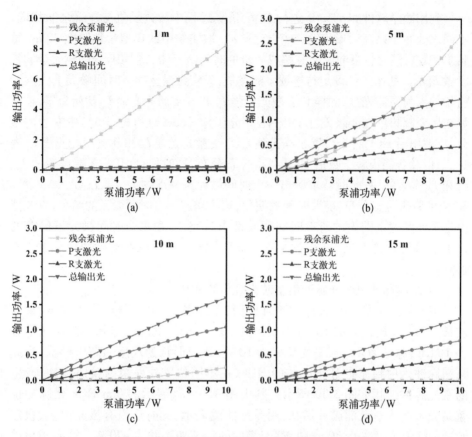

**图 3.29 不同 HCF 长度对激光输出功率影响仿真结果**

(a) HCF 长度 1 m;(b) HCF 长度 5 m;(c) HCF 长度 10 m;(d) HCF 长度 15 m

子数处于剧烈变化中,系统处于非稳态。而连续泵浦时各能级粒子数则处于稳定的状态,非稳态是系统打破原有状态达到新的稳态过程的一个阶段。

因此脉冲泵浦时稳态的假设 $dN_0/dt = 0$, $dN_{1P}/dt = 0$ 和 $dN_{1R}/dt = 0$ 不再适用,而只能联立式(3.48)、式(3.51)和式(3.52)求解速率方程。此类微分方程组可以使用时域有限差分法(finite-difference time-domain method, FDTD)求解。FDTD 由美国加利福尼亚大学的 K. S. Yee 在 1966 年提出[27],是求解麦克斯韦方程组的一种方法,核心思想是将求解空间离散成笛卡尔坐标系上的长方体网状结构,其中每个点赋值电场和磁场,用中心差分代替场量对时间和空间的一阶偏微商,随着时间变化每个点交替更新电场和磁场,从而得出场分布,具有普适性。

利用数学软件 MATLAB 进行求解,仿真过程中参数赋值与连续泵浦相同,不同之处在于以高斯形状设定了泵浦脉冲(取实验中的典型参数脉宽 20 ns,重频 1 MHz),同时将泵浦脉冲分解成大量的时间微元 $dt$,将 HCF 分解成大量的长度微元 $dz$。初始条件设定与连续泵浦类似,设定泵浦脉冲一时间微元上强度为初始的入射泵浦光强,同样 P 支激光光强 $I_{sP}$ 和 R 支激光光强 $I_{sR}$ 初始为零,粒子数初始全都集中在能级 $E_0$ 上;用中心差分代替式(3.51)和式(3.52)中左边的微分,反解出沿 HCF 各个位置泵浦光强 $I_p$、P 支激光光强 $I_{sP}$ 和 R 支激光光强 $I_{sR}$ 表达式,以及各能级粒子数沿 HCF 各个位置分布,同时保存 HCF 末端位置的 $I_p$、$I_{sP}$ 和 $I_{sR}$ 作为备用;此时就求解出一个时间微元条件下的 $I_p$、$I_{sP}$、$I_{sR}$、$N_0$、$N_{1P}$、$N_{1R}$ 和 $N_2$ 的各个位置分布,随着时间的演化,逐步求解下一时间微元的结果,直至把设定泵浦脉冲范围内的所有时间微元都求解完毕,在每个时间微元下保存的 HCF 末端位置的 $I_p$、$I_{sP}$ 和 $I_{sR}$ 累加在一起就构成了输出的泵浦脉冲和产生激光形状。

1) 泵浦脉冲及激光脉冲沿空芯光纤位置演化

与连续泵浦的外界条件一致,设定温度为室温 25℃、气压为 1 mbar、泵浦波长为 H$^{79}$Br 同位素的 R(2)吸收线 1 971.67 nm。此外设定脉冲泵浦光重频为 1 MHz,脉宽为 20 ns,平均功率为 10 W,脉冲形状为理想的高斯形状,当此泵浦脉冲入射到充有 HBr 气体的 HCF,在不同位置处残余的泵浦脉冲、产生的激光脉冲形状如图 3.30 所示。其中图 3.30(a)展示的 0 m HCF 处脉冲也就是设置的入射泵浦脉冲形状,用黑色曲线表示,此时还没有激光产生,设定脉冲的峰值位置在 $t=30$ ns 位置处,相应的峰值功率约为 470 W。需要指出的是图 3.30(b)~(f)中画出的黑色曲线是仅考虑 HCF 的传输损耗后泵浦光传播到此位置的脉冲形状,便于与其他脉冲对比。其余颜色曲线是考虑式(3.48)、式(3.51)和式(3.52)后仿真求解速率方程的脉冲结果,即绿色曲线是残余泵浦脉冲,红色曲线是产生的 P 支激光脉冲,蓝色曲线是产生的 R 支激光脉冲,紫色曲线是 P 支激光脉冲和 R 支激光脉冲之和,即总激光脉冲。

关注代表传输的泵浦脉冲的黑色曲线可以发现,由于 HCF 的传输损耗,传输的泵浦脉冲峰值功率逐渐下降,而脉冲的中心峰值位置 $t=30$ ns 以 10 ns 的间隔逐渐增加,这是由于间隔 3 m 位置的增加恰好对应于光速行进 10 ns。在传输的泵浦脉冲内,随着时间增加,激光峰值功率逐渐增加,P 支激光脉冲由于具有较大的发射截面而率先产生,R 支激光脉冲随之产生,可以发现 P 支和 R 支激光产生主要消耗的是传输的泵浦脉冲上升沿部分,而产生的激光也主要位于传

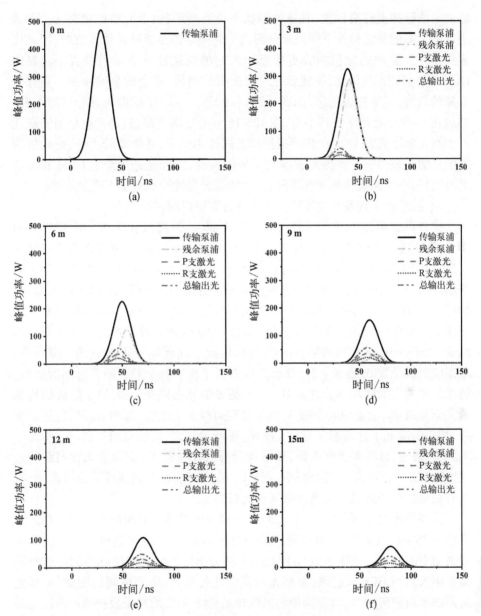

**图 3.30  不同 HCF 位置处泵浦脉冲及产生激光脉冲演化过程**

(a) 0 m HCF 处;(b) 3 m HCF 处;(c) 6 m HCF 处;(d) 9 m HCF 处;
(e) 12 m HCF 处;(f) 15 m HCF 处

输的泵浦脉冲上升沿位置,其脉冲形状不是高斯形状,上升沿比较突兀。未被消耗的传输的泵浦脉冲下降沿部分则主要为残余的泵浦脉冲做出贡献,因此代表残余泵浦脉冲的绿色曲线更接近于传输的泵浦脉冲下降沿位置。随着离HCF 入射端的距离增加,泵浦脉冲一直被吸收消耗,残余的泵浦脉冲一直处于下降的趋势,直至接近消失,如图 3.30(f)所示。而产生的激光脉冲逐渐上升,然后在 6~9 m 处几乎保持不变,在 12~15 m 处逐渐下降,这是消耗泵浦光跃迁产生激光和激光在 HCF 中传输损耗的共同作用结果,在距离较近处,高峰值功率的泵浦光条件下产生激光速率大于传输损耗,激光脉冲逐渐上升,随着泵浦光被消耗,产生激光速率逐渐下降,产生的激光脉冲因此有了下降的趋势。

2) 能级粒子数及光功率沿空芯光纤分布随时间演化

同样设定温度为室温 25℃、气压为 1 mbar、泵浦波长为 H$^{79}$Br 同位素的 R(2) 吸收线 1 971.67 nm,当 HCF 长度为 5 m 时,图 3.30(a)所示的泵浦脉冲入射进充有 HBr 的 HCF 后,不同时间下能级粒子数及光功率沿 HCF 分布如图 3.31 所示。当 $t=10$ ns 时,只有泵浦脉冲少部分上升沿进入 HCF,在 HCF 的入射端,恰好是 $t=10$ ns 处的泵浦脉冲时间微元将基态能级 $E_0$ 的粒子数抽运到激光上能级 $E_2$,随着 HCF 距离的增加,对应的是 $t<10$ ns 的泵浦脉冲时间微元泵浦的结果,由于 $t<10$ ns 相应的泵浦强度下降,因此上能级粒子数 $N_2$ 逐渐下降到零,基态能级粒子数 $N_0$ 逐渐上升,基态能级占据了所有粒子数。随着时间的增加,越来越多的泵浦脉冲部分进入 HCF 中,更多的基态能级 $E_0$ 的粒子数被抽运到激光上能级 $E_2$,上能级粒子数 $N_2$ 由于分别向激光下能级 $E_{1P}$ 和 $E_{1R}$ 跃迁,逐渐下降,相应的激光下能级粒子数 $N_{1P}$ 和 $N_{1R}$ 逐渐增加,与连续泵浦类似,$N_{1P}$ 相比于 $N_{1R}$ 率先增加,且积累速率更快,更早达到峰值,$N_{1P}$ 和 $N_{1R}$ 会通过无辐射跃的方式回到基态 $E_0$,随着 $N_2$ 逐渐减少,积累的 $N_{1P}$ 和 $N_{1R}$ 在达到顶峰后会逐渐减少,所有抽运的粒子数最终逐渐回到基态能级 $E_0$。

需要指出的是,图 3.31(a)~(d)下方展示的是某一时间微元下的泵浦光和产生激光峰值功率分布,而实测到的平均功率是 HCF 输出端所有时间微元上峰值功率的积分。当图 3.31(b)所示 $t=30$ ns 时,正好是泵浦脉冲的峰值时间微元刚入射到 HCF 入射端,泵浦光功率在此处最高,随着时间的增加,泵浦光最高功率向前传输,同时受到传输损耗和基态能级 $E_0$ 的粒子数被抽运消耗的影响,到 $t=50$ ns[图 3.31(c)]时,泵浦光的最高功率向前传输时同样也在下降,到 $t=70$ ns[图 3.31(d)]时,这个泵浦脉冲已将传输离开 5 m 长的 HCF 了,因此此时的泵浦光和激光功率分布都接近于零。

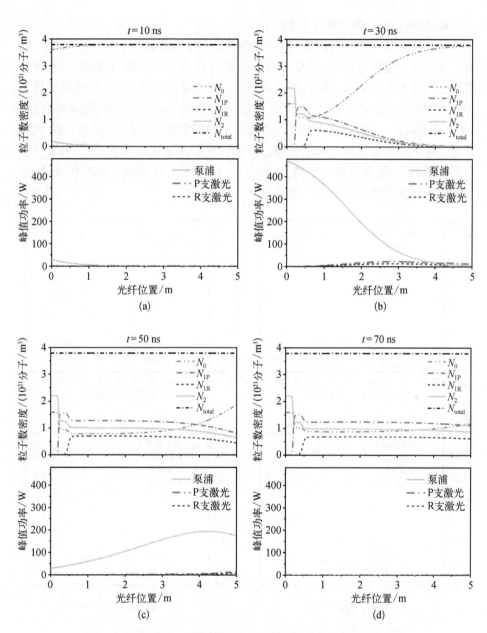

**图 3.31　不同时间下各能级粒子数和功率沿 HCF 分布仿真结果**

（a）$t=10$ ns；（b）$t=30$ ns；（c）$t=50$ ns；（d）$t=70$ ns

3）气压对输出激光功率影响

与连续泵浦一样,仿真 HBr 气压对激光输出功率的影响,由于是脉冲泵浦,为了便于与连续泵浦比较,这里的功率均是仿真的平均功率,相应的单脉冲能量用平均功率除以泵浦重频就可以得到。同样设定温度为 25℃、泵浦脉冲脉宽 10 ns、重频 1 MHz、HCF 长度为 5 m、泵浦波长为 $H^{79}Br$ 同位素的 R(2)吸收线 1 971.67 nm,图 3.32 展示了不同气压条件下的残余泵浦功率、P 支激光功率、R 支激光功率和激光总输出功率特性。由于脉冲泵浦仿真程序更复杂,为了尽快得到仿真结果,脉冲泵浦时只仿真了 10 个点,与图 3.25 连续泵浦时仿真 20 个点结果一样能反映相应的变化趋势。

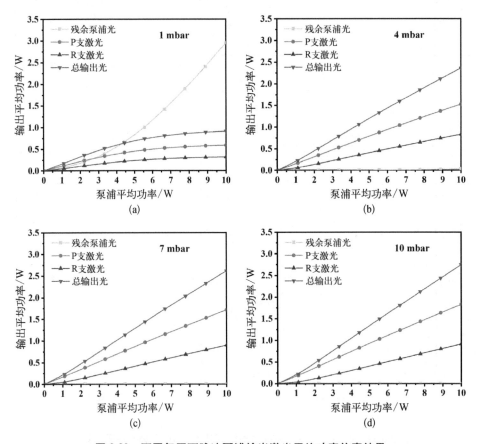

**图 3.32** 不同气压下脉冲泵浦输出激光平均功率仿真结果

(a) 1 mbar 气压;(b) 4 mbar 气压;(c) 7 mbar 气压;(d) 10 mbar 气压

在 1 mbar 气压下,对比图 3.32(a)脉冲泵浦和图 3.25(a)连续泵浦结果,二者具有相似的变化,较低的气压无法有效地吸收泵浦光,尤其是具有高峰值功率的泵浦脉冲,导致其残余的约 3 W 泵浦平均功率要高于约 2.7 W 的连续泵浦时的泵浦功率,产生的激光功率也低于连续泵浦的激光功率。随着气压的增加,脉冲泵浦和连续泵浦时的泵浦光都能被有效地吸收,但是产生的激光功率特性却有所差别,连续泵浦时 R 支激光阈值随气压增加而增加的现象明显,而图 3.32(b)~(d)中脉冲泵浦时具有较大的峰值功率,能满足 R 支激光的阈值条件,因此虽然随气压增加相应的泵浦平均功率阈值同样增加,但不如连续泵浦明显,而且从仿真结果来看,脉冲泵浦时具有较大发射截面的 P 支激光产生几乎没有阈值,其值与连续泵浦一样要大于 R 支激光功率。图 3.32(b)~(d)中增加气压能够使泵浦光被有效地吸收,不同气压下产生的激光总功率没有明显区别,都在 2.6 W 附近,比图 3.25(b)~(d)中连续泵浦能够产生的约 3 W 总激光功率值要低。

4) 空芯光纤长度对输出激光功率影响

HCF 长度对输出功率的影响如图 3.33 所示,其他条件类似,温度为 25℃、气压为 1 mbar、泵浦波长为 $H^{79}Br$ 同位素的 R(2)吸收线 1 971.67 nm。

当长度较小时,没有足够的作用距离将泵浦光有效地吸收,图 3.33(a)中残余的泵浦光约为 5.2 W,相较于 10 W 的入射泵浦功率约有一半没有被吸收,相应只有低功率的激光产生,而随着 HCF 长度的增加和作用距离的增大,泵浦光被吸收,残余的泵浦光迅速下降,当 HCF 长度为 5 m,残余的泵浦光功率下降到 3 W 左右时,产生总激光功率约为 0.9 W,如图 3.33(b)所示。当 HCF 长度为 7 m,残

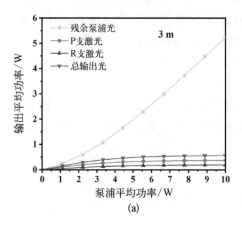

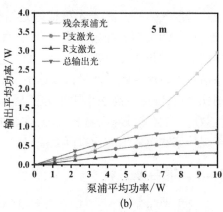

(a)　　　　　　　　　　　　(b)

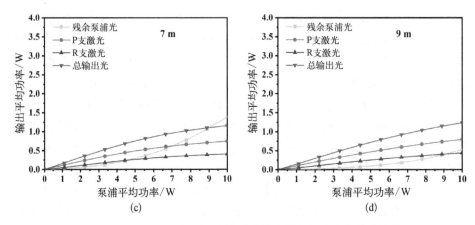

图 3.33　不同 HCF 长度下脉冲泵浦输出激光平均功率仿真结果

(a) HCF 长度 3 m;(b) HCF 长度 5 m;(c) HCF 长度 7 m;(d) HCF 长度 9 m

余泵浦光功率还剩下约 1.4 W,总激光功率上升到约 1.2 W,当 HCF 长度进一步增加到 9 m,泵浦光大部分被吸收,残余泵浦光功率只剩下约 0.5 W,总激光功率保持不变。当 HCF 长度继续增加时,与图 3.29 连续泵浦时 HCF 长度的影响类似,泵浦光会完全被吸收,但由于较长长度的 HCF 传输损耗更大,导致输出的总激光功率有所下降。

## 3.4　基于受激拉曼散射的光纤气体激光理论

　　光纤气体拉曼激光光源很好地结合了光纤激光器和气体激光器的优势。相对传统的实芯光纤激光器,在增益气体介质的选择方面更灵活,因此可以输出的激光波长非常丰富。同时,由于光纤中类高斯光束的场分布,使得与空芯边沿石英玻璃接触的能量密度远小于空芯中心的能量密度,大大提升了光纤的损伤阈值,因此在高功率输出方面具有巨大潜力。此外,由于气体介质的非线性效应(与激光线宽展宽相关的)非常弱,光纤气体拉曼激光光源在高峰值功率下保持窄线宽输出方面有巨大优势。

### 3.4.1　耦合波方程

　　高斯单位制中,麦克斯韦方程组的形式为

$$\begin{cases} \nabla \times \boldsymbol{E} = -\dfrac{1}{c} \dfrac{\partial \boldsymbol{B}}{\partial t} \\[2mm] \nabla \times \boldsymbol{B} = \dfrac{1}{c} \dfrac{\partial \mathrm{E}}{\partial t} + \dfrac{4\pi}{c} \dfrac{\partial (\boldsymbol{P}^{(1)} + \boldsymbol{P}^{\mathrm{NL}})}{\partial t} \\[2mm] \nabla \cdot (\boldsymbol{E} + 4\pi \boldsymbol{P}^{(1)} + 4\pi \boldsymbol{P}^{\mathrm{NL}}) = 0 \\[2mm] \nabla \cdot \boldsymbol{B} = 0 \end{cases} \tag{3.53}$$

其中，$\boldsymbol{E}$ 为电场强度；$\boldsymbol{B}$ 为磁感应强度；$\boldsymbol{P}^{(1)}$ 和 $\boldsymbol{P}^{\mathrm{NL}}$ 分别为电极化强度的线性部分和非线性部分；$c$ 为真空光速。对式(3.53)第一行两侧同时取旋度，并代入第二行式子可得

$$\nabla \times \nabla \times \boldsymbol{E} + \frac{1}{c^2} \frac{\partial^2 (\boldsymbol{E} + 4\pi \boldsymbol{P}^{(1)})}{\partial t^2} = -\frac{4\pi}{c^2} \frac{\partial^2 \boldsymbol{P}^{\mathrm{NL}}}{\partial t^2} \tag{3.54}$$

对于各向同性的气体介质，线性电极化强度和电场强度可以合并并用折射率表示；并且在缓变振幅近似条件下，$\nabla(\nabla \cdot \boldsymbol{E}) = 0$ 可以忽略，于是得到波动方程：

$$\nabla^2 \boldsymbol{E} - \frac{n^2}{c^2} \frac{\partial^2 \boldsymbol{E}}{\partial t^2} = \frac{4\pi}{c^2} \frac{\partial^2 \boldsymbol{P}^{\mathrm{NL}}}{\partial t^2} \tag{3.55}$$

对于 SRS 过程中仅有频率为 $\omega_1$ 的泵浦光波和频率为 $\omega_s$ 的斯托克斯光波参与的情况，沿着光纤 $z$ 轴正向传播的电磁波的电场强度可以表示为

$$E(z, t) = \frac{1}{2} \left[ E_1 \mathrm{e}^{\mathrm{i}(k_1 z - \omega_1 t)} + E_s \mathrm{e}^{\mathrm{i}(k_s z - \omega_s t)} + \mathrm{c.c.} \right] \tag{3.56}$$

式中，c.c.表示共轭项。

经典理论认为，SRS 引起分子的振动(转动)，描述光场作用下分子运动的方程可由经典的含阻尼受迫振动方程表示[28]：

$$\frac{\mathrm{d}^2 q(z, t)}{\mathrm{d}t^2} + \Gamma \frac{\mathrm{d}q(z, t)}{\mathrm{d}t} + \omega_{\mathrm{R}}^2 q(z, t) = \frac{1}{2m} \left( \frac{\partial \alpha}{\partial q} \right)_0 E^2(z, t) \tag{3.57}$$

式中，$q(z,t)$ 为振动振幅；$\Gamma$ 为阻尼系数；$\omega_{\mathrm{R}}$ 为本征振动的圆频率；$m$ 为振子的折合质量；$(\partial \alpha / \partial q)_0$ 为平衡位置的微分极化率。对于此方程，振幅 $q(z,t)$ 的一般解为

$$q(z, t) = \frac{1}{2} \left[ q(\omega_{\mathrm{R}}) \mathrm{e}^{\mathrm{i}(k_{\mathrm{R}} z - \omega_{\mathrm{R}} t)} + \mathrm{c.c.} \right] \tag{3.58}$$

分子由于运动而产生极化,其电极化强度为

$$P(z, t) = N\alpha E(z, t) = N\left[\alpha_0 + \left(\frac{\partial \alpha}{\partial q}\right)_0 q(z, t) + \cdots\right] E(z, t) \quad (3.59)$$

式中,$N$ 为粒子数密度;$\alpha$ 为分子极化率,并以平衡位置的极化率 $\alpha_0$ 为中心进行了泰勒展开。展开后上式右边第一项为线性电极化强度,第二项为 SRS 所产生的非线性电极化强度,省略号部分为高阶非线性电极化强度,可以忽略。

由于在光纤内部激光光束的能量主要随着传输的过程发生较大的改变,因此电场强度主要依赖于空间坐标 $z$,可以忽略 $\partial^2 E(z, t)/\partial^2 x$ 和 $\partial^2 E(z, t)/\partial^2 y$。在缓变振幅近似条件下,可以忽略时间和空间的二阶偏导项。基于以上近似条件,将式(3.56)、(3.58)、(3.59)代入式(3.55),将式(3.56)、(3.58)代入式(3.57),可以得到耦合波方程:

$$\frac{\partial E_s}{\partial z} + \frac{n_s}{c}\frac{\partial E_s}{\partial t} = \frac{i\pi\omega_s}{n_s c}N\left(\frac{\partial \alpha}{\partial q}\right)_0 q^* E_1 \quad (3.60)$$

$$\frac{\partial E_1}{\partial z} + \frac{n_1}{c}\frac{\partial E_1}{\partial t} = \frac{i\pi\omega_1}{n_1 c}N\left(\frac{\partial \alpha}{\partial q}\right)_0 q E_s \quad (3.61)$$

$$\frac{\partial q}{\partial t} + \frac{1}{2}\Gamma q = \frac{i}{4m\omega_R}\left(\frac{\partial \alpha}{\partial q}\right)_0 E_1 E_s^* \quad (3.62)$$

在求解上述方程中,使用了如下所示的相位匹配条件:

$$\begin{cases} \omega_1 - \omega_s = \omega_R \\ k_1 - k_s = k_R \end{cases} \quad (3.63)$$

如果泵浦激光脉冲的时域宽度远大于分子振动的退相时间[29] $2/\Gamma$,那么在激光与分子相互作用的这段时间内,可以认为式(3.62)达到稳态,因此有 $\partial q/\partial t \approx 0$,将式(3.62)代入式(3.60)、(3.61),同时将式(3.60)、(3.61)乘以电场强度的共轭,并加上式(3.60)、(3.61)的共轭乘以电场强度,利用光强公式 $I_j = n_j c E_j E_j^* /8\pi$,可以得到稳态耦合波方程:

$$\frac{\partial I_s}{\partial z} + \frac{n_s}{c}\frac{\partial I_s}{\partial t} = g_s I_p I_s \quad (3.64)$$

$$\frac{\partial I_1}{\partial z} + \frac{n_1}{c}\frac{\partial I_1}{\partial t} = -\frac{\omega_1}{\omega_s}g_s I_1 I_s \quad (3.65)$$

式中，$g_s$ 为稳态拉曼增益系数，其值为

$$g_s = \frac{8\pi^2\omega_s}{n_s n_1 m\omega_R \Gamma c^2} N\left(\frac{\partial\alpha}{\partial q}\right)_0^2 \tag{3.66}$$

代入拉曼线宽 $\Delta\nu_R = \Gamma/2\pi$，并利用分子微分散射截面和微分极化率的关系式[30]：

$$\frac{d\sigma}{d\Omega} = \frac{\omega_s^4}{2c^4 m\omega_R}\left(\frac{\partial\alpha}{\partial q}\right)^2 \tag{3.67}$$

可以得到稳态拉曼增益系数关于拉曼线宽和微分散射截面的关系式：

$$g_s = \frac{8\pi c^2 N}{n_s n_1 \omega_s^3 \Delta\nu_R}\frac{d\sigma}{d\Omega} \tag{3.68}$$

上式的推导结果表明稳态拉曼增益系数与拉曼线宽成反比，与微分散射截面成正比，具体值可根据以下公式计算[25]：

$$g_s = \frac{2\lambda_s^2}{h\nu_s}\frac{\Delta N}{\pi\Delta\nu}\frac{\partial\sigma}{\partial\Omega} \tag{3.69}$$

式中，$\lambda_s$ 代表斯托克斯波长；$\Delta\nu$ 是以 MHz 为单位的拉曼线宽；$\Delta N = N(0, J) - (2J + 1/2J' + 1)N(v, J')$ 代表不同转振能级粒子数差值，与温度及气压相关；$\partial\sigma/\partial\Omega$ 表示拉曼差分散射截面，与泵浦波长相关，其经验公式为[31]

$$\frac{\partial\sigma}{\partial\Omega}(90°) = A\frac{\nu_s^4}{(\nu_i^2 - \nu_p^2)^2} \tag{3.70}$$

其中，$A$ 与 $\nu_i$ 的取值与具体气体相关；$\nu_s$ 是以 $cm^{-1}$ 为单位的斯托克斯频率。

　　式(3.64)和(3.65)给出了仅含泵浦光波和一阶斯托克斯光波的稳态 SRS 耦合波方程，基于此方程，可以建立一个描述空芯光纤内两种频率光波功率演化的数值仿真模型，但是如果要实现对实验过程中空芯光纤内气体 SRS 的模拟，则还需要根据实际实验条件对耦合波方程做适当的变换修改。

　　由于泵浦光波和斯托克斯光波是在气体填充的光纤波导中传播，可以认为两者的折射率约为1，即 $n_s \approx n_1 \approx 1$。考虑到光纤损耗对激光传输的影响，需要在耦合波方程中引入损耗项。考虑到主要关注光场随传播距离 $z$ 的变化情况，

可以进行伽利略变化 $z \rightarrow z - ct$ ，以消除光强关于时间的偏导项。于是式(3.64)和(3.65)可以化简为

$$\frac{\mathrm{d}I_\mathrm{s}}{\mathrm{d}z} = g_\mathrm{s}I_1I_\mathrm{s} - \alpha_\mathrm{s}I_\mathrm{s} \tag{3.71}$$

$$\frac{\mathrm{d}I_1}{\mathrm{d}z} = -\frac{\omega_1}{\omega_\mathrm{s}}g_\mathrm{s}I_1I_\mathrm{s} - \alpha_1I_1 \tag{3.72}$$

式中，$\alpha_\mathrm{s}$ 和 $\alpha_1$ 分别为斯托克斯光波和泵浦光波的光纤损耗，由实验测得。稳态拉曼增益 $g_\mathrm{s}$ 可由实验测得，也可以通过计算获得[25]。光强由脉冲功率除以有效模场面积获得。对于上述的耦合波方程，边界条件设为

$$\begin{cases} I_1(z = 0) = I_0 \\ I_\mathrm{s}(z = 0) = \dfrac{h\nu_\mathrm{s}\Gamma}{2}\dfrac{1}{A_\mathrm{eff}} \end{cases} \tag{3.73}$$

式中，$I_0$ 为耦合进光纤内的初始泵浦光强；$2/\Gamma$ 为退相时间，可由拉曼线宽计算获得。

在使用上述耦合波方程进行数值仿真时，为了更加精确地模拟 SRS 过程，边界条件的初始泵浦光强 $I_0$ 的计算需要考虑脉冲的形状函数(可通过实验测得)。在计算时，可以将脉冲的光强在时域上进行微分处理，取每个微元的平均光强分别代入耦合波方程计算，再将计算结果进行叠加，如此一来，脉冲的形状函数对 SRS 过程的影响即得到了一定的考虑处理。

另外，根据具体情况，理论模型还需引入耦合效率、脉冲能量占比、光纤有效长度等描述实际实验情况的参数，其中耦合效率描述的是泵浦源的输出激光耦合进空芯光纤的比例，只有耦合进空芯光纤内的泵浦及光能够在空芯光纤内传输，与气体分子相互作用发生 SRS。脉冲能量占比描述的是在泵浦源输出激光中同时包含脉冲光和直流光两种成分的情况下，脉冲光能量占总输出功率的比例，只有脉冲部分的功率会参与耦合波方程的计算，直流部分则是在光纤内传输时纯粹地经历损耗过程。

### 3.4.2 仿真分析

首先，仅基于耦合波方程(3.71)、(3.72)和边界条件(3.73)进行仿真，可以获得如图 3.34 所示的结果。该结果表明，在沿着光纤传输的过程中，由于 SRS，

泵浦激光不断地被消耗,而拉曼激光是以近乎指数的形式不断地增长,但是由于拉曼激光的强度太小,因此在空芯光纤的前半部分,泵浦激光的消耗和拉曼激光的增长表现得并不明显,几乎看不出变化。然而,当拉曼激光的强度增长到可观测的程度时,指数式的增长速度就表现得十分明显,从图 3.34 中可以看到,泵浦激光完全转化为拉曼激光的过程仅发生在空芯光纤内很小的一段范围内,并且在"转化点"之后,泵浦激光被消耗殆尽,产生的拉曼激光在空芯光纤的后半段只经历传输损耗的过程。然而,实际实验中是不会出现泵浦激光消耗殆尽的情况,这是因为仿真中泵浦激光是被当成一个整体以平均值代入耦合波方程计算,于是得到了全部转化的结果;而在实际实验中,泵浦激光的时域分布、模场分布等细节都会影响到脉冲内各个微元成分发生拉曼转化的程度,泵浦激光中存在的不发生拉曼转化的直流信号的比例也会影响总的拉曼输出功率和拉曼转化效率。

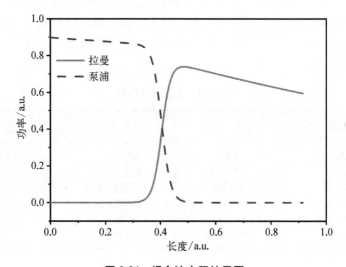

图 3.34　耦合波方程结果图

另外,当改变注入泵浦功率时,空芯光纤内功率的转化过程如图 3.35 所示。可以看到,随着泵浦功率的提高,SRS 的"转化点"位置提前。这是因为,泵浦功率的提高相当于增强了 SRS,增强了对拉曼激光的放大能力,这使得发生拉曼转化的过程提前。同时,泵浦功率的增加也使得输出的拉曼激光功率增加,因此从图 3.35 左图可以看到,"转化点"靠前的曲线拉曼功率较高。

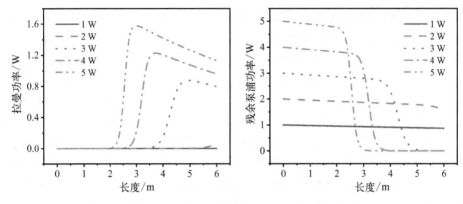

**图 3.35　不同注入功率下耦合波方程结果图**

　　随后,在考虑脉冲形状和直流成分的情况下,基于耦合波方程(3.71)、(3.72)和边界条件(3.73)进行仿真计算,主要通过改变光纤长度、拉曼增益、拉曼激光损耗、拉曼激光的边界条件值、脉冲能量占比、脉冲宽度等参数,获得数值仿真的结果,进而分析空芯光纤内气体 SRS 过程。除了申明改变的参数,仿真中主要使用的参数如表 3.16 所示。

**表 3.16　主要仿真参数**

| 主要仿真参数 | 数　值 | 主要仿真参数 | 数　值 |
|---|---|---|---|
| 泵浦波长 | 1 550 nm | 拉曼波长 | 4 354 nm |
| 泵浦损耗 | 0.1 dB/m | 拉曼损耗 | 0.5 dB/m |
| 重频 | 200 kHz | 高斯脉冲脉宽 | 10 ns |
| 光纤长度 | 6 m | 脉冲能量占比 | 0.9 |
| 模场直径 | 35 μm | 拉曼线宽 | 0.73 GHz |
| 拉曼增益 | 0.43 cm/GW | 耦合效率 | 0.9 |

　　1. 光纤长度对空芯光纤气体 SRS 的影响

　　图 3.36 显示了不同长度下,空芯光纤内气体 SRS 产生的拉曼激光功率以及残余泵浦激光功率与泵浦源输出功率的关系。可以明显地观察到,随着光纤距离的增长,SRS 的功率阈值逐渐下降,这表明光纤越长,气体 SRS 越容易发生。但是传输损耗也随光纤长度的增加而增大,这反而使得最终输出拉曼功率下降。特别对于高损耗光纤,长度对于输出拉曼功率的影响极大。因此对于给定的泵浦功率,存在一个最佳长度,使得最终拉曼输出功率最大。

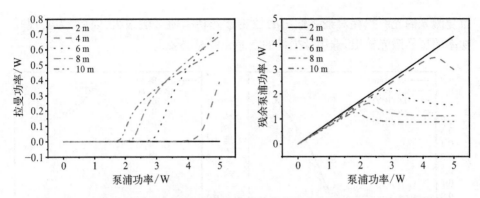

图 3.36　不同光纤长度下,输出拉曼和残余泵浦激光功率随泵浦功率变化曲线图

**2. 拉曼增益对空芯光纤气体 SRS 的影响**

图 3.37 显示了不同拉曼增益下,拉曼激光功率以及残余泵浦激光功率与泵浦源输出功率的关系。可以看到,随着拉曼增益(气压)的增加,SRS 功率阈值逐渐下降,产生的拉曼激光功率逐渐上升,因此提高气压有利于拉曼转化。但是,随着气压的进一步增加,可能会产生高阶斯托克斯激光或反斯托克斯激光,这将消耗掉一阶斯托克斯激光的能量,使得一阶斯托克斯功率下降。因此,为获得一阶斯托克斯激光的最大输出功率,气压也存在一个最佳值。

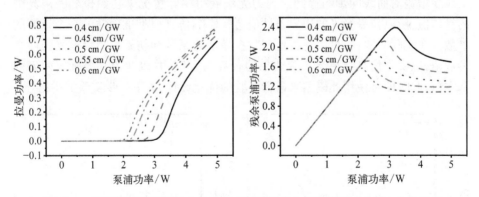

图 3.37　不同拉曼增益下,输出拉曼和残余泵浦激光功率随泵浦功率变化曲线图

**3. 拉曼损耗对空芯光纤气体 SRS 的影响**

图 3.38 显示了不同拉曼损耗下,拉曼激光功率以及残余泵浦激光功率与泵浦源输出功率的关系。可以发现,随着拉曼激光损耗的增长,SRS 的功率阈值只有轻微的增加,这表明,拉曼激光的光纤损耗对 SRS 阈值的影响很小。但是

拉曼激光的光纤损耗对最终输出的拉曼激光功率值影响很大,因此,为实现高功率的拉曼激光输出,选用低损耗的空芯光纤是必要的。

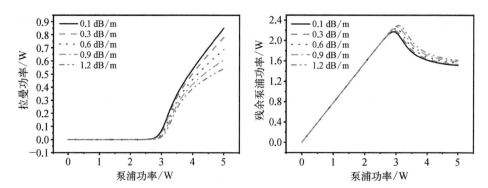

图 3.38 不同拉曼损耗下,输出拉曼和残余泵浦激光功率随泵浦功率变化曲线图

4. 自发拉曼噪声对空芯光纤气体 SRS 的影响

图 3.39 显示了在不同拉曼激光噪声光强下,拉曼激光功率以及残余泵浦激光功率与泵浦源输出功率的关系。可以明显地观察到,初始拉曼激光光强在 0.1 至 10 倍的范围内改变,对 SRS 的阈值的影响较大,并且该参数值对曲线的影响与拉曼增益对曲线的影响等同。因为无法获得实际情况下初始拉曼噪声光强的具体值,所以拉曼激光的边界条件值会是影响仿真模型准确性的一个重要的参数。在实际实验中,可以适当地调整拉曼增益系数和初始拉曼噪声光强两个参数值,以实现仿真结果与实验结果的较高吻合度,并以此为基准确定两者的基本值,此时即可使用此模型来进行实验的优化设计,为下一步实验提供指导。

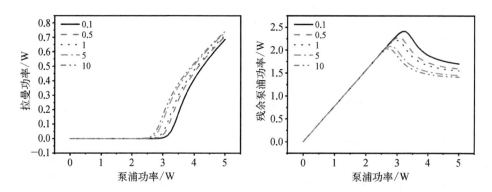

图 3.39 不同自发拉曼噪声下,输出拉曼和残余泵浦激光功率随泵浦功率变化曲线图

5. 脉冲能量占比对空芯光纤气体 SRS 的影响

图 3.40 显示了在不同脉冲能量占比下,拉曼激光功率以及残余泵浦激光功率与泵浦源输出功率的关系。其中,为了更好地反映变化情况,不同于前述仿真,此处仿真的长度和有效长度均设为 6 m。可以明显地观察到,脉冲能量占比在 0.6~1.0 的范围内改变,对 SRS 平均功率阈值的影响较大,并且功率曲线几乎为等间距排列,不同于拉曼增益参数带来的曲线变化(图 3.37),后者为阈值处功率差异大但最终输出功率接近。

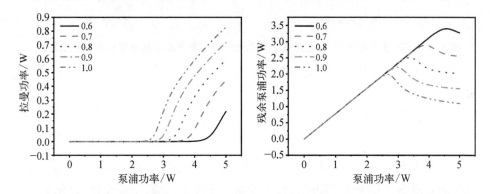

**图 3.40　不同脉冲能量占比下,输出拉曼和残余泵浦激光功率随泵浦功率变化曲线图**

从图 3.40 可以看到,在纯脉冲成分的情况下,残余泵浦功率是随泵浦功率增加而下降的。但是在脉冲能量占比低即直流成分较多的情况下,在"转化点"之后,残余泵浦功率是随着泵浦功率的增加而增加的,并且直流成分越多,曲线的斜度越大,不过并不会超过"转化点"前曲线的斜度。因此,在实际实验中,可以通过判断残余泵浦曲线的形状来判断泵浦源的脉冲能量占比程度。

6. 脉冲宽度对空芯光纤气体 SRS 的影响

图 3.41 显示了在不同泵浦脉宽下,拉曼激光功率以及残余泵浦激光功率与泵浦源输出功率的关系。其中,为了纯粹地观察脉冲宽度对仿真的影响,仿真中重频随着脉宽的改变而改变,以确保高斯脉冲的峰值功率不变。可以观察到,图中的所有曲线都精准地重叠在一起,这表明,在脉冲峰值功率不变的情况下,单单改变高斯脉冲的宽度,对拉曼转化效率没有影响。因为脉冲形状没有改变,无论怎么改变脉冲宽度,脉冲内高于阈值部分的比例也不会改变,因而脉冲内部发生拉曼转化的比例也不变,所以拉曼转化效率不随脉宽的改变而改变。

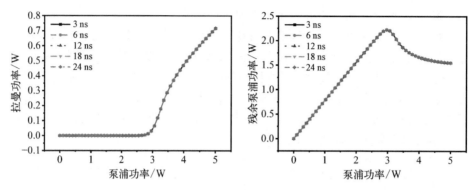

**图 3.41** 不同脉冲宽度下,拉曼激光功率和残余泵浦激光功率随泵浦功率变化曲线图

## 3.5 本章小结

本章主要介绍了分子能级和跃迁特性、基于粒子数反转和基于 SRS 的光纤气体激光理论。其中分子能级特性一节简要介绍了乙炔、二氧化碳、溴化氢、一氧化碳的振动-转动能级特性、能级跃迁、吸收线宽和碰撞引起的能级弛豫等物理特性。考虑到相对于乙炔和二氧化碳分子、溴化氢分子简单的能级结构特点,基于粒子数反转的光纤气体激光理论以溴化氢分子为例,建立 HCF 中气体激光的速率方程,在连续泵浦和脉冲泵浦两种情况下进行求解,分析了各能级粒子数及光功率沿 HCF 分布、输出激光功率及激光脉冲沿 HCF 位置演化等特性,结果表明合适的气压和 HCF 长度有助于输出激光功率的提升。基于 SRS 的光纤气体拉曼激光理论简要介绍了 HCF 中气体 SRS 的稳态耦合波方程,并针对耦合波方程进行数值求解,在改变各参数的情况下进行求解,分析了光纤长度、增益系数、光纤损耗等参数对拉曼转化的影响,为理解光纤气体拉曼激光器的物理过程,以及开展中红外光纤气体拉曼激光实验研究提供理论指导。

目前建立的速率方程模型仅考虑了主要参与激光产生的能级,而实际上乙炔、二氧化碳等多原子分子的能级十分复杂,由碰撞引起的能级弛豫会使上能级粒子数通过无辐射跃迁到其他能级,因此实际发生跃迁的能级更多,跃迁过程更加复杂,后续需要进一步完善改进,但目前仿真结果反映了 HCF 中溴化氢气体激光的基本规律,对后续实验具有指导意义。另外,基于耦合波方程的数值模型仅考虑稳态过程,无法应用于短脉冲泵浦的 SRS 瞬态过程,但是对于一般的纳秒级以上脉冲泵浦气体填充的 HCF 拉曼激光,其能够对输出激光的基本规律给予定性解释。

# 参考文献

[ 1 ] Banwell C N. Fundamentals of molecular spectroscopy[M]. London: McGraw-Hill Book Company, 1972.

[ 2 ] 张允武,陆庆正,刘玉申. 分子光谱学[M]. 合肥:中国科学技术大学出版社, 1988.

[ 3 ] HITRAN Spectroscopic Database[EB/OL]. http://hitran.org/[2023-07-15].

[ 4 ] Rank D H, Fink U, Wiggins T A. High resolution measurements on the infrared absorption spectrum of HBr[J]. Journal of Molecular Spectroscopy, 1965, 18(2): 170-183.

[ 5 ] Braun V, Bernath P F. Infrared emission spectroscopy of HBr[J]. Journal of Molecular Spectroscopy, 1994, 167(2): 282-287.

[ 6 ] Witteman W J. The $CO_2$ laser[M]. Heidelberg: Springer Berlin, 1987.

[ 7 ] Petrov D V. Raman spectrum of methane in the range $20-40℃$[J]. Journal of Applied Spectroscopy, 2017, 84: 420-424.

[ 8 ] Ratanavis A. Theoretical and experimental studies of optically pumped molecular gas lasers [D]. Albuquerque: University of New Mexico, 2010.

[ 9 ] McQuarrie D A, Simon J D. Physical chemistry: A molecular approach[M]. Sausalito: University Science Books, 1997.

[10] Hollas J M. Modern spectroscopy[M]. New York: John Wiley & Sons, 2005.

[11] Bernath P F. Spectra of atom amd molecules[M]. New York: Oxford University Press, 1995.

[12] Michael A. Realizing a mid-infrared optically pumped molecular gas laser inside hollow-core photonic crystal fiber[D]. Manhattan: Kansas State University, 2012.

[13] 周广宽, 葛国库, 赵亚辉. 激光器件[M]. 西安:西安电子科技大学出版社, 2011.

[14] Mayer J E. Statistical mechanics[M]. New York: John Wiley & Sons, 1977.

[15] 周炳琨,高以智,陈倜嵘,等. 激光原理[M]. 6 版.北京:国防工业出版社, 2009.

[16] Miller H C, Radzykewycz D T, Hager G. An optically pumped mid-infrared HBr laser[J]. IEEE Journal of Quantum Electronics, 1994, 30(10): 2395-2400.

[17] Botha L R, Bollig C, Esser M J, et al. Ho: YLF pumped HBr laser[J]. Optics Express, 2009, 17(22): 20615-20622.

[18] McCord J E, Miller H C, Hager G, et al. Experimental investigation of an optically pumped

mid-infrared carbon monoxide laser[J]. IEEE Journal of Quantum Electronics, 1999, 35(11): 1602 - 1612.

[19] Lane R A, Madden T J. Numerical investigation of pulsed gas amplifiers operating in hollow-core optical fibers[J]. Optics Express, 2018, 26(12): 15693 - 15704.

[20] Kletecka C S, Campbell N, Jones C R, et al. Cascade lasing of molecular HBr in the four micron region pumped by a Nd: YAG laser[J]. IEEE Journal of Quantum Electronics, 2004, 40(10): 1471 - 1477.

[21] Koen W, Jacobs C, Bollig C, et al. Optically pumped tunable HBr laser in the mid-infrared region[J]. Optics Letters, 2014, 39(12): 3563 - 3566.

[22] Koen W, Jacobs C, Esser M J D, et al. Optically pumped HBr master oscillator power amplifier operating in the mid-infrared region[J]. Journal of the Optical Society of America B, 2020, 37(11): A154 - A162.

[23] Ratanavis A, Campbell N, Nampoothiri A V V, et al. Performance and spectral tuning of optically overtone pumped molecular lasers[J]. IEEE Journal of Quantum Electronics, 2009, 45(5): 488 - 498.

[24] Teal G K, MacWood G E. The Raman spectra of the isotopic molecules $H_2$, HD, and $D_2$ [J]. The Journal of Chemical Physics, 1935, 3(12): 760 - 764.

[25] Bischel W K, Dyer M J. Wavelength dependence of the absolute Raman gain coefficient for the Q(1) transition in $H_2$[J]. Journal of the Optical Society of America B, 1986, 3(5): 677 - 682.

[26] Ottusch J J, Rockwell D A. Measurement of Raman gain coefficients of hydrogen, deuterium, and methane[J]. IEEE Journal of Quantum Electronics, 1988, 24(10): 2076 - 2080.

[27] Yee K S. Numerical solution of initial boundary value problems involving Maxwell's equations in isotropic media[J]. IEEE Transactions on Antennas and Propagation, 1966, 14(3): 302 - 307.

[28] 季家镕,冯莹. 高等光学教程: 非线性光学与导波光学[M]. 北京: 科学出版社, 2008.

[29] Heeman R J, Godfried H P. Gain reduction measurements in transient stimulated Raman scattering[J]. IEEE Journal of Quantum Electronics, 1995, 31(2): 358 - 364.

[30] 孙青. 基于空芯光子晶体光纤的气体受激拉曼散射效应[D]. 合肥: 中国科学技术大学, 2009.

[31] Bischel W K, Black G. Wavelength dependence of Raman scattering cross sections from 200 - 600 nm[J]. AIP Conference Proceedings, 1983, 100(1): 181 - 187.

# 第四章 中红外乙炔光纤气体
# 激光技术

## 4.1 引言

空芯光纤的出现[1]为乙炔分子和泵浦光的相互作用提供了一个理想环境：一方面，泵浦光被约束在微米尺度的纤芯区域中传输，其功率密度获得极大的提高，能够与乙炔分子实现充分地相互作用；另一方面，空芯光纤可以通过合理设计微结构的方式实现泵浦波段和产生激光波段的传输带，为乙炔激光的产生和传输提供波导约束。通过搭建 1.5 μm 波段可调谐、窄线宽的连续、脉冲泵浦源系统，并利用空间光学元件将泵浦光耦合进充有低气压乙炔气体的空芯光纤，可实现 3 μm 波段激光输出。本章从可调谐乙炔光纤气体激光[2]、高功率乙炔光纤气体激光[3,4]、放大器结构乙炔光纤气体激光[5]三个方面介绍乙炔光纤气体激光技术。

## 4.2 可调谐乙炔光纤气体激光

### 4.2.1 实验系统

1. 可调谐 1.5 μm 窄线宽光纤泵浦源

图 4.1 为可调谐窄线宽 1.5 μm 波段泵浦源系统结构示意图。其中 SMF 是单模光纤(single mode fiber)，EDFA 是掺铒光纤放大器(erbium-doped fiber amplifier)，TBF 是可调谐带通滤波器(tunable bandpass filter)，AOM 是声光调制器(acousto-optical modulator)。实验系统中使用的 1.5 μm 可调谐连续半导体激光器输出的最大功率为 40 mW，线宽很窄，低于 100 kHz，波长调谐范围从 1 525 nm 到 1 565 nm，覆盖了乙炔分子大部分的 P 支吸收线。

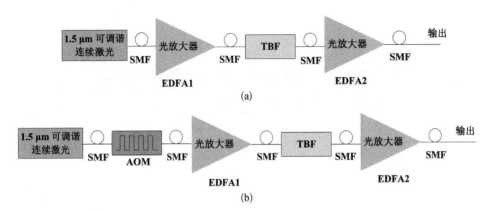

**图 4.1 可调谐窄线宽 1.5 μm 波段泵浦源系统结构示意图**

(a) 连续泵浦源系统结构图;(b) 脉冲泵浦源系统结构图

连续泵浦源系统中使用的 1.5 μm 连续半导体激光器连接单模光纤,而后单模光纤直接连接进第一级 EDFA 进行功率放大。但由于 EDFA 自身的放大原理特性导致激光出现放大的自发辐射(amplified spontaneous emission, ASE)[6]部分,导致其光谱展宽,所以在一级光放大后使用一个可调滤波器对其滤波,消除一部分 ASE 的影响。使用可调滤波器时要调节可调滤波器滤波的中心波长,使其与半导体激光器调谐的波长对准,这样才有最佳的效果。在可调滤波器之后,用第二个 EDFA 对其进行第二级放大,最后输出。脉冲泵浦源系统中使用的 1.5 μm 连续半导体激光器输出的激光通过一个 AOM 进行脉冲宽度和重复频率的调制,最大承受功率不能超过 1 W,且插入损耗为 2.5 dB,调制范围只涵盖 1 530~1 570 nm。AOM 的输出单模光纤连接进第一级 EDFA 进行功率放大,在一级光放大后使用一个可调滤波器对其滤波。在可调滤波器之后,用第二个 EDFA 对其进行第二级放大,最后输出。

通过调节半导体激光器到最大输出功率 40 mW、第一级 EDFA 到最大输出功率,可以测量第二级 EDFA 的最后输出特性。把泵浦源调谐到乙炔分子不同吸收线,使用光谱仪进行测量,得到了如图 4.2 所示的泵浦源光谱特性图。由于采用 EDFA 进行了两级放大,泵浦源输出的光谱存在一部分 ASE 噪声,为计算泵浦源输出光谱中激光成分的占比,对图 4.2 采用光谱积分的方法,得到了如表 4.1 所示的结果,可以发现激光成分占了绝大部分,说明泵浦源系统对半导体激光器进行了有效的放大,有利于后续的实验。可以发现,图 4.2 还呈现了波长较长的吸收线有更小的 ASE 噪声,连续泵浦源相较于脉冲泵浦源有更大的 ASE 噪声。这样的规律并不奇怪,因为实验中使用乙炔分子 P 支吸收线波长作为泵浦波长,P 支吸收线波长位于掺铒光纤放大器的增益谱带边缘,故放大效果劣于增益谱带中心波长的放大效果。

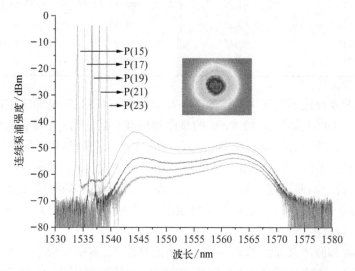

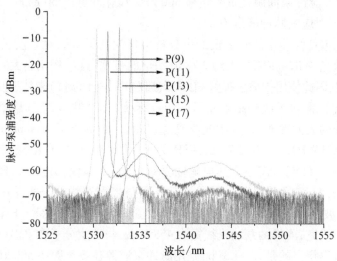

**图 4.2　泵浦源光谱特性**

(a) 连续泵浦源光谱特性;(b) 脉冲泵浦源光谱特性

表 4.1 泵浦源输出光谱不同乙炔吸收线激光成分占比

| 连续乙炔吸收线 | 激光成分占比/% | 脉冲乙炔吸收线 | 激光成分占比/% |
|---|---|---|---|
| P(15) | 90.09 | P(9) | 91.79 |
| P(17) | 91.23 | P(11) | 93.18 |
| P(19) | 92.32 | P(13) | 94.11 |
| P(21) | 93.47 | P(15) | 95.98 |
| P(23) | 94.43 | P(17) | 96.75 |

泵浦源系统输出的光斑特性如图 4.2(a)中插图所示,泵浦源输出激光经过放大倍数为 10 倍、焦距为 15.4 mm 的显微物镜准直后,通过可调衰减片对功率进行适当的衰减后,被 HgCdTe 红外相机接收测量。光斑颜色不同表示对应区域的光场强度不同,可以看出光斑中心光场强度最大,沿着径向方向光场强度逐渐变小,符合高斯强度分布。实验结果表明,最后输出的泵浦光保持着单模输出,有良好的光束质量,这有利于将泵浦光通过空间耦合的方式进入空芯光纤,并保持较高的耦合效率。

当连续和脉冲泵浦源都处在最大输出的情况下,测得连续泵浦源最大输出功率为 6 W。脉冲泵浦源在重复频率 500 kHz 和脉冲宽度 50 ns 时最大的输出功率为 2 W,对应的脉冲能量为 4 μJ。

测量光谱特性使用的光谱仪最小分辨率仅为 0.02 nm,对于波长为 1.5 μm 波段的泵浦光,0.02 nm 对应大约 $2.7×10^{15}$ Hz 的带宽(这已经相当大),远超泵浦源输出线宽,因此使用扫描法布里-珀罗干涉仪(F-P 干涉仪)来精准测量泵浦系统激光的线宽,测量系统和结果如图 4.3(a)所示。其中图 4.3(c)是图 4.3(b)中一个扫描峰的放大细节图,其激光半高宽(full width at half maximum, FWHM)用公式计算,$FWHM = FSR/\Delta T×\Delta t$,FSR 为 F-P 干涉仪的自由光谱范围(free spectral range, FSR),$\Delta T$ 表示压电陶瓷驱动 F-P 干涉仪扫过一个 FSR 所对应的时间间隔,$\Delta t$ 表示示波器上测得的激光线型半高宽线宽。实验中使用 FSR 为 10 GHz、波长响应范围 1 275~2 008 nm、分辨率为 67 MHz 的 F-P 干涉仪来测量泵浦光的线宽,测得的泵浦光线宽为 458 MHz,与乙炔分子在室温下的吸收线宽相当。值得指出的是,图 4.3(b)是用脉冲泵浦源在重复频率 500 kHz、脉冲宽度 50 ns、最大输出功率 2 W 时测得的结果,从图 4.3(c)可以清晰地看出泵浦光线宽测量时得到的脉冲包络。连续泵浦源或者脉冲泵浦源系统在不同输出功率水平下测得的线宽值有所波动,一般来说随着输出功率的增加线宽呈上升的趋势,但都小于 500 MHz。泵浦源系统最后输出的激光线宽相较于初始半导体激光器的小于 100 kHz 的线宽有很大的展宽,这是由于经过两级掺铒光纤放大器放大激光线宽被展宽所导致,但也能够满足乙炔分子吸收泵浦窄线宽的要求。

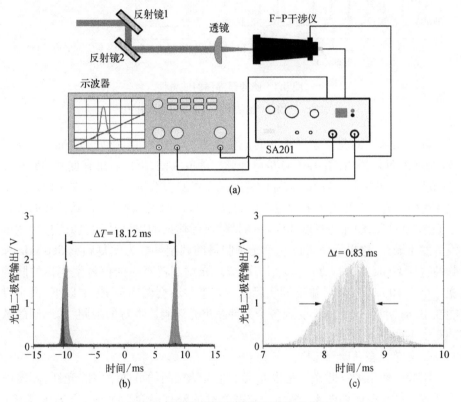

**图 4.3　泵浦源线宽测量装置图与结果图**

(a) 测量系统;(b) F-P 腔扫描结果;(c) 扫描峰细节图

脉冲泵浦光的时域特性可以通过使用一个 InGaAs 快速响应光电探测器(光谱响应范围 850~2 150 nm,带宽 12.5 GHz,响应时间小于 28 ps)以及高速示波器(带宽 25 GHz,采样率 100 GS/s)来测量。当信号发生源重复频率为 500 kHz、脉冲宽度为 50 ns 时,将输出的脉冲泵浦光适度衰减后探照在光电探测器的感光面上,由示波器接收的结果如图 4.4 所示。

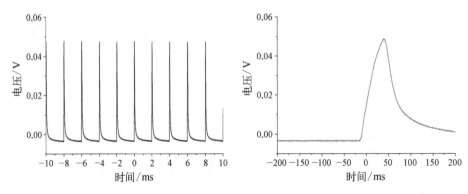

**图 4.4 脉冲泵浦源时域特性**

(a) 20 ms 范围内时域结果;(b) 单脉冲时域细节图

其中图 4.4(a)是一系列脉冲的记录结果,其脉冲间隔刚好是 2 ms,对应了 500 kHz 的重复频率;图 4.4(b)是单个脉冲的放大图,可以看出有良好的脉冲波形,其脉冲的半高宽约为 50 ns,脉冲宽度跟设置的参数是一致的。图中出现的负电压是由于光电探测器本身响应造成的,从实验结果可以看出,在脉冲泵浦源重复频率 500 kHz 和脉冲宽度 50 ns 的时候,实际输出的时域特性良好,脉冲宽度没有发生畸变,这也说明了选择声光调制器的调制参数为重复频率 500 kHz 和脉冲宽度 50 ns 的合理性。实际上,调节声光调制器对应的信号发生器的脉冲宽度小于 10 ns 时,最后输出的实际脉冲宽度并不会调制到 10 ns 以下,最小只能在 10 ns 附近,这是由于受到各个元件及声光调制器本身的限制,其调制的脉冲宽度不会小于 10 ns。

2. 无节点型 AR-HCF

实验中使用的空芯光纤是由北京工业大学拉制的负曲率空芯光纤,其传输损耗和光纤横截面如图 4.5 所示。空芯光纤的外直径为 255 μm,纤芯区域被 6 个未接触的毛细管包围,毛细管的直径为 70 μm,毛细管的管壁厚大约 1.8 μm。空芯光纤的传输损耗是用标准的截断法测得的。具体来说,先测得宽谱光源经过 30 m 长的空芯光纤的光谱,然后截断空芯光纤到 3.8 m,测量此时宽谱光源的光谱,将两者的光谱功率之差除以截断的空芯光纤长度 26.2 m,即得到空芯光纤的传输损耗谱。可以看出,在 1.5 μm 泵浦波段(图中左侧柱线部分)的损耗约为 0.08 dB/m,在 3 μm 产生激光波段(图中右侧柱线部分)的损耗约为 0.13 dB/m。

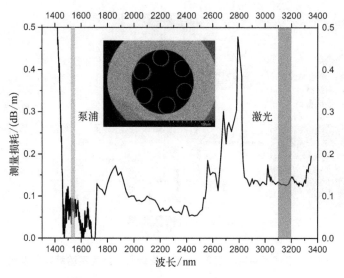

**图 4.5　空芯光纤横截面及传输损耗谱[2]**

3. 实验结构

图 4.6 显示的是可调谐单程 3 μm 乙炔光纤气体激光实验结构原理图,其中通过分别使用连续和脉冲泵浦源,可以实现连续和脉冲的中红外乙炔激光输出,其中,脉冲泵浦源系统的调制参数固定在重复频率 500 kHz 和脉冲宽度 50 ns。调节泵浦光输出单模光纤的输出端位置在显微物镜 L1(放大倍数为 10 倍,焦距 15.4 mm)的焦距处,使具有较大发散角的高斯光束经过 L1 准直近似为平行光束,然后利用两个金属膜平面高反镜 M1 和 M2 调节光路方向。在泵浦光耦合进空芯光纤之前,使用一个可调衰减片来改变输入的泵浦光功率。金属膜平面高反镜 M3 安装在一个翻转架上,当其向上翻转时,泵浦光反射进入激光热功率计进行输入泵浦功率的监测;当其向下翻转时,泵浦光可以耦合进充有低气压乙炔气体的空芯光纤里与乙炔分子发生作用。L2 是焦距为 75 mm、C 镀膜的 CaF$_2$ 平凸透镜。近似平行的泵浦光经过 L2 聚焦后耦合空芯光纤里,耦合效率大于 90%。

泵浦源入射端气体腔上的窗口 W1 是 C 镀膜窗口,对 1.5 μm 泵浦源波段透过率是 99%。在空芯光纤的出射端气体腔上的窗口 W2 是未镀膜的蓝宝石窗口,对泵浦源波段和产生的激光波段的透过率是 87%。经过空芯光纤纤芯区域泵浦光与乙炔分子的作用,在出射端输出了产生的 3 μm 波段激光和残余的泵浦光混合的混合光,为将产生的 3 μm 波段激光从残余泵浦光中分离出来,使用

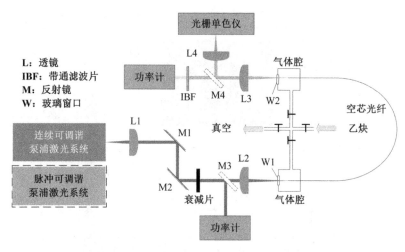

**图 4.6   连续可调谐单程 3 μm 乙炔光纤气体激光实验结构原理图**

了一个红外带通滤波片 IBF，IBF 对 2 750～3 250 nm 波段的光透过率为 80% 左右，对 1.5 μm 波段泵浦光透过率<1%，可以滤除残余的泵浦光。在激光输出端，使用光栅单色仪、激光热功率计和中红外光斑分析仪对产生的激光进行测量。

### 4.2.2   光谱特性

#### 1. 连续光谱

由于泵浦源系统的可调谐半导体激光器的调谐波长从 1 525 nm 到 1 565 nm，虽然只能覆盖乙炔分子的 P 支吸收线，但并不妨碍最后获得乙炔分子 R 支吸收线对应的 3 μm 波段的波长。当空芯光纤里充入 1.9 mbar 气压的乙炔气体、连续泵浦系统输出功率为 0.8 W 时，调节泵浦波长对准乙炔分子 P 支不同的吸收线，在输出端用光栅单色仪测量了对应的输出 3 μm 波段光谱，如图 4.7 所示。实验中只测量了奇数吸收泵浦吸收线对应的输出激光光谱，因为奇数吸收线比偶数吸收线有更大的吸收强度（如图 3.9 所示），更容易产生激光。

光谱测量所用的光栅单色仪的测量原理是用光栅将不同波长的光分开然后用 PbS 光电探测器进行探测，其测量精度不高，测量的最低功率在 10 mW 量级，难以探测偶数吸收线对应产生的功率较弱的激光。当泵浦源波长从 P(1) 吸收线逐渐调谐到 P(25) 吸收线时，产生 3 μm 波段波长的激光波长逐渐从中心向两边变化。这是由于在相同的振动能级时，越大转动量子数对应转动能级差也越大。

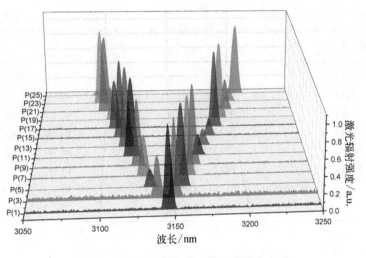

**图 4.7　乙炔光纤气体激光器连续输出光谱**

P(3)到 P(25)每一条吸收线都对应产生了两个不同强度 3 μm 波段波长的激光,而 P(1)吸收线只对应产生了一个波长的 3 μm 波段激光。这个现象可以用图 3.10 解释,乙炔分子吸收 P(1)波长的泵浦光,从基态 $v_0$ 振动态转动量子数 $J=1$ 的能级,跃迁到 $v_1+v_3$ 振动态转动量子数 $J=0$ 的能级,由选择定则 $\Delta J=\pm1$,乙炔分子只能从 $v_1+v_3$ 振动态转动量子数 $J=0$ 的能级,跃迁到 $v_1$ 振动态转动量子数 $J=1$ 的能级,而只辐射 3 μm 波段激光 P(1)跃迁。对于 P 支其他吸收线,会产生 3 μm 波段激光 P 支和 R 支两个波长的跃迁,可以看出这两个波长的激光的强度不一样,这是由于 P 支跃迁 R 支跃迁共享一个 $v_1+v_3$ 振动态的上能级,其间存在竞争。输出的 3 μm 波段激光波长调谐范围可以从 3 090 nm 到 3 203 nm,其测得具体的波长如表 4.2 所示。

**表 4.2　测量的输出 3 μm 波段激光的波长**

| 吸 收 线 | 激光波长/nm | |
| --- | --- | --- |
| P(1) | P(1):3 142.5 | |
| P(3) | P(3):3 148.1 | R(1):3 136.6 |
| P(5) | P(5):3 152.7 | R(3):3 131.9 |
| P(7) | P(7):3 157.7 | R(5):3 127.6 |
| P(9) | P(9):3 162.4 | R(7):3 123.1 |

| 吸 收 线 | 激光波长/nm | |
| --- | --- | --- |
| P(11) | P(11): 3 167.3 | R(9): 3 118.7 |
| P(13) | P(13): 3 172.2 | R(11): 3 114.5 |
| P(15) | P(15): 3 177.4 | R(13): 3 110.3 |
| P(17) | P(17): 3 182.4 | R(15): 3 106.2 |
| P(19) | P(19): 3 187.5 | R(17): 3 102.0 |
| P(21) | P(21): 3 192.8 | R(19): 3 098.1 |
| P(23) | P(23): 3 198.1 | R(21): 3 094.1 |
| P(25) | P(25): 3 203.4 | R(23): 3 090.1 |

**2. 脉冲光谱**

由于乙炔分子被同一条吸收泵浦线[P(1)吸收线除外]激发会对应辐射跃迁 P 支和 R 支两条不同波长的 3 μm 波段激光,其中 P 支辐射跃迁波长较长,R 支辐射跃迁波长较短。这两个 3 μm 波段波长激光共享同一个上能级($v_1+v_3$ 振动态中某一转动态能级),他们之间存在竞争,为进一步研究 P 支辐射和 R 支辐射之间能量占比的关系,利用脉冲实验系中有最佳的输出功率效果 P(9)吸收线作为泵浦波长,在不同入射脉冲泵浦光功率和不同乙炔气压的条件下,测量 P 支辐射线和 R 支辐射线强度之间的关系,结果如图 4.8 所示,图中的入射泵浦功率表示的是脉冲泵浦光入射的平均功率,三张图分别是在乙炔气压为 0.5 mbar、0.9 mbar 和 1.5 mbar 的情况下测得的。

当乙炔分子被泵浦波长为 P(9)吸收线激发后,乙炔分子吸收该波长能量,从基态 $v_0$ 振动态转动量子数为 9 的转动能级跃迁到 $v_1+v_3$ 振动态量子数为 8 的转动能级,于是在 $v_1+v_3$ 振动态与 $v_1$ 振动态上形成粒子数反转,然后根据选择定则,从 $v_1+v_3$ 振动态量子数为 8 的转动能级跃迁到 $v_1$ 振动态转动量子数为 9 或 7 的能级,分别产生了 P(9)和 R(7)的跃迁激光。可以发现,P(9)激光强度总是强于 R(7)的激光强度,这是因为 P(9)跃迁激光的发射截面要大于 R(7)跃迁激光,有更大的增益。在低乙炔气压条件下(0.5 mbar),P(9)跃迁激光占据中红外激光输出的主要部分,但随着入射功率的增加,R(7)跃迁激光所占比例逐渐增加,因为随着下能级 $v_1$ 振动态转动量子数为 9 的能级上的粒子数积累,产生 P(9)跃迁激光的反转粒子数下降,增益下降。而 $v_1$ 振动态转动量子数为 7 的能级上粒子数还几乎没有,R(7)跃迁激光的增益增加,在与 P(7)跃迁激光

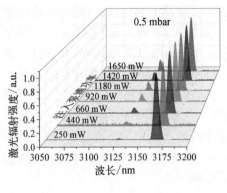
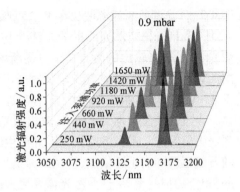
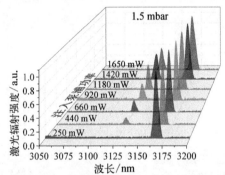

**图 4.8　不同入射泵浦功率和气压对输出激光成分占比的影响**

(a) 0.5 mbar；(b) 0.9 mbar；(c) 1.5 mbar

的竞争中逐渐占据优势，强度越来越大。

　　对于给定长度的空芯光纤(实验中用的 10 m)，存在一个最佳的乙炔气压，在本实验中对 P(9)泵浦吸收线来说也就是 0.9 mbar。在最佳气压的条件下，P(9)和 R(7)激光强度都比较强，有最大的激光效率，这与图 4.10(a)和(b)中显示最佳气压一致，从侧面说明了最佳气压下输出功率最高是因为 P(9)和 R(7)激光强度都强，为最后的 3 μm 波段激光输出作出了贡献。

### 4.2.3　功率特性

1. 连续功率

　　在 10 m 长的空芯光纤里面充入不同气压的乙炔气体，调节泵浦源在乙炔分子不同的吸收线，测量其对激光输出功率的影响，其结果如图 4.9 所示。其中

图 4.9(a)是调节泵浦源波长在 P(15)吸收线,测量不同气压下,输出的连续激光功率和耦合进空芯光纤里的泵浦光功率之间关系,可以发现,随着耦合的泵浦光功率增加,输出的激光功率也逐渐增加,当气压在 1.5 mbar 时,最大连续输出约为 0.77 W。当乙炔气压较低时(0.7 mabr),输出的功率在耦合泵浦功率大于 4.3 W 后,输出激光功率增长率有所下降,出现了饱和的预兆,但不是很明显。当乙炔气压增加到 3 mbar,输出激光功率先增加后下降,在 1.3 mbar 附近达到最大值。定义激光的阈值为刚好产生激光时最小的耦合泵浦功率,激光阈值随着气压增加而迅速增加,这是因为增加的气压导致了乙炔分子之间的碰撞加剧,相应的损耗增大,产生激光需要更大的泵浦能量。

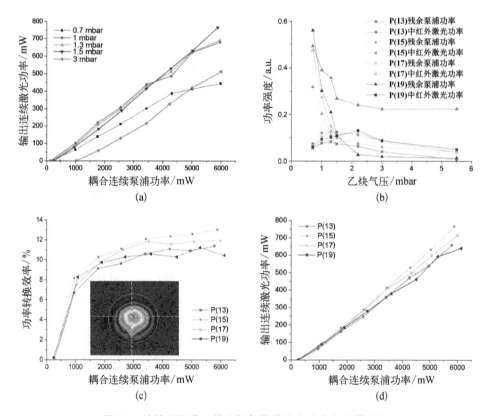

**图 4.9　连续可调谐乙炔光纤气体激光实验功率测量结果**

(a) 不同气压下连续输出功率随耦合泵浦功率的变化;(b) 不同吸收线下功率强度随气压的变化;
(c) 不同吸收线下功率转化效率随耦合泵浦功率的变化,插图为输出光斑图;
(d) 不同吸收线下输出功率随耦合功率的变化

为进一步探究不同气压下对实验系统的影响,在泵浦源波长调谐到乙炔分子 P(13)、P(15)、P(17) 和 P(19) 吸收线时,测量产生的 3 μm 波段激光和残余的泵浦源的相对强度随着气压的变化,如图 4.9(b) 所示。泵浦光随着乙炔气压的增加而迅速被吸收,这也从侧面说明了泵浦光的线宽是小于乙炔分子的吸收线宽的,在较高乙炔气压(2 mar)情况下,残余的泵浦光大部分是 ASE 部分,没有被乙炔分子吸收。对应给定的空芯光纤长度(这里是 10 m)和泵浦光功率,存在一个最佳的气压使得输出激光功率最大,当乙炔气压从真空开始增加,空芯光纤内的乙炔分子数浓度逐渐上升,这样有更多的泵浦光被乙炔分子吸收,增益上升,对应的输出功率也逐渐增加。当超过一定的分子数浓度或者乙炔气压(约 1.5 mbar),乙炔分子间的碰撞会占据主导地位,导致激光产生的增益减小,输出的 3 μm 波段激光功率下降,激光阈值增加。

为探究相同气压下不同泵浦吸收线波长对实验系统的影响,在 1.5 mbar 气压下(该气压下实验系统有较好的性能)测量泵浦源波长调谐到乙炔分子 P(13)、P(15)、P(17) 和 P(19) 吸收线时对输出功率的影响,如图 4.9(c) 所示。这几条吸收线对应的输出激光功率随着耦合的泵浦功率线性地增加,其中 P(15) 吸收线对应的情况有最大的斜率。把图 4.9(c) 中的输出 3 μm 波段激光功率除以相应的耦合泵浦光功率,得到了激光相对于耦合泵浦光功率的转换效率,并将结果作图[图 4.9(d)]。转换效率在耦合泵浦光功率较低时(小于 2 W)急剧上升,然后增长率下降,达到饱和。其中 P(15) 吸收线波长的泵浦光对应转换效率最大,为 13%。

用二维中红外相机测得的 3 μm 波段激光光斑如图 4.9(c) 中插图所示,可以看出,输出的 3 μm 波段激光光斑保持着单模输出,有良好的光束质量。由于中红外相机的感光面部分损失,测量的光斑不是完全对称的。

2. 脉冲功率

图 4.10(a) 显示了在不同的乙炔气压下,脉冲泵浦源为 P(9) 吸收线时对应的输出 3 μm 波段脉冲激光能量和耦合的泵浦脉冲能量之间的关系。当乙炔气压低于 0.5 mbar 时,输出的脉冲能量会随着泵浦能量的增加而出现饱和现象,这是由于泵浦光被部分吸收,激光的增益表较低,而且气压越低,饱和现象越明显。0.2 mbar 乙炔气压时,泵浦光能量大于约 0.3 μJ 就开始饱和,而 0.5 mabr 乙炔气压时,泵浦光能量要大于约 1.2 μJ 才开始饱和。当乙炔气压继续增加(0.7~1.5 mbar),输出激光能量随着泵浦光能量增加而线性增加,在实验所用脉冲功率下未出现饱和现象,最大的激光脉冲能量为 0.6 μJ。当乙炔气压进

一步上升时(大于 2.2 mbar),乙炔分子间的碰撞变得越来越激烈,迅速的弛豫过程会急剧减小激光上能级的寿命,降低增益,导致最后输出的激光能量下降。图 4.10(b)展示了不同气压下的激光能量和残余泵浦光能量的相对强度,脉冲实验系统的最佳气压在 0.9 mbar 到 1.5 mbar 之间。

图 4.10(c)是乙炔气压在 0.9 mbar 时,脉冲泵浦源波长调谐到 P(5)、P(7)、P(9)、P(11)、P(13)和 P(15)吸收线时,对应的输出脉冲能量。可以看出,脉冲实验系统选取 P(9)吸收线作为泵浦源波长时有最佳的输出功率效果,因为 P(9)吸收线有最强的吸收强度,而且从图 4.10(b)脉冲泵浦源光谱可以发

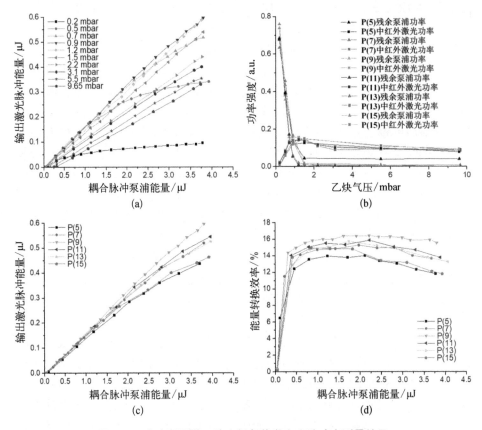

图 4.10　脉冲可调谐乙炔光纤气体激光实验功率测量结果

(a) 不同气压下,脉冲能量随耦合泵浦功率的变化;(b) 不同吸收线下功率强度随气压的变化;
(c) 不同吸收线下输出脉冲能量随耦合泵浦功率的变化;
(d) 不同吸收线下能量转化效率随耦合泵浦功率的变化

现,不同泵浦吸收线光谱的 ASE 噪声背景较连续情况小,脉冲泵浦光大部分是激光部分,ASE 噪声的影响很小,所以主要是乙炔分子的吸收强度决定了不同吸收线对应产生激光功率的大小。图 4.10(d) 是乙炔气压为 0.9 mbar 时,输出激光能量转换效率和耦合脉冲泵浦能量的关系。当脉冲泵浦源波长调谐到 P(9) 吸收线时,得到 16% 的最大能量转换效率。

## 4.3　高功率乙炔光纤气体激光

在过去的报道中,基于粒子数反转的中红外光纤气体激光的最高功率仅为 1.1 W,在乙炔填充的空芯光纤中实现[7]。本节通过优化改进输入端气体腔,使得空芯光纤能够承受高功率激光的注入耦合,进而利用平均功率约 50 W 的泵浦源进行泵浦,实现了平均功率将近 8 W 的高功率 3.1 μm 脉冲激光输出。

### 4.3.1　实验系统

图 4.11 为高功率乙炔光纤气体激光器系统实验结构图,泵浦源由可调谐窄线宽种子源、电光调制器和定制的可调谐光纤放大器组成,不论是脉冲还是连续输出,输出平均功率最高为 50 W。泵浦激光通过两块放置于三维平移台的 C 镀膜平凸透镜调节光束大小和位置,耦合至空芯光纤。空芯光纤的两端密封于连有进/出气体管道的气体腔中,通过气体管道可以进行对空芯光纤抽真空以及充气的操作,实验为单端(输出气体腔)充气状态。其中输入端气体腔为特殊设计的水冷型真空气体腔,使用有机硅灌封胶对空芯光纤进行密封,用水冷的方式降低密封处灌封胶的温度,确保了高功率下激光到空芯光纤的稳定耦合。气体腔装嵌有斜 8° 放置的玻璃窗口,目的为抑制泵浦激光通过窗口面时产生的回光损坏泵浦源。充入空芯光纤中的乙炔吸收泵浦激光后,产生 3.1 μm 信号光,由于不含谐振腔结构,产生的信号光为自发辐射放大的光,但因为乙炔分子的“增益谱”宽度极小(MHz 量级),自发辐射放大激光具有窄线宽的特性。空芯光纤内产生的信号激光和残余泵浦激光经由输出端气体腔窗口输出,再经由一块双色镜分离,分别由两个功率计测量各自功率,以及相关设备测量光谱等数据。插入图片显示了泵浦激光和输出的信号光的模场特征,表明两者均具有良好的单模特性。

实验中使用的空芯光纤与前述小节的光纤一致,为无节点型空芯光纤,

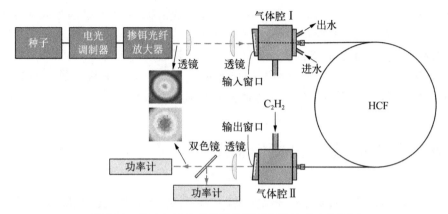

**图 4.11 高功率乙炔光纤气体激光器系统实验结构图**

其传输损耗和光纤横截面如图 4.5 所示。空芯光纤的外直径为 250 μm,纤芯区域被 6 个未接触的毛细管包围,毛细管的直径为 70 μm,毛细管的管壁厚大约 1.8 μm。空芯光纤的传输损耗是用标准的截断法测得的。在 1.5 μm 泵浦波段的损耗约为 0.08 dB/m,在 3 μm 激光波段的损耗约为 0.13 dB/m。

### 4.3.2 光谱特性

因为泵浦波长为 P(17)吸收线 1 535.39 nm,根据乙炔分子的能级结构,空芯光纤中乙炔气体将在 3.11 μm 和 3.18 μm 附近产生激光,分别对应乙炔中 R(15)和 P(17)从 $v_1+v_3$ 振动态跃迁到 $v_1$ 振动态的辐射波长。通过使用傅里叶变换光谱仪(测量范围:1~12 μm),信号光谱的测量结果如图 4.12 所示。由于谱线竞争的缘故,两者的强度不同,并且会随机变化,但总体来说,P 支谱线的强度大于 R 支谱线的强度。

### 4.3.3 功率特性

图 4.13 给出了脉宽为 20 ns、重复频率为 10 MHz 的脉冲泵浦下测量功率和转换效率的结果。其中,图 4.13(a)~(c)分别为不同气压下信号功率、残余泵浦功率和功率转换效率随泵浦功率的变化曲线结果。实测信号功率包括 P(17)和 R(15)谱线功率,转换效率为信号功率与泵浦功率之比。当乙炔气压为 6 mbar时,可以获得最高功率 7.9 W 的 3.1 μm 中红外乙炔激光输出,相应的脉冲能量约为 0.79 μJ,峰值功率约为 40 W。通过对比图 4.13(a)和(c)可知,泵浦功率刚

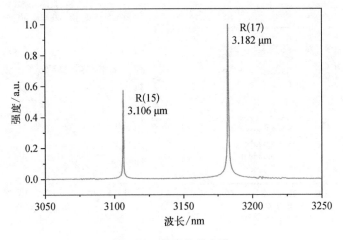

**图 4.12　输出信号光谱**

被完全吸收时,转换效率最高。在最高效率之后,由于低气压的增益饱和特性,转换效率随泵浦功率的增加而下降。因此,对于不同功率的泵浦源,存在一个最佳的乙炔气压可获得最高的效率。泵浦功率越高,最佳气压就越高。此外,尽管不明显,从图 4.13(c)可以看到,最佳气压越高,最佳转化效率就越低,其原因是高压导致碰撞弛豫损耗增大。图 4.13(d)绘制了 6 mbar 气压下输出信号功率与总泵浦功率和吸收泵浦功率(由耦合泵浦功率减去残余泵浦功率和光纤损耗计算得到)的关系。在最大输出功率约为 7.9 W 时,斜率效率相对于总泵浦功率约为 16.5%,相对于吸收泵浦功率约为 22.8%。

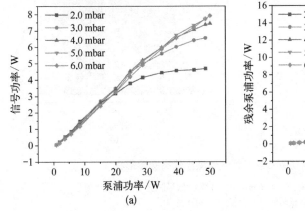

(a)

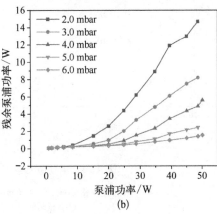

(b)

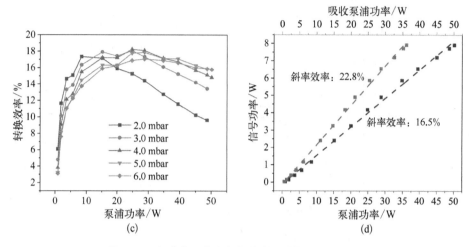

**图 4.13 高功率乙炔光纤气体激光器输出功率结果**

不同气压下信号功率(a)、残余泵浦功率(b)、功率转换效率随泵浦源输出功率的变化(c),
以及 6 mbar 气压下输出信号功率与总泵浦功率和吸收泵浦功率的关系(d)

### 4.3.4 时域特性

图 4.14 给出了乙炔压强为 6 mbar 时,重复频率为 10 MHz、脉宽为 20 ns 的脉冲泵浦下的脉冲波形。泵浦脉冲和信号脉冲分别用不同波长范围的探测器

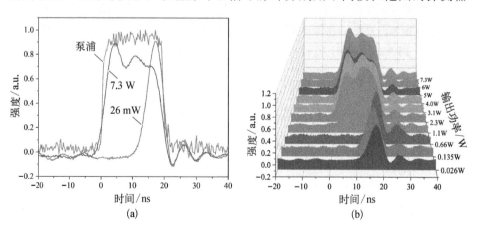

**图 4.14 高功率乙炔光纤气体激光输出脉冲形状**

(a)泵浦脉冲和功率分别为 26 mW 和 7.3 W 时信号脉冲的形状对比图;
(b)信号脉冲形状随输出功率的变化

测量（EOT, ET - 5000, 带宽 > 12.5 GHz, 测量范围 1.5 ~ 2.2 μm; Thorlabs, PDAVJ10, 带宽 100 MHz, 测量范围 2.0 ~ 10.6 μm）。

从图 4.14(a) 可以看出，泵浦脉冲为矩形波，然而信号脉冲的形状与泵浦脉冲的差别较大，信号脉冲上升沿后峰值的波动是由于探测器的低带宽造成的，在横坐标 20 ~ 30 ns 范围内的下降沿后，可以看到形状类似的波动。另外，当输出功率为 7.3 W 时，信号脉冲的脉宽在 20 ns 左右，与泵浦脉冲几乎相同；当输出功率为 26 mW，仅高于阈值的时候，信号脉宽较小。从图 4.14(b) 可以详细地看到信号脉冲随输出功率增加的变化情况：随着输出功率的增大，脉宽先增大，而后保持与泵浦脉冲相同的宽度。这是因为产生激光输出的阈值能量是一定的，随着泵浦脉冲能量的增加，更多的泵浦脉冲成分可以转化为信号脉冲。因此信号脉冲的前沿逐渐接近泵浦脉冲的前沿。

## 4.4　放大器结构乙炔光纤气体激光

以前乙炔光纤气体激光器大多是单程结构的系统[7-12]，个别文献报道了环形腔结构的乙炔光纤气体激光[13]，本节利用拉锥耦合的方式，结合小型气体腔构建便携式准全光纤结构乙炔气体激光种子源，产生的 3 μm 激光与 1.5 μm 泵浦激光一起通过空间光路的方式注入充有乙炔气体的空芯光纤内，搭建了放大器结构的乙炔光纤气体激光系统，研究了相应的输出特性。

### 4.4.1　实验系统

1. 准全光纤结构 3 μm 种子源

光纤拉锥过程如图 4.15(a) 所示，深灰色区域表示单模光纤的纤芯，浅灰色区域代表单模光纤包层区域，两端黑色区域表示夹具，用于固定单模光纤，光纤的涂覆层未在图中画出。

具体来说，单模光纤（SMF - 28）部分涂覆层被剥除后，剥除部分两端用夹具固定，在中间位置用三角分布的电弧热源均匀加热，使单模光纤熔融变软，同时通过两端夹具向外施加一个均匀的力，按一定速度向两边拉伸，最终得到成型的拉锥光纤，在成型的拉锥光纤的腰区中心用切割刀稍微接触腰区表面，利用两端夹具的拉力使其在中心切割开，得到实验中要使用的两段拉锥单模光纤。通过调节两端夹具向外运动的速度和放电强度等参数，可以控制拉锥单模光纤的腰区直径、长度和拉锥过渡区的长度等参数。拉锥单模光纤的腰区尺寸一般小于空芯光纤纤芯尺寸,因此可以直接插入空芯光纤中去,如图 4.15(b)所示。

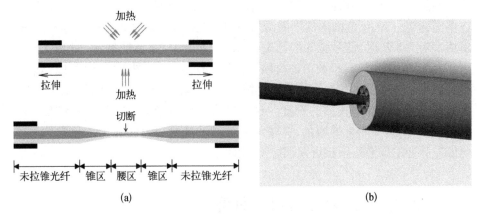

**图 4.15　拉锥光纤制作及耦合**

(a) 光纤拉制和截断示意图;(b) 拉锥光纤插入空芯光纤示意图

图 4.16 展示了拉锥光纤塞入空芯光纤的装置图,将拉锥光纤固定在三维调节架上,通过两个显微镜从两个维度实时观测拉锥实芯光纤和空芯光纤的相对位置,通过调整三维调节架,将拉锥的实芯单模光纤(实验中用的拉锥单模光纤腰区直径 45 $\mu$m,小于空芯光纤纤芯直径)小心地耦合进空芯光纤纤芯区域,然后在耦合区域四周用有机硅灌封胶填充,以实现耦合处的固定和密封。胶水凝固后,由于拉锥光纤在空芯光纤内的微小偏移以及两者的模场失配,密封完毕后的耦合效率约为 30%。

准全光纤结构 3 $\mu$m 乙炔气体激光种子源实验系统如图 4.17 所示。其中 SMF 为单模光纤,SGC 为小型气体腔。一个 1.5 $\mu$m DFB 可调谐激光源被定制的 EDFA 放大。EDFA 的输出尾纤为单模光纤,与制备好的拉锥实芯光纤未拉锥的一端熔接一起,拉锥光纤和 HCF 通过图 4.16 所示的点胶操作实现密封连接。空芯光纤的另一端密封在一个装嵌有半英寸①蓝宝石窗口的小型气体腔中,小型气体腔连接有带阀门的管道,整体尺寸(不包括管道)小于 25 mm× 25 mm×40 mm。输出气体腔的小型化使得整个乙炔光纤气体激光种子源可以

①　1 英寸 = 2.54 厘米。

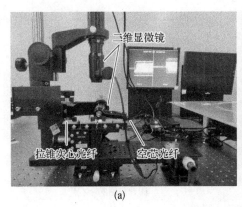 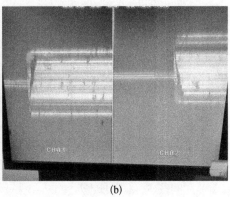

|(a)|(b)|

**图 4.16 拉锥光纤和空芯光纤的塞入耦合**

(a) 塞入耦合装置;(b) 拉锥光纤塞入空芯光纤照片

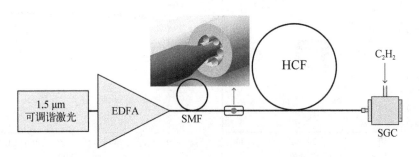

**图 4.17 准全光纤结构乙炔光纤气体激光种子源**

便携式移动。乙炔光纤气体激光种子激光系统的最大输出主要由输入功率和耦合点的功率承载能力决定。

当空芯光纤填充约 1.8 mbar 乙炔时,测量了准全光纤结构乙炔气体激光种子源的输出光谱,结果如图 4.18(a) 所示,包含 3 182 nm 的 P(17) 和 3 106 nm 的 R(15) 两条谱线。图 4.18(b) 为种子源的输出功率结果,相对于耦合效率,功率曲线的斜率效率约为 10%。图 4.18(c) 为使用中红外相机配合精密电控导轨测量的光束质量结果,插图为束腰处的光斑图片,测量得到约 1.1 的 $M^2$ 因子,表明种子激光具备近衍射极限的光束质量。种子源具备极佳的光束质量,是因为空芯光纤中高阶模相比于基模具有极高的损耗,因而高阶模成分占比极低。图 4.18(d) 为种子源工作两个小时的功率波动曲线,结果表明准全光纤结构的乙炔气体激光具有较好的功率稳定性。

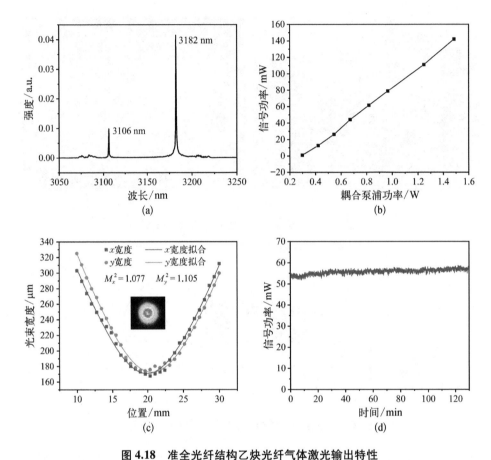

**图 4.18　准全光纤结构乙炔光纤气体激光输出特性**

(a) 输出光谱;(b) 功率曲线;(c) 光束质量;(d) 功率稳定性

**2. 放大器结构乙炔光纤气体激光实验系统**

如图 4.19 所示,泵浦源与前述 4.3 节的窄线宽泵浦源系统类似,由 1.5 μm 连续可调谐 DFB 激光源和定制的高功率 EDFA 组成。可调谐激光源可发射约 30 mW 窄线宽激光,可调谐波长范围为 1 514~1 567 nm。实验过程中,泵浦波长设置为 1 535.39 nm,可实现高达 50 W 的放大功率。使用双色镜(在 3 μm 处透射率>99%,在 1.5 μm 处反射率>99%)将 1.5 μm 泵浦激光和 3 μm 种子激光器结合起来。另一个 CaF$_2$ 透镜用于将组合光束耦合到空芯光纤。由于透镜在不同波长处焦距不同,此处调整透镜位置主要是优化泵浦激光的耦合效率。泵浦和种子的耦合效率约为 76% 和 60%（输出功率除以输入功率,并去除光纤和光学元件损耗）。空芯光纤的两端被密封在气体腔中,通过该气体腔,空芯光纤可以在选定的气压下用乙炔填充。气体腔上的输入和输出窗口以 8° 角倾斜,以保护泵浦源免受反射光的影响。在输出端,CaF$_2$透镜用于准直输出激光。在透镜后放置另一个双色镜,将中红外信号激光和剩余泵浦激光分开,分别通过功率计等设备进行测量。

图 4.19 中的空芯光纤与种子源系统中的空芯光纤同款,也与前述小节的空芯光纤同款,为无节点型空芯光纤,其传输损耗和光纤横截面如图 4.5 所示。空芯光纤的外直径为 250 μm,纤芯区域被 6 个未接触的毛细管包围,毛细管的直径为 70 μm,毛细管的管壁厚大约 1.8 μm。空芯光纤的传输损耗是用标准的截断法测得的。在 1.5 μm 泵浦波段的损耗约为 0.08 dB/m,在 3 μm 激光波段的损耗约为 0.13 dB/m。

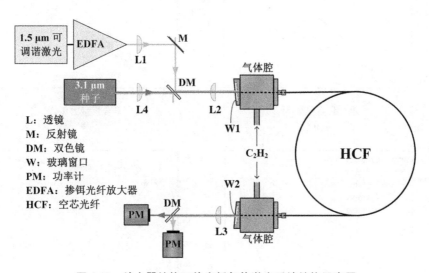

图 4.19　放大器结构乙炔光纤气体激光系统结构示意图

## 4.4.2　功率特性

1. 低功率泵浦下初步结果

通过调整两个气体腔的乙炔气压,可以研究乙炔气压对放大器系统输出功率特性的影响,实验使用的空芯光纤长度为 9.3 m。图 4.20(a) 和 (b) 绘制了信号功率随入射泵浦功率在不同乙炔气压下的变化,在注入和不注入种子的情况下可以清楚地看到,种子大大消除了阈值,相应地增加了信号的输出功率。此外,在注入种子的情况下,由于高压下的强碰撞弛豫,乙炔气压的增加导致输出信号功率的降低。图4.20(c)显示了在不同乙炔气压下随泵浦功率增加的信号功率(通过从有种子的信号功率中减去没有种子的信号功率计算得出)。可以看出,信号增量与泵浦功率呈线性关系。增量曲线分为阈值前后两部分。阈值前信号增量的增长大于阈值后的增长。由于阈值随着气压的增加而增加,较高的乙炔气压会导致较大的信号功率增量,如图4.20(c)所示。图4.20(d)显示了

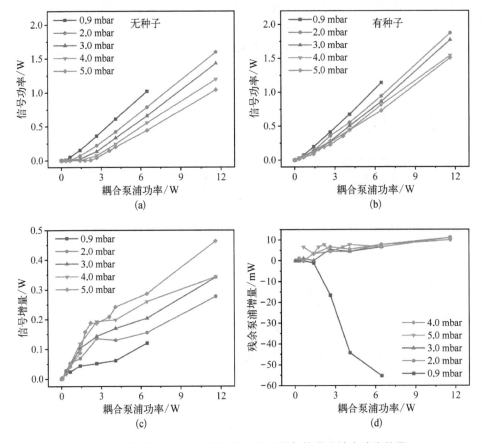

**图4.20 不同气压下放大器结构乙炔光纤气体激光输出功率结果**

(a) 有种子和(b) 无种子注入下信号功率随耦合泵浦功率的变化;种子注入带来的(c) 信号功率以及(d) 残余泵浦功率增长随耦合泵浦功率的变化

由于种子注入导致的残余泵浦功率的增加。当乙炔气压降低时,种子的注入导致残余泵浦功率下降,因为种子增强了从泵浦功率到信号功率的转换。然而,当气压高于 2 mbar 时,残余泵浦功率反而会随着种子的注入而增加,似乎种子增强了信号功率和残余泵浦功率,表明在超过 2 mbar 的气压下碰撞弛豫导致的损耗很大,并且种子的注入抑制了碰撞弛豫损耗。

通过使用可调谐滤波器调整注入空芯光纤的 3 μm 种子功率,可以研究种子功率对放大器系统输出功率特性的影响,结果如图 4.21 所示。实验中空芯光纤长度为 3.1 m,填充有 2.5 mbar 乙炔。图例中的种子功率是在没有泵浦的情况下通过空芯光纤传输后测量的功率。图 4.21(a)显示了信号功率随入射泵浦功率在不同种子功率下的演变。可以看出,种子显著提高了信号功率。然而,种子功率的进一步增加几乎不会增加信号功率。因此对于光纤气体放大器来说,种子的功率并不是一个重要的因素。残余泵浦功率与入射泵浦功率的演变如图 4.21(b)所示。种子的注入降低了残余泵浦功率,这在高泵浦功率时更为明显,因为种子提高了转化率。但是种子的功率对残余泵浦功率的影响很小,类似于对信号功率的影响。图 4.21(c)显示了信号功率与入射泵浦功率的比。可以看出,种子的注入将转换效率从 16% 提高到 22%。此外,从图 4.21(c)还可以看到,在低泵浦功率下(耦合泵浦功率在 0~7 W 范围内),转换效率随着泵浦功率的增加而增加。图 4.21(d)绘制了不同种子注入下放大器增益随泵浦功率的变化曲线,可以发现,随着注入种子功率的增加,放大器增益是下降的,这是因为种子功率几乎不影响放大后的信号功率,所以高功率种子的放大增益较低。

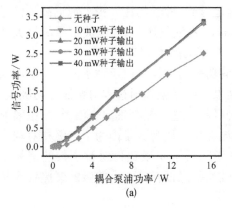

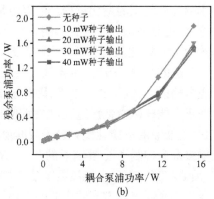

(a)　　　　　　　　　　　(b)

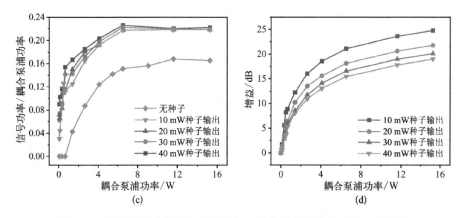

**图 4.21　不同种子功率下放大器结构乙炔光纤气体激光输出功率结果**

（a）信号功率曲线；（b）残余泵浦功率曲线；（c）转化效率曲线；（d）增益曲线

### 2. 高功率泵浦下结果

通过使用平均功率 50 W 的高功率激光泵浦，可以获得放大器结构的高功率乙炔激光输出，实验中空芯光纤长度为 4.2 m，连续激光泵浦的结果如图 4.22 （a）、（c）、（e）所示。图 4.22（a）为不同气压下输出信号功率和残余泵浦功率曲线。可以看出，在 2.5 mbar 和 3.0 mbar 等低压下，随着耦合泵功率的增加，信号功率趋于饱和。提高乙炔气压可以解决功率饱和问题，但随着压强的增加，斜率效率也会降低，因为气压增加导致碰撞弛豫增强，因此，存在获得最大信号功率的最佳乙炔气压。图 4.22（c）为无种子注入下单程结构的乙炔光纤气体激光输出功率结果。该功率曲线与图 4.22（a）的类似，不同的是在泵浦功率为 1 W 左右观察到阈值。图 4.22（e）绘制了种子注入与否，最大信号功率和残余泵浦功率随乙炔气压的变化过程。可以清楚地看到，种子的注入极大地提高了信号功率，但是对最佳气压没有影响。在 4 mbar 乙炔气压下，连续波信号的最大功率约为 7.9 W，比没有种子注入时的最大功率提高了 11%。

有趣的是，种子注入也导致残余泵浦功率的增加。由于种子的注入是增强了受激辐射，抑制了碰撞弛豫，因此该结果表明受激辐射过程对泵浦光的吸收，要弱于上能级碰撞弛豫过程对泵浦光的吸收。这一显著现象表明，与受激辐射相比，上能级的碰撞弛豫对粒子数的消耗更强。认为这是因为下能级相对较长的能级寿命抑制了受激辐射的速率，从而降低了受激辐射对粒子数的消耗速率，因而相当一部分上能级粒子数通过碰撞弛豫损耗掉。上能级的碰撞弛豫是造成乙炔光纤气体激光效率低的主要原因。

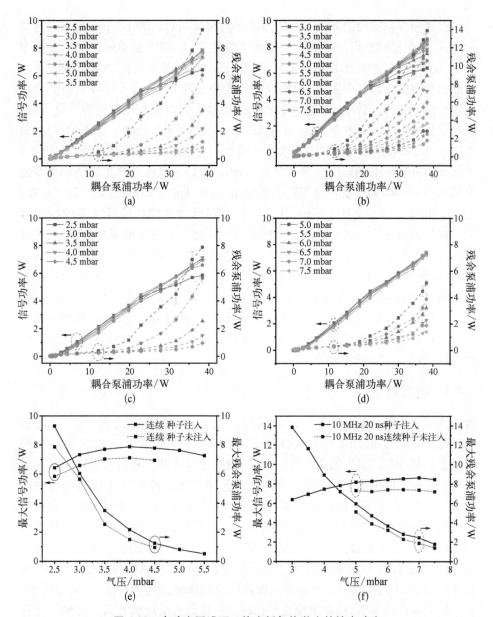

图 4.22　高功率泵浦下乙炔光纤气体激光的输出功率

（a）放大器结构连续泵浦；（b）放大器结构脉冲泵浦；（c）单程结构连续泵浦；
（d）单程结构脉冲泵浦；（e）连续泵浦最大功率随气压变化；
（f）脉冲泵浦最大功率随气压变化

当泵浦源系统内的 EDFA 对使用电光调制器调制后的 1.5 μm 激光进行放大时,可以获得高平均功率的脉冲激光泵浦激光,实验中泵浦激光的重复频率为 10 MHz,脉冲宽度为 20 ns。图 4.22(b)、(d)、(f)显示了高功率脉冲光泵浦下输出功率结果。其中图(b)和(d)为有无种子注入下,信号和残余泵浦功率的增长曲线。可以看出,与连续泵浦相比,脉冲泵浦的饱和现象更为明显,而且脉冲泵浦比连续泵浦效率更高,这在 4.3 节中已经得到了证明。图 4.22(f)为最大信号功率和残余泵浦功率随乙炔气压增加的变化图,可以看到,连续种子的注入起到了功率提升的作用,在最佳气压 7 mbar 时,3 μm 脉冲激光的平均功率最大可达约 8.6 W(对应脉冲能量约为 0.86 μJ),比无种子时的最大功率(7.4 W)提高了 16%。与连续泵浦不同,注入的种子对脉冲泵浦的信号功率的提升较大。这是因为脉冲泵浦的后向功率比连续波泵浦的后向功率要高得多,由于种子的注入抑制了后向信号,原来的后向功率转化为前向功率。因此,对于脉冲泵浦,随着种子注入,前向信号功率将有较大的提升。与图 4.22(e)所示连续泵浦的结果类似,注入的种子不仅提高了脉冲信号功率,还提高了残余泵浦功率。这意味着对于时域宽度为 20 ns 的脉冲泵浦,与受激辐射相比,碰撞弛豫仍然很强。当脉冲宽度小于平均碰撞时间时,碰撞弛豫对激光性能的影响将不大。此时,斜率效率与乙炔气压无关。

### 4.4.3　时域特性

当空芯光纤中填充 6.5 mbar 乙炔时,在双色镜后放置光电探测器,测量信号脉冲的时间分布,结果如图 4.23 所示。泵浦脉冲为宽约 20 ns 的方形脉冲,所有测量的脉冲都以最大值归一化。可以看到,信号脉冲上升沿和下降沿后的振荡是由探测器的低带宽引起的。因而,目前纳秒级脉冲形状可能无法精确测量,但是测量获得的脉冲持续时间等信息仍然是有价值的。图 4.23(a)为信号脉冲轮廓随测量信号功率增加的变化图。可以看到,信号脉宽随着输出功率的增加逐渐增大,在测量信号功率为 1.7 W 时达到近 20 ns。随着功率的进一步增加,脉冲宽度保持不变,此时脉宽主要受到泵浦脉冲宽度的限制。图 4.23(b)显示了向 HCF 注入连续种子后脉冲轮廓随信号功率增加的变化结果,可以看到,在不同的输出功率下,脉冲宽度几乎相同。这是因为泵浦脉冲前沿能量因为连续种子的注入能够被有效地转化为信号光,因此,注入种子可以充分利用脉冲前沿的泵浦能量,大大提高了激光效率。在注入连续波种子后,信号激光的脉冲宽度取决于泵浦脉冲宽度。

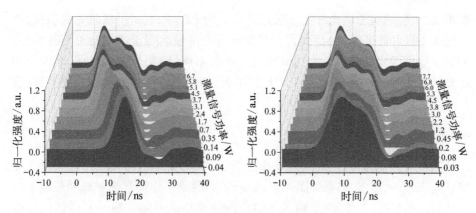

**图 4.23　乙炔光纤气体激光的输出脉冲轮廓变化图**

（a）单程结构；（b）放大器结构

### 4.4.4　光束质量

　　类似于种子激光器 $M^2$ 因子的测量，利用中红外相机，对放大器结构乙炔光纤气体激光的光斑特性进行测量，结果如图 4.24 所示，此时空芯光纤的长度为 3.1 m，乙炔气压为 2.5 mbar，插入的图片为激光束在束腰位置的剖面图。可以

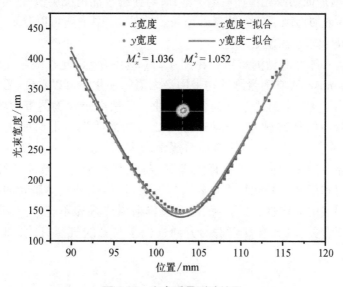

**图 4.24　光束质量测试结果**

看出,放大器结构乙炔光纤气体激光具有大约 1.05 的近衍射极限光束质量,束腰光斑为良好的基模,这是因为空芯光纤对高阶模具有很高损耗的传输特性,决定了输出激光具有出色的光束质量。从图 4.18(b)可以知道种子 $M^2$ 因子的测量结果约为 1.1,与放大器的 $M^2$ 比较接近,但是两者仍然存在细微的差异,这是由中红外相机的测量误差引起的。

### 4.4.5 后向激光特性

当在双色镜和 L4 之间放置功率计时,可以测量单程结构光纤乙炔激光器的后向 3.1 μm 功率,结果如图 4.25(a)所示。测量了连续泵浦和脉冲泵浦下后向信号功率情况,其中 HCF 输入端的后向信号功率去除了窗口和透镜的传输损耗。可以看到,无论是脉冲泵浦还是连续泵浦,在单程结构激光器中,后向激光都存在,但是后向激光功率很低,占前向功率的比例不到 5%。由于 HCF 两端的倾斜窗口无法反射信号光以及泵浦光,可以认为后向信号并非由反射引起的,而是在 HCF 中直接产生了。可以看到,连续泵浦下的后向信号功率非常小且不稳定,随着抽运功率的增加,后向连续功率先增加后减小至零。认为这是由于随着泵浦功率的增加,前向信号功率的增加抑制了后向功率的产生。对于脉冲泵浦,后向信号的平均功率远高于连续泵浦的情况。随着泵浦功率的增加,脉冲信号后向功率先增加后趋于饱和,与连续泵浦情况类似,这可能是因为前向功率的增加抑制了后向功率的增长。此外,从图中还可以看到,乙炔气压的升高使得后向功率增大。

后向信号脉冲时域测量结果在图 4.25(b)中显示,此时空芯光纤中乙炔气压为 7.5 mbar,所有测量脉冲均采用最大值归一化。可以看到,后向信号脉冲的脉宽小于 10 ns,远小于前向信号脉冲。虽然由于探测器带宽较低,无法获得后向脉冲的精确脉宽,但是通过对比每条曲线后沿的时间仍然可以发现,后向脉冲宽度随着功率的增加而逐渐增大,尽管这并不明显。单程光纤气体激光器后向和前向特性的巨大差异,特别是对于连续泵浦的情况下,表明虽然前向和后向信号光均来自放大自发辐射,但光纤气体激光的放大自发辐射具有明显的方向性,这与一般的自发辐射激光规律不符。考虑到后向功率还与气压有关,放大自发辐射的方向性似乎与乙炔气压有关,即与粒子数密度有关。

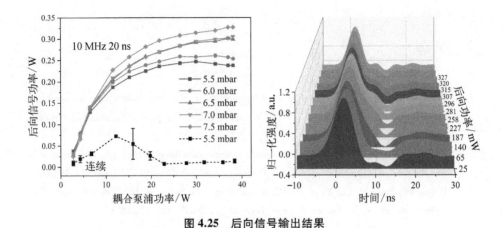

**图 4.25　后向信号输出结果**

（a）后向功率随耦合泵浦功率的变化；（b）脉冲形状随后向功率的变化

## 4.5　本章小结

本章首先介绍了可调谐乙炔光纤气体激光技术,使用调制放大的连续以及脉冲泵浦源,通过空间光耦合的方式将泵浦光耦合进充有低气压乙炔气体的空芯光纤,得到了调谐范围从 3 090 nm 到 3 203 nm 连续中红外激光,光束质量良好,用 P(15)乙炔吸收线在空芯光纤中 1.5 mbar 乙炔气压的条件下获得了最大 0.77 W、转换效率 13%的连续中红外激光输出。对于脉冲泵浦,用 P(9)乙炔吸收线在空芯光纤中 0.9 mbar 乙炔气压的条件下获得了最大脉冲能量 0.6 μJ(平均功率 0.3 W)、转换效率 16%的脉冲中红外激光输出。

本章还通过提高泵浦源的平均功率,改进输入端空芯光纤的密封方式,获得了平均功率 8 W 的中红外脉冲激光输出,光光转化效率为 16%,相对耦合泵浦激光的斜率效率为 23%,验证了乙炔光纤气体激光的功率定标放大能力。利用拉锥耦合方式,实现了准全光纤结构的 3 μm 乙炔气体激光种子源,开展放大器结构乙炔光纤气体的实验研究,结果表明,种子激光的注入能够提高激光斜率效率,气压越大,提升作用越明显,最终获得平均功率 8.6 W 的中红外脉冲激光输出,比单程结构的情况功率提升 16%。

# 参考文献

[ 1 ] Ding W, Wang Y, Gao S, et al. Recent progress in low-loss hollow-core anti-resonant fibers and their applications[J]. IEEE Journal of Selected Topics in Quantum Electronics, 2020, 26(4): 4400312.

[ 2 ] Zhou Z, Tang N, Li Z, et al. High-power tunable mid-infrared fiber gas laser source by acetylene-filled hollow-core fibers[J]. Optics Express, 2018, 26(15): 19144 – 19153.

[ 3 ] Huang W, Zhou Z, Cui Y, et al. 4.5 W mid-infrared light source based on acetylene-filled hollow-core fibers[J]. Optics & Laser Technology, 2022, 151: 108090.

[ 4 ] Huang W, Wang Z, Zhou Z, et al. Fiber laser source of 8 W at 3.1 μm based on acetylene-filled hollow-core silica fibers[J]. Optics Letters, 2022, 47(9): 2354 – 2357.

[ 5 ] Huang W, Zhou Z, Cui Y, et al. Mid-infrared fiber gas amplifier in acetylene-filled hollow-core fiber[J]. Optics Letters, 2022, 47(18): 4676 – 4679.

[ 6 ] 周炳琨,高以智,陈倜嵘,等. 激光原理[M]. 6 版. 北京: 国防工业出版社, 2009.

[ 7 ] Xu M, Yu F, Knight J. Mid-infrared 1 W hollow-core fiber gas laser source[J]. Optics Letters, 2017, 42(20): 4055 – 4058.

[ 8 ] Jones A M, Nampoothiri A V V, Ratanavis A, et al. Mid-infrared gas filled photonic crystal fiber laser based on population inversion[J]. Optics Express, 2011, 19(3): 2309 – 2316.

[ 9 ] Wang Z, Belardi W, Yu F, et al. Efficient diode-pumped mid-infrared emission from acetylene-filled hollow-core fiber[J]. Optics Express, 2014, 22(18): 21872 – 21878.

[10] Dadashzadeh N, Thirugnanasambandam M P, Weerasinghe H W K, et al. Near diffraction-limited performance of an OPA pumped acetylene-filled hollow-core fiber laser in the mid-IR[J]. Optics Express, 2017, 25(12): 13351 – 13358.

[11] Cui Y, Zhou Z, Huang W, et al. Quasi-all-fiber structure CW mid-infrared laser emission from gas-filled hollow-core silica fibers[J]. Optics & Laser Technology, 2020, 121: 105794.

[12] Huang W, Cui Y, Zhou Z, et al. Towards all-fiber structure pulsed mid-infrared laser by gas-filled hollow-core fibers[J]. Chinese Optics Letters, 2019, 17(9): 091402.

[13] Abu Hassan M R, Yu F, Wadsworth W J, et al. Cavity-based mid-IR fiber gas laser pumped by a diode laser[J]. Optica, 2016, 3(3): 218 – 221.

# 第五章　中红外二氧化碳光纤气体激光技术

## 5.1　引言

常见的二氧化碳激光器主要工作在 $10.6\ \mu m$ 波段[1],而 $4.3\ \mu m$ 波段激光辐射对应的吸收和发射截面均比 $10.6\ \mu m$ 波段低一个数量级以上,因此一般比较难实现,低损耗中红外反共振空芯光纤的出现使之成为可能。空芯光纤可以将泵浦光束约束在直径为几十至上百微米的纤芯区域,同时可以有效传输几米至几十米的长度,极大增加了泵浦光和增益气体的作用强度[2]。即便气体吸收截面很小,泵浦光也可以被充分吸收,使得采用 $2\ \mu m$ 波段泵浦产生 $4.3\ \mu m$ 波段二氧化碳激光的过程更容易发生。

## 5.2　可调谐二氧化碳光纤气体激光

### 5.2.1　实验系统

图 5.1 介绍了波长可调谐 $2\ \mu m$ 光纤放大器。图 5.1(a)为波长可调谐 $2\ \mu m$ 光纤放大器的实验结构示意图。它采用两级放大结构,种子光为窄线宽可调谐的激光二极管。实验中使用了五个可替换的激光二极管实现波长的可调谐特性,其对应的中心波长有所不同。五个激光二极管的中心波长分别为 1 998 nm、2 000 nm、2 003 nm、2 006.5 nm 和 2 008.5 nm,它们的线宽均小于 2 MHz,输出功率大于 2 mW,且每个种子光源具备约±1 nm 的调谐能力。种子光源通过三个稳压直流电源控制,通过调节电源的电压可以调节激光二极管的输出波长和输出功率。

图 5.1(b)为五个种子光对应的波长调谐范围,其波长调谐范围从 1 997 nm 至 2 009.5 nm,共 12.5 nm,覆盖了 $CO_2$ 气体分子的 23 条吸收线。泵浦光采用波

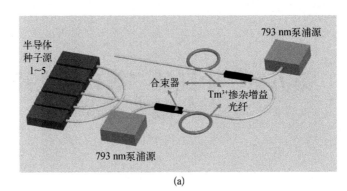

(a)

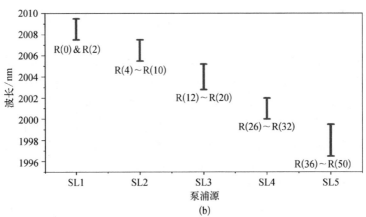

(b)

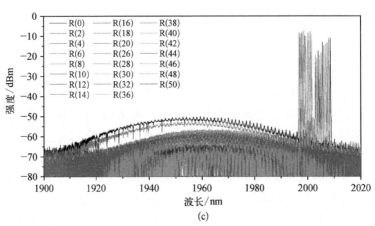

(c)

**图 5.1  波长可调谐 2 μm 光纤放大器**

(a) 光纤放大器结构示意图;(b) 光纤放大器波长可调谐特性;(c) 光纤放大器输出光谱

长为 793 nm 的激光光源,种子光经过两级掺铥光纤放大器放大后具备接近 10 W 的 2 μm 连续光纤激光输出能力。光纤放大器输出的与 $CO_2$ 气体分子 23 条吸收线对应的输出光谱如图 5.1(c)所示,除了信号波长外,在 1 900 nm 至 2 000 nm 范围内还存在一定 ASE。从光谱上可知信号光峰值与 ASE 的最高点差值在 40 dB 或 50 dB 以上,由光谱积分计算得到的输出信号光的功率占比大于 99%。

图 5.2 为可调谐光纤气体激光器实验结构示意图。上文介绍的可调谐 2 μm 光纤放大器输出的激光经由两个平凸透镜和反射镜耦合进入空芯光纤的纤芯内,两个平凸透镜的焦距分别为 15 mm 和 50 mm,透镜的选择按照输出光纤的模场直径与空芯光纤模场直径相匹配的原则进行。图 5.1(a)中的 2 μm 光纤放大器输出光纤纤芯直径为 10 μm,实验中使用的空芯光纤为无节点型空芯光纤,横截面电镜图如图 5.3 中插图所示[3]。空芯光纤的纤芯直径为 80 μm,其模场直径约为 60 μm。选择透镜时确保放大后的光束模场尽量接近空芯光纤的模场直径,再通过焦距的微调达到最大的耦合效率,经多次尝试 15 mm/50 mm 的透镜组合较为合适。通过理论仿真计算了该空芯光纤在 2~4.3 μm 的传输损耗,如图 5.3 中黑色线所示。以光学参量振荡器作为光源,利用截断法测量了该光纤在 4 μm 附近几个波长的损耗如图 5.3 所示。经由理论计算该光

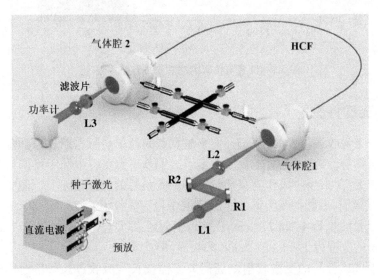

图 5.2　可调谐光纤气体激光器结构示意图

纤在 2 μm 附近的传输损耗约为 0.007 dB/m,在 4.3 μm 附近的传输损耗约为 0.15 dB/m,而实际测量得到的空芯光纤的损耗要大于理论计算的结果,这主要是由于空芯光纤对机械应力较为敏感,轻微的挤压变形都会影响其传输损耗,同时长期暴露于空气中的空芯光纤内会积累大量的水汽,也会影响实际使用时空芯光纤的损耗。在本实验中使用的空芯光纤长度为 3.5 m,空芯光纤两端均密封于气体腔内,通过气体管道向气体腔内充入 $CO_2$ 气体。经由气体分子的受激辐射跃迁,2 μm 的泵浦光转换为 4.3 μm 的输出光。由气体腔 2 输出的激光经由透镜准直,并由带通滤波片滤除残余泵浦光,可测量得到输出的 4.3 μm 激光功率。

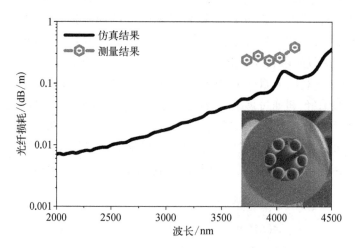

图 5.3　测量与仿真的空芯光纤传输损耗[3]

## 5.2.2　光谱特性

在一条吸收线激发的状态下,位于激发态的粒子会根据跃迁选择定则向激光下能级辐射,产生两条激光输出的谱线。图 5.4 为实验中利用可调谐的激光光源覆盖的 23 条吸收线作为泵浦,产生的 46 条总的输出谱线[3]。图中左侧的线为 R 支谱线,右侧的线为 P 支谱线。其中最短波长为 4 276.573 nm[R(50) 辐射线],最长波长为 4 428.275 nm[P(52) 辐射线],可调谐带宽为 151.7 nm。而泵浦波长的范围为 1 996.89~2 008.594 nm,带宽为 11.7 nm。

由于气体分子的受激辐射跃迁需要泵浦波长与吸收波长严格对应,因此,基于此种方式的光纤气体激光器的波长调谐特性并不是连续的。而正是基于

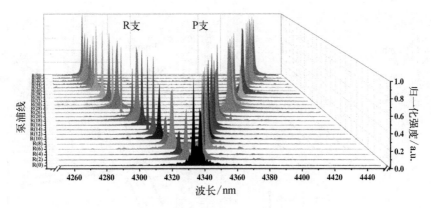

图 5.4　总输出光谱

此种特性和气体分子之间的能级间隔,仅通过泵浦波长约 12 nm 的调谐范围就可以获得输出波长约 150 nm 宽的调谐范围。

由于 R(26)吸收线位于所有 23 条吸收线的中间位置,且其强度相较于其他吸收线也相对适中,因此以 R(26)吸收线泵浦下不同条件的光谱分析其光谱特性。

图 5.5(a)、(b)、(c)为在 R(26)吸收线泵浦下,相同气压下不同注入功率的输出光谱,图 5.5(d)为 R(26)与 P(28)辐射线的光谱强度的比值随注入功率的变化曲线,更直观地将输出光谱的变化趋势表现出来。在 1 mbar 气压下随着注入功率的升高,R 支激光与 P 支激光之比先增大后减小。这是由于开始时 R 支强度与 P 支强度都在上升,而 R 支上升得更快,因此 R 支激光与 P 支激光之比先增加。而后,在功率达到一定程度时,R 支率先出现饱和效应。激光的产生是由于激光上能级的粒子数向激光下能级跃迁引起的,当下能级的粒子数逐渐累积至与激光上能级相当时,将不再发生粒子数反转,此时即发生饱和效应。由于 R 支饱和效应导致 R 支激光与 P 支激光之比随着泵浦功率的增加而慢慢减小。而当气压增加至 3 mbar 时,由于总的粒子数增多,饱和效应产生的功率变得更高,由 1 mbar 时的 2 W 左右变为了 3 mbar 时的 6 W。而随着气压的升高,导致 R 支与 P 支的产生阈值也开始升高。图 5.5(b)中 0.5 W 时 R 支的强度远远小于 P 支的强度。当气压进一步升高至 5 mbar 时,在所测量的功率水平内已经无法观察到饱和效应,但是由于气压的进一步升高,阈值也进一步提高,在 0.5 W 时仅有 P 支产生,R 支由于未达到阈值条件并未产生。而随着注入功率的逐渐增加,R 支激光与 P 支激光之比才慢慢增加,最终 R 支强度超过 P 支。

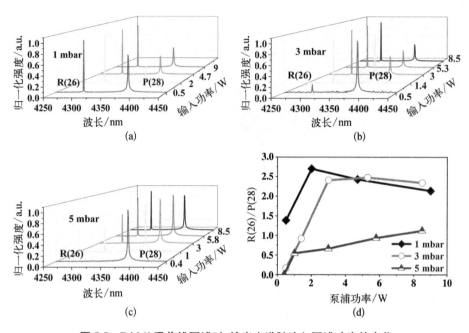

**图 5.5 R(26)吸收线泵浦时,输出光谱随注入泵浦功率的变化**

(a) 1 mbar 气压下不同注入功率的输出光谱;(b) 3 mbar 气压下不同注入功率的输出光谱;
(c) 5 mbar 气压下不同注入功率的输出光谱;(d) R(26)辐射线与 P(28)辐射线光谱强度的
比值随注入功率的变化曲线

图 5.6(a)、(b)、(c)为在 R(26)吸收线泵浦下,相同注入泵浦功率不同气压的输出光谱,图 5.6(d)为 R(26)与 P(28)辐射线的光谱强度的比值随气压的变化曲线,更直观地将输出光谱的变化趋势表现出来。在注入功率为 0.5 W时,R 支激光与 P 支激光之比随着气压的升高逐渐减小,在 3 mbar 气压时开始升高,在气压 4 mbar 以上时开始下降。起初 R 支激光与 P 支激光之比开始下降主要是由于饱和效应的存在,同时随着气压的升高,R 支与 P 支的阈值开始慢慢地增加,因此 R 支的功率开始减小。在 4 mbar 时,由于气压的进一步升高,饱和效应消失,R 支强度升高,R 支激光与 P 支激光之比也重新增加。当气压大于 4 mbar 时,0.5 W 的注入功率已经无法达到 R 支的阈值,因此从输出光谱上看只有 P 支激光产生,R 支激光与 P 支激光之比也变为 0。在注入功率为 5 W时,R 支激光与 P 支激光之比随着气压的升高逐渐减小,直到气压 2 mbar 时才开始升高,在 3 mbar 以上时再一次下降。低气压时 R 支激光与 P 支激光之比下降主要是由于饱和效应的存在,而随着气压的升高,R 支与 P 支的阈值逐渐增

加,因此 R 支的强度开始减小。在 3 mbar 时,由于气压的进一步升高,饱和效应消失,R 支强度升高,R 支激光与 P 支激光之比也重新增加。当气压大于 3 mbar时,R 支与 P 支的阈值同时增加,R 支激光与 P 支激光之比渐渐下降,此时仍然有 R 支激光输出,因此 R 支激光与 P 支激光之比并未降为 0。在注入功率为9 W 时,R 支激光与 P 支激光之比随着气压升高逐渐增加,在 2 mbar 气压时开始减小。此时,只有 1 mbar 气压下出现了饱和现象,在 2 mbar 以上气压均未出现饱和现象。由于气压的升高,R 支与 P 支的阈值同时增加,R 支激光与 P 支激光之比渐渐下降。

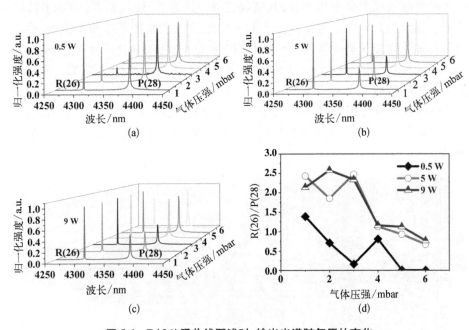

**图 5.6 R(26)吸收线泵浦时,输出光谱随气压的变化**

(a) 0.5 W 注入泵浦功率时不同注入气压的输出光谱;(b) 5 W 注入泵浦功率时不同注入气压的输出光谱;(c) 9 W 注入泵浦功率时不同注入气压的输出光谱;(d) R(26)辐射线与 P(28)辐射线光谱强度的比值随气压的变化曲线

从图 5.5 和图 5.6 的实验结果来看,在低气压的情况下易出现饱和效应,当饱和效应存在时,R 支总是率先饱和,P 支的相对强度会升高。气压也同样会影响 R 支与 P 支的阈值,在较高气压的情况下,P 支总是更容易出光,而 R 支在高气压下时的强度总是相对较低。根据图 5.5 和图 5.6 中的规律,可以通过控制气压和功率等在一定程度上控制 R 支与 P 支的强度。

### 5.2.3 功率特性

在实验中使用的 23 条吸收线中,由于各条吸收线本身的吸收截面和发射截面有所区别,因此每条吸收线的输出功率水平也有一定的区别。

图 5.7 为实验中测量得到的各条吸收线的最大输出功率以及相对应的气压值。其中最大输出功率为 R(18) 吸收线泵浦时得到,在 2 mbar 气压时的功率为 557 mW。图中功率值的分布大致符合中间高两边低的趋势,这也与 $CO_2$ 分子的吸收线强度分布相吻合,其吸收最强的线为 R(16),而 R(0) 和 R(50) 的吸收强度相对较弱。为了使更多的气体分子能被激发至激光上能级,强度较低的谱线需要更高的气压[例如 R(50) 和 R(0) 吸收线分别需要 15 mbar 和 6 mbar 的气压],但也因为分子碰撞加剧导致产生的激光强度降低。而吸收强度较强的吸收线则仅需要较低的气压就可以实现激光输出[如 R(16) 和 R(18) 吸收线只需要 2 mbar 的气压],也因此具有较高的效率。综上所述,最佳气压的分布与吸收强度分布相反,随着吸收线向两边分布,最佳气压值慢慢增大。

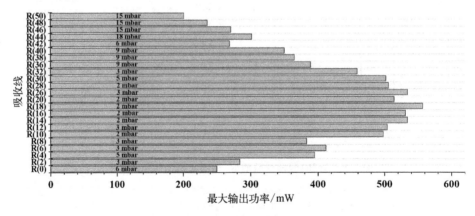

**图 5.7　各条吸收线的最大输出功率**

图 5.8(a) 为在 3 mbar 气压时各条吸收线泵浦下 4.3 μm 激光输出功率随注入泵浦功率的变化。由于 R(40) 至 R(50) 吸收线的强度比较弱,在 3 mbar 气压下几乎没有激光产生,因此图中只给出了 R(0) 至 R(38) 吸收线的功率曲线。在相同的气压下,各吸收线对应的转化效率有所区别,计算其光光转化效率

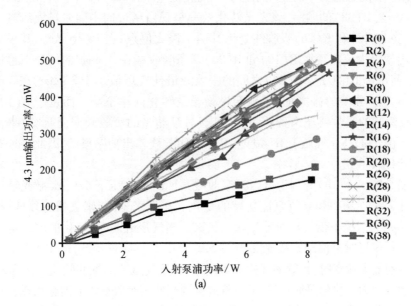

(a)

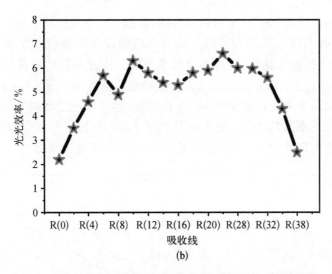

(b)

**图 5.8　3 mbar 气压下各吸收线泵浦的输出功率特性**

（a）3 mbar 气压下各吸收线输出功率随注入泵浦功率的变化；
（b）3 mbar 气压下各吸收线的光光转化效率

(4.3 μm 激光输出功率与注入泵浦功率的比值)如图 5.8(b)所示。按照吸收线由 R(0)至 R(38)的顺序,该光光转化效率呈现由两边向中间先增大后减小的趋势,在 R(10)和 R(26)吸收线处为其两个极大值点,在 R(16)处为其极小值点。出现极大值点说明 R(10)和 R(26)两条吸收线在 3 mbar 的气压下最适合出光,而位于 R(10)至 R(26)之间的吸收线最佳气压值小于 3 mbar,在 3 mbar 气压下由于分子的碰撞加剧、弛豫增强导致转化效率下降。而位于 R(10)和 R(26)两侧的吸收线还未到达最佳气压,对泵浦光的吸收较弱,因此效率也比较低。由于 3 mbar 气压下 R(40)至 R(50)吸收线输出功率很低,因此并未在图中进行比较。

图 5.9(a)和(b)分别为 R(18)吸收线泵浦时各气压下 4.3 μm 激光输出功率随注入泵浦功率和吸收泵浦功率的变化。在低气压时,阈值相对较低,相同注入功率的情况下低气压时输出功率最高。当气压升高时,转化的阈值也相应提高。低气压时易出现饱和现象,如图 5.9(a)中 1 mbar 气压下,在注入泵浦功率即将达到最大功率时,其效率开始下降,即出现低气压下的饱和效应。图 5.9(b)中的横坐标为吸收的泵浦功率,通过将波长调至偏离吸收线中心时输出端测量得到的残余泵浦功率减去将波长调至偏离吸收线中心时输出端测量得到的残余泵浦功率计算得到。从图 5.9(b)中可以观察到,在低气压下气体分子吸收的泵浦功率较低,但是其斜率效率相对较高。而高气压情况下其吸收的泵浦功率更多,但是由于较强的碰撞弛豫,导致斜率效率下降。因此需权衡最佳气压既不能过低导致饱和效应的出现,也不能过高导致弛豫碰撞过强。图 5.9(c)为不同气压下残余泵浦功率随注入泵浦功率的变化曲线,随着气压的增加相同注入功率下的残余泵浦功率逐渐减小。图 5.9(d)列出了不同气压下的 4.3 μm 激光最大输出功率和残余泵浦功率。可以看出输出的 4.3 μm 激光的功率在 2 mbar 附

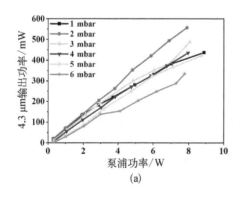

(a)

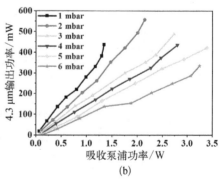

(b)

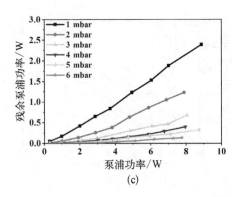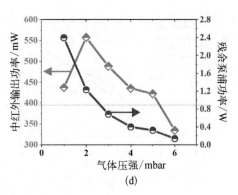

(c)　(d)

**图 5.9　R(18) 吸收线输出功率特性**

（a）R(18) 吸收线各气压下 4.3 μm 激光输出功率随注入泵浦功率的变化；（b）R(18) 吸收线各气压下 4.3 μm 激光输出功率随吸收泵浦功率的变化；（c）R(18) 吸收线各气压下残余泵浦功率随注入泵浦功率的变化曲线；（d）R(18) 吸收线各气压下最大输出功率和对应残余泵浦功率

近具有最大值 557 mW，1 mbar 的气压下具有大量泵浦光残余，而随着气压的增高则会由于分子碰撞弛豫降低出光的效率。而 2 mbar 时虽然出光最强，但仍然有约 1.3 W 的泵浦光残余。

图 5.10(a) 和 (b) 分别为 R(50) 吸收线泵浦时各气压下 4.3 μm 激光输出功率随注入泵浦功率和吸收泵浦功率的变化。由于 R(50) 吸收线的吸收截面和发射截面相较于 R(18) 吸收线均低很多，因此在 R(50) 吸收线泵浦时所需要的气压要大得多。功率测量从 6 mbar 气压时开始，测量间隔为 3 mbar。在较低气压时，阈值相对较低，相同注入功率的情况下低气压时的输出功率最高。当气压升高时，转化的阈值也相应提高。即使 R(50) 吸收线泵浦时所使用的气压比较高，但在 6 mbar 气压下仍然出现了饱和现象，如图 5.10(a) 所示。由图 5.10(b) 中可以观察到在 R(50) 吸收线泵浦时，增加气压对增强泵浦光吸收的影响变得很小，且相较于 R(50) 吸收线表现出了更加明显的阈值特性。图 5.10(c) 为不同气压下残余泵浦功率随注入泵浦功率的变化曲线，随着气压的增加，相同注入功率下的残余泵浦功率逐渐减小，减小幅度因为 R(50) 吸收线较小的吸收截面而下降。图 5.10(d) 列出了不同气压下的 4 μm 最大输出功率和残余泵浦功率。可以看出，4.3 μm 激光输出功率在 15 mbar 附近具有最大值 201 mW，各气压下的输出功率相较于 R(18) 吸收线都有明显的下降。同时在 R(50) 吸收线泵浦时有大量的残余泵浦光，即使气压高达 21 mbar，最大残余泵浦功率仍有 1.95 W。

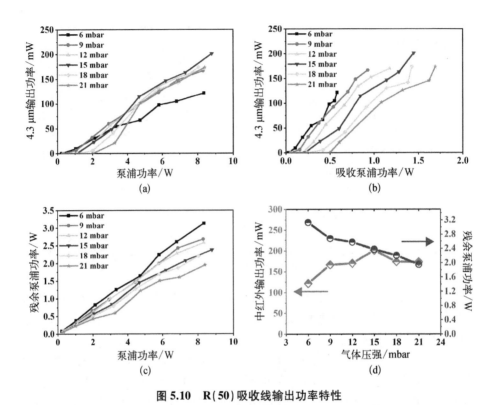

**图 5.10　R(50)吸收线输出功率特性**

(a) R(50)吸收线各气压下 4.3 μm 激光输出功率随注入泵浦功率的变化;(b) R(50)吸收线各气压下
4.3 μm 激光输出功率随吸收泵浦功率的变化;(c) R(50)吸收线各气压下残余泵浦功率随注入泵浦功
率的变化曲线;(d) R(50)吸收线各气压下最大输出功率和对应残余泵浦功率

　　图 5.11(a)列出了 R(18)吸收线泵浦时,2 mbar 气压下最大输出功率
随注入泵浦功率和吸收泵浦功率的变化曲线,对其斜率效率进行线性拟合,
得到其相对注入泵浦功率的光光转化效率为 6.93%,而相对于吸收泵浦功率
的斜率效率为 25.7%。图 5.11(b)列出了 R(50)吸收线泵浦时,15 mbar 气压
下最大输出功率随注入泵浦功率和吸收泵浦功率的变化曲线,对其斜率效率
进行线性拟合,得到其相对注入泵浦功率的光光转化效率为 2.56%,而相对
于吸收泵浦功率的斜率效率为 15.2%。效率相对于 R(18)吸收线泵浦时均
显著下降,由此可见吸收线的吸收截面和发射截面对输出光功率和效率的影
响很大。

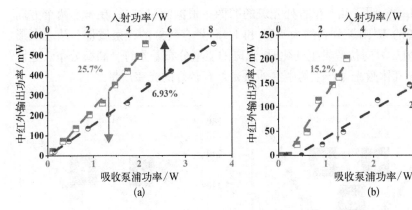

**图 5.11　最佳气压下 4.3 μm 功率随注入泵浦功率和吸收泵浦功率的变化**

（a）R(18)吸收线;（b）R(50)吸收线

## 5.2.4　光束质量

图 5.12 为实验中测试输出光斑的系统结构示意图。由空芯光纤出射的中红外激光首先经过焦距为 40 mm 的平凸透镜 L1 进行准直,而后由带通滤波器 FB4250-500(Thorlabs)滤除残余泵浦光,使得后面测试的均为信号光的光束质量。在光路中加入一个可调谐滤波片用于控制功率,避免功率过高打坏后面的红外相机。第二个平凸透镜 L2 的焦距为 150 mm,两个平凸透镜可以将传输的高斯光束的束腰直径扩大,使相机可以更好地识别光斑。

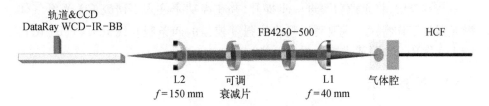

**图 5.12　光束质量测试系统结构示意图**

实验中使用的中红外相机可测量波长范围为 2～16 μm。红外相机放置于导轨上,通过控制相机在导轨上前后滑动可测量得到腰斑前后一个瑞利距离以内各个位置处的光斑大小,从而可以计算得到出射中红外激光的 $M^2$ 因子。图 5.13 为 R(18)吸收线泵浦 2 mbar 气压下测量得到的输出光斑的光束质量结果。图中标明了几个位置处光斑的图像。根据测量结果,在 $x$、$y$ 两个方向上输出光斑的 $M^2$ 因子分别约为 1.01 和 1.15,具有较好的光束质量。从光斑形状上来看,在 $z$ 方向位置发生变化时,光斑的能量分布基本符合高斯分布。这说明空芯光纤气体激光器产生的中红外激光具有较好的光束质量。

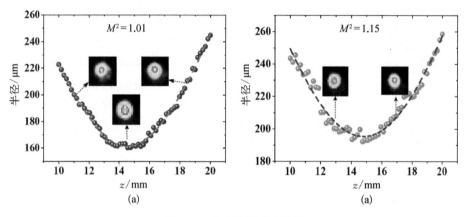

**图 5.13　光束质量测试结果**

(a) $x$ 方向光束质量;(b) $y$ 方向光束质量

## 5.3　高功率二氧化碳光纤气体激光

在本节中,将泵浦功率进一步提升,并在高功率注入下研究 $CO_2$ 光纤气体激光器的工作特性。主要利用吸收线强度较强的四条吸收线 R(14)、R(16)、R(18) 及 R(20) 泵浦进行分析。

### 5.3.1　实验系统

图 5.14 为高功率 $CO_2$ 光纤气体激光实验结构示意图。其中泵浦源为经 50 W 光纤放大器放大的 2 μm 光源,放大器种子与上一节中所用的窄线宽可调谐种子相同,中心波长 2 003 nm。光纤放大器结构与图 5.1(a) 中的结构类似,由两级放大结构变为三级放大结构。经过放大器放大以后,最大可产生约 45 W 的 2 μm 激光。中心波长为 2 003 nm 的种子光源,在其波长调谐范围内涵盖了四条 $CO_2$ 的吸收线,即 R(14)、R(16)、R(18) 和 R(20)。R(16) 吸收线在不同

泵浦功率下的泵浦光谱如图 5.15 所示。在最大泵浦功率下,泵浦光谱中存在少量的 ASE,信号光的强度与 ASE 相差 50 dB 以上,经过光谱积分计算,其中信号光的功率占比大于 99.3%。

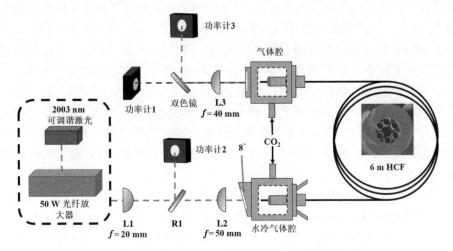

图 5.14　高功率 $CO_2$ 光纤气体激光器实验系统

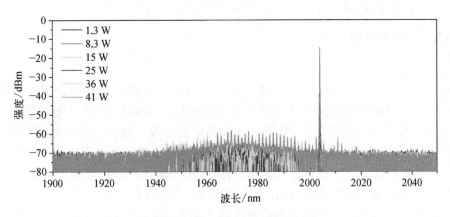

图 5.15　50 W 放大器输出激光光谱

　　激光经由两个平凸透镜耦合进空芯光纤的纤芯内。两个平凸透镜 L1 和 L2 为定制的 2 μm 透镜,基底材料为红外石英,并镀有 2 μm 增透膜,其在 2 μm 的透过率大于 99.5%,两个透镜的焦距分别为 20 mm 和 50 mm。两个透镜之间放置一个可翻转的反射镜,用功率计 1 测量进入空芯光纤前的泵浦功率。由于泵浦功率升高,使用传统的气体腔难以将全部的泵浦功率耦合进空芯光纤内。经过测试,若使用橡胶塞密封空芯光纤,则在泵浦功率为 20 W 左右时,橡胶塞会因为温度过高而发生形变,光纤受到挤压导致耦合效率降低,严重时泵浦光会直接将橡胶塞损坏,使得空芯光纤直接在密封处断开。因此设计了如图 5.14 所示的斜角水冷窗口。首先将空芯光纤用有机硅灌封胶(AB 胶)固定于带有水冷设计的底座上,待 AB 胶凝固后将其插入气体腔内,输入窗口则固定于前盖上,窗口与空芯光纤的入射平面呈 8°斜角。输入窗口对 2 μm 泵浦光的透过率大于 99%。

实验中所用的空芯光纤为图 5.14 中所示的无节点型空芯光纤,其纤芯直径为 72 μm,相对于上一节中所用的 80 μm 纤芯的空芯光纤,其在 2 μm 处具有更低的传输损耗,而在 4.3 μm 处的传输损耗更大。分别将泵浦光和 4.3 μm 激光耦合进此空芯光纤内,利用截断法测量传输损耗,得到其在 2 μm 附近的传输损耗为 0.09 dB/m,在 4.3 μm 附近的传输损耗为 1.02 dB/m。

空芯光纤的输出端与非制冷的平面气体腔相连接。输出窗口可同时透过 2 μm 的残余泵浦光和 4.3 μm 附近的输出激光,透过率均大于 99%。输出光首先经过平凸透镜 L3(焦距 40 mm)准直,后经由双色镜,将残余泵浦光反射进入功率计 2 测量残余泵浦功率,而 4.3 μm 输出光透射至功率计 3 处。而后,将信号光耦合进氟化物跳线内,可由光谱仪测量输出的光谱。

### 5.3.2 光谱特性

#### 1. 6 m 空芯光纤

图 5.16 所示为 6 m 光纤长度下 R(16) 吸收线泵浦时的输出光谱。其中图 5.16(a)为最大泵浦功率下不同气压的输出光谱,根据振动-转动能级受激辐射跃迁,输出光具有 R(16) 和 P(18) 两条输出谱线。随着气压的逐渐提高,R 支在总输出光谱中的成分占比先增大,在 2 mbar 之后开始逐渐减小。在低气压下 R 支相较于 P 支更容易发生饱和,因此在气压由 1 mbar 升至 2 mbar 的过程中,R 支强度由于饱和效应的消失略微增加,而后则由于气压升高,R 支阈值逐渐提高,导致 R 支的强度逐渐降低。图 5.16(b)为 3 mbar 气压下不同泵浦功率的输出光谱,在功率不断增加的过程中 R 支与 P 支的强度比几乎相同,这主要由于 3 mbar 气压下既不存在饱和效应,又未受到阈值的限制,R 支与 P 支几乎同时处于功率增加的阶段,因此其功率强度比基本保持不变。

由于分子之间的碰撞,处于上能级的粒子数会弛豫至其他能级,从而产生其他的跃迁辐射。而在这四条吸收线中,R(14) 吸收线最为特殊,在 R(14) 吸

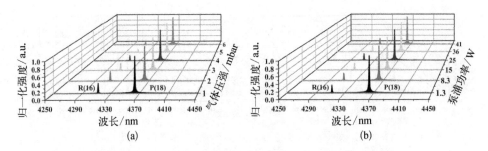

**图 5.16 6 m 光纤长度下 R(16) 吸收线泵浦时的输出光谱**

（a）最大泵浦功率下光谱随气压的变化；（b）3 mbar 气压下光谱随泵浦功率的变化

收线泵浦的情况下，在输出激光中观察到了弛豫谱线。6 m 光纤长度下 R(14) 吸收线泵浦时的输出光谱如图 5.17 所示。图 5.17(a) 为 R(14) 吸收线泵浦时最大功率下不同气压的输出光谱，R 支激光与 P 支激光之比随着气压的增大先减小，后逐渐增大，然后又减小，其变化趋势与上一节中的规律基本保持一致。而除了 R(14) 吸收线泵浦时产生的两条输出谱线 R(14) 与 P(16) 外，在输出光谱中还观察到了弛豫谱线，其输出波长为 4 409 nm，该弛豫谱线在 3 mbar 气压时开始出现，而随着气压的升高，弛豫谱线的强度也逐渐增加。该现象说明高气压下，分子之间的碰撞会加剧，弛豫更容易发生。图 5.17(b) 为 R(14) 吸收线泵浦时 5 mbar 气压下不同泵浦功率的输出光谱，R 支激光与 P 支激光之比随着气压的增大逐渐增大。当泵浦功率大于 27.5 W 时，在输出光谱中还观察到了弛豫谱线，其输出波长为 4 409 nm。而随着泵浦功率的增大，弛豫谱线的强度也逐渐增加。该现象说明高功率泵浦下，更多的分子受激从基态跃迁至激发态，激光上能级的粒子数变多，分子之间的碰撞加剧，使得弛豫更容易发生。

图 5.17(c) 为 R(14) 吸收线泵浦时，最大泵浦功率 5 mbar 气压下，泵浦波长扫过吸收线中心时不同泵浦波长的输出光谱。由于气体分子的多普勒加宽，使得在中心波长两侧仍然有粒子数分布，而激发这些粒子数产生的输出光谱有所区别。随着波长由中心波长左侧向中心波长右侧扫描，R 支激光与 P 支激光之比逐渐增大。泵浦波长由短波向长波变化的过程中最先出现的是波长为 4 423.5 nm 的弛豫谱线，当泵浦波长为 2 004.548 nm 时，同时出现了 4 423.5 nm 和 4 409 nm 的弛豫谱线，而后 4 423.5 nm 的弛豫谱线消失，4 409 nm 的弛豫谱线强度先增大后逐渐减弱。

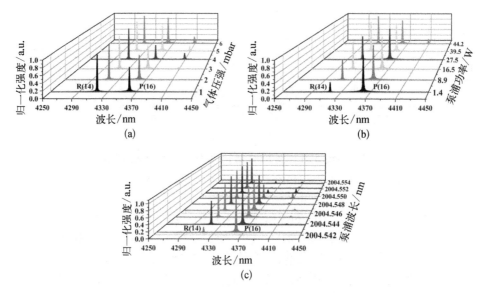

**图 5.17　6 m 光纤长度下 R(14) 吸收线泵浦时的输出光谱**

(a) 最大泵浦功率下输出光谱随气压的变化;(b) 5 mbar 气压下输出光谱随泵浦功率的变化;
(c) 最大泵浦功率和 5 mbar 气压下输出光谱随泵浦波长的变化

　　上述结果中观察到的弛豫谱线 4 409 nm 和 4 423.5 nm 与 20012 - 20002 能级跃迁的 P(42) 与 P(50) 谱线较为接近,但又有一定的差别。P(42) 辐射线的输出波长为 4 407.635 nm,与 4 409 nm 相差约 1.37 nm,P(50) 的辐射波长为 4 424.038 nm,与 4 423.5 nm 相差约 0.5 nm。推测上述弛豫谱线的产生并不是由转动弛豫引起的,主要原因有以下两点:其一,若为转动弛豫引起,则不应该只有 R(14) 吸收线泵浦时才能观察到弛豫谱线,其他吸收线泵浦时应该也会观察到弛豫现象;其二,若激光上能级发生转动弛豫,则需要由 $J=15$ 激光上能级移动至 $J=41$ 或者 $J=49$ 的激光上能级,两者之间相差的能量巨大,几乎不可能发生。而由于 $CO_2$ 本身为多原子分子,其具有复杂的振动能级,而同一振动能级的两个转动能级之间分布着众多其他振动能级。由碰撞弛豫理论可知,弛豫在 $\Delta E$ 更小的状态下容易发生。因此,上述弛豫现象极大概率为振动弛豫。通过计算可能的振动能级的能量,得到了最有可能的一种弛豫能级跃迁情况,如图 5.18 所示。在无泵浦光注入的情况下,$CO_2$ 分子位于基态,且服从玻尔兹曼分布。当注入一束泵浦光时,位于基态 $J=14$ 转动能级的粒子受激辐射至 20012 $J=15$ 的激光上能级。若不发生弛豫,位于激光上能级的粒子数会迅速跃迁至 20002 $J=14$ 和 $J=16$ 的激光下能级,从而产生 R(14)与 P(16)的激光谱线。还有一部分粒子由于碰撞,振动弛豫至 10012 $J=61$ 的激光上能级,直接向 10002 $J=62$ 的激光下能级跃迁产生 P(62)的谱线,其波长为 4 409.39 nm。振动弛豫至 10012 $J=61$ 激光上能级的粒子还会转动弛豫至 $J=59$ 的转动能级,此时向 10001 $J=58$ 的激光下能级跃迁产生 R(58)的谱线,其波长为 4 423.67 nm。由于 $CO_2$ 分子的能级较为复杂,只能根据观察到的弛豫谱线推断其弛豫的能级跃迁过程,但是此过程并不唯一。

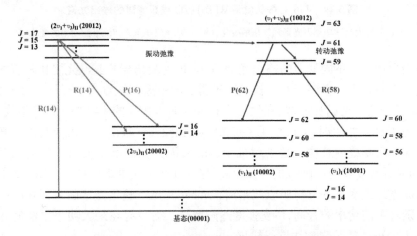

图 5.18 R(14)吸收线泵浦时能级跃迁示意图

### 2. 4 m 空芯光纤

图 5.19 为 4 m 长光纤下 R(16)吸收线泵浦时的输出光谱。其中图 5.19(a)为最大泵浦功率下不同气压的输出光谱。随着气压的升高,R 支在总输出光谱中的成分占比先减小,后增大,然后继续减小。因为光纤长度缩短,导致在相同气压下,系统对泵浦光的吸收减弱,因此低气压下更容易出现饱和效应。在 6 m 长光纤实验时,饱和效应在约 1 mbar 和 2 mbar 气压下就开始消失,而在 4 m 长光纤实验时,饱和效应直到 4 mbar 以上才开始消失,此时 R 支的强度开始增大。而后随着气压的继续增大,阈值渐渐提高,R 支的强度开始减小。图 5.19(b)为 6 mbar 气压下不同泵浦功率的输出光谱,在功率不断增加的过程中 R 支强度先增大后减小。

在图 5.17 中观察到了 R(14)吸收线泵浦时的弛豫谱线输出,在光纤长度缩短至 4 m 时得到如图 5.20 所示的光谱结果。其中图 5.20(a)为 R(14)吸收线泵

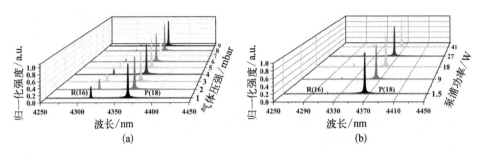

**图 5.19　4 m 光纤长度下 R(16) 吸收线泵浦时的输出光谱**

(a) 最大泵浦功率下光谱随气压的变化;(b) 6 mbar 气压下光谱随泵浦功率的变化

浦时最大功率下不同气压的输出光谱,其中 R 支激光与 P 支激光之比随着气压的增大不断减小。不同于 6 m 长光纤较明显的弛豫谱线输出,光纤长度缩短至 4 m 后弛豫谱线变得比较弱,在气压为 6 mbar 时有较弱的 4 409 nm 弛豫谱线,而气压为 7 mbar 之上时,有较弱的 4 423.5 nm 弛豫谱线输出。这可能是由于光纤长度缩短后系统内总粒子数密度减少,此外,因为弛豫谱线输出的阈值相对较大,而光纤长度缩短后阈值进一步提高,导致弛豫谱线更难以输出。图 5.20(b) 为 4 m 光纤长度下 R(14) 吸收线泵浦,6 mbar 气压下输出光谱随泵浦功率的变化。随着泵浦功率的升高,R 支强度逐渐增强。而只有在最大功率泵浦时才有较弱 4 409 nm 的弛豫谱线谱线输出。

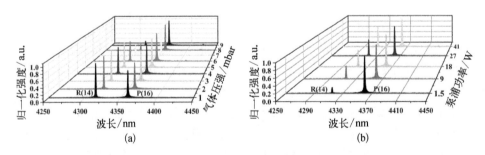

**图 5.20　4 m 光纤长度下 R(14) 吸收线泵浦时的输出光谱**

(a) 最大泵浦功率下光谱随气压的变化;(b) 6 mbar 气压下光谱随泵浦功率的变化

### 5.3.3　功率特性

空芯光纤在 4.3 μm 附近的传输损耗为 1.02 dB/m。在不同光纤长度下,光纤损耗对产生的 4.3 μm 的激光可能会产生一定影响。因此,在本节中对光纤长度分别为 6 m 和 4 m 的情况下的 $CO_2$ 光纤气体激光输出功率特性进行了测量和分析。

1. 6 m 空芯光纤

高功率泵浦与低功率泵浦的最大区别在于光纤内的温度会高很多,在高温作用下,气体分子的运动会被加快。因此,光纤内气体分子的多普勒加宽会加剧,使得气体分子分布在吸收线中心的两侧。而在将泵浦波长从吸收线中心向吸收线两边移动时,仍有气体分子能够被激发跃迁至激光上能级。图 5.21 为 5 mbar 气压最大功率泵浦下,通过调节泵浦波长扫过吸收线的中心波长时测量得到的 4.3 μm 输出功率和残余泵浦功率。当使用 R(16) 吸收线泵浦时,结果如图 5.21(a) 所示。随着泵浦波长由短波向长波的方向扫过吸收线中心时,残余泵浦功率先减小,后增大,在吸收线中心时,残余泵浦功率为最小值。而输出的 4.3 μm 功率在吸收线中心时存在一个极小值,随着泵浦波长向吸收线中心两侧偏移,输出的 4.3 μm 功率会先增大,然后随着波长远离吸收线中心而逐渐减小,在吸收线两侧存在两个极大值。当使用 R(14) 吸收线泵浦时,结果如图 5.21(b) 所示,随着泵浦波长由短波向长波的方向扫过吸收线中心,残余泵浦功率先减小,后增大,在吸收线中心时,残余泵浦功率为最小值。输出的 4.3 μm 功率在吸收线中心时并未像 R(16) 吸收线泵浦时存在功率的极小值,而是在吸收线中心左侧存在一个极大值,在吸收线右侧的输出功率是一直减小的。

由于多普勒加宽的影响,$CO_2$ 光纤气体激光器的输出特性有所区别。在上一节中,高气压下输出光的效率是有所下降的,这主要是由于激发的粒子数过多,导致上能级碰撞弛豫的增强和下能级粒子数的堆积。而在高功率泵浦下,随着光纤内温度的升高,多普勒加宽逐渐加剧,原本集中在吸收线中心的粒子数逐渐向吸收线两侧分布。而在泵浦波长由吸收线中心向吸收线两侧调节时,激发的粒子数会逐渐减少,当被激发的粒子数降低至一定值时,上能级碰撞弛豫的强度和下能级粒子数的堆积有所减弱,此时可以达到输出功率的极大值点。图 5.21(b) 中 R(14) 吸收线泵浦时的功率曲线与图 5.21(a) 中 R(16) 吸收线泵浦时的功率曲线有所区别,主要原因是 R(14) 吸收线泵浦时有弛豫谱线的出现。图 5.17(c) 中 R(14) 吸收线泵浦时,泵浦波长在吸收线右侧时,出现了 10012-10002 跃迁的 P(62) 输出谱线,而从输出光谱上来看,当弛豫谱线开始出现的时候,P 支的强度逐渐减小,导致输出功率有所降低。

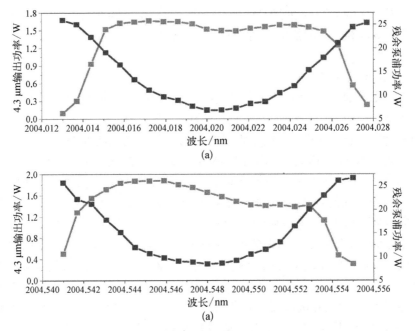

**图 5.21　6 m 长光纤 5 mbar 气压中心波长附近输出激光与残余泵浦光随泵浦波长的变化**

(a) R(16)吸收线泵浦结果;(b) R(14)吸收线泵浦结果

　　如图 5.22 所示为 R(16)吸收线泵浦时各气压下的功率特性曲线。当泵浦波长位于吸收线中心时,此时的 4.3 μm 输出功率处于极小值点,其功率特性曲线如图 5.22(a)和(b)所示。当气压为 1 mbar 时,输出功率存在饱和效应,即泵浦功率增加时,4.3 μm 输出功率的效率开始下降。当气压为 2 mbar 或 3 mbar 时,4.3 μm 输出光的效率达到最大值,而随气压的进一步升高,4.3 μm 激光效率开始下降,这与上一节中的规律一致。当泵浦波长位于 R(16)吸收线中心,4.3 μm 的最大输出功率为 1.63 W,此时的气压为 3 mbar。而随着气压的不断升高,残余泵浦功率逐渐下降,而在最佳气压 3 mbar 下,仍然有 12.5 W 的泵浦功率残余。

　　当调节泵浦波长,使其位于吸收线中心左侧的输出功率极大值点处,此时功率特性曲线如图 5.22(c)和(d)所示。当气压较低时,被泵浦光激发的粒子数较少,此时多普勒加宽的影响也较小,即使调偏吸收线也不会使功率增加。因此,气压为 1 mbar 或 2 mbar 时,调节泵浦波长偏离吸收线的功率要小于波长位于吸收线中央时的功率,功率曲线并未画在图中。当气压在 3 mbar 及以上时,

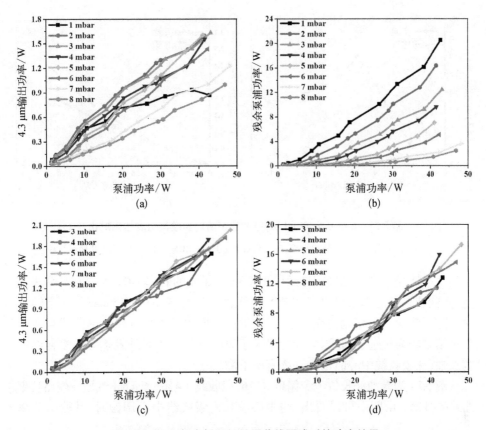

**图 5.22　6 m 长光纤 R(16) 吸收线泵浦时的功率结果**

（a）波长调至吸收线中心时各气压下输出功率随泵浦功率的变化；（b）波长调至吸收线中心时各气压下残余泵浦功率随泵浦功率的变化；（c）波长偏离吸收线中心至输出功率最大时各气压下输出功率随泵浦功率的变化；（d）波长偏离吸收线中心至输出功率最大时各气压下残余泵浦功率随泵浦功率的变化

由于多普勒加宽的影响，调偏吸收线使输出的 4.3 μm 功率相较于在吸收线中心时有所增加。而从功率曲线上来看，各气压下的效率相差不大，而残余泵浦光的曲线也相差不大。调节泵浦波长偏离 R(16) 吸收线时，最大输出功率为 2.03 W，气压为 7 mbar，此时的残余泵浦功率为 17 W。

　　将仿真得到的结果与实验结果进行对比，在 R(16) 吸收线泵浦的情况下得到了如图 5.23 所示的结果。图 5.23(a) 为不同气压下的最大功率曲线，无论是实验结果还是仿真结果，输出功率都随着气压的增大先升高后减小。不过由于上下能级的弛豫系数并没有准确的数值，两个结果的最佳气压不同。此外，由

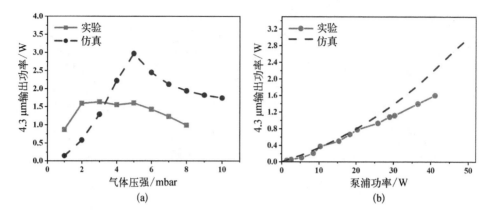

**图 5.23 6 m 长光纤 R(16) 吸收线泵浦时实验与仿真结果对比**

（a）不同气压下最大输出功率；（b）5 mbar 气压下输出功率随泵浦功率变化曲线

于高功率情况下多普勒展宽导致输出 4.3 μm 激光的效率下降，所以在功率表现上，实验结果与仿真结果也存在较大的差别。图 5.23(b) 为 5 mbar 气压下输出功率随泵浦功率的变化曲线。在泵浦功率小于 20 W 时，仿真功率曲线与实验测量结果较为接近，但是当泵浦功率大于 20 W 时，由于光纤发热导致多普勒展宽加强，在吸收线中心时输出功率有所下降。

图 5.24 为泵浦波长位于和偏离 R(16) 吸收线中心时，6 mbar 气压下输出功率曲线的对比。由图中可以看出，当中心波长由吸收线中心调偏时，其输出功率

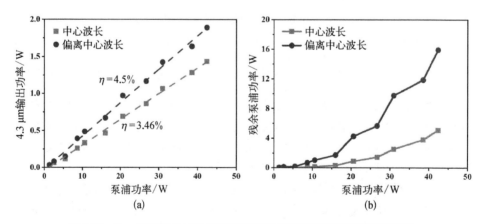

**图 5.24 6 m 长光纤 R(16) 吸收线泵浦时调偏泵浦波长前后功率对比**

（a）调偏泵浦波长前后 4.3 μm 输出功率；（b）调偏泵浦波长前后残余泵浦功率

会有明显地增加,光光转换效率 $\eta$ 由 3.46% 变为 4.5%,最大输出功率由 1.43 W 提高至 1.89 W。但是由于调偏后激发的粒子数减少,因此也有很多的残余泵浦光。当中心波长由吸收线中心调偏时,残余泵浦光由 5.1 W 增加至 16 W。

如图 5.25 所示为 R(14)吸收线泵浦时各气压下的功率特性曲线。当泵浦波长位于吸收线中心时,其功率特性曲线如图 5.25(a)和(b)所示。

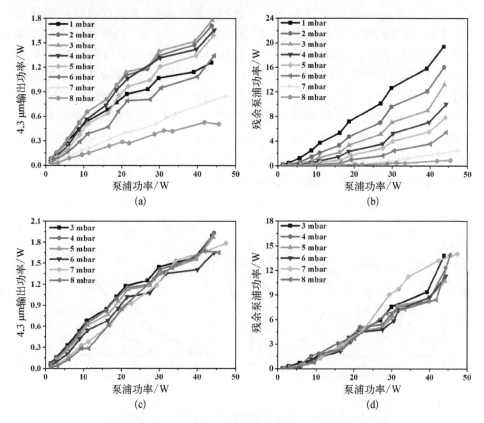

**图 5.25　6 m 长光纤 R(14)吸收线泵浦时的功率结果**

(a) 波长调至吸收线中心时各气压下输出功率随泵浦功率的变化;(b) 波长调至吸收线中心时各气压下残余泵浦功率随泵浦功率的变化;(c) 波长偏离吸收线中心至输出功率最大时各气压下输出功率随泵浦功率的变化;(d) 波长偏离吸收线中心至输出功率最大时各气压下残余泵浦功率随泵浦功率的变化

在气压由 1 mbar 增加至 3 mbar 的过程中,输出的 4.3 μm 激光的功率在不断地增加,在气压为 3 mbar 时达到最大值 1.78 W,而随着气压的进一步升高,输出的 4.3 μm 激光的功率开始下降。随着气压的不断升高,残余泵浦功率逐渐下降,而在最佳气压 3 mbar 下,有 13.2 W 的泵浦功率残余。由于图 5.21(b)中已知,当泵浦波长位于 R(14)吸收线中心波长右侧时,输出的 4.3 μm 激光小于在中心波长处的输出功率,因此为了得到最大输出功率,需调节泵浦波长,使其位于 R(14)吸收线中心左侧的输出功率极大值点处,此时功率特性曲线如图 5.25(c)和(d)所示。在气压为 1 mbar 和 2 mbar 时,调偏泵浦波长也不会使输出功率升高。当气压在 3 mbar 及以上时,由于多普勒加宽的影响,调偏吸收线使得输出的 4.3 μm 功率相较于在吸收线中心时有所增加。各气压下的效率同样相差并不大,此时最大输出功率为 4 mbar 的 1.94 W,对应的残余泵浦功率为 12.3 W。

图 5.26 为泵浦波长位于和偏离 R(14)吸收线中心时,6 mbar 气压下输出功率曲线的对比。由图中可以看出,当中心波长由吸收线中心调偏时,其输出功率会有明显地增加,光光转换效率由 2.93% 变为 3.67%,最大输出功率由 1.34 W 提高至 1.65 W,残余泵浦光由 5.4 W 增加至 11.3 W。与 R(16)吸收线泵浦时相比,调偏吸收线引起的效率的提高幅度有所减小,主要是由于 R(14)吸收线的强度小于 R(16)吸收线,碰撞弛豫的影响不如 R(16)吸收线。

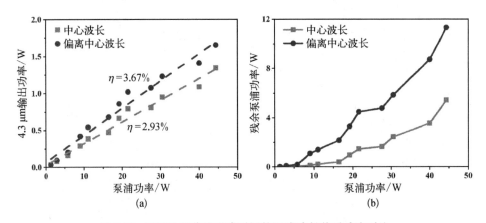

**图 5.26　R(14)吸收线泵浦时调偏泵浦波长前后功率对比**

(a)调偏泵浦波长前后 4.3 μm 输出功率;(b)调偏泵浦波长前后残余泵浦功率

如图 5.27 所示为 R(18)吸收线泵浦时各气压下的功率特性曲线。当泵浦波长位于吸收线中心时,其功率特性曲线如图 5.27(a)和(b)所示。输出的 4.3 μm 激光功率随着气压的升高先增大后减小,在气压为 4 mbar 时达到最大值,功率为 2.07 W。随着气压的不断升高,残余泵浦功率逐渐下降,而在最佳气压 4 mbar 下,有 9.8 W 的泵浦功率残余。调节泵浦波长,使其位于 R(18)吸收线中心左侧的输出功率极大值点处,此时功率特性曲线如图 5.27(c)和(d)所示。与 R(14)吸收线和 R(16)吸收线泵浦时相似,在调偏泵浦波长至最大功率处时,气压对输出功率和残余泵浦光的影响并不明显,此时得到的最大的输出功率为 2.08 W,此时的气压为 4 mbar,对应的残余泵浦功率为 11.5 W。

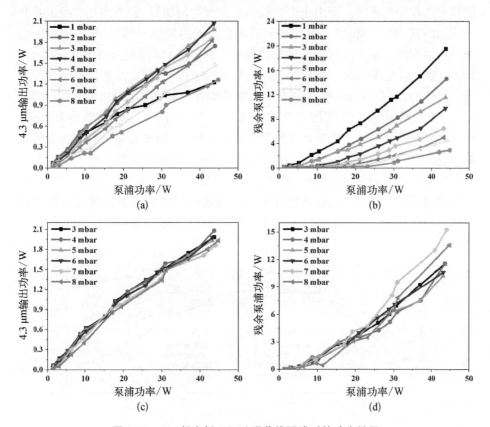

**图 5.27 6 m 长光纤 R(18)吸收线泵浦时的功率结果**

(a)波长调至吸收线中心时各气压下输出功率随泵浦功率的变化;(b)波长调至吸收线中心时各气压下残余泵浦功率随泵浦功率的变化;(c)波长偏离吸收线中心至输出功率最大时各气压下输出功率随泵浦功率的变化;(d)波长偏离吸收线中心至输出功率最大时各气压下残余泵浦功率随泵浦功率的变化

图 5.28 所示为泵浦波长位于或者偏离四条吸收线中心时,各气压下的最大输出功率。当泵浦波长位于吸收线的中心时,最大输出功率会随着气压的增大先逐渐增加后逐渐减小,存在功率的极大值,此时所对应的气压为最佳气压。根据上一节中的结论,最佳气压的值与吸收线的吸收强度有关,其中 R(16)吸

收线具有最大的吸收强度,因此越靠近 R(16) 的吸收线,其最佳气压值越小,而越远离 R(16) 的吸收线,其最佳气压值越大。而在泵浦波长位于吸收线中心时,输出功率最大值为 2.07 W,由 R(18) 吸收线在 3 mbar 泵浦时得到。当泵浦波长偏离吸收线的中心,最大输出功率与气压的关系相对较弱,此时气压影响的只有总粒子数密度。而由于多普勒加宽为非均匀加宽,且泵浦光本身也具有一定的线宽,因此调偏状态下的功率并未有明显的规律,只能以实际测量时得到的结果为准。在泵浦波长偏离吸收线中心时,输出功率最大值为 2.08 W,由 R(18) 吸收线在 4 mbar 泵浦时得到。由功率结果可知,无论泵浦波长是否位于吸收线中心,都是 R(18) 吸收线泵浦时的功率相对较高。从输出光谱上来看,R(16) 吸收线泵浦时 R 支的强度要远远小于 P 支,而 R(18) 吸收线泵浦时,R 支的强度则会大于 P 支。P 支的波长要长于 R 支,而波长越长处空芯光纤的损耗越高,因此,通常 R(18) 吸收线泵浦时的输出功率比较高。而 R(14) 吸收线泵浦时主要受到弛豫的影响,使其输出功率相比于 R(16) 吸收线和 R(18) 吸收线泵浦时低。R(20) 吸收线则是由于其吸收线强度相比于其他几条泵浦线更弱,且其输出光谱中也是 P 支的强度更大,因此其输出功率也不如其他几条吸收线。

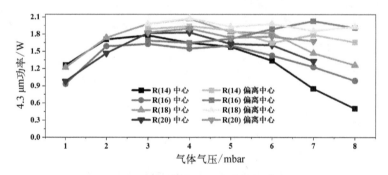

**图 5.28  6 m 长光纤各气压下泵浦波长位于或偏离
四条吸收线中心时的最大输出功率**

### 2. 4 m 空芯光纤

图 5.29 所示为 4 m 长光纤 R(16) 吸收线泵浦时各气压下的功率特性曲线。当泵浦波长位于吸收线中心时,此时的 4.3 μm 输出功率处于极小值点,其功率特性曲线如图 5.29(a) 和 (b) 所示。当气压为 1 mbar 时,输出功率存在明显的饱和效应。而后随着气压的增加,输出功率先增大后减小,在气压为 4 mbar 时

达到最大值。与 6 m 长光纤的结果相比,最佳气压变大,主要是由于光纤长度变短,对泵浦光的吸收减弱,因此需要更高的气压来增强对泵浦光的吸收。当泵浦波长位于 R(16) 吸收线中心时,此时 4.3 μm 的最大输出功率为 1.53 W,相比于 6 m 长光纤的结果有所降低。而随着气压的不断升高,残余泵浦功率逐渐下降,而在最佳气压 4 mbar 下,残余泵浦功率约为 13 W。调节泵浦波长,使其位于吸收线中心左侧的输出功率极大值点处,此时功率特性曲线如图 5.29(c) 和 (d) 所示。由于光纤长度变短,原本 3 mbar 气压下就可以观察到的调偏泵浦线波长功率增加的现象要在 4 mbar 以上气压下才可以观察到。当气压在 4 mbar

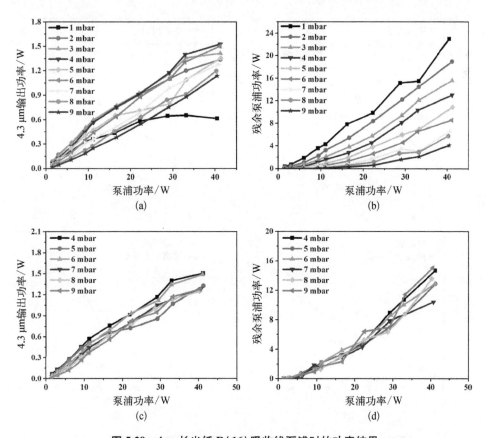

**图 5.29　4 m 长光纤 R(16) 吸收线泵浦时的功率结果**

(a) 波长调至吸收线中心时各气压下输出功率随泵浦功率的变化;(b) 波长调至吸收线中心时各气压下残余泵浦功率随泵浦功率的变化;(c) 波长偏离吸收线中心至输出功率最大时各气压下输出功率随泵浦功率的变化;(d) 波长偏离吸收线中心至输出功率最大时各气压下残余泵浦功率随泵浦功率的变化

以上时,由于多普勒加宽的影响,调偏吸收线使得输出的 4.3 μm 激光功率相较于在吸收线中心时有所增加。而从功率曲线上来看,各气压下的效率相差并不大,而残余泵浦光的曲线也相差不大。调节泵浦波长偏离 R(16) 吸收线时,最大输出功率为 1.5 W,气压为 4 mbar,但是此功率略低于同气压下吸收线中心时的结果。而在不考虑 4 mbar 结果的情况下,最大功率为 1.49 W,在 6 mbar 下获得。

图 5.30 为泵浦波长位于和偏离 R(16) 吸收线中心时,输出功率曲线的对比。其中图 5.30(a) 和 (b) 是 6 mbar 气压下的结果。在 6 mbar 气压下,当泵浦功率较低时,调偏吸收线后,输出功率有较微弱提升,然后在最大泵浦功率下,

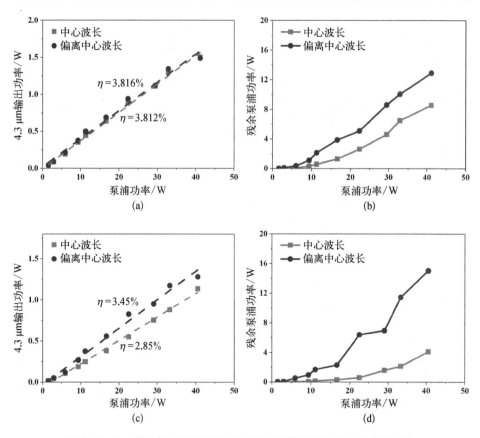

图 5.30　4 m 长光纤 R(16) 吸收线泵浦时调偏泵浦波长前后功率对比

(a) 6 mbar 气压下调偏泵浦波长前后 4.3 μm 输出功率对比;(b) 6 mbar 气压下调偏泵浦波长前后残余泵浦功率对比;(c) 9 mbar 气压下调偏泵浦波长前后 4.3 μm 输出功率对比;(d) 9 mbar 气压下调偏泵浦波长前后残余泵浦功率对比

调偏吸收线的输出功率要小于在吸收线中心时的输出功率。总的斜率效率也几乎保持一致。而从残余泵浦光上来看,调偏吸收线残余泵浦光还是有一定的增加,然而增加幅度相比于 6 m 长光纤同气压下的结果要小。当气压升高至 9 mbar 时,结果如图 5.30(c)和(d)所示,此时调偏吸收线时输出功率有了较明显的提升,光光转化效率也由 2.85% 提升至 3.45%。在此情况下,残余泵浦功率也有显著提升。可见,当光纤长度缩短后,系统总粒子数下降,对泵浦光的吸收减小,此时通常需要在较高气压下才能观察到和长光纤下相同的实验结果。

图 5.31 所示为 4 m 光纤长度下 R(18) 吸收线泵浦时各气压下的功率特性

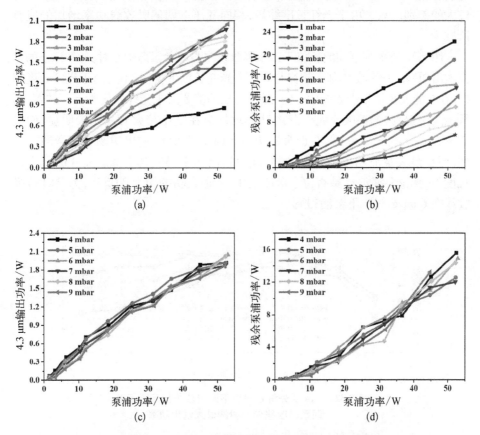

**图 5.31 4 m 长光纤 R(18) 吸收线泵浦时的功率结果**

(a) 波长调至吸收线中心时各气压下输出功率随泵浦功率的变化;(b) 波长调至吸收线中心时各气压下残余泵浦功率随泵浦功率的变化;(c) 波长偏离吸收线中心至输出功率最大时各气压下输出功率随泵浦功率的变化;(d) 波长偏离吸收线中心至输出功率最大时各气压下残余泵浦功率随泵浦功率的变化

曲线。当泵浦波长位于吸收线中心时功率特性曲线如图 5.31(a)和(b)所示。在气压为 1 mbar 和 2 mbar 情况下,输出功率存在明显的饱和效应。而后随着气压的增加,输出功率先增大后减小,在气压为 6 mbar 时达到最大值。当泵浦波长位于 R(18)吸收线中心时,此时 4.3 μm 的最大输出功率为 2.05 W。而随着气压的不断升高,残余泵浦功率逐渐下降,而在最佳气压 6 mbar 下,残余泵浦功率约为 12.5 W。当调节泵浦波长,使其位于吸收线中心左侧的输出功率极大值点处,此时功率特性曲线如图 5.31(c)和(d)所示。调偏吸收线的结果与 6 m 长光纤长度的结果较为类似。输出光的效率与最终残余泵浦光的功率几乎没有较大的差别。只是由于光纤长度缩短,相同气压下调偏吸收线功率增加的值有所减少。

图 5.32 所示为泵浦波长位于四条吸收线中心或者偏离中心时,各气压下的最大输出功率。功率变化基本规律与 6 m 长光纤长度下类似,不过由于光纤长度缩短,在泵浦波长位于吸收线中心时,最佳气压的值要大于光纤长度为 6 m 的情况。且上文中提到,调偏吸收线引起的功率增加只在气压较大时才比较明显,而气压为 5 mbar 或 6 mbar 时,在低泵浦功率下调偏吸收线,输出功率会有微弱的增加,而在最大泵浦功率下,调偏吸收线时输出功率仍然会下降。在 4 m 长光纤长度下,无论泵浦波长是否位于吸收线中心,最大功率均为 2.05 W,为 R(18)吸收线在 6 mbar 气压下泵浦得到。

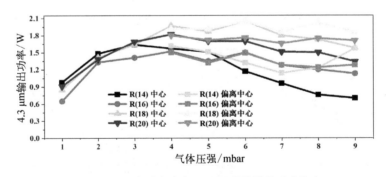

图 5.32　4 m 长光纤各气压下泵浦波长位于或偏离
四条吸收线中心时的最大输出功率

图 5.33 所示为 R(18)吸收线中心泵浦时,6 m 和 4 m 光纤长度各气压下最大输出功率对比。当光纤长度为 6 m 时,最佳气压约为 4 mbar,随着光纤长度变短,在空芯光纤中的作用距离相应减少,在相同的气压较短的光纤长度下,吸收

的泵浦功率也会降低。当光纤长度为 4 m 时，最佳气压增加到 6 mbar。当气压低于 5 mbar，4 m 长光纤的输出功率低于 6 m 长光纤，因为光纤长度的缩短，导致泵浦功率吸收变弱。当气压高于 5 mbar 时，6 m 光纤长度弛豫碰撞增加，最大输出功率开始降低，此时 4 m 长光纤的输出功率高于 6 m 长光纤。

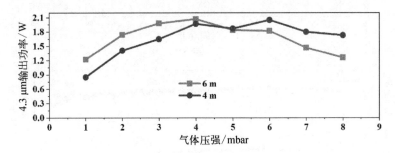

图 5.33　R(18) 吸收线中心泵浦时 6 m 和 4 m 光纤
长度各气压下最大输出功率对比

图 5.34 所示为在 5 mbar 气压、30 W 泵浦功率下测量的功率稳定性。其中图 5.34(a) 为光源的功率稳定性，在起初的几分钟时间内，光源还未稳定工作，功率略有下降，而在之后的一个小时的时间内，泵浦功率整体保持得非常稳定。图 5.34(b) 为当泵浦波长调节至吸收线中心时测量得到的 4.3 μm 输出光和残余泵浦光的功率稳定性。从图中可以看出，在一个小时的测量时间内，前 40 min 的功率稳定性保持较好，而在 40 min 之后输出的 4.3 μm 功率与残余泵浦光的功率同时下降，这主要是由于工作时间过长，引起耦合状态发生一定的改变，使得耦合效率下降。除此之外可能还会存在泵浦波长漂移引起的输出功率降低，此时对应的残余泵浦功率会升高，这种现象并未在图中体现。图 5.34(c) 为抽气与充气过程中的输出功率和残余泵浦功率的变化曲线。从残余泵浦功率上看，当充气时，约 20 min 的时间，残余泵浦功率达到最小值，此时对气体腔抽真空。抽气约 30 min 后，残余泵浦功率重新回到最大值的状态。对于输出的 4.3 μm 功率来说，在充气的过程中，输出功率会先增大，后减小而后达到稳定状态。这主要是由于在气压还未平衡时，被激发的粒子数经历由少变多的过程，此时存在一极大值点使得输出功率最高。而当气体平衡后，被激发的粒子数变多，使得输出激光的效率下降，而后输出功率达到稳定。在抽气过程中，与充气过程类似，也存在功率先增大后减小的过程。

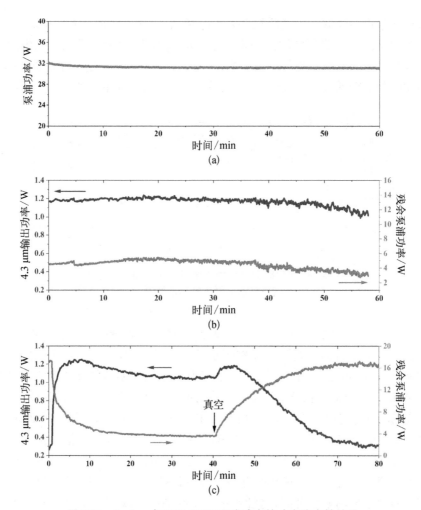

**图 5.34　5 mbar 气压下 30 W 泵浦功率的功率稳定性结果**

（a）泵浦源功率稳定性；（b）输出 4.3 μm 功率与残余泵浦光功率的功率稳定性；
（c）抽气与充气过程的功率稳定性

### 5.3.4　线宽特性

1. 泵浦吸收线宽特性

当没有泵浦光注入的情况下,粒子数服从玻尔兹曼分布,总粒子数分布于各条吸收线上。前文中介绍了谱线的线宽特性,并不是所有粒子数都位于中心波长处,而是通过分子的自然加宽、碰撞加宽和多普勒展宽分布于中心波长周围。本小节主要介绍 $CO_2$ 气体的泵浦吸收线宽特性。

实验中使用的泵浦光源波长可调谐,因此通过调节泵浦光的波长,使其扫过中心波长,在空芯光纤内充有气体时测量不同情况下的残余泵浦光,通过对测量数据点进行沃伊特(Voigt)曲线拟合,得到了如图 5.35 所示的吸收曲线。其中图 5.35(a)为不同气压下的吸收曲线。不同气压下,系统内粒子数密度有所不同,气压越高,粒子数密度越大,分子之间的碰撞就越强烈。如图 5.35(a)所示,随着气压的增大,中心波长处的吸收强度也越来越大,吸收曲线的宽度也越来越宽。说明只增大气压的情况下会增加系统对泵浦光的吸收。图 5.35(b)为不同泵浦功率下的吸收曲线。多普勒加宽主要是由于分子之间的相对运动引起的,气体的温度越高,分子运动越剧烈,多普勒展宽也就越明显。实验中通过向系统内注入不同泵浦功率来代表系统内气体的温度,泵浦功率越高,则代表系统内的温度越高。由图 5.35(b)可以观察到,随着注入泵浦功率的不断提高,中心波长处的吸收强度不断下降,但吸收曲线整体的宽度是在逐渐增加的。这是由于多普勒加宽并没有改变系统内气体分子总数,而是使得中心波长附近的分子更多地向两侧分布。这也是光纤气体激光器在高功率下残余泵浦功率会变大的主要原因。

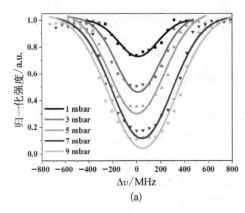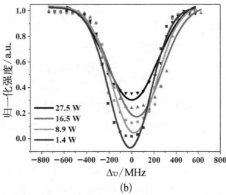

**图 5.35 R(16)吸收线泵浦时吸收线宽测量结果**

(a)最大泵浦功率下不同气压吸收线宽;(b)5 mbar 气压下不同泵浦功率的吸收线宽

图 5.35 中在 5 mbar 气压下测量得到的吸收线宽约为 521 MHz,而通过理论公式计算得到的吸收线宽约为 280 MHz,两者之间有较大的差别。主要原

因可能有三点：一是泵浦光的调节精度约为 0.8 pm，调节精度可能不够高；二是泵浦光本身具有几十兆赫兹的线宽，泵浦光的宽度可能对测量结果有一定的影响；三是注入激光后分子温度可能会发生变化，导致测量的吸收线宽偏大。虽然图 5.35 中得到的结果并不能准确地得知吸收线宽的大小，但是可以定性的分析出吸收线宽的变化规律。

2. 输出激光线宽特性

利用 F－P 腔法测量 4.3 μm 激光的输出线宽。测量结构如图 5.36 所示。经过充有 $CO_2$ 气体的激光由双色镜将泵浦光与产生的中红外激光进行分离。其中输出激光经过可调谐滤波片进行衰减后通过透镜耦合进 F－P 腔（自由光谱范围 1.5 GHz）内，F－P 腔与光电探测器搭配使用，通过示波器（Tektronix MD03104）读取测量得到的信号。

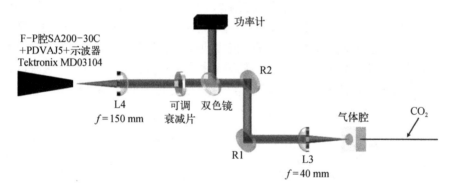

**图 5.36　F－P 腔测量吸收线宽示意图**

利用 F－P 腔法测量输出激光线宽的结果如图 5.37 所示，其中虚线为扫描电压，一个扫描区间内有两个峰值，两个峰之间的频率间隔代表一个自由光谱范围。利用示波器可以测量得到输出激光的两个峰，记录两个峰之间的间隔为 $\Delta T$，记录一个峰的半高宽为 $\Delta t$，而 F－P 腔的自由光谱范围 FSR（free spectral range）为 1.5 GHz，通过下式可求出输出激光的半高宽：

$$FWHM = \frac{\Delta t}{\Delta T} \times FSR \tag{5.1}$$

在 R(16) 吸收线泵浦，6 mbar 最大泵浦功率下，经测量得到两个信号峰值之间的间隔 $\Delta T = 7.35$ ms，其中一个峰的半高宽 $\Delta t = 0.18$ ms，通过公式（5.1）计

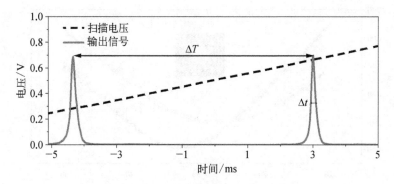

**图 5.37　F‐P 腔测量输出激光线宽结果**

算出此时的输出激光的线宽约为 37 MHz。由实验得到的 4.3 μm 中红外激光在瓦级输出功率水平下得到的输出线宽均在几十兆赫兹水平,而由理论计算得到的发射线宽约为 140 MHz,实验测量得到的输出激光线宽小于理论计算值,这主要是由于在较低气压下输出线宽主要受多普勒展宽的非均匀加宽决定。此时泵浦光并不会激发所有的粒子,而只激发特定的粒子,因此测量得到的输出线宽与泵浦线宽较为接近。可以看出光纤气体激光器是产生窄线宽中红外激光的有效手段。

## 5.3.5　光束质量

利用图 5.11 中的实验系统,测量高功率泵浦下的光纤气体激光器输出激光的光斑特性,结果如图 5.38 所示。其中图 5.38(a)为 R(16)吸收线泵浦时,3 mbar 气压和 30 W 泵浦功率的光束质量测试结果,其在两个方向上的 $M^2$ 因子分别为 1.03 和 1.28,图中还有腰斑位置处的光斑图像,可以看到能量基本符合高斯分布。图 5.38(b)为 3 mbar 气压下输出光束质量随泵浦功率的变化,从图中可以观察到,随着泵浦功率的升高,光束质量基本保持不变。而图 5.38(c)为实验中使用的泵浦光源的光束质量 $M^2$ 随泵浦功率的变化,$M^2$ 在功率有差别时,具有较大幅度的波动。相比于泵浦光,光纤气体激光器产生的中红外激光的光束质量则要稳定得多。这也说明光纤气体激光器是产生良好光束质量中红外激光的有效方式。

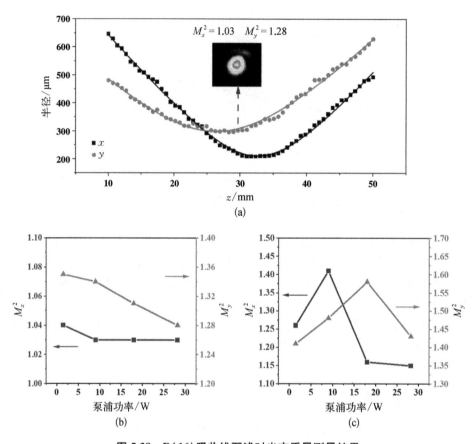

**图 5.38　R(16)吸收线泵浦时光束质量测量结果**

（a）3 mbar 气压下 30 W 泵浦功率结果；（b）3 mbar 气压下光束质量随泵浦功率的变化；
（c）泵浦源光束质量随泵浦功率的变化

## 5.4　放大器结构二氧化碳光纤气体激光

### 5.4.1　实验系统

综合前两节中用到的实验系统，可实现放大器结构的 $CO_2$ 光纤气体激光光源，其结构如图 5.39（a）所示。实验结构分为两个部分，即种子光路部分和泵浦光路部分，两部分共用同一个窄线宽可调谐的激光二极管以保证波长的一致性。从窄线宽可调谐的激光二极管中输出的激光,经由 3 dB 耦合器均匀地分成两束光,分别进入两个 2 μm 光纤放大器中,其中 10 W 光纤放大器与 5.2 节中的相同,50 W 光纤放大器与 5.3 节中的相同。由于窄线宽可调谐激光二极管的输出功率仅为 3 mW 左右,经过 3 dB 耦合器后进入每一个放大器的功率仅为 1.5 mW,此时种子功率过低,因此在窄线宽可调谐的激光二极管和 3 dB 耦合器之间加入一级预放大,使得功率放大至 20 mW 左右。种子光路部分,10 W 光纤放大器输出的 2 μm 激光经由两个平凸透镜耦合进密封在气体腔的空芯光纤内。两个平凸透镜 L1 和 L2 均为定制的 2 μm 平凸透镜,焦距分别为 15 mm 和 50 mm。其基底材料为红外石英,并镀有 2 μm 增透膜,透过率均大于 99%。

种子光路所用无节点空芯光纤的纤芯直径为 80 μm,与 5.2 节中所用的光纤相同,光纤长度为 2.8 m。输出端采用自行设计的小型气体腔。输入窗口为定制的 2 μm 高透窗口,透过率大于 99%,输出窗口为 Thorlabs 的半英寸蓝宝石窗口(WG30530),在 4.3 μm 的透过率约为 80%。为节约空间,种子光路中光纤的盘绕半径比较小,因此出光效率相比于 5.2 节中有所降低,这里不对种子光路中产生 4.3 μm 激光的过程进行详细描述。输出的激光经由 L3 平凸透镜准直为平行光,再经由 L5 平凸透镜耦合进放大器的空芯光纤内。其中 L3 与 L5 均为未镀膜的 $CaF_2$ 透镜,透过率约为 95%。R1 为镀银反射镜用来调整光路方向,双色镜起到透过 4.3 μm 激光,反射残余 2 μm 泵浦光的作用。泵浦光路中,由 50 W 放大器输出的激光经由 L4 平凸透镜准直并由 L5 聚焦至放大器的空芯光纤内。L4 为定制的 2 μm 平凸透镜,焦距为 15 mm。R2 为定制的双色镜,利用双色镜在 2 μm 的高反射率可以起到反射镜的作用,其大于 98% 的反射率相较于镀银反射镜 97% 的反射率更有利于减少损耗。输入端采用自行设计的制冷气体腔,输入端面设计为斜面以减少耦合时端面的回光对系统的影响。

放大器部分所用为纤芯直径 72 μm 的无节点型反共振空芯光纤,与 5.3 节中所用的光纤相同,光纤长度约为 6 m。输出端为非制冷的气体腔。输入端与输出端的窗口均为定制的 2~4.3 μm 高透过率窗口,透过率大于 99%。输出激光经由 Thorlabs 的 E 镀膜平凸透镜 L6 准直,其焦距为 40 mm。双色镜可用于分离产生的 4.3 μm 激光和残余泵浦光,可同时测量两者的功率。耦合过程中需要平衡泵浦光路与种子光路的耦合效率,然而 $CaF_2$ 透镜在 2 μm 和 4.3 μm 的焦距相差至少 2 mm,很难保证两者同时具备较高的耦合效率。在调整耦合过程中发现泵浦光路的耦合效率较之前略有下降,且高功率下出现回光断电的情况。

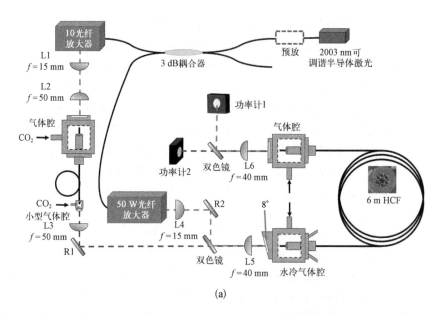

(b)                (c)

**图 5.39　放大器结构光纤气体激光器结构**

（a）结构示意图；（b）输入端实物图；（c）输出端实物图

因此在本章中,泵浦功率并未加至最高功率水平。图 5.39（b）和（c）为放大器结构 $CO_2$ 光纤气体激光光源的实验装置实物图。

## 5.4.2　光谱特性

首先,在 R(16) 吸收线泵浦时,对种子光和加入种子光前后输出光的光谱进行了测量,在 1.5 W 泵浦功率时得到图 5.40 中的结果。图中,蓝色线为加入种子后的光谱,与未加种子光的情况相比,无论是 R 支还是 P 支,均得到了放大。而且 P 支的强度大于 R 支的强度,放大过程中并没有改变光谱的成分。

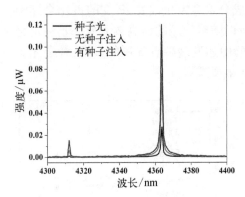 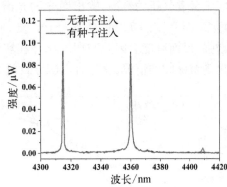

图 5.40　R(16)吸收线泵浦时未加种子时输出光和加入种子后输出光的光谱　　图 5.41　R(14)吸收线泵浦时未加种子时输出光和加入种子后输出光的光谱

其次,在 R(14)吸收线泵浦时,对加入种子光前后输出光的光谱进行了测量,在 30 W 功率泵浦时得到图 5.41 中的结果。图中,蓝色线为未加种子时的光谱,红色线为加入种子光后的光谱。两者对比发现,加入种子光后,R 支与 P 支的强度均有所下降,而原本没有产生的弛豫谱线开始出现。这说明加入种子光后使输出光的光谱成分发生了变化,使得弛豫谱线更加容易产生,而此时 R 支与 P 支的强度有所下降。

### 5.4.3　功率特性

首先在 R(16)吸收线泵浦时对放大器结构光纤气体激光器的功率特性进行了测量,结果如图 5.42 所示。其中图 5.42(a)为 5 mbar 气压下,注入种子前后 4.3 μm 输出功率随泵浦功率的变化。从图中可以看出,在有种子功率注入的情况下,输出的 4.3 μm 激光功率相比于未注入种子的情况会有略微的增加。但是增加的功率较少,仅为 10~20 mW,去除种子光本身的功率,放大后的功率增幅仅在 10 mW 左右,这与理论计算得到的结果较为接近。从图中也可以看出,加入种子光后,光光转换效率并没有增加,而只是略微地降低了产生激光的阈值。因为 $CO_2$ 光纤气体激光器本身的阈值也比较低,所以放大的效果并不明显。图 5.42(b)为不同气压下注入种子光前后输出功率增量随泵浦功率的变化。各气压下放大的效果并没有特别大的差别,理论上低气压下阈值较低,放大的效果较差,而随着气压的升高,阈值也逐渐升高,放大效果更加明显。但实际上随着气压的升高,输出激光的光谱成分也会发生改变,P 支的占比会逐渐增多,而 P 支的光纤损耗要大于 R 支,所以随着气压的增高放大效果不一定会增强,反而可能会因此减弱。此外在实验中还发现随着气压的升高,种子光会出现被吸收的情况,这也有可能导致放大效果减弱。

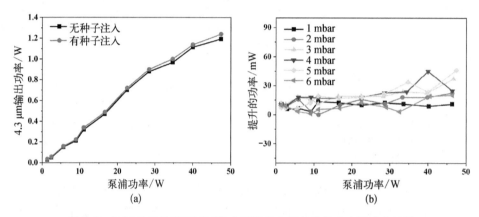

**图 5.42  R(16)吸收线泵浦时放大器结构光纤气体激光光源功率特性**

(a) 5 mbar 气压下有无种子注入时的功率曲线;(b) 不同气压下
注入种子前后功率增量随泵浦功率的变化

然后测量了 R(14)吸收线泵浦时对放大器结构光纤气体激光器的功率特性,结果如图 5.43 所示。与 R(16)不同的是,R(14)吸收线泵浦时会有弛豫谱线输出,因此其输出特性与 R(16)吸收线泵浦时有所区别。图 5.43(a)为 5 mbar 气压下,注入种子前后 4.3 μm 激光输出功率随泵浦功率的变化。从图中可以看出,在有种子功率注入的情况下,输出的 4.3 μm 激光功率变化较小,在较低的泵浦功率时,加入种子光输出功率会有少量增加,随着泵浦功率的增大,加入种子光后的输出功率比未加种子时还要小。这主要是因为有弛豫谱线产生,导致 R 支和 P 支的激光减小和弛豫谱线的强度增大,而弛豫线的输出波长要更长,损耗更大,因此加入种子光后的输出功率会变小。图 5.43(b)为不同气压下注入种子光增加的输出功率随泵浦功率的变化。随着气压的增大,在更高功率泵浦下功率下降越明显,而气压升高和泵浦功率增大也会导致弛豫谱线容易产生。

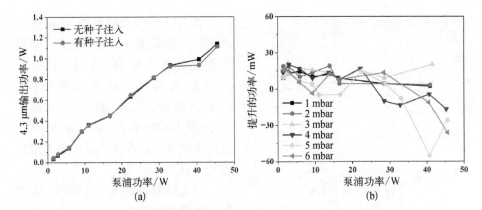

**图 5.43　R(14)吸收线泵浦时放大器结构光纤气体激光光源功率特性**

(a) 5 mbar 气压下有无种子注入时的功率曲线;(b) 不同气压下
注入种子前后功率增量随泵浦功率的变化

在 5 mbar 气压下注入种子光前后 4.3 μm 激光输出功率随泵浦波长变化的结果如图 5.44 所示。图 5.44(a)为 R(16)吸收线泵浦的结果,随着泵浦波长从吸收线中心向两侧偏移,注入种子光都会达到放大的效果。图 5.44(b)为 R(14)吸收线泵浦时的结果。当泵浦波长位于中心波长左侧时,加入种子光对输出功率具有一定放大效果,当泵浦波长位于中心波长右侧时,加入种子功率反而使输出功率减小。减小时正好对应弛豫谱线产生的情况。图 5.41 中加入种子光后弛豫谱线更容易产生,这也是加入种子光后功率反而下降的原因。

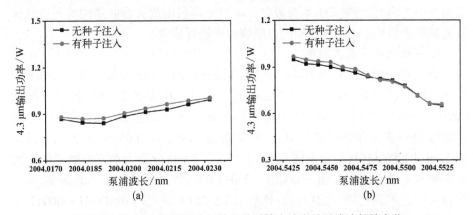

**图 5.44　5 mbar 气压下注入种子前后输出功率随泵浦波长的变化**

(a) R(16)吸收线泵浦;(b) R(14)吸收线泵浦

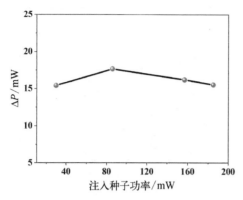

图 5.45  不同种子功率注入时放大
功率 $\Delta P$ 变化曲线

在 R(16) 吸收线泵浦,不同种子功率注入的情况下,去除种子功率后的放大功率记为 $\Delta P$,得到不同种子功率注入时的 $\Delta P$ 变化曲线,如图 5.45 所示。在不同种子功率的注入下,放大的功率 $\Delta P$ 基本保持不变,这与不同种子功率注入时的仿真结果较为一致。

以上结果表明放大器结构 $CO_2$ 光纤气体激光实验中,在加入种子光后可略微降低出光阈值,使得输出功率提升。但由于 $CO_2$ 光纤气体激光器本身的阈值比较低,因此放大器结构的效果并不明显。对于 R(14) 吸收线,由于弛豫谱线的存在,当弛豫谱线产生后加入种子光反而会使输出功率下降,没起到放大的效果。

### 5.4.4  自吸收效应

在未加入泵浦光仅有种子光注入放大级的情况下,随着气压逐渐增加,输出光中 R 支的成分占比逐渐减小,直至消失,仅有 P 支剩余。4.3 μm 激光正好位于 $CO_2$ 气体分子的强吸收峰附近。通过以上现象判断种子光在充有 $CO_2$ 的空芯光纤中传输时,会被 $CO_2$ 本身吸收。本节中将利用放大器的结构对光纤气体激光器产生激光在 $CO_2$ 气体中的自吸收效应进行研究。

1. 自吸收效应基本原理

第三章介绍了 $CO_2$ 气体分子的能级跃迁过程。$CO_2$ 气体分子在 20012 - 20002 辐射过程处的波长在 4.3 μm,正好位于 $CO_2$ 基态的强吸收能级跃迁 00001 - 00011 附近。其能级跃迁结构如图 5.46(a) 所示。将两个过程辐射和吸收的波长和强度进行对比,结果如图 5.46(b)、(c) 和 (d) 所示。其中图 5.46(b) 为所有线的示意图,而图 5.46(c) 和 (d) 分别为本节中测量的线的 R 支和 P 支的精细图。由于 00001 - 00011 的吸收过程具有很大的强度,为了能将两个过程放在同一图中进行比较,图 5.46(b) 和 (c) 中 00001 - 00011 过程的强度缩小了 $10^6$ 倍,而图 5.46(d) 中 00001 - 00011 过程的强度缩小了 $10^4$ 倍。

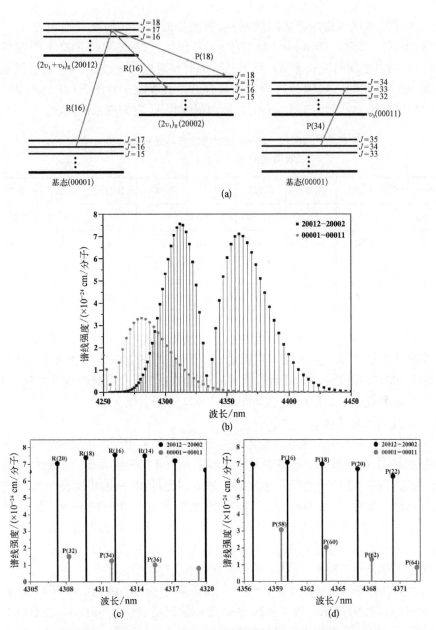

**图 5.46 4.3 μm 激光在二氧化碳中的自吸收效应的原理示意图[4]**

(a) 20012-20002 和 00001-00011 的能级跃迁示意图;(b) 20012-20002 辐射过程和
00001-00011 吸收过程波长与强度对比;(c) R 支精细图;(d) P 支精细图

为了直观地对比两者之间的差别,将测量的几条线的波长列在表 5.1 中。对于 20012 – 20002 的 R(16)辐射线,与其最接近的 00001 – 00011 吸收线为 P(34),两者之间的波长差 $\Delta\lambda$ 约为 0.31 nm,其对应的 P 支 P(18)辐射线也具有约 0.385 nm 的 $\Delta\lambda$,因此这两条线最有可能被吸收。对于 R(18)、P(20)和 P(22)辐射线,$\Delta\lambda$ 都大于 1 nm,与其他辐射线相比,它们更难被吸收。

表 5.1  20012 – 20002 辐射谱线与邻近 00001 – 00011
吸收谱线的波长及波长差[4]

| 20012 – 20002 | R(20) | R(18) | R(16) | R(14) | P(16) | P(18) | P(20) | P(22) |
|---|---|---|---|---|---|---|---|---|
| 波长/nm | 4 307.284 | 4 309.713 | 4 312.190 4 | 4 314.716 1 | 4 360.147 | 4 363.49 | 4 366.884 | 4 370.33 |
| 00001 – 00011 | P(32) | P(32) | P(34) | P(36) | P(58) | P(60) | P(62) | P(62) |
| 波长/nm | 4 308.239 6 | 4 308.239 6 | 4 311.875 8 | 4 315.563 0 | 4 359.557 3 | 4 363.874 6 | 4 368.245 8 | 4 368.245 8 |
| $\Delta\lambda$/nm | 0.95 | 1.473 4 | 0.31 | 0.84 | 0.59 | 0.385 | 1.361 8 | 2.08 |

粒子数反转产生激光的线宽由三个线宽加宽过程决定,即自然加宽、碰撞加宽和多普勒加宽。碰撞加宽主要受气压影响,多普勒加宽主要受温度影响。00001 – 00011 吸收过程的吸收线宽可以通过增加气压和系统内温度实现加宽,甚至可以吸收 $\Delta\lambda$ 大于 1 nm 的 20012 – 20002 的辐射线。

2. 气压对自吸收效应的影响

测量气压对 $CO_2$ 自吸收效应影响的结构如图 5.47 所示,其结构与图 5.39 中的基本相同,在此系统中不需要泵浦光的注入。首先将放大级空芯光纤抽气成真空状态,然后将种子光耦合进放大级的空芯光纤内,从输出端测量经过空芯光纤传输后的种子光的输出功率和光谱,然后向空芯光纤内充入不同气压的 $CO_2$,测量经过充 $CO_2$ 空芯光纤传输的种子光的输出功率和光谱。由于在种子光注入之前放大级中未激发的气体分子基本都处于基态,因此测量得到的功率下降基本都是由 00001 – 00011 的 $CO_2$ 分子吸收过程引起。

在 R(14)吸收线泵浦时,产生了两条辐射线 R(14)和 P(16),结果如图 5.48(a)和(b)所示。种子光路的 4.3 μm 输出功率约为 140 mW,在真空中通过 HCF 传输后,测量到种子激光器的输出功率为 20.8 mW。种子激光器的输入功率和耦合效率可认为是稳定的。当空芯光纤中的气压为 3.3 mbar 时,种子光路的输出功率几乎保持不变。种子激光器的输出功率随着气压的增加而逐渐

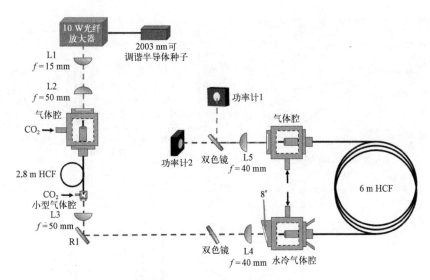

**图 5.47　测量气压对 $CO_2$ 自吸收效应影响的结构示意图**

减小。在 30 mbar 气压下,种子激光器的输出功率仅为 8.8 mW。从经过充气空芯光纤传输的种子光的输出光谱来看,气压 3.3 mbar 时的光谱与真空中的光谱几乎相同。随着气压的增加,R(14) 和 P(16) 辐射线的强度逐渐减小。

表 5.1 中,R(14) 的 Δλ 大于 P(16),然而,由于 P(36) 吸收线的吸收截面比 P(58) 吸收线大近 100 倍,从光谱上看,R 支的吸收大于 P 支的吸收。对于 R(16) 吸收线泵浦时的情况,结果如图 5.48(c) 和 (d) 所示。在这些辐射线中,R(16) 和 P(18) 辐射线具有最小的 Δλ。因此,随着气体压强的增加,这两条线更容易被吸收。如图 5.48(c) 所示,种子光路的输出功率在真空中约为 16 mW,并且随着气体压强的增加而逐渐降低。当气体压强为 30 mbar 时,种子光路的输出功

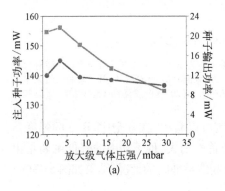

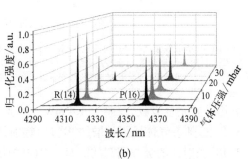

(a)　　　　　　　　　　　　　　(b)

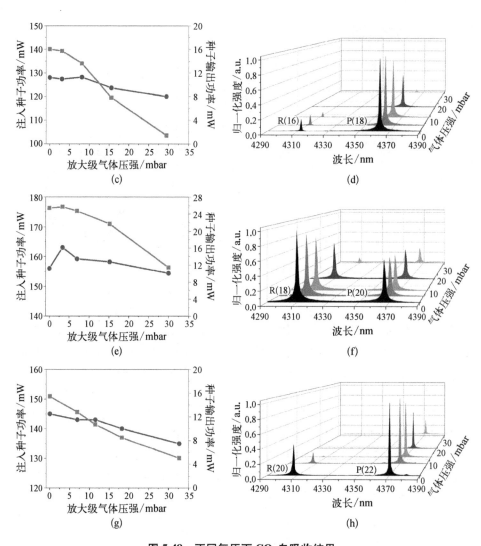

**图 5.48 不同气压下 $CO_2$ 自吸收结果**

（a）R（14）吸收线泵浦时功率结果；（b）R（14）吸收线泵浦时光谱结果；（c）R（16）吸收线泵浦时功率结果；（d）R（16）吸收线泵浦时光谱结果；（e）R（18）吸收线泵浦时功率结果；（f）R（18）吸收线泵浦时光谱结果；（g）R（20）吸收线泵浦时功率结果；（h）R（20）吸收线泵浦时光谱结果

率几乎被完全吸收，仅剩下 1.4 mW。从光谱可以看出，在真空中，R 支的强度弱于 P 支，随着气体压强的增加，R（16）辐射线首先消失，种子功率的降低主要是由P（18）辐射线的吸收引起的。对于 R（18）吸收线泵浦时的情况，结果如图 5.48（e）

和(f)所示。与其他辐射线相比,R(18)和 P(20)辐射线的 $\Delta\lambda$ 均高于 1.3 nm,因此,种子功率的吸收较弱。当气体压强从 0 mbar 增加到 30 mbar 时,种子光路的输出功率从 25.4 mW 下降到 11.4 mW。从光谱可以看出,R(18)和 P(20)辐射线的强度都降低,R(18)的吸收比 P(20)强。对于 R(20)吸收线泵浦时的情况,结果如图 5.48(g)和(h)所示。其规律与 R(16)吸收线的结果相似。

3. 温度对自吸收效应的影响

探究温度对 $CO_2$ 自吸收效应影响的结构如图 5.49 所示,其结构与图 5.47 中基本相同。

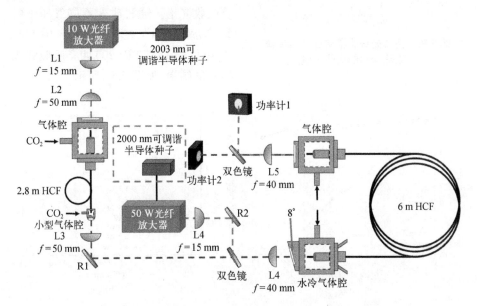

图 5.49　测量温度对 $CO_2$ 自吸收效应影响的结构示意图

在此系统中需要泵浦光的注入,泵浦光使用的种子光源的中心波长为2 000 nm,在图中用方框标出。而种子光路中使用的光源中心波长为 2 003 nm。实验时将泵浦光路中的波长调至偏离吸收线中心,防止由于泵浦光激发的粒子数引起种子光的吸收。

实验中采用向空芯光纤中注入不同泵浦功率来代表不同的温度。虽然这不能直观地体现温度的影响,但是与光纤气体激光器产生激光过程的条件更加类似。实验中也测量了注入不同泵浦功率下空芯光纤涂覆层处的温度,如图 5.50 所示。此曲线可定性表示光纤温度随传输泵浦功率的变化,但是实际的光纤内温度

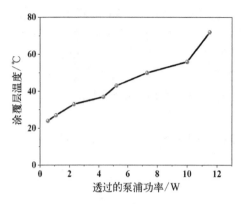

**图 5.50** 空芯光纤涂覆层温度随传输泵浦功率的变化曲线

要大于测量得到的光纤涂覆层温度。

当泵浦光未注入空芯光纤时,通过空芯光纤传输的种子激光的输出功率和光谱记为 $P_1$ 和 $S_1$。当泵浦光被注入空芯光纤中时,通过空芯光纤传输的种子激光的输出功率和光谱记为 $P_2$ 和 $S_2$。由温度影响吸收的功率差 $\Delta P$ 由 $\Delta P = P_2 - P_1$ 计算得出。用 $S_2 - S_1$ 计算吸收光谱。通过改变不同气压下的泵浦功率,测量了在不同气压下 R(14)、R(16)、R(18) 和 R(20) 四条吸收线泵浦时的结果,如图 5.51 所示。

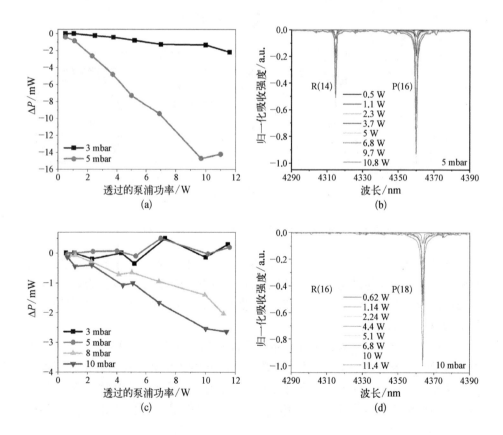

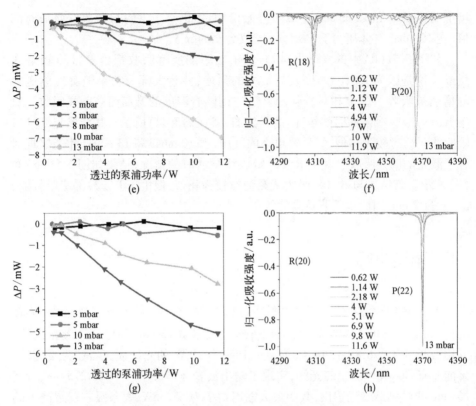

**图 5.51　不同泵浦功率下 $CO_2$ 自吸收结果**

（a）R(14)吸收线泵浦时功率结果；（b）R(14)吸收线泵浦时吸收光谱结果；（c）R(16)吸收线泵浦时功率结果；（d）R(16)吸收线泵浦时吸收光谱结果；（e）R(18)吸收线泵浦时功率结果；（f）R(18)吸收线泵浦时吸收光谱结果；（g）R(20)吸收线泵浦时功率结果；（h）R(20)吸收线泵浦时吸收光谱结果

　　对于 R(14)吸收线泵浦时的情况，结果如图 5.51（a）和（b）所示。气压为 3 mbar，由于 $CO_2$ 分子的总数相对较少，受温度影响的多普勒展宽不明显。随着注入泵浦功率的增加，$|\Delta P|$ 最大值约为 2.2 mW。当气压从 3 mbar 增加到 5 mbar 时，种子光的吸收增强，随着传输泵浦功率地增加，$|\Delta P|$ 也增大，$|\Delta P|$ 最大值为 14.7 mW。5 mbar 下的吸收光谱如图 5.51（b）所示。随着传输泵浦功率的增加，R(14)和 P(16)的吸收强度都增加，P(16)的吸收强度比 R(14)的吸收强度强。这是因为 R(14)的大部分功率在气压上升过程中被吸收，P(16)是剩余功率的主要成分。对于 R(16)吸收线泵浦时的情况，结果如图 5.51（c）和（d）所示。当气压为 3 mbar 或 5 mbar 时，输出种子功率没有明显降低。当气压

增加到 8 mbar 和 10 mbar 时,$|\Delta P|$ 开始增加,但仍小于 R(14) 吸收线泵浦时的值,在 10 mbar 气体压力下,最大 $|\Delta P|$ 仅为 2.64 mW。

从图 5.51(d)中的光谱中可知,种子功率的所有吸收都由 P(18) 辐射线贡献。这是因为 R(16) 本身具有较弱的强度,并且大部分功率随着气体压力的增加被吸收。强度相对较强的 P(18) 则随着温度的升高而被明显吸收。对于 R(18) 吸收线泵浦时的情况,结果如图 5.51(e) 和(f)所示。其结果与 R(14) 吸收线泵浦时较为相似,但需要更高的气压,如 10 mbar 和 13 mbar,才能实现对种子激光的明显吸收。对于 R(20) 吸收线泵浦时的情况,结果如图 5.51(g) 和(h)所示。其结果与 R(14) 吸收线泵浦时较为相似,但由于 P(22) 的吸收较弱,$\Delta\lambda$ 超过 2 nm,因此也需要更高的气压。

## 5.5 本章小结

本章将 $CO_2$ 气体充入空芯光纤内,实现了基于 $CO_2$ 的光纤气体激光、单程结构 4.3 μm 光纤气体激光,以及 4.3 μm 波段带宽 150 nm 的可调谐激光光源。利用波长为 1 996.89～2 008.594 nm、功率为 10 W 的光纤放大器作为泵浦源,泵浦充有 $CO_2$ 气体的空芯光纤,实现了输出波长 4 276.573～4 428.275 nm、带宽 151 nm 的可调谐激光输出,其中最大输出功率为 557 mW,每条吸收线泵浦下的输出功率均超过 200 mW,同时实现了高功率 4.3 μm 光纤气体激光。通过优化气体腔的设计,成功将更高的泵浦功率耦合进充有 $CO_2$ 气体的空芯光纤内。在 R(18) 吸收线泵浦时,6 m 长空芯光纤内,4 mbar 气压下实现了 2.08 W 的中红外激光输出,斜率效率 12.4%,输出光束质量 $M^2$ 为 1.2。在放大器结构 $CO_2$ 光纤气体激光实验中发现了 4.3 μm 光纤气体激光的自吸收效应。对不同气压和温度情况下的自吸收效应进行了研究。基于以上分析,可通过自吸收效应的强弱合理设计光纤气体激光器的结构,为高功率光纤气体激光器的设计提供指导。

## 参考文献

[ 1 ] Buchwald M I, Jones C R, Fetterman H R, et al. Direct optically pumped multiwavelength $CO_2$ laser[J]. Applied Physics Letters, 1976, 29(5): 300-302.

[ 2 ] Nampoothiri A V V, Jones A M, Fourcade-Dutin C, et al. Hollow-core optical fiber gas lasers (HOFGLAS): A review[J]. Optical Materials Express, 2012, 2(7): 948 - 961.

[ 3 ] Cui Y, Wang Z, Zhou Z, et al. Towards high-power densely step-tunable mid-infrared fiber source from 4.27 to 4.43 $\mu$m in $CO_2$-filled anti-resonant hollow-core silica fibers[J]. Journal of Lightwave Technology, 2022, 40(8): 2503 - 2510.

[ 4 ] HITRAN Spectroscopic Database[EB/OL]. http://hitran.org/[2023 - 07 - 15].

# 第六章 中红外溴化氢光纤
# 气体激光技术

## 6.1 引言

 HBr气体由于自身的能级特性,被广泛应用于产生4 μm波段的中红外激光,目前报道的研究成果集中在传统的气体激光器。到目前为止,已经报道的HBr气体激光器都是基于传统的气体腔,体积庞大,作用距离较短,而且全部为脉冲输出。HCF的出现,特别是在中红外波段具有较低传输损耗的AR-HCF,为实现气体激光输出提供了一种新思路。相较于传统的气体腔,HCF为HBr气体激光提供了一个理想的作用环境,将泵浦光约束在几十微米的纤芯区域内,有效作用距离可增加1~2个数量级,泵浦强度提高了3~5个数量级。基于HBr气体的中红外HCF激光的基本原理是通过光泵浦HCF中HBr气体分子,使其本征吸收跃迁实现振动-转动能级粒子数反转直接发射产生中红外激光。本章分别介绍能够满足HBr分子有效吸收的连续波窄线宽可调谐泵浦源系统、光泵浦充有HBr的HCF气体激光单程实验结构,系统探究HCF中HBr气体激光特性。

## 6.2 连续溴化氢光纤气体激光

 关于HBr气体激光器的研究成果,最早可追溯至20世纪90年代。1994年,美国空军研究实验室的H. C. Miller等首次报道了光泵浦的HBr气体激光器,使用Nd:YAG抽运的2 μm脉冲OPO激光器作为泵浦源,通过P支一阶泛频吸收,基频跃迁产生4 μm的中红外激光输出[1]。2004年,美国新墨西哥大学的C. S. Kletecka等利用1.34 μm调Q的Nd:YAG固体激光器泵浦HBr气体,通过级联跃迁产生了4 μm激光输出[2]。2009年,南非国家激光中心的L. R. Botha等利用掺铥光纤泵浦的 Ho：YLF 激光为泵浦源,获得了单脉冲能量 2.5 mJ 的 HBr 气体激光[3]。2014 年,南非国家激光中心的 W. Koen 等报道了以 Ho：YLF 激光器为泵浦源的 HBr 气体激光器,并利用腔内闪耀光栅实现了从 3.87 μm 到 4.45 μm 一共 19 个中红外波长的调谐输出,在 4.133 μm 获得了 2.4 mJ 的单脉冲能量输出[4]。2020 年,Koen 小组首次报道了主振荡功率放大(master oscillator power amplifier, MOPA)结构的光泵浦 HBr 气体激光器,先利用 Ho：YLF 激光器泵浦气体腔中的 HBr 产生 4 μm 波段激光作为种子光,耦合进另一个充有 HBr 气体的气体腔进行放大,最终在 4.2 μm 和 4.34 μm 实现了单脉冲能量 10.3 mJ 的输出[5]。

## 6.2.1　实验系统

由于 HBr 气体分子能级跃迁及吸收特性,泵浦波长需要精确对准 HBr 分子振动能级 $v=0 \rightarrow v=2$ 跃迁吸收线中心并具有良好的波长稳定性。实验系统选择波长精确可调谐的半导体激光器作为种子源,通过掺铥光纤进行放大作为泵浦系统,相比于目前基于粒子数反转的中红外 HCF 气体激光器,常见的 OPO 或 OPA 泵浦源系统结构更为紧凑,更加便于实用化。

图 6.1 为搭建的 2 μm 波段可调谐窄线宽连续波 TDFA 泵浦源系统。种子源是 2 μm 波段半导体激光器,线宽小于 2 MHz,功率输出在毫瓦量级,能在几纳米范围内精确调谐,仅覆盖 HBr 分子一个吸收波长。为了实现 HCF 中 HBr 气体激光实现 4 μm 波段大范围调谐输出效果,实验中使用了 1 940~1 983 nm 范围内分别对应 HBr 分子 R(0)、R(2)、R(3)、R(5)、R(7) 和 R(11) 一阶泛频吸收线一共六个波长的半导体激光器作为种子源[下文简称 R(J)种子源],如图 6.1 中虚线框所示,半导体激光器种子源是光纤跳线输出,通过可插拔的光纤跳线来切换不同波长的半导体激光器种子源进行后续放大,用黑色虚线与后续系统连接表示,注意到其中 1 966 nm 的 R(3)种子源是用黑色实线连接,表示图 6.1 中目前是 R(3)种子源与后续系统连接进行放大。每个半导体激光器种子源有 4 个引脚 $V_{cc}$、$V_{Tec}$、$V_{bias}$ 和 Gnd,接入高精度的直流电源(电压分辨率 0.01 mV,调节步长最小 1 mV)来精确控制电压,其中的 $V_{cc}$ 为固定偏压,为种子源提供电源(一般固定为 5 V),$V_{Tec}$ 为温控电压(调节范围 0.1~3 V),$V_{bias}$ 为偏置电压(调节范围 0~1.2 V),Gnd 为接地。调节温控偏置电压 $V_{bias}$ 和电压 $V_{Tec}$ 均可改变种子源的输出波长,但是调节 $V_{bias}$ 同时会改变种子源的输出功率,而调节 $V_{Tec}$ 则不会,因此将 $V_{bias}$ 设置为固定值(一般为 1.2 V),通过精确控制 $V_{Tec}$ 来精准调谐激光波长,使之与 HBr 分子的吸收线中心波长精确匹配。

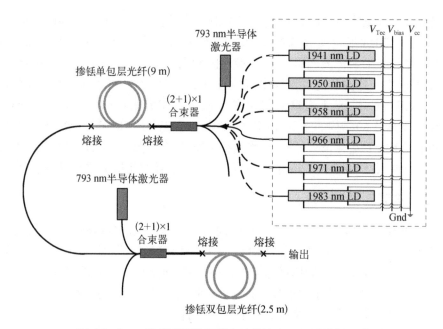

**图 6.1  2 μm 波段可调谐窄线宽连续波 TDFA 泵浦源系统**

半导体激光器种子源输出功率较小,只有毫瓦量级的输出,因此采用了两级放大的结构。在第一级放大结构中,泵浦光是波长 793 nm 半导体激光器(最大泵浦功率 5 W),采用前向泵浦结构,种子光和 793 nm 泵浦激光通过一个(2+1)×1 合束器(泵浦和信号合束器,泵浦臂平均耦合效率 97.2%,信号臂插入损耗 0.13 dB)注入进一段 9 m 长的单包层掺铥光纤中,其中种子光接入合束器中间的信号臂,793 nm 泵浦光接入合束器两侧任意一个泵浦臂,另一泵浦臂用于监测回光,将种子光放大到几百毫瓦量级,随后,在第二级放大结构中,采用同样的方式使用波长 793 nm 半导体激光器(最大泵浦功率 30 W)前向泵浦,将第一级放大后的种子光通过第二个(2+1)×1 的合束器注入一段 2.5 m 长的双包层掺铥光纤中进行第二级放大,最终输出的 2 μm 波段泵浦光功率能达到近 10 W。

1. 波长调谐

由 3.2.2 节可知,HBr 分子能级带宽十分窄,跃迁谱线中心波长相对确定,但会随着温度气压等条件的改变发生微小漂移,而泵浦波长需要与跃迁谱线精确一致,因此泵浦波长可以精确调谐是非常关键的。图 6.1 所示泵浦源系统的输出波长由半导体激光器种子源波长决定,可以通过温控电压 $V_{Tec}$ 来调节,以其中 R(0)、R(2)、R(7)和 R(11)种子源波长为例,TDFA 泵浦源系统输出波长随 $V_{Tec}$ 变化如图 6.2 所示。圆点是在不同的温控电压 $V_{Tec}$ 下测得的泵浦源波长,倾斜的虚线是对数据点的拟合,可见在不同种子源条件下,可以在约 2.5 nm 波长范围内精确调谐,泵浦源波长与 $V_{Tec}$ 呈线性变化,不同种子源下的波长与 $V_{Tec}$ 之间的斜率有所不同,约在 0.76~0.9 nm/V,可见 1 V 的电压范围仅能调节 0.76~0.9 nm 的波长范围,由于最小 1 mV 的调节步长,波长调节步长在 0.76~0.9 pm,由波长跟频率的关系:$\Delta\lambda/\lambda = \Delta v/v$,对于 2 μm 波段的泵浦光,相应的频率调节步长在 57~67.5 MHz,相比于 3.2.2 节所述 HBr 分子几百兆赫兹量级的吸收跃迁谱线线宽,较小的频率调节步长能保证泵浦源波长被精确调节在 HBr 分子吸收线中心区域。此外,图 6.2 中水平虚线表示了各吸收线下 $H^{79}Br$ 和 $H^{81}Br$ 同位

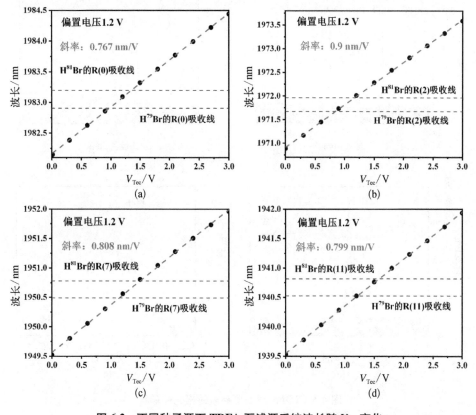

**图 6.2　不同种子源下 TDFA 泵浦源系统波长随 $V_{Tec}$ 变化**

(a) R(0)种子源;(b) R(2)种子源;(c) R(7)种子源;(d) R(11)种子源

素的具体吸收波长,可见各种子源下的波长调节范围均能覆盖到两种同位素的吸收波长,有利于实验上探究泵浦 HBr 分子不同同位素对激光性能的影响。

    2. 光谱形状

    使用单模光纤跳线(SMF-28)一端收集少部分 TDFA 泵浦源系统输出的泵浦光,另一端插入光谱仪(可测波长范围 1 200~2 400 nm,可测功率范围-70~+20 dBm,波长精度±0.05 nm)测量泵浦光谱,如图 6.3 所示。

    图 6.3(a)展示了不同种子源下的泵浦源系统输出光谱,可见经过二级放大后,所有种子源下泵浦光都保持了良好的光谱特性,具有集中的光谱功率分布,

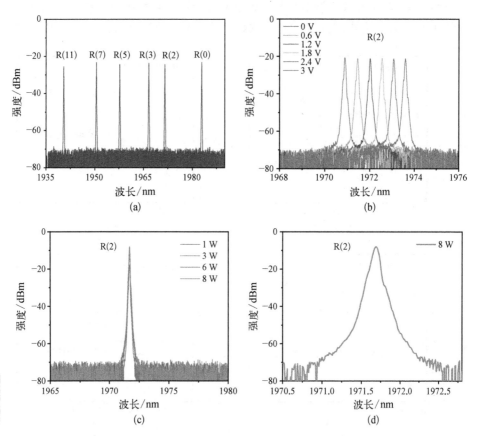

图 6.3   **TDFA 泵浦源系统输出光谱形状**

(a) 不同种子源下输出光谱;(b) R(2)种子源不同 $V_{\text{Tec}}$ 下输出光谱;(c) R(2)种子源不同输出功率下的光谱;(d) R(2)种子源输出光谱细节

几乎所有泵浦能量都集中在中心波长。所有种子源下泵浦光都有类似的光谱特性，以 R(2)种子源为例，不同温控电压 $V_{Tec}$ 下的泵浦光谱如图 6.3(b)所示，泵浦中心波长随 $V_{Tec}$ 的变化与图 6.2(b)对应，由于约 2.5 nm 的泵浦波长调谐范围变化相比于铥离子较宽的增益带可以忽略不计，不同种子光波长下具有相同的放大效果，因此最终泵浦源在不同 $V_{Tec}$ 下输出有着类似的光谱形状。图 6.3(c)给出了当泵浦波长调节到 R(2)吸收线时，不同泵浦源输出功率水平下的光谱形状，可以看到，随着泵浦功率从 1 W 增加到 8 W，泵浦光谱形状几乎不变，线宽略有增加，而没有出现明显的 ASE，输出的能量主要集中在中心波长上，这说明了使用线宽小于 2 MHz 的窄线宽半导体激光器种子源有利于抑制 ASE 的产生，高光谱质量的 TDFA 适合做此类 HCF 气体激光器的泵浦源。图 6.3(d)是当泵浦功率为 8 W 时测得的光谱细节，从图中数据可以得到 3 dB 宽度约为 0.05 nm，但需要注意的是，实验中使用的横河光谱仪这种经典光栅型光谱仪是建立在闪耀光栅分光的空间色散工作原理上的，其最高分辨率通常也只有 0.01 nm，远无法达到搭建的 TDFA 泵浦源系统兆赫兹级别线宽的测量要求，因此图 6.3(d)所示的光谱线宽不能代表实际情况，泵浦线宽已经超过光谱仪测量精度范围，需要用其他分辨率更高的方式测量，这将在下一小节进行介绍。

3. 泵浦线宽

由 3.2.2 节可知，HBr 分子振动能级 $v=0 \to v=2$ 吸收谱线线宽只有几百兆赫兹量级，因此需要确保泵浦线宽要小于几百兆赫兹才能有效泵浦 HBr 分子，受光谱仪最大测量精度限制，无法精确测量到泵浦线宽。法布里-珀罗(Fabry-Perot，F-P)扫描干涉仪是用于高分辨率光谱的光学谐振腔，具有高精度检测和解析透射光谱精细特征的能力，通过将单色光通过一个 F-P 标准具形成等倾干涉圆环，其光频分辨率在兆赫兹级别，可以满足 TDFA 泵浦源系统线宽的测量需求。

具体来说，F-P 扫描干涉仪核心是由两个相对的高反射率但部分透射的球面透镜组成的谐振腔。通过输入反射镜进入谐振腔的光波在两个反射镜之间大量往返传播，在这段时间内，光波经过干涉相长或相消，干涉相长会在谐振腔长度 $L$ 等于波长的一半的整数倍 $q\lambda/2$ 时发生，此时光波增强并在谐振腔反射镜之间形成驻波图案，对于所有不符合此标准的其他波长，谐振腔内形成干涉相消[6]。对于空间模式与基模匹配的光场，即高斯光束的波阵面与反射镜面完全匹配且入射光束与谐振腔光轴对齐，无更高阶的模式时，谐振腔的传输频谱仅包含不同纵模的 $TEM_{00}$ 模式。两个连续的 $TEM_{00}$ 模相邻两个纵模之间的距离称为谐振腔的自由光谱范围(free spectral range，FSR)，由下式给出[7]：

$$v_{FSR} = \frac{c}{2L} \tag{6.1}$$

F-P干涉仪的镜面反射率在分辨透射光谱特征方面起着重要作用，低反射率反射镜将产生较宽的透射峰，而高反射率反射镜将产生较窄的透射峰。除FSR外，还可通过精细度和模式宽度来衡量F-P干涉仪对光谱特征的分辨能力。对于具有相同反射率 $r$ 的反射镜，精细度 $F$ 为

$$F = \frac{\pi\sqrt{r}}{(1-r)} \tag{6.2}$$

高反射率反射镜的F-P干涉仪具有更高的精细度，能产生更窄的透射峰，提高分辨率，使其更容易区分彼此间隔很近的透射峰。根据瑞利判据，当相邻两个频谱峰的峰峰间距大于每个峰的FWHM时，两个峰形状是可分辨的，这个FWHM就是模式宽度(也称为分辨率)，表示为 $\Gamma_{FWHM}$，与谐振腔的精细度和FSR有关：

$$\Gamma_{FMHM} = \frac{V_{FSR}}{F} = \frac{c(1-r)}{2L\pi\sqrt{r}} \tag{6.3}$$

常见的F-P干涉仪的 $\Gamma_{FWHM}$ 在兆赫兹量级，当待测激光线宽远大于 $\Gamma_{FWHM}$ 时，可以直接从实验中测得，本实验就是此种情况；当待测激光线宽与 $\Gamma_{FWHM}$ 大致相等时，实验测得结果是待测激光谱线形状和谐振腔模式的卷积，需要反卷积过程来确定真实的待测激光线宽；当待测激光线宽远小于 $\Gamma_{FWHM}$ 时，实验测得结果主要是谐振腔模式的贡献，为了评估待测激光线宽，可以选择具有更高精细度的F-P干涉仪，还可以通过锁边模来估计待测激光模式线宽[8]，此外还可以不拘泥于使用F-P干涉仪，使用精度更高的延时自外差法[9]来实现千赫兹量级的激光线宽精准测量。

利用F-P扫描干涉仪测泵浦线宽的实验装置如图6.4所示，将图6.1所示的TDFA泵浦源系统输出的泵浦光通过衰减后经过两个反射镜和两个平凸透镜(带保护层镀银膜的反射镜，在450 nm~20 μm平均透过率大于96%；D镀膜氟化钙平凸透镜，在1.65~3 μm增透)进行扩束准直，F-P干涉仪(FSR为1.5 GHz，$\Gamma_{FWHM}$ 为7.5 MHz，探测范围1 275~2 000 nm)安装在标准的光学调整架上，然后再将调整架放入折叠反射镜后的自由空间光路中，反复调节反射镜和F-P干涉仪的位置，直到腔与入射光束对准。然后调节光路中第二个平凸透镜，使入

射光束的束腰处于 F-P 腔的中心位置,F-P 干涉仪控制箱(提供锯齿形扫描电压)的扫描电压一边接入示波器作为参考信号,一边驱动 F-P 干涉仪尾端的压电陶瓷使腔长周期性变化。F-P 干涉仪尾端的光电探测器(图中未画出)测得的 F-P 腔透射光信号经过控制箱放大后也接入示波器。

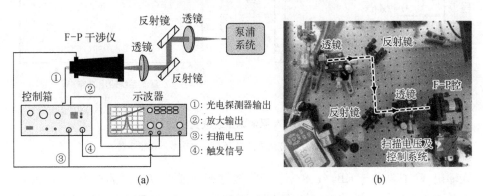

**图 6.4　F-P 扫描干涉仪测泵浦线宽实验结构图**

(a) 实验示意图;(b) 实验实物图

示波器输出的典型结果如图 6.5(a)所示,在 F-P 腔一个扫描电压周期里,测得两个脉冲,间隔 $\Delta T$ 约为 66 ms,对应 F-P 腔的 FSR,在示波器上放大单个脉冲,可以得到单个脉冲的半高宽 $\Delta t$ 约为 2.6 ms,则泵浦光线宽可由下式给出[6]:

$$\Delta v = v_{\mathrm{FSR}} \frac{\Delta t}{\Delta T} \tag{6.4}$$

实验中使用的 F-P 干涉仪的 FSR 为 1.5 GHz,可以得到泵浦源线宽约为 59 MHz,远大于 7.5 MHz 的 F-P 腔分辨率,说明测得结果可靠。还测量了泵浦源不同输出功率下的线宽,结果如图 6.5(b)所示,随着泵浦功率的增加,泵浦线宽并没有明显增加,都保持在 60 MHz 左右,出现的波动可能是由于测量误差引起,这也与图 6.3(c)中的结果一致。此外,在不同种子源下和同一种子源不同调谐波长下的泵浦线宽大小也没有明显区别。由此可见,搭建的 TDFA 泵浦源系统输出泵浦光线宽是远小于 HBr 分子的吸收线宽,能够有效地泵浦 HBr 分子。

**4. 波长稳定性**

由于 HBr 气体几百兆赫兹量级的吸收线宽,为了获得有效稳定的中红外激

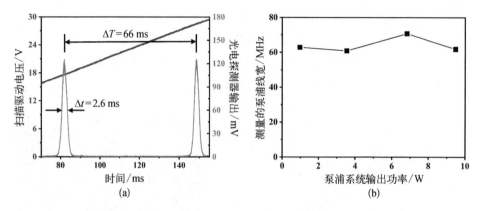

**图6.5　TDFA泵浦源系统线宽测量结果**

（a）示波器测量线宽结果；（b）不同输出功率下泵浦线宽

光输出,除了要求与HBr气体分子吸收线宽相当或更窄的泵浦线宽,泵浦波长也需要能够保持良好的稳定性,否则泵浦波长就可能漂移出气体分子的吸收带外。实验中,首先对泵浦系统波长稳定性进行了测试,在低泵浦功率情况下（低于阈值,不产生中红外激光）采用后续图6.7（a）的实验装置,将泵浦光耦合进充有HBr气体的HCF中,在HCF另一端实时监测传输过来的泵浦功率。

　　在不同HBr气压条件下逐步调节泵浦波长扫过HBr气体的吸收线（以R（3）吸收线为例）,残余泵浦功率变化如图6.6（a）所示,其中离散点是以1 mV的温控电压$V_{Tec}$步长逐点测量的实验结果,虚线是相应的拟合,三条线从上往下分别代表了2.2 mbar、4.8 mbar和6.5 mbar气压下的结果,泵浦波长从左到右逐步扫描吸收线,残余泵浦光功率先变小后变大,越靠近吸收线中心,残余泵浦光功率越小,测量结果也粗略反映了HBr的R（3）吸收线线宽,结果表明2.2 mbar、4.8 mbar和6.5 mbar气压下吸收线宽分别为3.6 pm（270 MHz）、4.8 pm（360 MHz）和5.6 pm（420 MHz）,通过拟合相应的展宽系数为34.9 MHz/mbar,如图6.6（b）所示,相比于图3.19中理论上8.48 MHz/mbar的展宽系数要大一些,这是由于泵浦线宽在60 MHz左右,而相应的吸收线宽在几百兆赫兹,相当于扫描的探针十分粗糙,扫描过程只能有几个实测数据点,因此拟合的吸收线型也不是理想的Voigt线型,精确的结果需要用线宽更窄的激光扫描或者宽谱光源直接测量。虽然目前线宽的泵浦光对于吸收线宽测量不是很准确,但与吸收线中心波长位置匹配的泵浦光能有效泵浦HBr分子,满足实验要求。

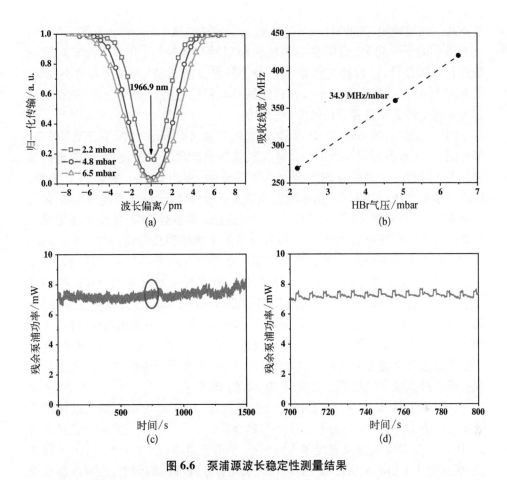

**图 6.6　泵浦源波长稳定性测量结果**

(a) 不同气压下调节波长扫描 R(3) 吸收线时残余泵浦变化；(b) 不同气压下测得的 R(3) 吸收线线宽；
(c) 泵浦波长在 R(3) 吸收线中心时残余泵浦随时间变化；(d) 泵浦波长在 R(3) 吸收线中心时残余泵浦
随时间变化局部细节

　　进一步利用图 6.6(a) 的结果对泵浦源波长稳定性进行测试。调谐泵浦
波长在 HBr 分子 R(3) 吸收线的某一位置，通过充有 HBr 气体的 HCF 后输出
的残余泵浦光功率变化来衡量泵浦波长的稳定性。如果泵浦波长稳定，则输出
的残余泵浦功率稳定，反之如果泵浦波长发生波动，则 HBr 分子对偏移的泵浦
波长的吸收强度发生变化，输出的残余泵浦功率会发生变化。图 6.6(c) 展示了
泵浦源波长调谐到 R(2) 吸收线中心，HBr 气体气压为 9.3 mbar、注入泵浦功率
133 mW 时，对应的残余泵浦光随时间的变化曲线，可以看出，输出的残余泵浦

功率总体比较稳定,随着时间的增加,残余泵浦功率从 7.5 mW 上升到 7.8 mW,具有微小的上升趋势,说明泵浦源波长稳定性总体较好,但由于没有对泵浦源进行稳频设计,波长稳定性取决于种子源自身波长稳定性,会有微小波动。图 6.6(d)展示了图 6.6(c)中椭圆标注的波长稳定性的局部细节,周期性的凸起也是由于种子源自身波长的波动引起的。

图 6.7 为连续波 HCF 中 HBr 气体激光的实验结构图,泵浦源系统就是 6.2.1 节介绍的 2 μm 波段可调谐窄线宽连续波掺铥光纤放大器泵浦源,其输出的泵浦光首先经过一个在三维调节架上的平凸透镜(焦距 15 mm,氟化钙 D 镀膜,1.65~3 μm 增透),如图 6.1 所示的泵浦源系统输出尾纤(纤芯直径 10 μm,包层直径 130 μm 的单模光纤)位于第一个平凸透镜的焦点处,尾纤输出的发散泵浦光束经过第一个透镜后准直,然后反复调节两个镀银膜反射镜(450 nm~20 μm 平均透过率大于 96%),使准直光束与基座光学平台水平并与后续的输入气体腔窗口垂直,便于将泵浦光耦合进 HCF,然后准直光束通过第二个在三维调节架上的平凸透镜(焦距 75 mm,氟化钙 D 镀膜,1.65~3 μm 增透)聚焦耦合进 5 m 长的 HCF 中,耦合时需要将 HCF 的输入端调节在第二个透镜焦点处,通过三维调节架反复调节两个平凸透镜使耦合效率最高,由高斯光束的准直可知,这两个平凸透镜将泵浦光束的模场直径扩大了 5 倍(两个平凸透镜的焦距之比),有利于耦合进实验中使用的纤芯直径 80 μm 的 HCF 中。

在考虑了 HCF 在泵浦波段的传输损耗后,图 6.7(a)中的泵浦光最佳耦合效率大致为 60%,图 6.7(b)展示了泵浦耦合的实物图。由第三章的理论仿真可知,HCF 中的 HBr 气体具有足够大的增益,能够通过单程结构产生 4 μm 波段激光,而且由于 4 μm 波段激光反射镜材料及实验系统等限制因素,没有添加反馈装置,泵浦光从 HCF 输入端耦合进入,在充有 HBr 气体的 HCF 中经过一次单程的作用后,从 HCF 输出端输出。实际上英国巴斯大学的 M. R. A. Hassan 等于 2016 年实现了环形腔结构的 3 μm 光纤 $C_2H_2$ 气体激光器[10,11],能够极大地降低激光阈值,但随后该小组的研究表明,由于此类激光器较高的增益,腔结构对输出功率提升没有明显帮助[12-14]。虽然激光器通常都有一个由反射镜(或光栅)组成的谐振腔,激光工作物质位于二反射镜或光栅之间,但也存在着本实验这一类型的无谐振腔的激光器,无谐振腔的激光器的输出光实质上是 ASE[7]。在 HCF 的输出端,产生的 4 μm 波段激光和残余泵浦光共同通过一个红外带通滤波器(4 μm 波段透过率 80%,2 μm 波段透过率<0.1%)后,可以将残余的泵浦光滤除,最终输出产生的 4 μm 波段激光。

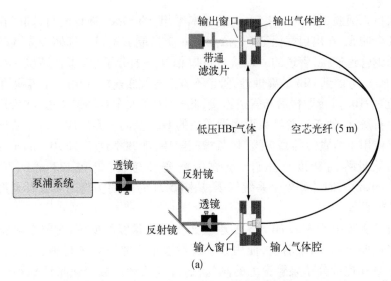

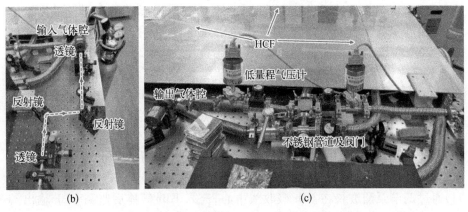

**图6.7 连续波空芯光纤溴化氢气体激光实验装置**

(a)实验装置示意图;(b)泵浦耦合细节实物图;(c)其余细节实物图

　　HBr气体与水汽接触后具有腐蚀性,为将HBr充入HCF中并保持良好的密封性和防腐蚀,自行设计了防腐蚀的充气及抽气系统[图6.7(a)中未画出]。HCF两端放入特殊设计的气体腔中,气体腔靠近HCF的一侧通过固定柱、固定螺丝、密封后盖和含氟橡胶垫圈[防腐蚀,通过固定柱和固定螺丝的挤压密封,图6.7(a)中未画出]将HCF进行固定和密封在气体腔中。气体腔另一侧通过密封前盖和蓝宝石窗口片(输入气体腔窗口是D镀膜,1.65～3 μm增透,输出气体腔窗口未镀膜,150 nm~4.5 μm 透过率平坦,约 87%)进行密封,同时在入射端保证泵浦光,在出射端保证产生的 4 μm 激光能够透过。气体腔充气的一侧与不锈钢管道连接,管道的一端接入可以抽真空的分子泵(工作范围 $1\times10^{-5}$ ~ $1\times10^{5}$ Pa),考虑到 HBr 的腐蚀性,管道不直接与气瓶连接,利用一个容积约 0.5 L 的钢瓶对 HBr 进行取样后与管道连接,此外,为了安全及环保考虑,在管道一端接入生石灰池,便于实验结束后将管道中的 HBr 及时中和反应。各个管道的连接分路使用了防腐蚀的真空阀门(氟橡胶隔膜,泄漏率优于 $1\times10^{-6}$ mbar/s),同时利用低量程高精度气压计(抗腐蚀陶瓷传感器,量程 133 mbar,精度为 $1\times10^{-3}$ mbar)实时监测整个系统气压,从图 6.7(c)中的实物图可以看到部分充气及抽气系统。

由于实验中所充入 HBr 气压是毫巴(mbar)量级的低压,对整个实验系统的气密性要求很高,实验前,使用分子泵对整个实验系统进行抽真空,然后关闭分子泵和连接分子泵管道上的阀门,通过气压计示数变化来评估整个系统的气密性,示数变化越缓慢气密性越好,图 6.8(a)展示了整个系统抽完真空后,气压计示数随时间的变化,其中黑色的点是实测的数据点,虚线为拟合的曲线,可见由于分子泵抽真空,系统的初始气压为 0.02 mbar,接近于真空,但是外界空气始终会向抽成真空的系统逐渐泄漏,气压会随着时间的增加逐渐上升,图 6.8(a)中泄漏的速率通过拟合大致为 $6.5\times10^{-4}$ mbar/min,在 2 h 的时间内,气压上升到约 0.1 mbar,相比于实验中使用的毫巴量级气压的 HBr 是可接受的。在对系统抽完真空后,通过与取样钢瓶连接管道上的阀门控制充入所需气压的 HBr 气体,HBr 气体会通过不锈钢管道和气体腔进入 HCF 中,但由于 HCF 比较长,HBr 气体在 HCF 中达到平衡均匀分布会需要一定的时间,通过调谐泵浦波长在 HBr 吸收线中心,充入 HBr 气体后监测 HCF 输出端残余的泵浦光功率来衡量。图 6.8(b)展示了当充入 6 mbar 气压的 HBr 后,残余泵浦功率随时间的变化,可见在未充入气体之前,输出的泵浦功率保持稳定,当注入气体后,泵浦功率迅速下降,下降速率逐渐变小,说明 HBr 气体一开始迅速扩散到 HCF,然后扩散速度变慢,直至 1 000 s 左右,残余的泵浦功率不发生变化,此时认为气体基本达到平衡,可以进行后续实验。需要注意到,注入不同气压的气体需要平衡的时间是不一样的,充入气压越低,所需时间越长,同时综合考虑图 6.8(a)所示时间越长外界空气泄漏越多的问题,因此通常在充入气体后等待 1 h 左右使 HBr 气体在 HCF 中尽可能分布均匀再进行后续实验。

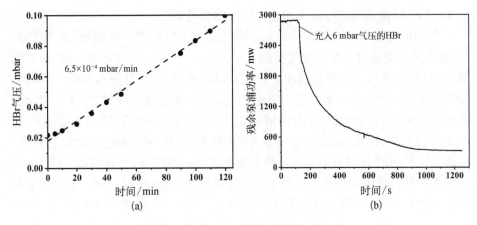

**图 6.8　实验系统气密性及气体平衡时间**

（a）实验系统气密性；（b）充入 HBr 后残余泵浦功率随时间变化

## 6.2.2　光谱特性

实验中,输出的中红外光谱与 HBr 气压和泵浦功率密切相关。HBr 从 $v=0$ 基态泵浦到 $v=2$ 上能级,然后根据跃迁选择定则 $\Delta J=\pm1$ 产生的 P 支和 R 支激光谱线共享一个上能级,二者存在竞争,而且随着气压的增加,HBr 间碰撞加剧,导致转动弛豫,使上能级粒子数通过非辐射跃迁到其他转动能级而出现其他的谱线,这将在下一小节中解释。实验中采用傅里叶变换光谱分析仪(分辨率 7.5 GHz,0.25 cm$^{-1}$,光学抑制比 30 dB,适用范围 1~12 μm)对输出的中红外光谱进行测量,图 6.9(a)展示了 0.9 mbar 低气压条件下,使用 R(3)种子源泵浦 H$^{81}$Br 同位素时,输出光谱随泵浦功率的变化。从表 3.14 可知,P(5)激光谱线的爱因斯坦 $A$ 系数及发射截面大于 R(3)激光谱线,因此在 1.3 W 的低泵浦功率条件下,首先仅观测到一条纯净的 P(5)激光谱线,随着泵浦功率的增加,P(5)激光谱线的下能级 $v=1$ 振动态上的 $J=5$ 转动态上积累的粒子数增多,导致 P(5)激光谱线上下能级的反转粒子数下降,增益发生饱和,而此时 R(3)激光谱线的下能级 $v=1$ 振动态上的 $J=3$ 转动态上积累的粒子数较少,反转粒子数更多,增益超过 P(5)激光谱线。因此,在低气压情况下随着入射泵浦功率增加,由于 P 支跃迁增益逐渐发生饱和,在输出的 R(3)和 P(5)两条谱线中 R(3)谱线逐渐占据主导地位。图 6.9(b)展示了图 6.9(a)对应的 R(3)和 P(5)两条谱线峰值强度之比随泵浦功率的变化,随着泵浦功率从 1.3 W 增加到 6.3 W,

R(3)与P(5)两条谱线峰值强度之比从0增加到1.8。

　　当HBr气压进一步增加到5 mbar时,使用R(3)种子源泵浦H⁸¹Br同位素时,输出光谱随泵浦功率的变化如图6.9(c)所示。由于HCF中的HBr分子数增加,P(5)激光谱线的增益饱和需要更大的泵浦功率,但目前实验中使用的泵浦源系统最大输出功率水平还不能使P支跃迁的增益发生饱和,所以R支跃迁在竞争中无法占据优势,输出的谱线在不同的功率条件下只包含了纯净的P(5)跃迁谱线,因此,通过改变气压和泵浦功率,有效地控制输出光谱成分。在较低气压下,R支谱线随着泵浦功率增加而逐渐占据主导;而在较高气压下(该气压下不会引起转动弛豫),泵浦功率不足以使P支跃迁增益饱和,不会产生R支跃迁激光,可以得到纯净的P支跃迁谱线。同样,当泵浦同位素H⁷⁹Br也可

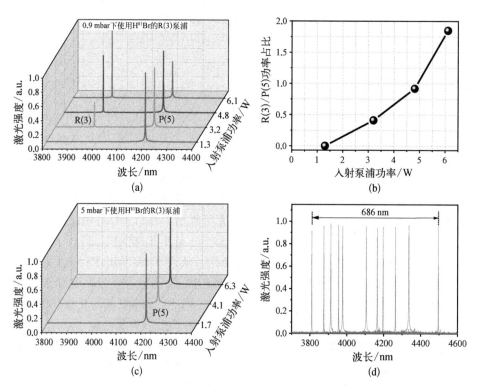

**图6.9　输出中红外光谱特性**

(a) 0.9 mbar气压下和R(3)种子源泵浦时光谱随泵浦功率变化;(b) 0.9 mbar气压下和R(3)种子源泵浦时光谱成分占比随泵浦功率变化;(c) 5 mbar气压下和R(3)种子源泵浦时光谱随泵浦功率变化;(d) 依次使用六个种子源泵浦的输出光谱

以得到类似的结果,由于同位素之间相同能级大小有微小差异,会导致输出两条谱线波长有所差异。图6.9(d)展示了依次使用图6.1中R(0)、R(2)、R(3)、R(5)、R(7)和R(11)种子源泵浦,所有测量到的宽带可调谐中红外光谱,一共包括了5条R支谱线和6条P支谱线共11条谱线,从左至右谱线分别是R(11)、R(7)、R(5)、R(3)、R(2)、P(2)、P(4)、P(5)、P(7)、P(9)和P(13),具体波长如表3.8所示,覆盖范围从3810 nm到4496 nm,是目前光纤激光最大的调谐范围,而且输出的最长波长4496 nm在石英材料中有极强的吸收损耗,难以在实芯光纤中实现。此外可见,没有观测到由1983 nm R(0)吸收线泵浦产生的4025 nm R(0)激光谱线,这是由于R(0)激光跃迁在所有跃迁谱线中具有最小的爱因斯坦$A$系数及发射截面,如表3.14所示。

随着HBr气压增加,分子间热运动碰撞导致弛豫过程增强。当使用远离最强吸收线R(3)的R(11)、R(7)和R(0)种子源泵浦时,通过改变泵浦功率就容易发生转动弛豫现象,也就是转动上能级的分子数通过非弹性碰撞非辐射跃迁到同一振动能级上的其他转动能级,从而向激光下能级$v=1$振动态跃迁产生了其他非目标谱线;使用靠近最强吸收线R(3)的R(5)、R(3)和R(2)种子源泵浦时不容易发生转动弛豫,无法通过改变泵浦功率观测到转动弛豫,只能通过将泵浦波长调偏吸收线中心使得泵浦光被部分吸收时才能观测到转动弛豫。

具体而言,8.3 mbar气压下使用远离最强吸收线R(3)的R(0)种子源泵浦HBr两个同位素时,输出中红外光谱随泵浦功率增加的变化如图6.10所示。虽然R(0)种子源泵浦的目标谱线是R(0)和P(2)激光谱线,但8.3 mbar气压下R(0)激光具有较大的阈值,目标谱线主要是P(2)激光谱线。此外,转动弛豫只与HBr的粒子数密度也就是气压有关,对于确定的气压,弛豫速率不会发生变化,因此在低泵浦功率下,转动弛豫占据主导因素,实验中发现被泵浦到上能级$J=1$转动能级的粒子数总是向粒子数分布最多$J=3$和$J=4$两个转动能级弛豫跃迁,而且有趣的是,分别泵浦只是质量略有不同而具有相同特性的$H^{79}Br$和$H^{81}Br$两种同位素时,转动弛豫现象有明显区别。如图6.10(a)~(c)所示泵浦$H^{79}Br$时,2.8 W低泵浦功率下出现的弛豫线是P(5),说明$J=1$转动能级上粒子数是向$J=4$转动能级弛豫跃迁,而图6.10(d)~(f)所示泵浦$H^{81}Br$时,2.2 W低泵浦功率下出现的弛豫线是P(4),说明$J=1$转动能级是向$J=5$转动能级弛豫跃迁。随着泵浦功率的增加,上能级$J=1$转动能级的粒子数积累得越多,而弛豫速率不发生改变,弛豫跃迁的增益更容易饱和,因此目标的激光谱线P(2)会逐渐占据主导。

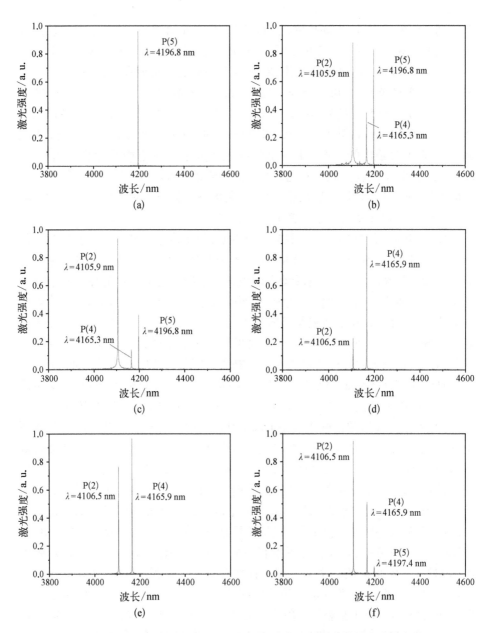

图 6.10　8.3 mbar 气压下泵浦 HBr 不同同位素时输出光谱随泵浦功率变化

泵浦功率(a) 2.8 W、(b) 4.2 W、(c) 5.8 W 下 R(0)种子源泵浦 H$^{79}$Br 对应输出光谱；
泵浦功率(d) 2.2 W、(e) 3.3 W、(f) 4.7 W 下 R(0)种子源泵浦 H$^{81}$Br 对应输出光谱

　　实验中,靠近最强吸收线 R(3) 的 R(5)、R(3) 和 R(2) 种子源泵浦时,改变泵浦功率没有观测到转动弛豫现象,而是发现如图 6.11(a) 所示,将泵浦波长调偏吸收线中心,泵浦功率被部分吸收时,能够出现转动弛豫。图 6.11 展示了 8.2 mbar 气压下使用最强吸收线 R(3) 种子源泵浦 HBr 两个同位素时,输出的中红外光谱随泵浦波长逐渐偏离吸收线中心的变化。对于图 6.11(a)~(c) 所示 R(3) 种子源泵浦 $H^{79}Br$ 时,P(5) 谱线不仅是目标谱线,也是弛豫线,因此随着泵浦波长偏移输出的中红外光谱只有一条,而且随着泵浦波长偏移量增加,输出的 P(5) 谱线强度下降,当泵浦波长继续偏离出吸收线范围,泵浦功率不会被吸收,也没有任何光谱输出;对于图 6.11(d)~(f) 所示 R(3) 种子源泵浦 $H^{81}Br$ 时,由于转动弛豫而出现谱线是 P(4),当泵浦波长在吸收线中心时,只出现目标谱线 P(5),随着泵浦波长逐渐偏离吸收线中心,弛豫跃迁线P(4) 出现并逐渐占主导地位。同样,随着泵浦波长进一步偏离出吸收线范围,

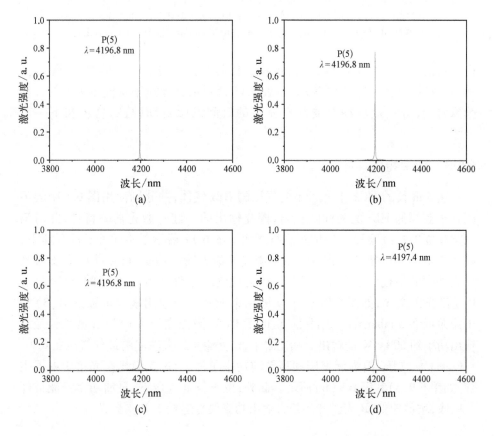

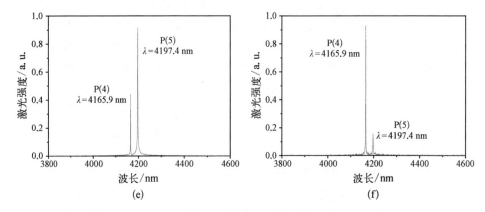

**图 6.11　8.2 mbar 气压泵浦 HBr 不同同位素时输出光谱随泵浦波长偏离吸收线中心变化**

波长偏移(a) 0 pm、(b) 0.8 pm、(c) 1.6 pm 下 R(3)种子源泵浦 H$^{79}$Br 对应输出光谱;
波长偏移(d) 0 pm、(e) 0.8 pm、(f) 1.6 pm 下 R(3)种子源泵浦 H$^{81}$Br 对应输出光谱

由于泵浦功率不会被吸收,无法观察到任何光谱。需要指出的是,弛豫现象是在连续泵浦条件下观测到的,由表 3.11 所示的弛豫速率及气压决定的转动弛豫时间,对于短脉冲泵浦没有充足的时间发生转动弛豫,这将在下一节介绍。

### 6.2.3　功率特性

在 5 m 长的 HCF 中充入不同气压的 HBr 气体,并分别使用图 6.1 中的不同种子源泵浦 HBr 的两种同位素,探究输出的中红外激光功率特性,并与第三章建立的连续泵浦模型仿真进行对比。图 6.12 展示了不同种子源泵浦下,在各自最佳气压条件下获得的单个谱线的最大输出功率,可见获得 P 支激光最大功率的最佳气压在 4~6 mbar,因为此气压条件下 R 支激光的阈值较大,P 支激光占主导,如图 6.9(c)的实验结果所示。当使用吸收最强的 R(3)种子源泵浦和 5 mbar 气压条件下,获得了 P(5)激光谱线 4 197 nm 波长处最大输出功率约 500 mW 的输出。相比之下,R 支激光最大功率的最佳气压在 0.9~1.3 mbar 低气压,因为低气压和高泵浦功率条件下,R 支激光在光谱中占据主导,如图 6.9(a)和图 6.9(b)所示。此外,由于较低气压下,泵浦功率只能被部分吸收,增益较低,R 支激光的最大输出功率要普遍低于 P 支激光。

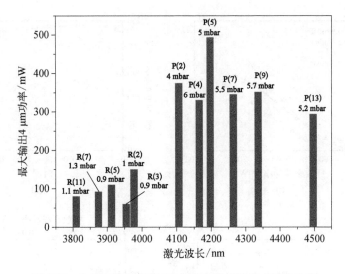

**图 6.12　合适气压下输出 11 条激光谱线的最大输出功率**

图 6.13(a)展示了获得最大输出功率的 R(3) 种子源泵浦 $H^{81}Br$ 同位素时不同气压条件下的功率特性,可见激光阈值随着气压增加而变大,这是由于气压的增加加剧了分子的碰撞,导致激光上能级无辐射跃迁寿命降低,对于激光产生增加了损耗。当吸收的泵浦功率超过了阈值以后,在不同的气压条件下输出功率都成线性增加,在 5 mbar 气压下获得了 500 mW 的最大输出功率。图 6.13(b)给出了输出激光功率在 1 h 的稳定性,随着时间的增加,激光功率从 240 mW 逐渐下降到 225 mW。激光功率出现下降的趋势主要由于图 6.8(a)所示的环境空气会逐渐渗透到接近真空的实验系统中,导致 HBr 气体中混入空气,尤其在低气压条件下外界空气泄漏进实验系统将严重影响输出激光性能,此外,目前通过光学元件空间光路耦合泵浦光的方式也容易受到外界环境的干扰,导致输出功率不稳定。图 6.13(c)展示了以 R(3) 种子源泵浦 $H^{81}Br$ 同位素,泵浦功率为 7.5 W 时,测量和仿真的最大激光输出功率和残余泵浦功率随气压变化的对比,其中虚线代表仿真结果,实线代表测量的实验结果,红色代表残余的泵浦功率,蓝色代表输出的激光功率。可见仿真结果和测量结果具有一致的趋势,随着气压的增加,HCF 中增加的 HBr 分子密度会使泵浦功率吸收增强和增益增大,导致残余的泵浦功率减少,输出的激光功率增加,在最佳气压下达到最大值,然而在超过最佳气压后,由于 HBr 分子间的碰撞继续增强,尽管几乎所有的泵浦功率都被吸收,但激光上能级的寿命下降,增益下降,输出功率降低。仿真结果和

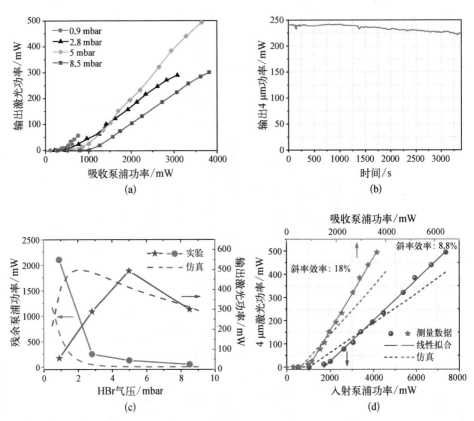

**图 6.13　输出中红外激光功率特性**

（a）R(3)种子源泵浦 H^81Br 同位素时不同气压下输出激光功率随吸收的泵浦功率变化；（b）输出功率稳定性；（c）R(3)种子源以 7.5 W 的泵浦功率泵浦 H^81Br 同位素时，测量和仿真的最大激光输出功率和残余泵浦功率随气压变化对比；（d）R(3)种子源在最佳气压 5 mbar 泵浦 H^81Br 同位素时，测量和仿真的激光输出功率随入射泵浦功率变化

实验结果存在的差异部分原因是实验中的气压默认是气压计显示的值，HCF 中实际的气压估计是低于气压计显示的值，在仿真中气压值就是设定的值，此外，如果把图 6.13(c)中实线代表的实验数据看成是比目前显示的气压更小的气压获得的，也就是把实线向左移动，可以与仿真的数据更加一致。考虑到目前较低的耦合效率（约 60%）和输入端的光学元件及气体腔窗口的透过率，对比输出激光功率相对于入射泵浦功率和吸收的泵浦功率变化的特性，图 6.13(d)展示了在最佳气压 5 mbar 下 R(3)种子源泵浦 H^81Br 同位素时仿真和实测的输出功

率特性。其中实线代表实测的数据及拟合,虚线代表仿真的结果,蓝色代表相对于入射泵浦功率的变化,红色代表相对于吸收的泵浦功率变化。当入射泵浦功率和吸收泵浦功率超过阈值后,输出的激光功率呈线性增加,没有出现饱和现象。相对于入射泵浦功率和吸收的泵浦功率,实验数据拟合的斜率效率分别为 8.8% 和 18%,同样实验和仿真的差异主要是由于实际气压与仿真设置的气压不一致导致的。

除了吸收最强的 R(3) 种子源泵浦的输出功率特性,图 6.14 还比较了在相同气压下不同种子源泵浦的输出功率特性以及同一种子源泵浦不同同位素的功率特性。图 6.14(a) 和图 6.14(b) 分别展示了在约 5 mbar 气压下,实测和仿真的不同种子源泵浦时的输出特性,从仿真的结果来看,输出功率大小完全与图 3.15 所示的吸收线强度大小分布一致,吸收最强的 R(2) 和 R(3) 种子源泵浦时具有最大的输出功率约 1 130 mW,其次是 R(0) 和 R(5) 种子源泵浦,可获得的最大输出功率约为 1 080 mW,但是实测结果与仿真结果具有较大的差异,实测结果 R(3) 种子源泵浦的最大输出功率约为 500 mW,R(2)、R(5) 和 R(7)种子源泵浦的最大输出功率在 330 mW 附近,仿真结果的输出功率要远大于实测结果,以及实测结果输出功率与图 3.15 所示的吸收线强度大小分布不一致,原因可能是上文提到的 HCF 中气压分布不均匀,实验中存在的误差以及分子间的碰撞引起的弛豫过程会导致损耗,在仿真过程中对弛豫过程进行了简化处理。

图 6.14(c)、(d) 和图 6.14(e)、(f) 分别显示了 R(7) 种子源和 R(5) 种子源泵浦 $H^{79}Br$ 和 $H^{81}Br$ 同位素的输出功率情况,可见分别泵浦两种同位素在不同的气压条件下输出功率具有相似的变化趋势,说明无论使用种子源泵浦哪一种 HBr 的同位素都有着相似的输出功率特性。

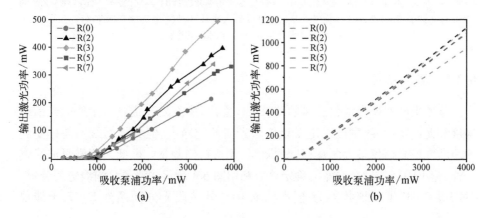

(a)　　　　　　　　　　　　　(b)

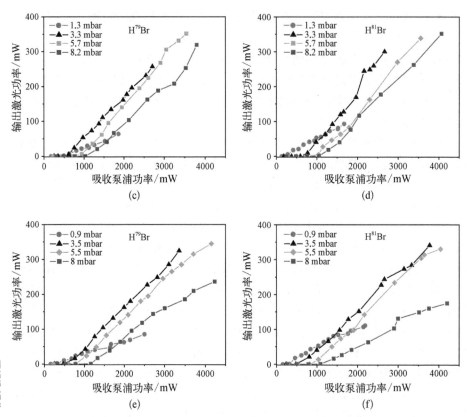

**图 6.14** 不同种子源泵浦时输出中红外激光功率特性

（a）约 5 mbar 气压下不同种子源泵浦实测的功率特性；（b）约 5 mbar 气压下不同种子源泵浦仿真的功率特性；（c）不同气压下 R(7) 种子源泵浦 $H^{79}Br$ 同位素时功率特性；（d）不同气压下 R(7) 种子源泵浦 $H^{81}Br$ 同位素时功率特性；（e）不同气压下 R(5) 种子源泵浦 $H^{79}Br$ 同位素时功率特性；（f）不同气压下 R(5) 种子源泵浦 $H^{81}Br$ 同位素时功率特性

## 6.2.4 线宽特性

从傅里叶变换光谱仪测量的结果可以看出，中红外光谱具有很好的光谱纯净度和光谱密度，线宽可以定量地衡量光谱的纯净度，但具体的线宽同样受到傅里叶变换光谱仪最大测量精度的限制，无法精确测量。因此与测量泵浦线宽一样，输出中红外激光线宽的确定可以利用图 6.4 所示的测量泵浦线宽的装置，只需将 F-P 干涉仪替换为能测 4 μm 中红外波段光的同系列 F-P 干涉仪

（FSR 为 1.5 GHz，$\Gamma_{\text{FWHM}}$ 为 7.5 MHz，探测范围 3 000～4 400 nm），即可以用同样的方式对输出中红外激光线宽进行测量。

在 5.7 mbar 气压下，使用 R(7) 种子源泵浦，此时只有一条波长为 4 335.3 nm 的 P(9) 激光线的纯净光谱输出，与图 6.9(c) 所示结果类似。示波器显示的结果如图 6.15 所示，在 F－P 腔一个扫描电压周期里，获得了两个脉冲，其间隔 $\Delta T$ 约为 12.86 ms，对应于 F－P 腔的 FSR，在示波器上放大单个脉冲，可以得到单个脉冲的半高宽 $\Delta t$ 约为 0.48 ms，则泵浦光线宽可由式(6.4)给出，得到泵浦源线宽约为 56 MHz，使用其他种子源泵浦测量的中红外激光线宽也都在几十兆赫兹量级。这与 2.1.3 节介绍的内容一致，由于 HBr 分子本身的能级特性，激光线宽是由自然加宽、碰撞加宽和多普勒加宽三种谱线加宽过程决定的 Voigt 线型，如图 3.19 所示，在毫巴量级的低气压条件下线宽在百兆赫兹量级，不需要额外的线宽压窄技术就可以获得窄线宽的输出，具有良好的光谱纯度，在光学传感、光频计量和全息等领域具有广泛的应用前景。

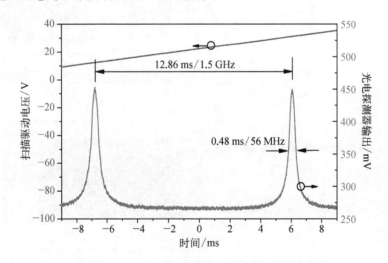

**图 6.15　F－P 干涉仪测输出中红外激光线宽结果**

## 6.2.5　光束质量

### 1. 驻点扫描法

中红外激光的广泛应用对激光光斑测量提出了越来越高的要求，但中红外波段的探测器（如 InSb、HgCdTe、PbSe 等）响应率对温度变化敏感，中红外光斑并不容易测量。依赖于相关滤波方法的光学相关分析可以实时探测光纤输出的光束质量,此类光学相关方法包括计算全息图和空间光调制器[15,16],然而,这种方法仍然受到硬件速度、精度和价格的限制。前期实验室没有设备可以对输出的中红外光斑及光束质量进行直接测量时,为了分析 HCF 中产生的中红外激光模式,使用中红外光纤和傅里叶变换光谱仪作为点探测器逐点扫描输出中红外激光强度分布,装置如图 6.16(a) 所示。

测量时 HCF 中填充的 HBr 气压为 4 mbar,同样输出光谱仅为一条纯净的 P 支谱线,在 HCF 输出端经过中红外带通滤波片可以将残余的泵浦光滤除。使用两个焦距分别为 40 mm 和 150 mm 的透镜(氟化钙 E 镀膜,2~5 μm 增透)可

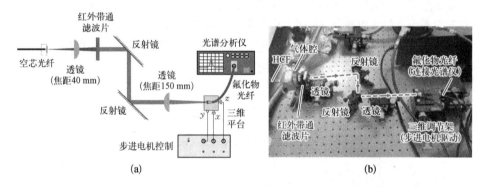

(a)                              (b)

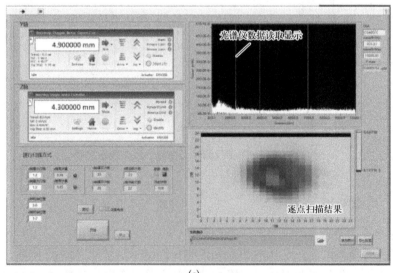

(c)

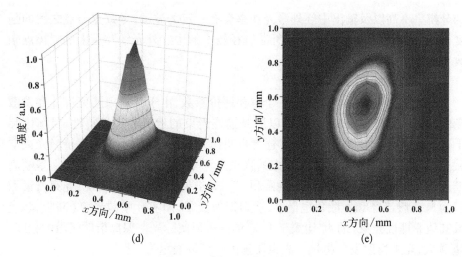

(d)　　　　　　　　　　　　　(e)

**图 6.16　扫描法测输出模场分布**

（a）中红外激光模场分布测量的实验装置示意图；（b）中红外激光模场分布测量的实验装置实物图；
（c）LabView 控制界面及数据读取；（d）三维中红外激光光斑强度分布；
（e）二维中红外激光光斑强度分布

以对输出中红外光斑进行放大，两个反射镜用于保持光轴准直。芯径为 100 μm 的氟化物光纤（工作波长范围 310 nm～5.5 μm）一端与傅里叶变换光谱仪相连，作为点探测器，利用光谱的强度大小反映中红外光斑在该探测点的强度大小。氟化物光纤的另一端在第二个透镜的焦距位置处，并固定在由步进电机控制器驱动的三维调节架上（$x$、$y$ 和 $z$ 轴行程均为 4 mm），使用自主设计的 LabView 程序自动控制步进电机使三维调节架在横向 $x$、$y$ 两个方向逐点扫描，同时 LabView 程序在扫描的每一个点读出与氟化物光纤连接的光谱仪上的光谱强度并将数据采集，扫描完毕后得到最终的光斑强度分布，LabView 程序控制界面如图 6.16（c）所示，其中左边是一些具体的控制面板，右上方是与傅里叶变换光谱仪数据连接后的界面，右下方是扫描完成后的结果展示。图 6.16（b）是实验装置的实物图，受限于照片及实验平台大小，其中的驱动步进电机和傅里叶变换光谱仪没有在图中显示出来。根据实验情况，设置了 20×20 个点的扫描平面阵列，受到光谱仪响应速度的限制，每个点需要几秒钟的时间。输出中红外激光光斑强度三维和二维分布分别如图 6.16（d）和图 6.16（e）所示。可以看出，中红外激光的光斑强度分布接近于单横模，具有良好的单模特性。出现的强度分布不对称可能是由于氟化物光纤 100 μm 较大的芯径，且仅选取了 20×20 个扫描点，测量的分辨率不高以及输出中红外激光功率会有一定的波动,导致点与点之间的强度会有些许突变,后续可以选取纤芯直径较小的中红外光纤及更多的扫描点来改善测量结果。

2. CCD 成像法

激光光束空域质量是激光一个重要评价参数,由于激光束腰斑尺寸和发散角的乘积具有确定的值,并且可以同时描述光束的近场和远场特性,目前国际上普遍将光束衍射倍率因子 $M^2$(通常也叫作光束质量因子)作为评价激光束空域质量的参量,其定义为实际光束的腰斑尺寸与远场发散角的乘积比上基模高斯光束腰斑尺寸与远场发散角的乘积[7]。对于基模高斯光束来说,光束质量因子为 1,束腰半径和发散角也最小,达到衍射极限,而实际中的光束(高阶、多模或其他非理性光束)的 $M^2$ 均大于 1,$M^2$ 的值表征实际光束偏离衍射极限的程度,$M^2$ 越大,光束衍射发散越快。光束质量因子可以表示为

$$M^2 = \pi D_0 \theta / 4\lambda \qquad (6.5)$$

其中,$\theta$ 是实际光束中实测的远场发散全角;$D_0$ 是利用二阶矩定义的光束束腰直径;$\lambda$ 是光束的波长。因此,对输出中红外激光光束质量的测量归结于光束束腰宽度及远场发散角的测量,具体而言,需要沿输出中红外激光光轴测量不同位置的光斑宽度,然后利用双曲线拟合来确定光束束腰大小以及远场发散角。

测量输出激光光束质量时,使用了能够直接测量中红外光斑的 CCD 式中红外相机(感光面 640×480 个像素点,每个像素点大小 17 μm×17 μm,适用波长范围 2~16 μm),图 6.17 展示了测量中红外光束质量 $M^2$ 因子的实验装置和结果,测量时 HCF 中的气压同样为 4 mbar,输出光谱仅为一条纯净的 P 支谱线。图 6.17(a)展示了实验装置的示意图,HCF 输出的光首先经过红外带通滤波片将残余的泵浦光滤除,剩余的中红外激光经过第一个焦距为 40 mm 的平凸透镜(氟化钙 E 镀膜,2~5 μm 增透)进行准直,行程为 200 mm 的电动位移平台(图中用 Δz 表示)放置在第二个焦距为 100 mm 的平凸透镜(氟化钙 E 镀膜,2~5 μm 增透)后面,中红外相机固定在电动位移平台的底座上,中红外相机和电动位移平台都由电脑上的软件驱动,反复调节整个光路,使中红外相机在电动位移平台前后 200 mm 的行程移动时,中红外相机感光面上光斑位置偏移不超过 2 mm。图 6.17(b)为实验装置的实物图,图 6.17(c)展示了控制中红外相机和电动位移平台的软件界面。控制中红外相机在电动位移平台上 85~115 mm 范围不同位置分别探测中红外激光的光斑形状,软件中对光斑直径大小是采用强度最大值

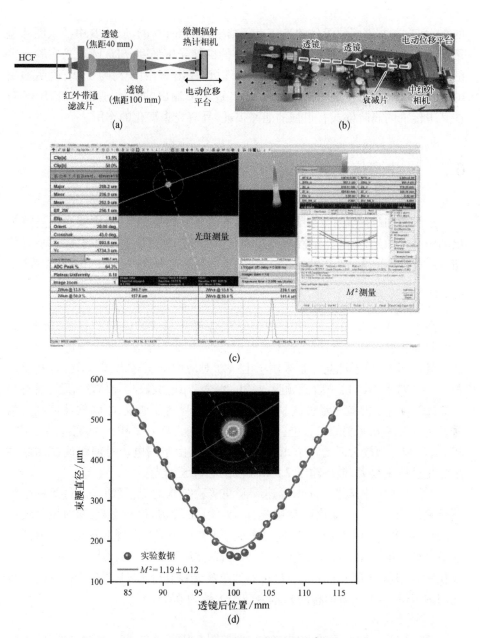

**图 6.17　中红外激光光束质量因子 $M^2$ 测量**

（a）实验装置示意图；（b）实验装置实物图；（c）中红外相机及电动位移平台驱动控制界面；
（d）$M^2$因子测量结果，插入图片为激光光束束腰处的光斑

的 $1/e^2$ 定义的,不同位置处的光斑直径结果如图 6.17(d)所示,其中插入图片显示了光斑直径最小处(激光光束束腰处)的二维光斑强度分布,圆点是实验测得的数据,曲线是对数据的双曲线拟合,可以计算出 $M^2$ 因子约为 1.19,说明输出的中红外激光具有良好的光束质量,具有近单模输出的特性,这是由于 HCF 对在其中传输的高阶模式有很强的泄漏损耗,具有光束净化的作用。

## 6.3 脉冲溴化氢光纤气体激光

连续光和脉冲光在不同的应用场景各自具有优势,上一节中实现了连续输出的中红外激光,本节介绍使用声光调制器搭建的脉宽重频可调的 2 μm 脉冲泵浦源系统及其光谱功率等特性,系统探索脉冲泵浦的 HCF 中 HBr 气体激光特性。

### 6.3.1 实验系统

图 6.18 为脉冲泵浦的 HCF 中 HBr 气体激光的实验结构示意图,与图 6.7 连续泵浦实验结构主要区别是虚线框中的泵浦源系统是声光调制的脉冲泵浦源。具体而言,种子源同样是采用了上一章对应 HBr 分子 R(0)、R(2)、R(3)、R(5)、R(7)和 R(11)一阶泛频吸收线的六个 2 μm 波段半导体激光器,线宽小于 2 MHz。种子源首先经过调制模块进行声光调制并预放,电脑软件控制的信号发生器对声光调制的参数进行设置,重频范围为 0.5~2 MHz,脉宽范围为 10~30 ns,调制并预放大后的种子光进入放大模块,由泵浦电流对前级调制的脉冲泵浦光进行主放大,最终输出 2 μm 波段的脉冲泵浦光。

后续实验结构与图 6.7 所示连续泵浦实验结构类似,泵浦光经过第一个平凸透镜(焦距 15 mm,氟化钙 D 镀膜,1.65~3 μm 增透)进行准直,通过两个镀银反射镜(450 nm 至 20 μm 平均透过率大于 96%)调节光路使准直光束与基座光学平台水平并与后续的输入气体腔窗口垂直,然后第二个平凸透镜(焦距 50 mm,氟化钙 D 镀膜,1.65~3 μm 增透)将脉冲泵浦光耦合进 7.5 米长的 HCF 中(本章使用的 HCF 与上一章的相同),耦合效率大致为 65%。

1. 功率特性

不同重频和脉宽下的平均功率特性如图 6.19 所示。由于重频越低,峰值功率越高,在保证脉冲泵浦源各器件安全使用的情况下可使用的泵浦电流上限值就越小,相应能放大的泵浦平均功率就越低。在图 6.19(a)和图 6.19(b)分别对

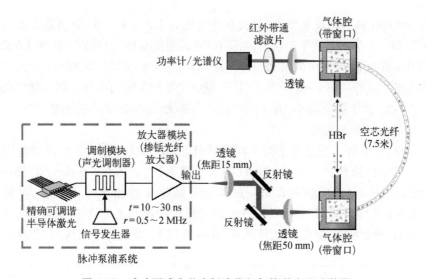

**图 6.18　脉冲泵浦空芯光纤溴化氢气体激光实验装置**

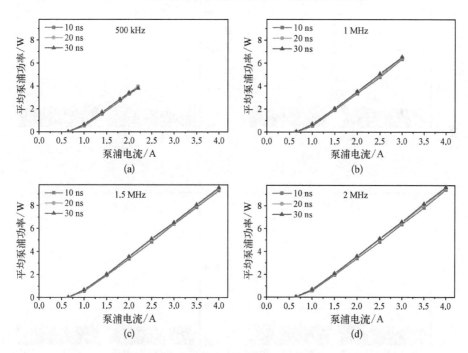

**图 6.19　不同脉宽重频下输出泵浦平均功率随泵浦电流变化情况**

（a）500 kHz、（b）1 MHz、（c）1.5 MHz、（d）2 MHz 下不同脉宽输出泵浦平均功率

应的 500 kHz 和 1 MHz 重频下,最大泵浦电流为 2.2 A 和 3 A,分别最大能放大到 4 W 和 6.5 W 的泵浦平均功率,在图 6.19(c)和图 6.19(d)分别对应的 1.5 MHz 和 2 MHz 重频下,能使用的最大泵浦电流相同,为 4 A,都能放大到 9.5 W 的泵浦平均功率。此外,在每一个重频条件下,输出的平均泵浦功率在不同的脉宽条件下区别不大,由于脉宽越小,对应的峰值功率越大,输出的平均功率略微减小。

2. 波长调谐及光谱

图 6.20 给出了泵浦源系统不同重频脉宽、不同泵浦电流下光谱特性以及通过温控电压波长调谐特性[以 R(2)种子源为例]。图 6.20(a)~(d)分别为 500 kHz、1 MHz、1.5 MHz 和 2 MHz 重频下不同脉宽的输出光谱形状,可见与图 6.3 所示连续泵浦源一样,具有良好的光谱纯净度和集中在中心波长的光谱功率分布,随着脉宽的减少,尤其是在 10 ns 脉宽下,光谱底部出现展宽,这一点

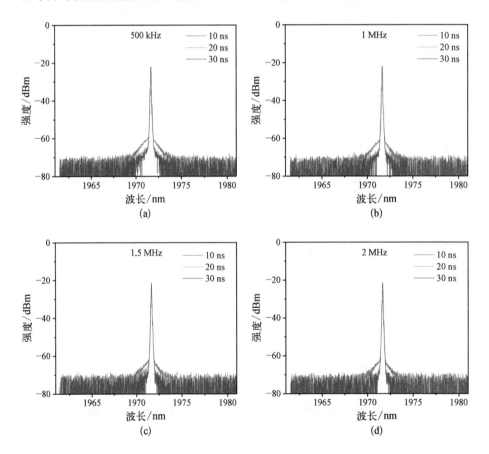

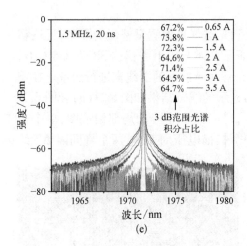
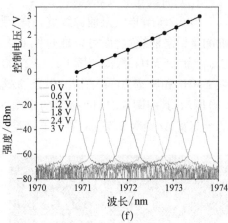

**图 6.20　脉冲泵浦源系统输出光谱特性**

(a) 500 kHz 下不同脉宽输出光谱形状；(b) 1 MHz 下不同脉宽输出光谱形状；(c) 1.5 MHz 下不同脉宽输出光谱形状；(d) 2 MHz 下不同脉宽输出光谱形状；(e) 不同泵浦电流下输出光谱形状；(b) R(2) 种子源波长调谐及光谱形状

可以根据测不准原理解释，光谱线宽和脉宽成反比，由于受到使用的光谱仪测量精度限制，具体的泵浦线宽与脉宽的关系在下一小节中介绍。

图 6.20(e) 展示了不同泵浦电流下输出的光谱形状，随着泵浦电流和平均泵浦功率的增加，泵浦光谱底部出现了明显的 ASE，但是注意到纵坐标为 dBm，是对数坐标，将其转换成线性的功率坐标后对波长中心 3 dB 范围和整个光谱使用 Origin 软件自带的功能进行了光谱积分，3 dB 范围内光谱积分占比如图 6.20(e) 右上角所示，可以发现在误差允许的范围内（中心波长附近的数据点较少，Origin 软件自带的光谱积分功能只能选取整数据点），3 dB 范围内能量占比并没有明显的下降，因此虽然光谱底部随着平均泵浦功率的增加出现了 ASE，实际的功率还是集中在中心波长附近，而且接近 40 dB 的光谱深度也能说明这一点，能够满足此类 HCF 气体激光器的泵浦源要求。图 6.20(f) 展示了 R(2) 种子源通过温控电压波长调节时波长与电压的关系及相应的泵浦光谱，由于脉冲泵浦源输出波长由种子源决定，R(2) 种子源波长调谐结果与图 6.20(b) 连续情况下的结果一致，在不同温控电压下的泵浦波长具有相同的放大效果，输出光谱具有相似的光谱形状。此外，除了 R(2) 种子源，其他种子源也有与图 6.20 类似波长调谐结果，这里不再赘述。

### 3. 泵浦线宽及吸收线宽

与 6.2.1 节连续泵浦源线宽一样,受到光谱仪最大测量精度的限制,无法精确测量到泵浦线宽,而可以通过图 6.4 所示的 F－P 干涉仪(FSR 为 1.5 GHz,$\Gamma_{FWHM}$ 为 7.5 MHz,探测范围 1 275~2 000 nm)对脉冲泵浦源线宽进行测量。在重频 2 MHz 和脉宽 20 ns 的情况下,示波器显示的线宽结果如图 6.21(a)和图 6.21(b)所示,其中图 6.21(b)展示的是图 6.21(a)第二个峰的局部细节图,单个峰的半高宽 $\Delta t$ 约为 2.08 ms,在 F－P 腔一个扫描电压周期里,两个峰间隔 $\Delta T$ 约

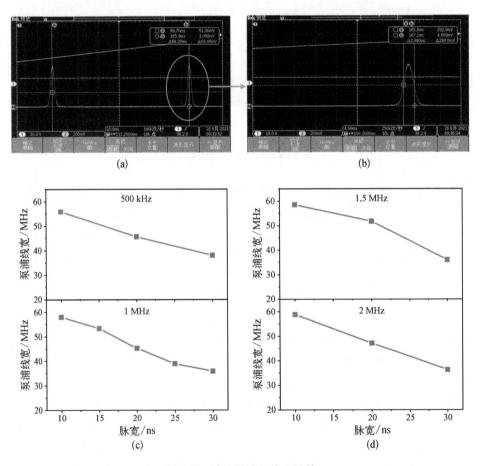

**图 6.21　脉冲泵浦源线宽特性**

重频 2 MHz 和 20 ns 脉宽下线宽测量示波器显示(a) 两个峰全局结果、(b) 单个峰结果,以及
(c) 500 kHz 和 1 MHz 下不同脉宽对应线宽、(d) 1.5 MHz 和 2 MHz 下不同脉宽对应线宽

为 66.2 ms, 对应于 F－P 腔的 FSR, 泵浦光线宽可由式(6.4)给出, 得到泵浦源线宽约为 47 MHz。通过同样的方式, 不同重频和脉宽下的泵浦线宽测量结果如图 6.21(c) 和 (d) 所示, 线宽测量的结果都在 35~60 MHz 范围内, 远小于 HBr 气体几百兆赫兹量级的吸收线宽, 脉冲泵浦光可以有效地被吸收, 而且在所有的重频条件下随着脉宽增加, 测量的线宽下降, 与图 6.20(a)~(d)不同脉宽下测得的泵浦光谱结果一致, 光谱线宽和脉宽成反比是由于测不准原理。

与图 6.6(a) 和图 6.6(b) 类似, 测量了 HBr 气体对脉冲泵浦光的吸收情况, 在低于阈值的平均泵浦功率下, 采用图 6.18 所示的实验装置, 将脉冲泵浦光耦合进充有 HBr 气体的 HCF 中, 在 HCF 另一端实时监测残余的平均泵浦功率。

在重频 1.5 MHz, 脉宽 20 ns 时, 不同 HBr 气压条件下逐步调谐 R(2) 种子源泵浦波长扫过 HBr 气体的吸收线, 残余平均泵浦功率变化如图 6.22(a) 所示, 残余平均泵浦光功率随着泵浦波长从左到右逐步扫描吸收线先变小后变大, 越靠近吸收线中心, 残余泵浦光功率越小, 其中离散点是以 1 mV 的温控电压步长逐点测量的实验结果, 实线是相应的拟合, 由于泵浦线宽在几十兆赫兹量级, 测量结果粗略反映了 HBr 的吸收线线宽, 每个气压下测得的线宽如图 6.22(b) 所示, 通过线性拟合对应的展宽系数为 44.1 MHz/mbar, 大于图 6.6(b) 所示连续泵浦情况下拟合的展宽系数, 这主要是由于几十兆赫兹量级泵浦线宽相比于 HBr 吸收线宽比较粗糙, 只能大致反映 HBr 的吸收情况, 存在误差。

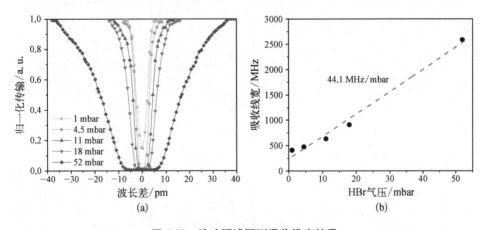

**图 6.22 脉冲泵浦源测吸收线宽结果**

(a) 不同气压下波长调谐扫描 R(2)吸收线时残余泵浦变化;
(b) 不同气压下测得的 R(2)吸收线线宽

#### 4. 脉冲形状

脉冲泵浦光的时域信息可由连接至示波器的碲镉汞（HgCdTe）光电探测器（适用范围 2~10.6 μm，带宽 100 MHz）测得。

测量时将待测脉冲泵浦光打在挡板上，调节光电探测器感光面接收散射的泵浦光，在信号发生器设置的 500 kHz 和 1.5 MHz 重频下分别设置 10 ns、20 ns 和 30 ns 的不同脉宽，测量的脉冲形状及脉冲序列如图 6.23 所示，可见在所有的脉冲形状下降沿位置都出现了电压小于零的一个反向小峰，这种现象称为低过冲，是在参考地电平之下的额外电压效应，可能是光电探测器自身响应的原因导致的，测量的脉宽与设置的脉宽一致。此外从脉冲序列可见测得的重频与电脑软件控制的信号发生器设置的重频也是一致的。通过使用这种脉宽重频可调的脉冲泵浦源，有利于对 HCF 中的 HBr 气体激光的动力学过程进行探究。

#### 5. 光束质量

由于 2 μm 波段的泵浦光刚好位于图 6.17(a) 的 CCD 式中红外相机测量边缘，可以利用图 6.17 测量中红外光束质量的方式对脉冲泵浦源的输出光束质量进行测量。中红外相机沿着泵浦光传输方向在 45~55 mm 范围不同位置处测量的光斑直径结果如图 6.24 所示，其中插入图片显示了 50 mm 位置处光斑直径最小处（激光光束束腰处）的二维光斑强度分布，可见光斑束腰直径约为 50 μm，

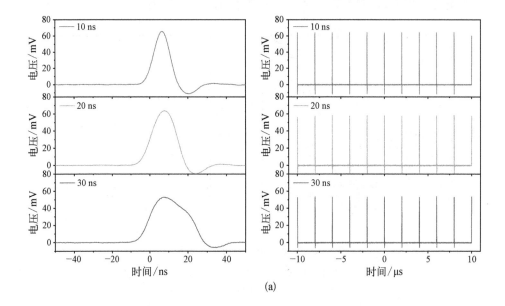

(a)

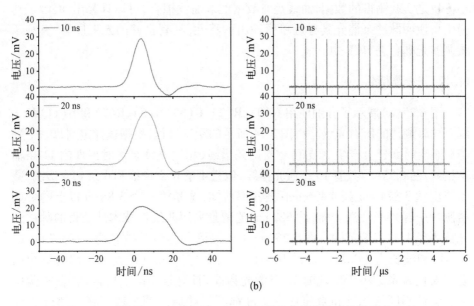

(b)

**图 6.23　重频 500 kHz 和 1.5 MHz 下不同脉宽的脉冲形状及脉冲序列**

（a）500 kHz；（b）1.5 MHz

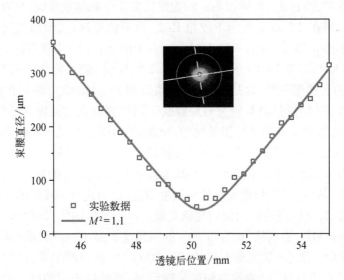

**图 6.24　脉冲泵浦光输出光束质量**

小方块是实验测得的数据,曲线是对数据的双曲线拟合,可以计算出 $M^2$ 因子约为 1.1,说明脉冲泵浦光具有近单模输出的特性,具有良好的光束质量,有利于将泵浦光耦合进 HCF 中。

## 6.3.2 光谱特性

图 6.25(a)展示了分别使用 R(0)、R(2)、R(3)、R(5)、R(7)和 R(11)种子源泵浦时测得的所有光谱。由图 3.14 所示的跃迁过程,根据选择定则每一个种子源泵浦时跃迁会产生 R 支和 P 支两条谱线,相比连续泵浦时出现的 11 条输出谱线,图 6.25(a)只有 10 条激光谱线,包括 4 条 R 支谱线和 6 条 P 支谱线,覆盖范围从 3 874 nm 到 4 496 nm,据我们所知,这是第一个 3.8 μm 以上的可调谐脉冲中红外光纤激光器,约 622 nm 范围是采用非线性技术外获得的脉冲激光器中最大的调谐范围。图 6.25(a)中未测到的谱线是波长为 3 809.7 nm 的 R(11)和波长为 4 025.4 nm 的 R(0),由表 3.14 可知这两条未出现的谱线的爱因斯坦 A 系数小于出现的 10 条激光谱线,具有较小的发射截面,在实验中多次尝试不同的气压和泵浦功率条件都不能够通过傅里叶变换光谱分析仪观测到。

此外,与连续泵浦一样,由于 HBr 分子本身能级跃迁特性,输出的中红外激光的线宽较窄,通过 F－P 涉仪测量的线宽约为几十兆赫兹量级,具有良好的光谱纯净度。当在 2.5 mbar 气压下使用 R(2)种子源泵浦时,输出光谱随重频和脉宽变化如图 6.25(b)和图 6.25(c)所示,其中图 6.25(b)中设置脉宽为 20 ns,重频从 0.6 MHz 以 0.2 MHz 的间隔增加到 2 MHz 时,输出的 R(2)谱线相比于 P(4)谱线占比逐渐下降,这是由于 R(2)谱线和 P(4)谱线共享一个上能级,二者存在竞争,P(4)跃迁具有较大的发射截面而具有较大的强度,但随着重频的降低,泵浦峰值功率和单脉冲能量增加,导致 P(4)跃迁激光下能级 $v=1$ 振动态上 $J=4$ 转动态的粒子数积累,对应的反转粒子数减少,P(4)跃迁的增益降低,而竞争的 R(2)跃迁激光下能级 $v=1$ 振动态上 $J=2$ 转动态的粒子数较少,相应的增益增强,从而使 R(4)激光跃迁的强度增加,这与连续泵浦时图 6.9(a)中泵浦功率增加,R 支跃迁占比增加的现象类似。由于同样的原因,图 6.25(c)中设置重频为 500 kHz,脉宽从 10 ns 以 5 ns 的间隔增加到 30 ns 时,输出的 R(2)谱线相比于 P(4)谱线占比逐渐下降,但图 6.25(c)中脉宽增加导致的 R(2)谱线占比下降没有图 6.25(b)重频增加的影响明显,虽然两者泵浦峰值功率都下降了 75% 左右。注意到重频改变不但对泵浦峰值功率有影响,还对泵浦单脉冲能

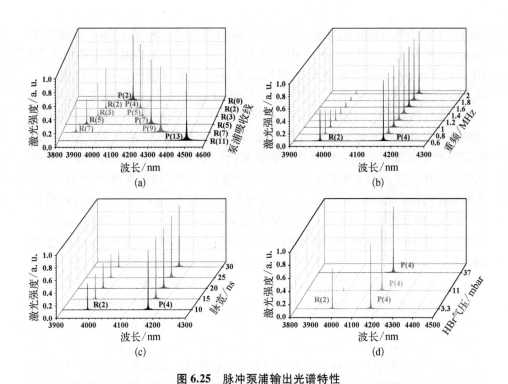

**图 6.25　脉冲泵浦输出光谱特性**

（a）依次使用六个脉冲种子源泵浦输出光谱；2.5 mbar 气压下输出光谱随（b）重频和
（c）脉宽的变化；（d）输出光谱随气压变化

量有影响，而脉宽改变只对泵浦峰值功率有影响，因此泵浦单脉冲能量对中红
外输出的影响更大，这一点在下一小节的功率特性也有相关的现象。

　　图 6.25（d）展示了使用 R（2）种子源泵浦，泵浦脉冲重频 1.5 MHz 及脉宽
20 ns 时，输出光谱成分随气压的变化，与连续泵浦输出光谱主要有两方面的区
别：一是相比于连续泵浦时，图 6.9（a）中同时出现 R 支和 P 支谱线的 1 mbar 左
右的气压条件，脉冲泵浦时可以同时出现 R 支和 P 支谱线对应的气压要高一
些，可达 11 mbar 左右，这是由于脉冲泵浦时相比于瓦级的连续泵浦功率，峰值
功率在百瓦量级，可以在较大气压下使 P 支跃迁的增益发生饱和而出现 R 支跃
迁。二是连续泵浦时图 6.10 和图 6.11 中在 8 mbar 左右气压下可以出现转动弛
豫现象，而在脉冲泵浦时，随着气压增大到 37 mbar，R（2）跃迁谱线逐渐消失，只剩
下 P（4）谱线，此时 HBr 分子间的碰撞已经很剧烈，但没有观测到任何由于转动
弛豫而出现的其他谱线。而且无论采用 3.4.2 节中介绍的使用 6 个种子源中的

任何一个种子源泵浦还是通过泵浦波长调偏吸收线中心的方式,都不能够观测到转动弛豫现象。由表 3.12 知 HBr 分子间 V – V 过程振动弛豫速率约为 $3×10^{-18} \, \text{m}^3/(分子·s)$,弛豫时间在已知气压条件下可由理想气体状态方程 $pV = nRT$ 的变形式 $p = n'k_B T$ 求得,$p$ 为气压(单位:Pa),$V$ 为气体体积(单位:$\text{m}^3$),$n$ 为气体的物质的量(单位:mol),$T$ 为温度(单位:K),$R$ 和 $k_B$ 分别是前文介绍过的普适气体常数和玻尔兹曼常数,具有关系 $k_B = R/N_A$,$N_A$ 是前文介绍过的阿伏伽德罗常数,$n' = n×N_A/V$,代表单位体积内的分子数(单位:分子/$\text{m}^3$),通过已知的气压 $p$ 及 $k_B$ 和 $T$ 解出 $n'$,然后 $n'$ 与弛豫速率乘积的倒数即为该气压条件下的弛豫时间。在 5 mbar 气压下,振动弛豫时间为 2.7 μs,远大于脉冲持续时间,所以脉冲泵浦时不考虑 V – V 过程振动弛豫。而对于 R – R 过程转动弛豫,由表 3.11 知转动弛豫速率对于不同转动能级间取值不同且差别较大,先设为振动弛豫速率的 100 倍,即 $3×10^{-16} \, \text{m}^3/(分子·s)$,在 5 mbar 气压下,转动弛豫时间为 27 ns,相比于脉冲持续时间要长。然而,当 HBr 气压增加到图 6.25(d) 中 37 mabr 时,转动弛豫时间虽然下降到 3.7 ns,但也没观测到由于转动弛豫引起的其他发射线,这是由于转动弛豫速率取值稍大,而且上一节解释过实验中的气压认为是气压计显示的值,而 HCF 中实际的气压估计是低于气压计显示的值,计算的转动弛豫时间偏小。因此,目前使用的脉冲泵浦的脉宽小于转动弛豫时间,在一个脉冲内没有充足的时间发生转动弛豫,只有长脉冲(脉宽估计为 100 ns 量级)及连续泵浦时才有足够的时间发生转动弛豫,而之前报道的脉冲泵浦的 HBr 气体激光器[2,4],使用的是数百纳秒脉冲持续时间的脉冲泵浦源,因此可以观测到由于转动弛豫而引起的其他输出谱线。

### 6.3.3 功率特性

图 6.26(a) 和图 6.26(b) 分别展示了使用 R(2) 种子源脉冲泵浦 $H^{79}Br$ 同位素时不同气压下实测的及利用 2.3 节模型仿真的输出特性。设置的重频为 1.5 MHz,脉宽为 20 ns,其中以输出平均功率为左纵坐标,单脉冲能量为右纵坐标,吸收的平均泵浦功率为横坐标,$\eta$ 是对应的斜率效率。

相比于图 6.13(a) 连续泵浦的情况,图 6.26(a) 中泵浦阈值随气压增加而增加的现象不明显,这是由于脉冲泵浦时具有较大的峰值功率,容易达到产生激光的阈值,因此图 6.26(a) 中所有气压条件下的阈值都比较集中,超过约 200 mW 吸收的平均泵浦功率就开始产生激光,利用热敏功率计对输出的脉冲中红外激光平均功率进行测量,随着吸收的平均泵浦功率增加,输出的平均激

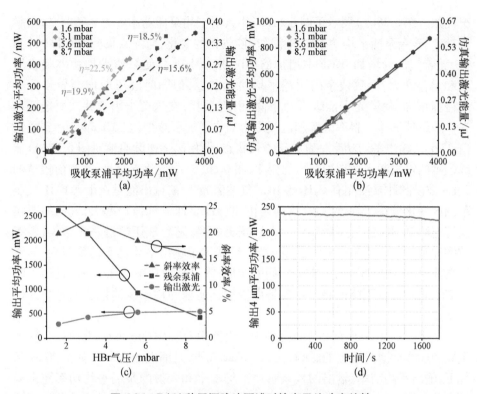

**图 6.26 R(2)种子源脉冲泵浦时输出平均功率特性**

重频 1.5 MHz 及脉宽 20 ns 时不同气压下(a)测得的和(b)仿真的输出平均功率及单脉冲能量特性;(c)输出平均功率,残余泵浦平均功率及斜率效率与气压的关系;(d) 2.2 mbar 气压下测量的输出平均功率稳定性

光功率成线性增加,对应输出的单脉冲能量如右坐标所示,在所有气压条件下没有出现饱和,1.6 mbar、3.1 mbar、5.6 mbar 和 8.7 mbar 气压下线性拟合的斜率效率分别为 19.9%、22.5%、18.5%和 15.6%。尽管入射的平均泵浦功率相同,但吸收的平均泵浦功率会随着气压增加而增加,因此图 6.26(a)中不同气压下横坐标范围不同,尽管在 3.1 mbar 气压下斜率效率最大,但由于该气压下泵浦光只被部分吸收,最大输出的平均功率约为 430 mW,而在 8.7 mbar 气压下,泵浦光能被有效吸收,因此获得了最大约为 550 mW 的输出平均功率,相应的激光单脉冲能量约为 0.37 μJ。图 6.26(b)展示了图 6.26(a)仿真结果,同样泵浦阈值随气压增加而增加的现象不明显,但仿真输出的平均功率在 8.7 mbar 气压下可达到约 875 mW,大于实验值,原因认为跟连续泵浦时图 6.14(a)和图 6.14(b)情

况类似。图6.26(c)展示了图6.26(a)中入射平均泵浦功率约为8W时,输出平均功率、残余泵浦平均功率和斜率效率随气压的变化,与连续泵浦图6.13(c)类似,随着气压的增加,HCF中增加的HBr分子密度会使泵浦平均功率吸收增强和增益增大,导致残余的泵浦平均功率减少,但同时气压增加会导致分子间碰撞增强,使激光上能级寿命下降,引起损耗,在这两个因素共同决定下存在一个最佳气压。斜率效率随着气压增加先增加后减少,在3.1 mbar达到最大值22.5%,输出平均功率一直处于增长状态,但相比于连续泵浦时图6.13(c)蓝线表示的输出激光功率随气压的变化,图6.26(c)中变化不明显,与之前报道的3 μm波段脉冲泵浦充有$C_2H_2$的HCF气体激光[17]的输出能量在很大$C_2H_2$气压范围内变化较小的规律一致,认为是由于脉冲泵浦的峰值功率大,气压的影响没有连续泵浦时的气压影响大。可以预见的是,随着气压的进一步增大,斜率效率和输出平均功率将下降。图6.26(d)展示了输出平均功率的稳定性,与连续泵浦时图6.13(b)一样,随着时间的增加,输出平均功率从237 mW逐渐下降到225 mW,出现下降的趋势主要是由于空气泄漏和用于泵浦耦合的光学元件不稳定。

由于图6.26中重频和脉宽分别固定设置为1.5 MHz和20 ns,为进一步探究重频和脉宽对激光输出的影响,在3.4 mbar气压、泵浦电流1.2 A、脉宽20 ns条件下,输出平均功率、输出的残余泵浦平均功率和入射的泵浦平均功率随重频的变化如图6.27(a)所示,随着重频的增加,虽然入射泵浦平均功率几乎保持不变(1 000~1 100 mW),但残余的泵浦平均功率从99 mW到17 mW有大幅下降,说明吸收的泵浦平均功率大幅增加,按照直觉,对应的输出平均功率应该增加,但奇怪的是,在实验中发现输出平均功率从64 mW下降到36.2 mW,因此吸收的这部分泵浦功率没有用于产生中红外激光,而可能是被碰撞等过程消耗。这个现象不能简单用低重频下峰值功率高来解释,因为图6.27(b)在3.4 mbar气压、泵浦电流1.2 A及固定重频1.5 MHz条件下输出与脉宽的关系中,峰值功率随着脉宽增加而下降,但是残余泵浦平均功率没有明显变化,甚至输出平均功率还从39 mW增加到50 mW。对比图6.27(a)和图6.27(b),脉宽相比于重频对产生激光的物理过程影响是有限的,认为是由于10~30 ns的脉冲持续时间范围小于3.4 mbar气压下的弛豫时间,在脉冲持续时间内不会发生弛豫过程来影响激光产生。而重频对输出的影响可能是,改变了单脉冲能量及脉冲个数,低重频下,单脉冲能量高,脉冲个数少,一个脉冲内泵浦达到阈值后就开始出光,而高重频下,单脉冲能量低,脉冲个数多,而在气压确定的情况下阈值是确定的,

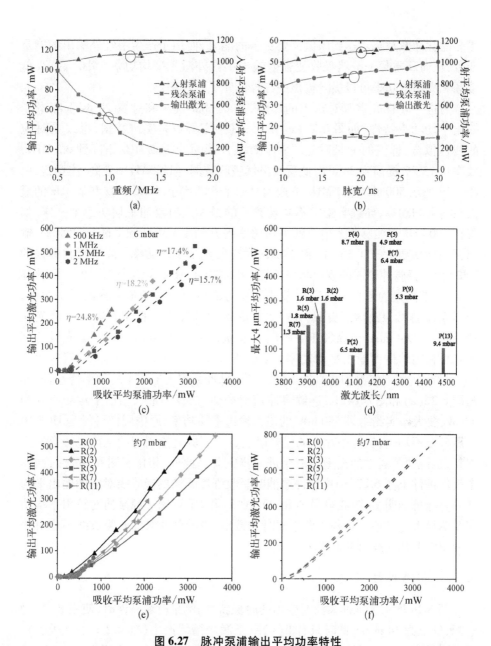

**图 6.27 脉冲泵浦输出平均功率特性**

（a）重频对输出的影响；（b）脉宽对输出的影响；（c）6 mbar 气压下不同重频的输出平均功率特性；
（d）在合适气压下输出 10 条激光谱线的最大输出平均功率；约 7 mbar 气压下不同种子源脉冲泵浦
（e）实测的和（f）仿真的输出平均功率特性

更多的脉冲数意味着达到阈值需要更多的能量,而用于产生中红外输出的能量变少,从而高重频下虽然吸收变强但输出中红外激光平均功率变小。因此,低重频和高峰值功率可以提升输出中红外激光平均功率。

为进一步探究重频对输出的影响,在 6 mbar 气压和脉宽 20 ns 下测量了输出平均功率特性,如图 6.27(c)所示,其中实心点是实测数据,虚线是对应的线性拟合,标注的 $\eta$ 是对应的斜率效率,可见重频从 2 MHz 下降到 0.5 MHz,效率从 15.7% 提高到 24.8%,低重频虽然吸收较弱,但斜率效率更高,注意到,由图 6.19 所示 500 kHz 和 1 MHz 下最大泵浦平均功率小于 1.5 MHz 和 2 MHz 的最大泵浦平均功率,导致实验中不同重频下的最大入射泵浦平均功率不一样,如果在 500 kHz 下能够将入射泵浦平均功率提升到 1.5 MHz 和 2 MHz 的水平,输出平均功率要大于 1.5 MHz 和 2 MHz 对应的输出平均功率。除了吸收最强的R(2)种子源脉冲泵浦的输出功率特性,图 6.27(d)展示了六个不同种子源脉冲泵浦下,在测量的各自最佳气压条件下获得的单个谱线的最大输出平均功率,与图 6.12 连续泵浦情况类似,1.3~1.8 mbar 的低气压下容易发生 R 支激光跃迁,而 4.9~9.4 mbar 的高气压下则以 P 支跃迁为主,P(4)和 P(5)激光线达到了几乎相同的最大输出平均功率,约为 550 mW。图 6.27(e)和图 6.27(f)比较约 7 mbar 气压下实测和仿真的不同种子源脉冲泵浦的输出平均功率特性,同样与图 6.26(a)和图 6.14(b)连续泵浦情况类似,仿真的最大输出平均功率约为0.8 W,要大于实测结果 550 mW 的最大输出平均功率,原因同样可能是 HCF 中气压分布不均匀,实验中存在的误差以及分子间的碰撞引起的弛豫过程会导致损耗,也说明了建立的模型还需要进一步完善。此外,相比于图 6.14(a),同一个气压条件下图 6.27(e)中脉冲泵浦时吸收强度不同的吸收线对应的输出平均功率差异更加明显,吸收最强的 R(2)、R(3)和 R(5)种子源泵浦时输出平均功率要明显大于其他三个种子源泵浦时的输出,说明脉冲泵浦时吸收线强度对输出的影响要比连续泵浦时更大。

## 6.3.4 时域特性

图 6.28 展示了脉冲泵浦时输出的时域特性,测量时域特性时,使用 R(2)种子源,气压为 14 mbar,此时只有 P(4)一条激光谱线产生(如 4.2.1 小节所述)。同时测量产生中红外脉冲和残余泵浦脉冲的装置如图 6.28(a)所示,在 HCF 输出端,使用双色镜可以使残余的泵浦光反射,产生中红外光透射,同时使用铟镓砷(InGaAs)光电探测器(适用于 2 μm 波段,带宽>12.5 GHz)探测残余泵浦光,

碲镉汞(HgCdTe)光电探测器(适用范围2~10.6 μm,带宽100 MHz)探测输出的中红外脉冲,两个探测器同时接入示波器上对测量结果进行显示,如图6.28(b)所示,测量时设置的泵浦脉宽20 ns,重频0.5 MHz,由于光电探测器自带输出放大,且两种脉冲是通过不同的探测器测量,因此两种脉冲的相对强度大小没有可比性。图6.28(b)中实测的中红外脉冲时间上落后于残余泵浦脉冲,而仿真的中红外脉冲主要消耗的是传输的泵浦脉冲上升沿部分,主要位于传输的泵浦

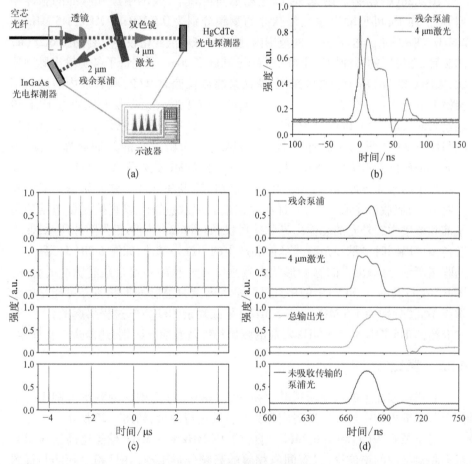

图 6.28 脉冲泵浦输出时域特性

(a)同时测量残余泵浦和输出的中红外激光脉冲的实验装置;(b)残余泵浦和输出的中红外激光脉冲;
(c)不同重频下输出中红外激光脉冲序列;(d)无吸收时传输的泵浦光、总输出光、输出中红外激光和残余泵浦光脉冲形状

脉冲上升沿位置,未被消耗的传输的泵浦脉冲下降沿部分则主要为残余的泵浦脉冲做出贡献,残余泵浦脉冲的更接近于传输的泵浦脉冲下降沿位置,因此中红外脉冲时间上是领先于残余泵浦脉冲。二者的不一致认为是测量中示波器触发方式设置时没有同时触发,导致不是同一个时间尺度上的显示。此外,从图 6.23 所示比较规则的入射泵浦脉冲形状演化到图 6.28(b)所示的残余泵浦和中红外激光脉冲形状,说明了中间复杂的动力学过程,还需要进行进一步研究。

图 6.28(c)绘制了在 20 ns 脉宽和不同重频下,输出中红外脉冲的脉冲序列,从下往上,可见输出中红外脉冲的重频分别为 0.5 MHz、1 MHz、1.5 MHz 和 2 MHz,在−4~4 μs 的 8 μs 时间范围内,脉冲的峰峰值变化较小。利用图 6.28(a)的装置,在设置的泵浦脉冲重频 1.5 MHz 和脉宽 20 ns 下测量了各类输出脉冲形状,如图 6.28(d)所示。具体来说,调谐泵浦波长偏离 R(2)吸收线中心波长不会被 HBr 吸收时,在输出端去掉双色镜可以直接测量无吸收的仅通过 HCF 传输过来的泵浦脉冲,以便作为对比,如图 6.28(d)底部图片所示,可见其脉冲形状与图 6.23 所示初始脉冲形状一致,脉宽跟初始设置的泵浦脉宽一样,为 20 ns,同样在时间约为 695 ns 处出现了一个低过冲,此外无吸收时仅通过 HCF 传输过来的泵浦脉冲与仿真表示的无吸收传输泵浦脉冲一致。调谐泵浦波长正对 R(2)吸收线中心波长,同样在输出端去掉双色镜可以直接测量包括残余泵浦和产生中红外光的总输出光脉冲形状,如图 6.28(d)第三张图片所示,使用双色镜可以同时测量残余泵浦脉冲和产生的中红外脉冲,如图 6.28(d)第一、二两张图所示,总输出光的脉冲形状大致是中红外脉冲和残余泵浦脉冲的叠加。图 6.28(d)和图 6.28(b)中的中红外脉冲和残余泵浦脉冲形状差异可能是由于重频不同(分别为 1.5 MHz 和 0.5 MHz)导致复杂的动力学过程引起的,下一节中介绍的 1.5 MHz 和 0.5 MHz 对应的频域特性就有明显区别,还需进一步探索。

## 6.3.5　频域特性

利用示波器上的快速傅里叶变换功能,在 0~12.5 MHz 的频率范围内对不同重频下输出的中红外脉冲对应的频域特性进行测量,如图 6.29 所示。

对于图 6.29(a)和图 6.29(b)对应的 0.5 MHz 和 1 MHz,信噪比高达 60 dB,具有相对纯净的谐波峰,只有间隔相等的高频分量出现,并且频率间隔与设置的重频一致。而对于图 6.29(c)和图 6.29(d)对应的 1.5 MHz 和 2 MHz,频谱成分中除了频率间隔与设置的重频一致的主峰外,主峰之间还出现了其他频率成分,尤其是对于图 6.29(c)1.5 MHz 下出现的其他频率成分要明显多于其余

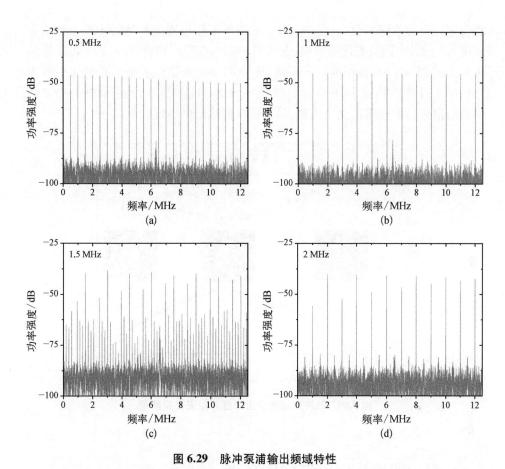

**图 6.29　脉冲泵浦输出频域特性**

(a) 重频 0.5 MHz；(b) 重频 1 MHz；(c) 重频 1.5 MHz；(d) 重频 2 MHz

三个重频。这种类似噪声的频率成分可能是由于脉冲抖动引起的[10]。此外，图 6.29(a) 和图 6.29(c) 对应 0.5 MHz 和 1.5 MHz 的频谱的区别有可能是图 6.28 (b) 和图 6.28(d) 中的中红外脉冲和残余泵浦脉冲形状出现差异的原因。频域光谱可以提供此类 HCF 气体激光特性的各种信息，揭示激光运转的复杂动力学过程，还需进一步数值模拟来解释频域上观测到的现象。

### 6.3.6　光束质量

　　与连续泵浦时一样，采用图 6.17 的方式对脉冲泵浦时输出的中红外光束质量进行测量。将电动位移平台沿输出中红外激光传输方向放置，CCD 中红外相机固定在电动位移平台上,在 25~55 mm 范围不同位置处测量的光斑半径结果如图 6.30 所示,圆点是测量数据,曲线是对应的多项式拟合,插入的光斑图片位置对应于 25 mm、41 mm 和 55 mm 处,其中 41 mm 束腰位置处的光斑大小约为 131 μm。计算出的 $M^2$ 因子约为 1.15,说明脉冲泵浦时输出的中红外激光束同样显示出近衍射极限的光束质量,具有近单模输出的特性。

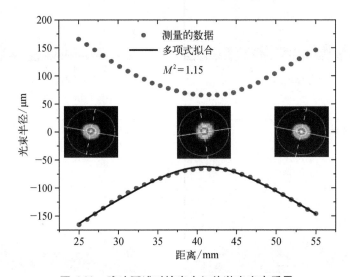

**图 6.30 脉冲泵浦时输出中红外激光光束质量**

## 6.4 高功率溴化氢光纤气体激光

目前中红外波段的光纤激光器功率水平还不高。对于稀土离子掺杂的光纤激光,由于泵浦光子能量和产生激光光子能量之间的量子亏损随波长增加而增加,以及适用于中红外波段的"软玻璃"基质材料化学稳定性差,易于潮解,不适宜长时间工作,目前报道的中红外波段最高功率是 41.6 W,工作波长位于 2.8 μm 波段[18],3.5 μm 以上波段报道的最高功率下降到 14.9 W[19],而 4 μm 以上波段的报道只能观测到光谱纯净度很差的中红外光谱,输出功率几乎可以忽略不计(不到毫瓦量级)[20,21]。对于 HCF 气体激光,目前最大输出是通过 $C_2H_2$ 在 3.1 μm 实现了约 8 W 的平均功率[22],限制功率提升的主要原因是缺乏合适的高功率泵浦源及泵浦光耦合技术。

本节的目的是在 6.2 节的基础上,使用更高功率的泵浦源系统,具体解决高功率泵浦耦合存在的问题,进一步提升空芯光纤溴化氢气体激光 4 μm 波段的输出功率,以满足更多场景的应用需要。

## 6.4.1　实验系统

图 6.31(a)和图 6.31(b)分别展示了高功率 HCF 中 HBr 气体激光的实验结构示意图和实物图。图 6.31(a)中虚线框中的是高功率泵浦源系统,种子源同样是对应 HBr 分子 R(0)、R(2)、R(3)、R(5)、R(7)和 R(11)一阶泛频吸收线的六个 2 μm 波段波长精确可调谐的半导体激光器,种子源直接接入商用的连续波高功率 TDFA(三级放大结构,标称最大输出功率 50 W)进行放大,由于功率较大,TDFA 输出光纤采用的是型号为 25/250 的多模光纤,并且多模光纤的尾端通过光纤端帽(end caps)输出,其中光纤端帽是针对高功率光纤激光器输出端面处理设计的器件,通过对输出光束的扩束降低输出端的光功率密度,主要应用在高峰值功率或者高平均功率的激光器输出端。由于 2 μm 波段缺乏合适的光纤隔离器件,商用的高功率 TDFA 对于回光十分敏感,当回光在毫瓦量级时高功率 TDFA 会由于自身的保护机制自动断电,因此后续泵浦耦合时需要尽量避免泵浦回光。

考虑到输出功率几十瓦量级的 2 μm 波段连续泵浦光通过空间光路进行耦合,后续实验结构相较于前两章实验结构进行了优化。首先简化了空间耦合光路,不使用前两章用于调整光路的两个镀银反射镜,可以减少泵浦光经过多个光学元件的功率损耗。其次图 6.31 中使用的平凸透镜及气体腔上的窗口选择高致密吸收膜层的设计(反射率<0.1%,损伤阈值>20 J/cm$^2$@ 20 ns、20 Hz,远大于之前对应光学元件>2 J/cm$^2$@ 6 ns、30 kHz 的损伤阈值),可以减小能量损失和热效应,降低光路对于泵浦激光的影响,适合于高功率场景下的应用。泵浦光首先经过安装在三维调节架上的第一个平凸透镜(焦距为 15 mm)进行准直,然后经过安装在三维调节架上的第二个平凸透镜(焦距为 50 mm)聚焦耦合进 7 米长的 HCF,两个透镜之间使用一个分光比为 2∶98 的分束镜将部分泵浦光反射进入功率计,用于实时监测入射的泵浦功率。调节耦合时,通过三维调节架同时调节两个平凸透镜一个方向的位置到最佳状态后,再同时调节两个平凸透镜另一个方向的位置到最佳状态,当三个方向的三维调节架都调节好后,多次重复这个过程,将耦合效率调至最佳,实验中的耦合效率约为 65%。

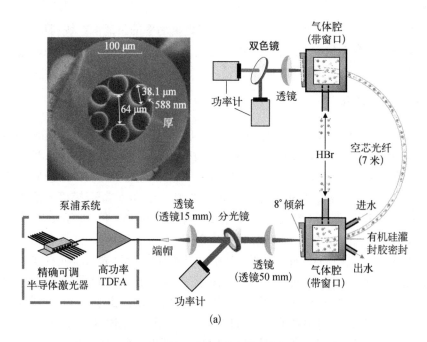

(a)

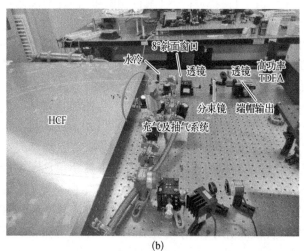

(b)

**图6.31 高功率空芯光纤溴化氢气体激光实验装置**

(a) 实验装置示意图；(b) 实验装置实物图

　　实验中发现,泵浦光耦合进 HCF 时,HCF 的输入端位置处容易积累热量,导致 HCF 损坏。因此对前两节用于固定 HCF 和充气抽气的气体腔进行了优化设计。在未优化气体腔之前,调节光路耦合时发现,随着泵浦功率的增加,在 HCF 输入端 HCF 裸纤与 HCF 涂覆层交界处容易积累大量的热。为了便于观测,将 HCF 从气体腔中取出,放置在三维调节架上直接进行泵浦光耦合,以便用红外热像仪对 HCF 输入端进行测量,当入射泵浦功率分别为 15.3 W 和 23 W 时,红外热像图如图 6.32(a)和图 6.32(b)所示,测量的最高温度已经达到 152.2℃和 209.9℃,出现最高温度的位置位于 HCF 裸纤与 HCF 涂覆层交界处。如果泵浦耦合光路出现细微的扰动,耦合位置偏离会导致热量进一步积累,损坏 HCF。

　　图 6.32(c)和图 6.32(d)展示了实验中 HCF 由于热积累导致损伤的两次实物图,其中图 6.32(c)中的损伤较轻,HCF 输入端纤芯内部呈现黑色,整体形态没有发生改变;图 6.32(d)中的损伤较严重,除了纤芯内部呈现黑色,HCF 被熔断成两截,而且左侧 HCF 靠近熔断处发生了严重的形变。需要指出的是,实验中发现 HCF 的损伤不是在一个固定功率水平下发生的,而是一个累积的过程,类似于"金属疲劳",但对于 10 W 功率以下的泵浦耦合,前两章的气体腔及耦合系统完全能满足需求。在显微镜下观测图 6.32(d)熔断的两截 HCF 分别如图 6.32(e)和图 6.32(f)所示,可见图 6.32(e)左侧的 HCF 整体形态损伤成了"拉丝"状,而且图 6.32(e)和图 6.32(f)用椭圆标出的位置可见 HCF 中的毛细管结构出现明显塌缩。由此可见高功率泵浦耦合存在困难,需要针对出现的问题对前两节的气体腔进行改进。

　　图 6.31(a)中标注的文字是针对气体腔的优化说明。具体来说,为尽量避免泵浦回光,将气体腔上入射窗口的一侧由平面改进为具有 8°倾斜角的斜面,以便可以将商用的具有均匀厚度的光学窗口片可以直接安装在具有 8°倾斜角的斜面上使用。图 6.33(a)和图 6.33(b)分别展示了前两章使用的气体腔和改进后的气体腔,可以清晰地看出二者的变化。图 6.33(a)中气体腔使用了含氟橡胶垫圈通过挤压对 HCF 进行密封(气体腔内部,图片中未展示),发现这个位置很容易积累热量导致 HCF 损伤,图 6.33(b)中使用有机硅灌封胶代替含氟橡胶垫圈进行密封,有机硅灌封胶分成 A、B 双组分,使用时将 A、B 组分按 1:1 的比例混合,HCF 放置在固定柱中,将混合好的有机硅灌封胶滴入固定柱与 HCF 交界处,当有机硅灌封胶固化后胶体具有弹性、耐高低温、导热性能好、黏接性能好、能保证密封性,克服了含氟橡胶垫圈的缺点,满足高功率泵浦耦合的

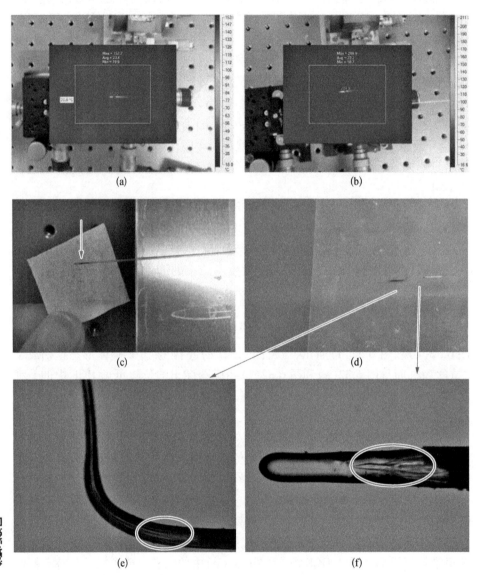

图 6.32  高功率泵浦耦合时 HCF 输入端热积累及损坏

HCF 输入端热积累(a) 入射泵浦功率 15.3 W 和(b) 入射泵浦功率 23 W;(c) HCF 损伤实物图;
(d) HCF 严重损伤实物图;HCF 严重损伤显微视图(e) 熔断的左侧 HCF 和(f) 熔断的右侧 HCF

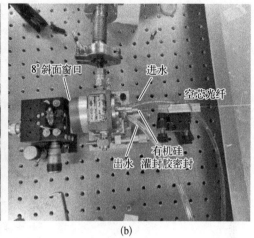

(a)　　　　　　　　　　　　(b)

**图 6.33　针对高功率耦合气体腔改进前后实物图**

（a）改进前；（b）改进后

需求。此外，为了进一步降低 HCF 温度，将密封后盖重新设计成可以水冷的结构，如图 6.33(b)所示。

图 6.31(a)中插入的图片展示了本章使用的 HCF 横截面电镜图，这一章和前两节的 HCF 是北京工业大学和暨南大学合作研究拉制的同一批次的六孔无节点负曲率 AR-HCF，但具体结构参数有所区别。本章使用的 HCF 纤芯直径约为 64 μm，单个毛细管直径约为 38.1 μm，毛细管壁约为 588 nm。相较于前两节使用的 HCF 横截面电镜图，本章使用的 HCF 纤芯直径较小，纤芯直径是决定 HCF 传输损耗的一个重要结构参数，纤芯越大能传输的波段向长波方向移动[23]，因此相比于前两节 HCF 的传输损耗，本章使用的 HCF 传输损耗谱向短波方向移动，在产生的 4 μm 中红外波段范围的传输损耗相较于前两节 HCF 略高，约为 0.4 dB/m。

1. 功率特性

图 6.34 展示了高功率 2 μm 波段泵浦源系统的输出功率特性。由于是采用种子源直接接入商用的连续波高功率 TDFA 放大，商用的连续波高功率 TDFA 的显示面板会展示内部的泵浦电流，输出功率与归一化的泵浦电流显示值的关系如图 6.34 所示，随着泵浦电流的增加，输出功率线性增加，最大输出功率达 48 W。

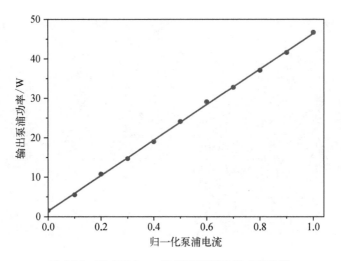

图 6.34　高功率 2 μm 波段泵浦源输出功率特性

2. 波长调谐及光谱

图 6.35(a)~(d)分别展示了 R(0)、R(5)、R(7)和 R(11)种子源下高功率泵浦源波长调谐及对应的光谱[R(2)和 R(3)种子源情况类似,这里不全部列举]。

与前两节一样,种子源的波长通过温控电压 $V_{Tec}$ 控制,$V_{Tec}$ 从 0.3 V 开始以 0.3 V 的间隔增加到 3 V,每一个电压对应的波长及光谱形状如图 6.35 所示。可见所有种子源下高功率泵浦源输出波长与温控电压 $V_{Tec}$ 都呈线性关系,由于购买批次原因,不同种子源下的波长与 $V_{Tec}$ 之间的斜率有所不同,图 6.35(a)~(d)中泵浦波长与 $V_{Tec}$ 对应的斜率分别为 0.76 nm/V、0.84 nm/V、0.8 nm/V 和 0.79 nm/V,通过温控电压,不同种子源下高功率泵浦源都可以在对应的吸收线波长附近约 2.5 nm 范围内精确调谐,能够覆盖 $H^{79}Br$ 和 $H^{81}Br$ 两个同位素的吸收线,由于约 2.5 nm 的泵浦波长调谐范围相比于铥离子的较宽的增益带可以忽略不计,不同波长下具有相同的放大效果,因此最终泵浦源在不同 $V_{Tec}$ 下输出有着类似的光谱形状。图 6.35 中部分温控电压 $V_{Tec}$ 下光谱出现的高低起伏是由于测量过程中泵浦光耦合波动引起的。此外,从光谱形状可以看出输出光谱保持了良好的光谱特性,光谱深度达 30 dB 以上,具有集中的光谱功率分布,大部分功率都集中在中心波长。

R(0)、R(5)、R(7)和 R(11)种子源下高功率泵浦源在不同功率水平的输

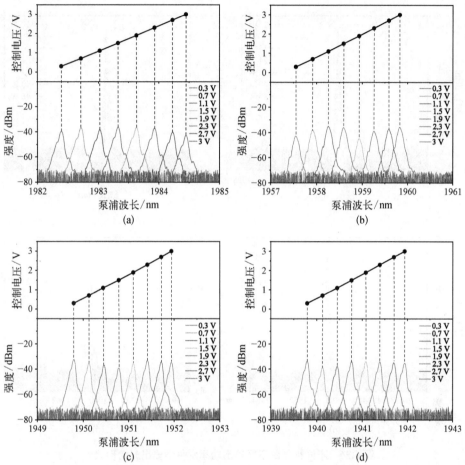

**图 6.35　不同种子源下高功率泵浦源波长调谐及输出光谱形状**

（a）R(0)种子源；（b）R(5)种子源；（c）R(7)种子源；（b）R(11)种子源

出光谱分别如图 6.36(a)～(d)所示。随着输出泵浦功率从 1 W 增加到 48 W，不同种子源对应输出光谱没有出现明显的 ASE，光谱最高点与基底相差约 45 dB，输出的泵浦能量主要集中在中心波长上。虽然从图 6.36(a)～(d)中看似光谱线宽随着泵浦功率增加而有所增加，但是光谱仪受其精度限制，无法准确测量线宽，而泵浦光线宽要求小于 HBr 的吸收线宽才能够被有效吸收，利用 FSR 为 1.5 GHz 的 F‒P 干涉仪对不同输出功率情况下的泵浦光进行线宽测量，随着泵浦功率的增加，泵浦源的线宽基本上保持不变，都在几十兆赫兹量级。

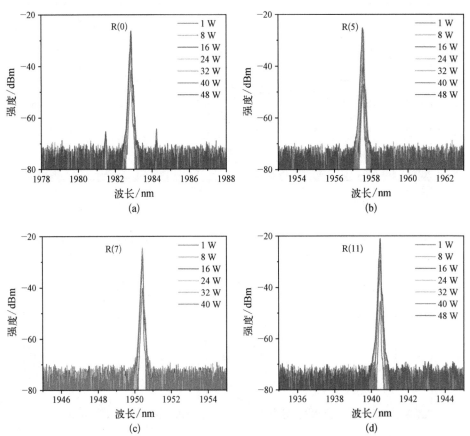

**图 6.36　不同种子源不同输出功率水平下输出光谱形状**

（a）R(0)种子源；（b）R(5)种子源；（c）R(7)种子源；（d）R(11)种子源

### 3. 波长调谐及光谱吸收线宽及波长稳定性

采用图 6.31 的实验装置,对吸收较弱的 R(11) 吸收线的线宽进行了测量。在入射泵浦功率为 1.3 W 及不同的气压条件下,逐步调节泵浦波长扫过 HBr 气体 R(11) 的吸收线,在 HCF 输出端的残余泵浦功率随着泵浦波长的变化如图 6.37 所示,其中离散点是以 1 mV 的温控电压 $V_{Tec}$ 步长(对应 0.79 pm 的调节步长)逐点测量的实验结果,实线是相应的拟合。从图 3.15(a)可知 R(11) 的吸收强度要远小于前两章分别测量的 R(3) 和 R(2) 吸收线,因此测量时选择了较大气压,三条线从上往下分别代表了 18 mbar、28.9 mbar 和 66 mbar 气压下的结果,对应的吸收线宽分别为 3.6 pm(270 MHz)、4 pm(300 MHz)和 4.9 pm(368 MHz),通过拟合相应的展宽系数为 1.9 MHz/mbar,可见 R(11)在同样的气压条件下对应的吸收线宽及展宽系数远小于吸收强度大的吸收线。从 2.1.3 节可知,当气压较低时,多普勒加宽占据主导地位,而当气压上升时,碰撞加宽会逐渐占据主导地位,从式(3.33)碰撞加宽 $\Delta v_c$ 的表达式可以看出,主要决定因素是对应的粒子数密度,由玻尔兹曼分布(Boltzmann distribution)和能级简并度共同决定的 R(11)吸收线对应的粒子数远少于吸收强度大的吸收线对应的粒子数,因此测量的 R(11)吸收线宽要远小于前两章测量的 R(3)和 R(2)吸收线宽。

测量波长稳定性时,选择吸收强度大的 R(2)吸收线作为种子源,因为较大的吸收强度对应图 6.37(a)中更大的深度,调节泵浦波长对准 R(2)吸收线中心,泵浦波长发生漂移时残余泵浦功率的变化更加灵敏。图 6.37(b)展示了 HBr 气体气压为 6 mbar、注入泵浦功率 4.6 W 时,对应的残余泵浦光随时间的变化曲线,可以看出,输出的残余泵浦功率在 1 250 s 的时间内总体比较稳定,残余泵浦功率从约 342 mW 下降到约 323 mW,具有微小的下降趋势,说明泵浦源波长稳定性总体较好。可以发现,同样是测量泵浦波长稳定性的图 6.37(b)与图 6.6(c)中的变化曲线有所区别,认为主要是由于图 6.6(c)中使用的入射泵浦功率较低,波长波动对残余泵浦功率的影响在纵坐标较小的情况下更明显。

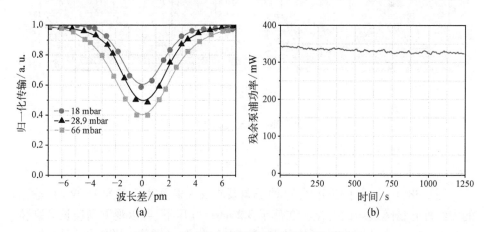

**图 6.37　高功率泵浦源波长稳定性测量结果**

(a) 不同气压下波长调谐扫描吸收较弱的 R(11)吸收线时残余泵浦变化;
(b) 泵浦波长在 R(11)吸收线中心时残余泵浦随时间变化

### 6.4.2 光谱特性

　　同前两节类似,分别使用 R(0)、R(2)、R(3)、R(5)、R(7)和 R(11)种子源泵浦,测得的所有光谱如图 6.38(a)所示。可见出现了包括 4 条 R 支谱线和 6 条 P 支谱线一共 10 条激光输出谱线,覆盖范围从 3 874 nm 到 4 496 nm,与图 6.25(a)脉冲泵浦时测得的输出谱线一致,相比于图 6.9(d)较低功率下连续泵浦测得的输出谱线少了波长为 3 809.7 nm 的 R(11)激光谱线。波长为 4 025.4 nm 的 R(0)激光谱线在本节所有实验中都未观测到,可见 R(0)和 R(11)激光谱线由于在所有可能出现的 12 条激光谱线中具有最小的发射截面,在实验中极有可能不能被傅里叶变换光谱仪观测到。此外,由于测量所有谱线时 HBr 气压是约 1 mbar 低压状态,而且泵浦功率较高,不同种子源泵浦时 R 支激光谱线占据了主导地位,光谱谱线强度比 P 支谱线大。与前两章一样,由于 HBr 分子本身能级跃迁的特性,不需要额外的线宽压窄技术就可以获得线宽较窄的中红外激光,通过 F-P 涉仪测量的线宽约为几十兆赫兹量级,具有较高的光谱功率密度和良好的光谱纯净度。

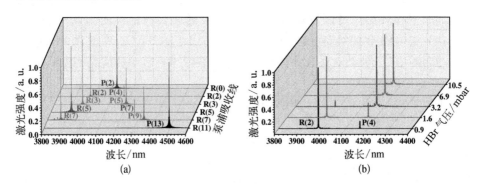

**图 6.38　输出光谱特性**

(a) 依次使用六个种子源泵浦对应的输出光谱;(b) R(2)种子源泵浦时输出中红外光谱随气压变化

　　图 6.38(b)展示了使用 R(2)种子源泵浦及入射泵浦功率为 15 W 时,输出的中红外光谱随气压的变化。在低于 3.2 mbar 气压下,可以观测到波长分别位于 3 977.2 nm 和 4 165.3 nm 处的 R(2)和 P(4)激光谱线。随着气压的增加,R(2)谱线被抑制,P(4)谱线逐渐占据主导,在 3.2 mbar 气压下,中红外光谱几乎只包含了 P(4)一条激光谱线,R(2)激光谱线十分微弱,当气压继续增加,输

出中红外光谱只会出现一条纯净的 P(4)激光谱线。因为两条激光谱线共享一个共同的上能级($v=2$ 振动态上的 $J=3$ 转动态),谱线强度变化是两条激光谱线共同竞争的结果,P(4)激光谱线由于发射截面较大,产生激光阈值较低,在低泵浦功率下占主导地位。但随着泵浦功率的增加,P(4)谱线的下能级粒子数积累会导致反转粒子数下降和增益下降,R(2)谱线强度会逐渐超过 P(4)谱线。气压越高,需要越大泵浦功率才能使 R(2)谱线超过 P(4)谱线,因此 R(2)谱线在低气压和高泵浦功率条件下容易在输出光谱中占据主导地位,与第三章介绍的输出光谱规律一致,通过改变气压和泵浦功率,可以有效地控制输出光谱成分,在较低气压下,R 支谱线随着泵浦功率增加而逐渐占据主导;而在较高气压下(该气压下不会引起转动弛豫),泵浦功率不足以使 P 支跃迁增益饱和,不会产生 R 支跃迁激光,可以得到纯净的 P 支跃迁谱线;当 HBr 气压继续增加使分子间热运动碰撞加剧,导致弛豫过程持续增强,会出现由于弛豫导致的其他输出谱线,当使用远离最强吸收线的种子源泵浦时,容易发生转动弛豫,通过改变泵浦功率就可以观测到其他输出谱线,当使用靠近最强吸收线的种子源泵浦时,不容易发生转动弛豫,无法通过改变泵浦功率观测到转动弛豫,只能通过将泵浦波长调偏吸收线中心使得泵浦光被部分吸收时才能观测到转动弛豫。

### 6.4.3　功率特性

本节旨在解决高功率泵浦耦合存在的问题后,进一步提升 4 μm 波段的输出功率,因此首先使用了吸收强度大的 R(2)种子源泵浦,输出功率特性如图 6.39 所示。其中图 6.39(a)和图 6.39(b)展示了不同气压下,输出的中红外激光功率和残余的泵浦功率随着耦合的泵浦功率变化,为了保证实验安全,将高功率泵浦源输出功率限制在 40 W 以下,在考虑约 65% 的耦合效率及光学元件的透过率后,耦合进 HCF 的最大泵浦功率约为 25 W。从图 6.39(b)可知,当气压低于 3.2 mbar 时,输出功率同时包含了 R(2)和 P(4)激光谱线的功率,气压高于 3.2 mbar 时,输出功率只包含了 P(4)激光谱线的功率。从图 6.39(a)可以看出 HBr 气压,即 HBr 的分子数密度对输出功率影响很大,目前 7 米长的HCF 的最佳气压为 3.7 mbar,在此气压下,输出激光功率随耦合泵浦功率增加而增加,达到最大输出功率 3.1 W,没有出现饱和现象。这个功率是目前 4 μm以上波段的连续光纤激光的最高功率水平,比报道的波长 4 μm 以上的连续实芯光纤激光功率[20]提升了 30 000 倍。相应地,图 6.39(b)中 3.7 mbar 气压下泵浦功率大部分被吸收,只剩下约 1.9 W 的残余泵浦功率,而对于 0.8 mbar

和 1.6 mbar 较低的气压,泵浦功率少部分被吸收,相应的残余泵浦功率高达约 16 W 和约 9.7 W,相对于约 25 W 的最大耦合泵浦功率残余了 64% 和 38.5%,增益较低,获得的最大功率为 0.97 W 和 1.7 W。对于 6.3 mbar 及更高的气压,虽然泵浦光能够几乎被完全吸收,但增强的分子间碰撞会引起额外的损耗,导致输出功率降低。

当入射泵浦功率为 40 W 时,图 6.39(c)总结了输出激光功率和残余泵浦功率与气压的关系。随着 HBr 气压增加,HBr 分子数密度增加,吸收增强,残余的泵浦功率迅速降低,在气压增加到 6.3 mbar 时只有约 150 mW 的残余泵浦功率,

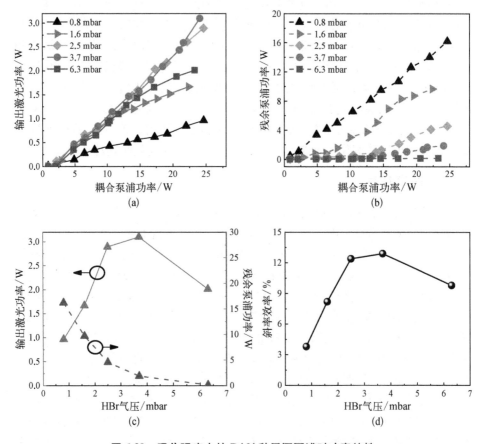

**图 6.39　吸收强度大的 R(2) 种子源泵浦时功率特性**

(a) 激光功率和(b)残余泵浦功率随耦合的泵浦功率变化;(c) 入射泵浦功率 40 W 下最大激光功率和残余泵浦功率随气压的变化;(d) 相对耦合泵浦功率的斜率效率随气压的变化

虽然吸收增强,但气压增强也会使 HBr 分子之间的碰撞更加频繁,在超过最佳气压后,碰撞占据了主导地位,降低了激光上能级的寿命,导致增益降低,因此输出激光功率在 3.7 mbar 的最佳气压下达到了 3.1 W 的最大功率后,随着气压的进一步增加,输出功率会下降。图 6.39(d)展示了图 6.39(a)中不同气压下拟合的相对于耦合泵浦功率的斜率效率,与图 6.39(c)一样,气压的增加同时会增加吸收和增强由碰撞导致的损耗,存在一个最佳气压来兼顾增益和损耗,因此斜率效率先增大后减小,在 3.7 mbar 下的最大斜率效率为 12.9%。

考虑到入射的泵浦功率会由于泵浦空间光耦合进 HCF 的耦合损耗以及 HCF 中的传输损耗损失掉一部分功率,而且 HCF 端会有残余的泵浦功率,只有吸收的泵浦功率才对产生的激光有贡献。在 3.7 mabr 最佳气压下,输出激光功率相对于耦合泵浦功率和吸收泵浦功率的变化如图 6.40 所示,以便进行比较。

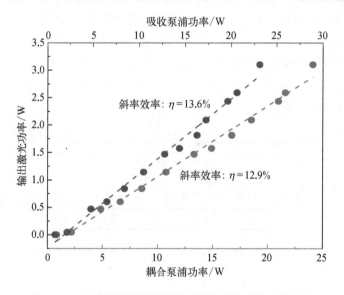

**图 6.40　3.7 mbar 气压下 R(2)种子源泵浦时激光功率随耦合泵浦功率和吸收泵浦功率变化**

从图 6.39(b)可以看到 3.7 mbar 在约 25 W 最大耦合功率下只有约 1.9 W 的残余泵浦功率,大部分泵浦功率被吸收,耦合的泵浦功率接近于吸收的泵浦功率,因此拟合的相对于耦合泵浦功率和吸收泵浦功率的斜率效率接近,分别为 12.9%和 13.6%。图 6.40 的斜率效率(13.6%)低于图 6.13(d)的斜率效率(18%),这主要是由于高功率泵浦源是多模光纤输出的非基模光束,耦合进

HCF 之后，由于 HCF 对在其中传输的高阶模式有很强的泄漏损耗，具有光束净化的作用，而输出的中红外激光具有良好的光束质量和近单模输出的特性，泵浦光模式和输出中红外激光模式不匹配而损耗，导致相对于吸收泵浦功率的斜率效率降低。

在不同的功率水平下对输出功率稳定性进行了测量，如图 6.41 所示。分别在超过 65 min 和 45 min 的时间测量了输出平均功率水平约 0.7 W 和约 1.5 W 的稳定性，使用均方根偏差（root-mean-square deviation，$\Delta_{RMS}$，一种常用的测量数值之间差异的量度，这里定义为标准差与平均值之比）和峰峰偏差（peak-to-peak deviation，$\Delta_{pp}$，定义为最大值与最小值之差与平均值之比）来衡量功率稳定性，在均功率水平约 0.7 W 和约 1.5 W 下的 $\Delta_{RMS}$ 分别为 1.71% 和 1.41%，$\Delta_{pp}$ 分别为 9.15% 和 7.35%，分别在超过 65 min 和 45 min 内保持了良好的功率稳定性。对于更高的平均功率水平约 2.9 W，出于实验安全考虑，只测量了 6 min 的功率稳定性，$\Delta_{RMS}$ 和 $\Delta_{pp}$ 分别为 0.41% 和 1.74%，输出功率同样比较稳定。这三个功率水平下出现的功率波动可能是泵浦光通过空间光路耦合的方式不稳定以及泵浦波长出现微小偏移导致的，以后可以根据功率波动的反馈采用波长控制系统进一步改善功率稳定性。

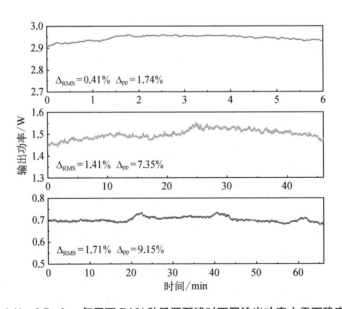

**图 6.41　3.7 mbar 气压下 R(2) 种子源泵浦时不同输出功率水平下稳定性**

　　除了使用吸收强度大的 R(2)种子源泵浦,图 6.42(a)～(d)还分别展示了使用 R(0)、R(3)、R(5)和 R(7)种子源泵浦时在不同气压下的输出功率特性。图 6.42(a)～(d)使用了相同的横纵坐标大小,以便对比,输出功率随耦合的泵浦功率增加而增加,没有出现饱和现象,不同种子源泵浦时分别在 3.4 mbar、3.2 mbar、5.8 mbar 和 9.8 mbar 下分别获得了最大输出功率约 1.8 W、2.9 W、2.4 W 和 1.7 W。可以发现吸收线强度越强,获得最大输出功率的气压就越低,这与 HCF 长度的作用类似,越长的 HCF 意味着作用距离越长、吸收越强,相应获得最大输出功率的最佳气压会变小,因此吸收线强度大小及 HCF 长度共同决定了最佳气压。此外不同种子源泵浦获得最大输出功率大小与图 3.15 所示的吸收

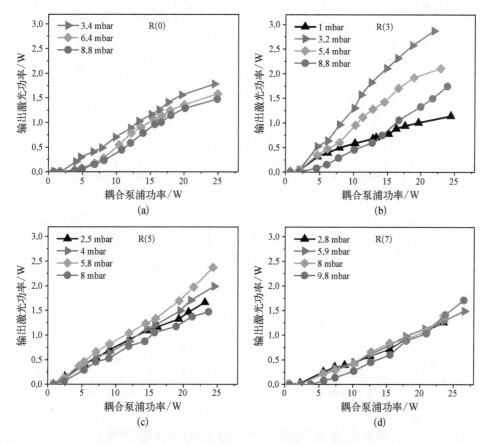

**图 6.42　R(0)、R(3)、R(5)和 R(7)种子源泵浦时功率特性**

(a) R(0)种子源泵浦;(b) R(3)种子源泵浦;(c) R(5)种子源泵浦;(d) R(7)种子源泵浦

线强度一致,R(2)和 R(3)吸收线强度最大且接近,对应获得了 3.1 W 和 2.9 W 的最大功率输出;R(5)吸收线强度次之,对应最大输出功率为 2.4 W;R(7)和 R(0)吸收线强度最小且接近,对应最大输出功率为 1.7 W 和 1.8 W。

以上的功率特性都是在图 6.31 所示 HCF 长度 7 m 下测得的结果,为探究 HCF 不同长度对输出功率的影响,将 HCF 依次截断为 4.3 m 和 3.2 m,使用 R(2)种子源泵浦,对输出功率随耦合的泵浦功率演化进行了测量,如图 6.43(a) 和图 6.43(b)所示。HCF 长度从 7 m 减小到 4.3 m,最佳气压从 3.7 mbar 上升到 6.2 mbar,最大输出功率从 3.1 W 上升到 3.37 W;HCF 长度从 4.3 m 减小到 3.2 m,

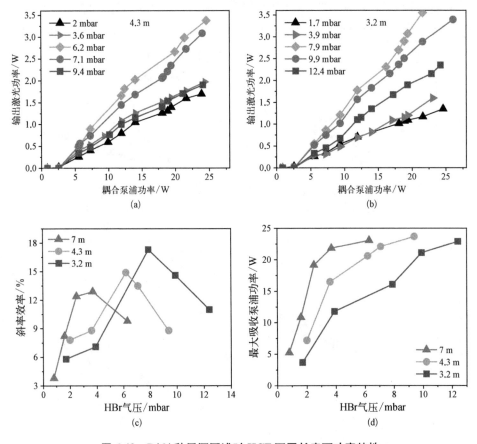

**图 6.43 R(2)种子源泵浦时 HCF 不同长度下功率特性**

(a) HCF 长度 4.3 m 下输出功率特性;(b) HCF 长度 3.2 m 下输出功率特性;(c) 不同长度下斜率效率与气压关系对比;(d) 不同长度下最大吸收泵浦功率与气压关系对比

最佳气压从 6.2 mbar 上升到 7.9 mbar，最大输出功率从 3.37 W 上升到 3.55 W。可见随着 HCF 长度减少，在同样气压条件下，吸收减弱，获得最大输出功率的最佳气压增加。HCF 长度对 HBr 气体吸收和产生的中红外光传输损耗都有影响，虽然随着 HCF 长度减少，传输损耗下降，但所需气压一直上升，可以预见有一个最佳长度，当 HCF 长度小于这个长度后，所需的高气压引起的 HBr 分子间的碰撞加剧及增强的弛豫过程占据主导，导致输出功率下降。

实验中 HCF 长度从 7 m 减小到 3.2 m，对应的最大输出功率一直呈上升趋势，说明最佳的 HCF 长度小于 3.2 m，通过理论仿真，气压和 HCF 长度两个因素对输出激光功率的影响如图 6.44 所示，综合最佳的气压和 HCF 长度为 10.5 mbar 和 1.5 m，但是由于仿真中对弛豫过程简化处理，未考虑高气压下 HBr 分子碰撞引起的损耗，仿真结果与实验结果之间会存在差异。根据图 6.43(a) 和图 6.43(b) 的实验结果及图 6.44 仿真结果，估计的最佳 HCF 长度在 2~3 m。此外，虽然 3.2 m 长度下 3.55 W 的最大输出功率(7.9 mbar 气压)略大于 4.3 m 长度下 3.37 W 的最大输出功率(6.2 mbar 气压)，但可以发现对小于 4 mbar 气压下输出功率[图 6.43(a) 和图 6.43(b)]，4.3 m 长度对应的输出功率要大于 3.2 m 长度[如图 6.43(c) 所示]的输出功率，这是由于相对低气压下，较长 HCF 的吸收带来的增益效果要大于自身的传输损耗。图 6.43(c) 和图 6.43(d) 展示了不同 HCF 长度下，相对于耦合泵浦功率的斜率效率和最大吸收泵浦功率与气压的关系。从图 6.43(c)

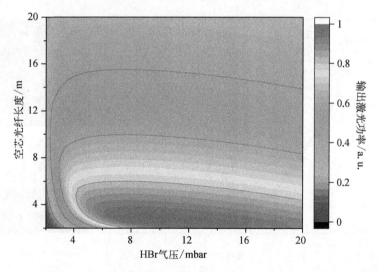

**图 6.44　泵浦功率 26 W 时仿真的输出激光功率与 HBr 气压和 HCF 长度的关系**

可以清晰地看出随着 HCF 长度减少,对应最佳气压增加,由于还未减少到最佳长度,最佳气压下的斜率效率从 7 m 长度下的 12.9% 增加到 4.3 m 长度下的 14.9%,再增加到 3.2 m 长度下的 17.3%。同样可以预见,随着 HCF 长度继续下降,最佳气压会继续增加,但由于高气压下引起的 HBr 分子间的碰撞加剧及增强的弛豫过程会逐渐占据主导,对应的斜率效率会下降。对于 <4 mbar 的气压,图 6.43(c) 中 HCF 越长,对应的斜率效率越高,但由图 6.44 的仿真结果,当 HCF 长度持续增加,输出功率会出现下降的趋势,这是由于 HCF 长度一直增加会使传输损耗逐渐占据主导。因此对于此类基于粒子数反转的 HCF 气体激光器,选择合适的 HCF 长度和增益气体气压有助于提升输出功率。

### 6.4.4 光束质量

与前两节一样,采用图 6.17 的结构对高功率泵浦输出的中红外激光光束质量进行测量。测量时使用 R(2) 种子源泵浦,气压为 7 mbar,由图 6.38(b) 知此时输出的中红外光谱仅包含了波长为 4 165.3 nm 的纯净 P(4) 激光谱线。输出中红外激光首先经过第一个焦距为 40 mm 的平凸透镜进行准直,行程为 200 mm 的电动位移平台沿输出中红外激光传输方向放置在第二个焦距为 100 mm 的平凸透镜后面,CCD 中红外相机固定在电动位移平台上。在不同位置处测量的光斑直径大小如图 6.45 所示,圆点是测量数据,曲线是对应的双曲线拟合,图中原

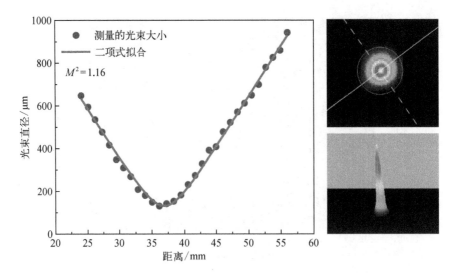

**图 6.45** 输出中红外激光光束质量,右侧插入图片分别为束腰处光斑二维和三维强度分布

点是电动位移平台的起始点,不是离第二个焦距为 100 mm 的平凸透镜的距离,右侧插入的图片分别是束腰处光斑的二维和三维强度分布,通过二项式拟合,计算出的 $M^2$ 因子约为 1.16,说明输出的中红外激光束同样显示出近衍射极限的光束质量。

## 6.5　本章小结

本团队首次将溴化氢充入 HCF 中,对光泵浦 HCF 中 HBr 气体激光开展实验研究工作。实现了波长 3.8~4.5 μm 范围近瓦级光纤气体连续激光输出。通过自行搭建的 2 μm 波段可调谐窄线宽连续波掺铥光纤放大器泵浦充有 HBr 气体的石英基 HCF,获得了 3 810~4 496 nm 范围内一共 11 条激光谱线输出,其中686 nm 的调谐范围是目前光纤激光的最大调谐范围,4 496 nm 是目前连续光纤激光最长输出波长,在 5 mbar 气压下使用 R(3)种子源泵浦实现了约 500 mW最大输出功率,相对于吸收泵浦功率的斜率效率为 18%。实现了 4 μm 波段波长可调谐和脉宽重频可调的光纤气体纳秒脉冲激光。以声光调制的 2 μm 波段可调谐窄线宽掺铥光纤放大器为泵浦源,获得了 3 874~4 496 nm 范围内一共10 条激光谱线的输出,据我们所知,这是第一个波长 3.8 μm 以上的可调谐脉冲中红外光纤激光器,约 622 nm 范围是采用非线性技术外获得的脉冲激光器中最大的调谐范围。在 8.7 mbar 气压下使用 R(2)种子源,获得了最大约 550 mW的输出平均功率,相应的激光单脉冲能量约为 0.37 μJ,相对于吸收的泵浦平均功率的斜率效率为 15.6%。实现了 4 μm 中红外波段高功率光纤气体连续激光输出。针对高功率的泵浦源系统耦合进 HCF 出现的容易积累热量,导致 HCF损坏的问题,对气体腔进行优化,在 3.7 mbar 气压下使用 R(2)种子源泵浦获得了3.1 W 最大输出功率且输出功率具有良好的稳定性,相对耦合泵浦功率的斜率效率为 12.9%,这个功率是目前 4 μm 以上波段的连续光纤激光的最高功率水平,相比于报道的波长 4 μm 以上的连续实芯光纤激光的功率提升了四个数量级。

## 参考文献

[ 1 ]　Miller H C, Radzykewycz D T, Hager G. An optically pumped mid-infrared HBr laser[J].

IEEE Journal of Quantum Electronics, 1994, 30(10): 2395 – 2400.

[ 2 ] Kletecka C S, Campbell N, Jones C R, et al. Cascade lasing of molecular HBr in the four micron region pumped by a Nd: YAG laser[J]. IEEE Journal of Quantum Electronics, 2004, 40(10): 1471 – 1477.

[ 3 ] Botha L R, Bollig C, Esser M J, et al. Ho: YLF pumped HBr laser[J]. Optics Express, 2009, 17(22): 20615 – 20622.

[ 4 ] Koen W, Jacobs C, Bollig C, et al. Optically pumped tunable HBr laser in the mid-infrared region[J]. Optics Letters, 2014, 39(12): 3563 – 3566.

[ 5 ] Koen W, Jacobs C, Esser M J D, et al. Optically pumped HBr master oscillator power amplifier operating in the mid-infrared region[J]. Journal of the Optical Society of America B, 2020, 37(11): A154 – A162.

[ 6 ] Akbari S, Ghodrati A H, Hosseinzadeh M A, et al. Spectra of Deza graphs[J]. Linear and Multilinear Algebra, 2020, 70(2): 310 – 321.

[ 7 ] 周炳琨,高以智,陈倜嵘,等. 激光原理[M]. 2009, 北京: 国防工业出版社.

[ 8 ] Ismail N, Kores C C, Geskus D, et al. Fabry-Perot resonator: Spectral line shapes, generic and related Airy distributions, linewidths, finesses, and performance at low or frequency-dependent reflectivity[J]. Optics Express, 2016, 24(15): 16366 – 16389.

[ 9 ] Okoshi T, Kikuchi K, Nakayama A. Novel method for high resolution measurement of laser output spectrum[J]. Electronics Letters, 1980, 16(16): 630 – 631.

[10] Hassan M R A, Yu F, Wadsworth W J, et al. Cavity-based mid-IR fiber gas laser pumped by a diode laser[J]. Optica, 2016, 3(3): 218 – 221.

[11] Yu F, Hassan M R A, Wadsworth W, et al. Pulsed and CW mid-infrared acetylene gas hollow-core fiber laser[C]. Advanced Photonics Congress, Vancouver, 2016.

[12] Xu M, Yu F, Knight J. Mid-infrared 1 W hollow-core fiber gas laser source[J]. Optics Letters, 2017, 42(20): 4055 – 4058.

[13] Xu M, Yu F, Hassan M R A, et al. Continuous-wave 3.1 $\mu$m gas fiber laser with 0.47 W output power[C]. Conference on Lasers and Electro-Optics (CLEO), San Jose, 2017.

[14] Xu M, Yu F, Hassan M R A, et al. Continuous-wave mid-infrared gas fiber lasers[J]. IEEE Journal of Selected Topics in Quantum Electronics, 2018, 24(3): 0902308.

[15] Kaiser T, Flamm D, Schroter S, et al. Complete modal decomposition for optical fibers using CGH-based correlation filters[J]. Optics Express, 2009, 17(11): 9347 – 9356.

[16] Flamm D, Naidoo D, Schulze C, et al. Mode analysis with a spatial light modulator as a correlation filter[J]. Optics Letters, 2012, 37(13): 2478 – 2480.

[17] Dadashzadeh N, Thirugnanasambandam M P, Weerasinghe H W K, et al. Near diffraction-limited performance of an OPA pumped acetylene-filled hollow-core fiber laser in the mid-IR[J]. Optics Express, 2017, 25(12): 13351 – 13358.

[18] Aydin Y O, Fortin V, Vallée R, et al. Towards power scaling of 2.8 μm fiber lasers[J]. Optics Letters, 2018, 43(18): 4542−4545.

[19] Lemieux-Tanguay M, Fortin V, Boilard T, et al. 15 W monolithic fiber laser at 3.55 μm [J]. Optics Letters, 2022, 47(2): 289−292.

[20] Nunes J J, Sojka L, Crane R W, et al. Room temperature mid-infrared fiber lasing beyond 5 μm in chalcogenide glass small-core step index fiber[J]. Optics Letters, 2021, 46(15): 3504−3507.

[21] Shiryaev V S, Sukhanov M V, Velmuzhov A P, et al. Core-clad terbium doped chalcogenide glass fiber with laser action at 5.38 μm [J]. Journal of Non-Crystalline Solids, 2021, 567: 120939.

[22] Huang W, Wang Z, Zhou Z, et al. Fiber laser source of 8 W at 3.1 μm based on acetylene-filled hollow-core silica fibers[J]. Optics Letters, 2022, 47(9): 2354−2357.

[23] Ding W, Wang Y Y, Gao S F, et al. Recent progress in low-loss hollow-core anti-resonant fibers and their applications[J]. IEEE Journal of Selected Topics in Quantum Electronics, 2020, 26(4): 4400312.

# 第七章　中红外一氧化碳光纤气体激光技术

## 7.1　引言

CO 气体是气体激光器中的常用增益气体,早在 20 世纪 60 年代电激励 CO 气体激光器便已出现。随后,光泵浦气体激光技术的出现减少了电激励气体激光器中复杂的能量转移过程,使得人们可以进一步观察气体振动能量的分配过程。CO 气体自身的能级特性使其可以产生 4.4~4.9 μm 的激光输出,但早期 HCF 光纤在 4 μm 波段以上的损耗较大,难以实现激光输出,因此光泵浦 CO 气体激光器都局限于传统气体腔结构中。近些年来,中红外波段具有较低传输损耗的 AR-HCF 的出现,使得 4.5~4.8 μm 波段空芯光纤 CO 气体激光器的实现成为可能。本章将分别介绍能够满足 CO 分子有效吸收的 2.3 μm 波段连续波窄线宽泵浦系统,以及光泵浦充有 CO 的 HCF 气体激光实验结构,初步探究 HCF 中的 CO 气体激光特性。

## 7.2　2.3 μm 波段光纤激光研究进展

为实现 4.5~4.8 μm 波段 CO 气体激光输出,泵浦波长需要精确对准 CO 分子振动能级 $v=0\rightarrow2$(约 2.33 μm)跃迁吸收线中心并且具有良好的波长稳定性。目前,有多种方式可以获得 2.33 μm 波段激光输出:基于 $Cr^{2+}$ 掺杂的 II-VI 族材料(如 ZnS 和 ZnSe)[1]、半导体激光器[2,3]和光纤激光器[4]等。$Cr^{2+}$ 离子掺杂 ZnS 或 ZnSe 激光器可以覆盖较宽的波段,但是高光学质量的锌硫化物晶体或陶瓷的制造较为复杂,并且这种激光器所需要的泵浦源也较为特殊(如 1.67 μm 和 1.9 μm)[1]。同样受限于复杂的设计和制造工艺,半导体激光器在 2.3 μm 波段难以同时保证高输出功率和高光束质量[5]。利用光纤激光器产生 2.3 μm 波段激光是一种有效的技术路径,具有结构简单、稳定性好和效率高等优点。目前实现 2.3 μm 波段光纤激光的手段主要有两种,一种是基于 Tm³⁺ 离子掺杂,另一种是基于受激拉曼散射。本节将基于这两种技术手段简要介绍 2.3 μm 波段光纤激光器的国内外研究进展。

得益于石英光纤良好的热性能与机械性能以及高功率激光器件与技术的发展,Tm³⁺ 掺杂石英光纤激光器在 2 μm 波段取得了较大的成功,输出功率已达千瓦量级[6]。相比之下,鲜有基于石英光纤的 2.3 μm 波段光纤激光器报道。这主要是因为石英光纤的高声子能量特性(约 1 100 cm⁻¹)导致其不适合作为长波段光纤激光器的基质材料。一方面,高声子能量会导致石英光纤在长波段( >2.2 μm)的传输损耗急剧上升,如图 7.1 所示。另一方面,较高的声子能量会导致稀土离子掺杂型光纤激光器能级间强烈的多声子弛豫( multiphonon relaxation, MR)现象。对于中红外波段,MR 现象不利于激光的产生,因为稀土离子掺杂型光纤激光器的激光输出来自能级间隔较近的两个能级间受激辐射。在声子能量大的基质材料中,激光上能级的电子态能量通过电子-声子相互作用,迅速地转化为热量,导致发光效率很低以至于无法观察到荧光的产生。由 MR 导致的无辐射跃迁可以表示为

$$W_{\mathrm{p}} = B[\,n(T) + 1\,]^{p}\exp(-\alpha \cdot \Delta E) \tag{7.1}$$

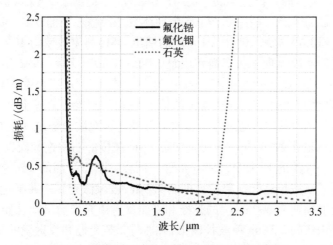

图 7.1　石英光纤与部分氟化物光纤的传输损耗

式中，$B$ 和 $\alpha$ 与掺杂离子种类无关，仅取决于基质种类，对于大多数氧化物玻璃，$\alpha$ 相对恒定，而 $B$ 相差几个数量级[7]；$\Delta E$ 为能级间隙；$n(T) = 1/[\exp(\hbar\omega_{max})/kT-1]$，是玻色-爱因斯坦布局数，代表在温度 $T$ 时热激发的声子能量为 $\hbar\omega_{max}$ 的平均数；$p = \Delta E/\hbar\omega_{max}$，是多声子弛豫过程的阶数（即连接两个能级间隙所需的声子数）[8]。

图 1.5 展示了不同光纤基质材料的声子能量及 MR 速率随能级间隔的变化情况[9]。从图中可以明显看出，无辐射跃迁速率随波长的增加急剧增加。这使得激光上能级寿命变得非常短，以至于难以实现激光高效运转。因此，对于运转在中红外波段的激光器，需要低声子能量的基质材料。

目前常见的具有低声子能量的光纤基质材料主要有硫化物材料和氟化物材料。其中，硫化物玻璃的最大声子能量仅约为 300 cm$^{-1}$，是中红外波段的理想基质材料，但是工艺上难以兼顾低传输损耗和高掺杂浓度。氟化物材料也具有较低的声子能量（约 500 cm$^{-1}$），能够同时保持低传输损耗和优良的稀土离子掺杂能力，目前 2.3 μm 波段的文献报道也多是基于氟化物光纤。

## 7.2.1 基于稀土离子(Tm$^{3+}$)掺杂

以中心波长位于约 0.79 μm 的泵浦源直接抽运 Tm$^{3+}$ 离子的方式被称为基态泵浦，其对应着 Tm$^{3+}$ 离子中的 $^3H_6 \rightarrow {}^3H_4$ 能级跃迁。凭借着半导体激光器在约 0.79 μm 波段的成熟发展，基态泵浦方式是掺 Tm$^{3+}$ 光纤激光器常用且简单直接的泵浦方式，在 2 μm 波段取得了较大的成功，输出功率已达千瓦量级[6]。

1989 年，美国海军研究实验室的 R. Allen 等[10]提出了 2.3 μm 波段 Tm$^{3+}$ 掺杂光纤激光器的概念。利用 0.79 μm 半导体激光器基态泵浦 0.1 mol.%掺杂的单模 Tm$^{3+}$：ZBLAN 光纤，获得了 1 mW 的输出，整体斜率效率为 10%，但在功率输出曲线的后半段出现了功率饱和现象。随后在 1991 年和 1992 年，英国南安普敦大学的 J. N. Carter 和 R. G. Smart 等[11,12]进一步研究了基态泵浦条件下 Tm$^{3+}$ 掺杂氟化物光纤在 2.3 μm 波段的输出性能。实验中观察到了 1.9 μm 和 2.3 μm 双波长输出现象。通过进一步研究发现这种双波长输出现象有利于提高 1.9 μm 波段的输出效率，同时也可抑制 2.3 μm 波段的功率饱和现象。1997 年，都柏林圣三一大学的 F. J. McAleavey 等[13]同样在基态泵浦的 Tm$^{3+}$ 掺杂氟化物光纤中发现了双波长运转现象。为抑制 1.9 μm 波段激光震荡并窄化线宽，研究人员利用衍射周期为 600 mm$^{-1}$ 的光栅和平面反射镜充当输出耦合器，实现了线宽约为 200 MHz 的 2.3 μm 单波长输出，并通过调整光栅和反射镜的角度获得了 140 nm 的调谐范围，最高输出功率约为 6 mW，实验结构如图 7.2 所示。

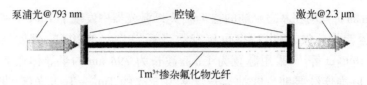

**图 7.2　利用衍射光栅实现宽调谐窄线宽 2.3 μm 波段输出**[13]

2001 年,F. J. McAleavey 等[14]利用同样的光纤,将输出耦合器改为光纤布拉格光栅(fiber Bragg grating, FBG)。受限于氟化物光纤中的光栅制备工艺,研究人员将 FBG 刻写在石英光纤中,并通过机械连接方式与氟化物光纤相接。因机械连接方式的高损耗,最终获得了功率约 1.2 mW、斜率效率 16.7% 的 2.3 μm波段输出。同时由于这种连接方式的不稳定性,激光运转过程中对震动十分敏感,输出功率有明显的抖动,实验结构如图 7.3 所示。

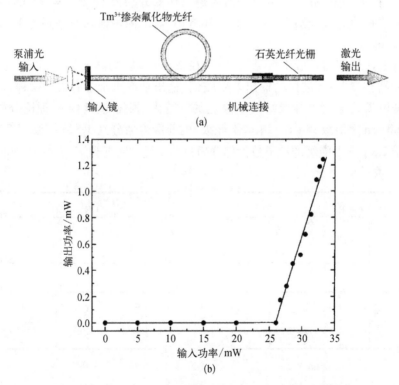

**图 7.3　将 Tm 掺杂的氟化物光纤耦合到刻有光栅的石英光纤中**[14]

(a) 实验装置图;(b) 功率输入输出曲线

随后的研究均在基态泵浦的掺 $Tm^{3+}$ 光纤激光器中发现了 1.9 μm 和 2.3 μm 双波长运转的现象,输出功率也仅有数毫瓦[15,16]。2020 年,俄罗斯科学院的 B. I. Denker 等[17]采用脉宽为 1 ms、波长为 794 nm 的半导体激光器作为泵浦源,以准连续泵浦方式抽运长度为 0.3 m 的 $Tm^{3+}$:$TeO_2$ 光纤,获得了平均功率 200 mW、峰值功率 400 mW 的输出。这是目前在 2.3 μm 波段采用基态泵浦方式所获得的最高功率输出,但在激光运转过程中同样出现了双波长运转现象。

在脉冲输出方面,加拿大麦吉尔大学 C. Jia 等[18]在 2017 年利用石墨烯作为可饱和吸收体首次实现了全光纤结构的微秒级脉冲输出。研究人员用两台 795 nm 半导体激光器双向泵浦 Tm:ZBLAN 光纤,以 10.8~25.2 kHz 的重复频率在 1.9 μm 和 2.3 μm 处同时获得调 Q 脉冲输出,脉冲持续时间分别为 4.5 μs 和 4.9 μs。在 1.9 μm 和 2.3 μm 处的最大输出功率分别为 1.625 mW 和 0.77 mW,相应的单脉冲能量分别为 63.7 nJ 和 30.6 nJ,对应的峰值功率分别为 13.3 mW 和 5.92 mW。

从上述研究的发展中可见,相比于在 2 μm 波段的高效输出,$Tm^{3+}$ 掺杂光纤激光器在 2.3 μm 波段的输出效率较低,输出功率也十分有限。这种差异的存在是由 $Tm^{3+}$ 本身的能级结构所决定的。首先,根据 Judd-Ofelt 理论分析[8],$^3H_4$(2.3 μm 上能级)和 $^3F_4$(2 μm 上能级)的能级寿命分别 1.52 ms 和 11.22 ms,且处于 2.3 μm 上能级的粒子数大部分通过 MR 过程跃迁到 $^3H_5$ 能级中,如图 7.4

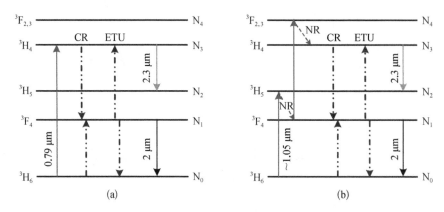

图 7.4 产生 2.3 μm 激光跃迁的两种泵浦方案

(a) 基态泵浦方式;(b) 上转换泵浦方式。NR,非辐射弛豫;CR,交叉弛豫;ETU,能量传递上转换

所示。其次,相邻 $Tm^{3+}$ 之间存在较强的交叉弛豫过程( $^3H_4 + {}^3H_6 \rightarrow {}^3F_4 + {}^3F_4$ ),这进一步缩减了 2.3 μm 上能级的寿命,出现自终止现象,使得上下能级间难以形成粒子数反转。交叉弛豫过程还会使粒子数大量聚集在寿命较长的 $^3F_4$ 能级上,这一方面会导致 2.3 μm 波段的输出饱和现象,另一方面会在 $^3F_4$ 和 $^3H_6$ 能级间形成粒子数反转,致使约 2 μm 波段激光输出。为抑制 $^3F_4$ 能级的粒子数聚积,一种可行的方案是泵浦源采用波长约 1.05 μm 的上转换泵浦方式,其泵浦能级结构如图 7.4(b)所示。在这种泵浦方式下,泵浦主要基于基态吸收,其将 $Tm^{3+}$ 从基态 $^3H_6$ 泵浦到中间能级 $^3H_5$ 上,在声子的辅助下进行快速非辐射弛豫到 $^3F_4$ 能级,随后通过激发态吸收(excited state absorption, ESA)跃迁到 $^3F_{2,3}$ 能级上,再次通过非辐射弛豫将离子带到上能级 $^3H_4$ 。这种泵浦方式可达到较高的泵浦吸收效率,从而有效促使 $^3H_4$ 和 $^3H_5$ 能级间粒子数反转,并减轻 $^3F_4$ 能级的粒子数聚积情况。

在 2010 年,埃及哈勒旺大学 R. M. El-Agmy 等[19]首次使用发射波段位于 1 064 nm 的 Nd：YAG 激光器泵浦 $Tm^{3+}$ ：ZBLAN 光纤,在无波长选择元件的条件下获得了 150 mW 的单一波长输出,并且未出现明显的功率饱和现象。2020年,法国卡昂大学的 A. Tyazhev 等[20]对上转换泵浦进行了进一步的研究。泵浦源采用自行搭建的掺 $Yb^{3+}$ 光纤 MOPA 系统,输出波长可在 1 038~1 068 nm 范围内连续调谐,通过斩波器调制可使其工作在准连续或连续输出状态。增益光纤选用 2.5%(摩尔百分比)掺杂的双包层 $Tm^{3+}$ ：ZBLAN 光纤,纤芯和包层直径分别为 20 μm 和 200 μm。在重复频率 38 Hz,占空比 1∶2 的准连续泵浦条件下,最高峰值功率输出为 1.24 W,相对于吸收功率的斜率效率为 37.9%;在连续泵浦条件下的最高输出功率为 0.86 W,进一步的功率提高受到光纤端面损伤的限制。这是目前已报道的 2.3 μm 波段掺 $Tm^{3+}$ 光纤激光器的最高功率水平。通过改变泵浦源波长,输出功率在 F-P 效应的调制下其包络与 ESA 光谱的变化相一致,集中在约 1.05 μm 处,实验结构如图 7.5 所示。

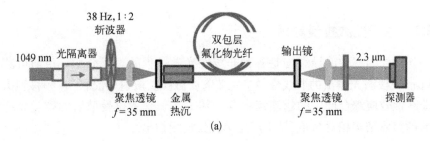

(a)

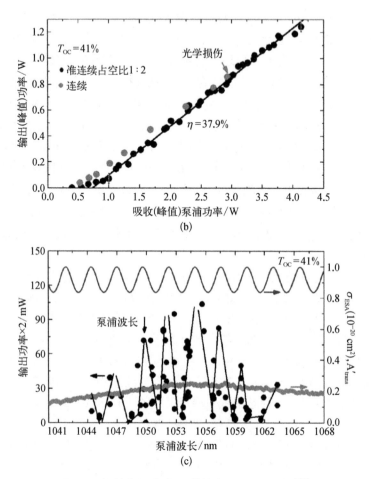

图 7.5　上转换泵浦的 Tm³⁺ 掺杂 ZBLAN 光纤[20]

（a）2.3 μm 波段 Tm³⁺ 掺杂 ZBLAN 光纤激光器装置图；（b）在连续泵浦和准连续泵浦下的
输出功率曲线；（c）不同泵浦波长下的输出功率受光纤端面 F－P 效应影响

## 7.2.2　基于受激拉曼散射

　　光纤作为一种波导结构是各种非线性光学过程的理想介质。目前可获得 2.3 μm 波段激光输出的非线性效应主要有受激拉曼散射、光孤子自频移和由多种非线性效应综合产生的超连续谱等。其中基于受激拉曼散射的拉曼光纤激光器的整体结构相对简单，易于产生单波长连续输出。

2004 年,俄罗斯学院的 E. M. Dianov 等[21]首次报道了基于高掺杂 GeO$_2$ 的约 2.3 μm 波段拉曼光纤激光器,其实验装置如图 7.6 所示。利用中心波长位于 1 608 nm 的 Er/Yb 共掺光纤激光器泵浦 8 m 长的高掺杂 GeO$_2$ 光纤,通过四阶拉曼频移到约 2.2 μm。第四级联中激光的阈值功率为 1.1 W,在泵浦功率 4.2 W 时,2.2 μm 处的最大输出功率为 215 mW,总激光效率为 5%。实验中测得该光纤在 2.2 μm 处的损耗约为 150 dB/km。

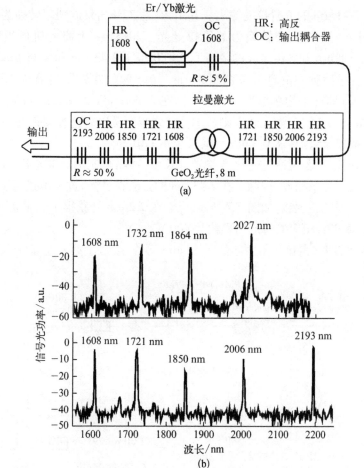

图 7.6　高掺杂 GeO$_2$ 光纤拉曼激光器[21]

(a) 实验装置图;(b) 三阶级联和四阶级联的输出光谱

2007 年,伦敦帝国理工学院的 B. A. Cumberland 等[22]以斩波器调制(占空比 25%)的 1 938 nm 波段 Tm³⁺光纤激光器直接泵浦掺杂浓度为 75%(摩尔百分比)的 GeO₂光纤。当光纤长度为 26.3 m 时获得了最高输出功率和斜率效率,分别为 1.15 W 和 33%,此时输出波长为一阶拉曼所对应的 2 113 nm。光纤长度增加到 42.5 m 时,在 2.32 μm 处检测到了微弱的二阶拉曼信号。2008 年,美国麻省理工学院的 P. T. Rakich 等[23]以掺 Er³⁺脉冲放大器(中心波长 1.53 μm,峰值功率 170 W)发出的 2 ns 脉冲泵浦 58%(摩尔百分比)掺杂的 GeO₂商用光纤,产生了长达 2.41 μm 的五阶拉曼输出。其中,高达 37%的泵浦功率转换为四阶拉曼光(2.14 μm),约 16%转换为五阶拉曼光。2015 年,上海光机所冯衍课题组[24]在 2.008 μm 和 2.04 μm 的泵浦下分别获得了 2.43 μm 和 2.48 μm 的二阶拉曼输出。泵浦脉冲由 Q 开关调制的 Tm³⁺光纤激光器提供,脉宽为 100 ns,峰值功率为 2.3 kW(平均功率为 240 mW)。在 2.43 μm 和 2.48 μm 处的输出功率分别 0.3 W 和 0.15 W,光光效率则从 16.5%衰减至 7.9%,这种降低是由于光纤损耗急剧增加导致的(从 0.7 dB/m 增长至 4.5 dB/m)。

次年,冯衍课题组通过优化增益光纤长度,利用自制的脉冲输出 Tm³⁺掺杂光纤激光器作为泵浦源,抑制了在 2.43 μm 的二阶拉曼光,进一步提高了一阶拉曼光的功率,其实验装置如图 7.7 所示[25]。在 2.2 μm 处获得了 3 W 的输出,转换效率为 35.9%,相应的峰值功率约为 400 W。

2011 年,加拿大拉瓦尔大学的 V. Fortin 等[26]报道了第一个基于氟化物玻

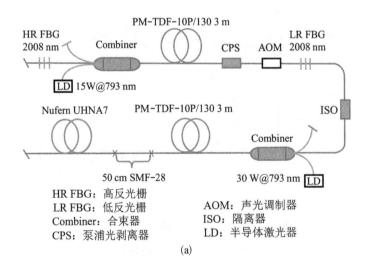

(a)

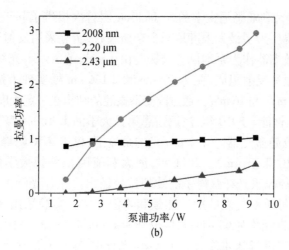

(b)

**图 7.7　优化后的 GeO₂ 光纤拉曼激光器**[25]

（a）实验装置图；（b）2.20 μm 和 2.43 μm 拉曼激光器的输出功率与泵浦功率的对比

璃光纤的拉曼激光器。该激光器由工作在 1 940 nm 波长的 Tm³⁺ 掺杂石英光纤激光器泵浦。当泵浦功率约为 7 W 时，在 2 185 nm 处测得的最大输出功率为 580 mW。在低泵浦功率下效率为 29%，但在最高泵浦功率处下降到 14%，研究人员认为这是由于功率增加时输出 FBG 的光谱热偏移引起的。实验中测得 ZBLAN 光纤在约 2.2 μm 处的损耗仅为 2.5 dB/km。2012 年，V. Fortin 等[27]进一步改进了谐振腔结构，通过将拉曼腔嵌套在泵浦谐振腔内，从而获得更高的拉曼转换效率以及更低的阈值，如图 7.8 所示。由于石英光纤和 ZBLAN 光纤之间的模式失配可以忽略，因此整体腔内损耗保持在较低水平。相对于约 35 W 的 0.79 μm 泵浦功率，嵌套拉曼腔在 2 231 nm 处获得了 3.7 W 输出，整体斜率效率为 15%。

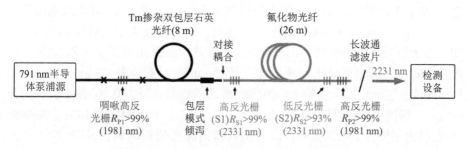

**图 7.8　嵌套腔结构的 ZBLAN 拉曼光纤激光器**[27]

2006 年，澳大利亚悉尼大学的 S. Jackson[28] 首次报道了基于硫化物玻璃的拉曼光纤激光器。为了最大限度地减少杂质吸收，实验采用发射于 2 051 nm 的 $Tm^{3+}$ 石英光纤激光器作为泵浦源。谐振腔由 1 m 长的 $As_2Se_3$ 光纤、宽带反射镜和光纤端面菲涅耳反射组成，在 2 102 nm 和 2 166 nm 处实现了拉曼转换，输出功率分别为 200 mW 和 16 mW。通过改变谐振腔的结构在一定程度上可以提高拉曼激光器的输出性能。2010 年，法国雷恩第一大学的 J. Troles 等[29] 报道了微结构 $As_2Se_3$ 光纤拉曼激光器。在 2 μm 光的泵浦下，仅需 4 W 的峰值功率即可获得三阶拉曼输出（2.33 μm）。2011 年，澳大利亚阿德莱德大学的 R. T. White 等[30] 基于大芯径硫系光纤获得了高效的拉曼输出。这种光纤具有更好的机械稳定性，并且能够承受更高的脉冲能量和峰值功率。实验采用 $As_2S_3$ 和 $As_2Se_3$ 两种光纤，纤芯直径均为 65 μm，长度分别为 4.3 m 和 4.9 m。利用运行在 1.9 μm 波段的 OPO 系统进行脉冲泵浦。在 $As_2S_3$ 光纤中，输出光谱达到三阶拉曼频移（2.38 μm），而在 $As_2Se_3$ 光纤中则观察到了四阶拉曼频移（2.33 μm），输出峰值功率均大于 1 kW。2014 年，加拿大蒙特利尔理工学院的 F. Vanier 等[31] 报道了基于 $As_2S_3$ 高 Q 值微球中的级联拉曼激光，在 1 880 nm 的泵浦波长下获得了高达 3 阶（2 350 nm）的受激拉曼散射。

## 7.3　窄线宽 2.3 μm 波段光纤激光

### 7.3.1　实验系统

如 7.2 节所描述的，目前产生 2.3 μm 波段激光的主要方案是基于 $Tm^{3+}$ 掺杂光纤激光器和拉曼光纤激光器。拉曼光纤激光器具有输出波段灵活的特点，然而其通常难以实现窄线宽输出，无法作为一氧化碳气体激光器的泵浦源。相比之下，基于 $Tm^{3+}$ 掺杂光纤激光器系统可利用 2.3 μm 波段商业 DFB 激光器作为种子源，可实现波长精确可控的窄线宽输出。国防科技大学自行研制的 $Tm^{3+}$：ZBLAN 光纤放大器的结构如图 7.9 所示。系统中所采用的 $Tm^{3+}$：ZBLAN 光纤掺杂浓度 3%（摩尔百分比），纤芯直径为 7.5 μm，包层直径为 120 μm。在 793 nm 处的峰值包层吸收效率约为 1.5 dB/m。纤芯的数值孔径为 0.16，截止波长约为 1.9 μm。所使用的种子源为输出功率 5 mW，线宽小于 2 MHz 的 DFB 半导体激光器，输出尾纤为 PM1950 光纤。为实现输出波长的精确调控，DFB 种子源放置在 LSM‒TO 系列激光器夹具中，并经由 LCM‒6000 系列激光器控制器进行精准控制,能在几纳米范围内精确调谐,可覆盖 CO 气体分子两个吸收谱线。系统中插入一个设计波长为 1 970 nm 的 10 W 高功率光纤隔离器,以阻挡后续放大系统的 2 μm 回光。所使用的泵浦源为 793 nm 波段 LD(最大输出 30 W)尾纤为 105/125 光纤,通过(2+1)×1 泵浦信号合束器将信号光和泵浦光耦合到增益光纤中。由于缺乏专门为 2.3 μm 波段设计的光纤器件,泵浦信号合束器的设计波长为 2 050 nm。泵浦源的纤芯和包层直径分别为 10 μm 和 125 μm,相应的数值孔径为 0.15 和 0.46。隔离器和合束器的尾纤尽可能地截短,以降低在 2.3 μm 波段的插入损耗。由于合束器的尾纤和 ZBLAN 光纤模场基本匹配,因此实验中直接将合束器与 ZBLAN 光纤采用热熔接方式相熔接。熔接损耗约为 1.7 dB,这种损耗主要是由所使用的 ZBLAN 光纤同心度较差造成的。在综合考虑上述器件和熔接点的损耗,种子光的整体耦合效率小于 20%,即耦合进 ZBLAN 光纤纤芯部分的信号功率仅为 0.96 mW。ZBLAN 光纤的末端以 9°的斜角切割,用于减少光纤端面的反射光,同时涂上高折射率胶以过滤残余泵浦光。为了分离 2 μm 和 2.3 μm 光束,在光纤后放置一块双色镜(dichroic mirror, DM)。该双色镜在 1 800~2 100 nm 镀有高反射率膜(R>99%),在 2 300~2 350 nm 镀有高透射率膜(T>99%)。

　　由于单级放大器系统只能将 2.3 μm 信号光放大至百毫瓦,后续进行了第二级放大,整体结构如图 7.9(b)所示。为提高放大效率,整体采用后向放大结构。

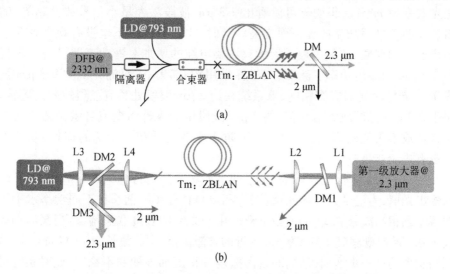

**图 7.9　2.3 μm 波段 Tm³⁺: ZBLAN 光纤放大器装置**

(a) 全光纤结构一级放大器;(b) 空间结构的二级放大器

2.3 μm 信号光经由平凸透镜 L1 和 L2(焦距为 10 mm,透镜两面均镀有约 2.3 μm 波段高透膜,$R<1\%$)准直聚焦进 Tm$^{3+}$: ZBLAN 光纤中。在透镜 L1 和 L2 中间插有一块 8°倾斜放置的 DM1,该双色镜在 1 800~2 100 nm 镀有高反膜($R>99\%$)用于滤除来自 Tm$^{3+}$: ZBLAN 光纤的 2 μm 波段后向回光。同时,DM1 两表面镀有 2 300~2 400 nm 波段高透膜($T>99\%$)以减少对种子光的损耗。在考虑上述三个镜子的总损耗后,2.3 μm 种子光的耦合效率约为 30%。所使用的泵浦源为依旧为 793 nm 波段 LD,经由平凸透镜 L3(焦距 11 mm,未镀膜)和 L4(焦距为 10 mm,未镀膜)耦合进光纤中。在 L3 和 L4 中插有一块 45°放置的 DM2(1 800~2 400 nm 波段镀有高反膜,$R>99\%$;793 nm 波段镀有增透膜,$T>95\%$)用于反射 2 μm 和 2.3 μm 波段激光。随后,45°放置一块 DM3(1 800~2 400 nm 波段镀有高反膜,$R>99\%$;2.3 μm 波段镀有增透膜,$T>99\%$)用于分离 2 μm 和 2.3 μm 激光。

### 7.3.2　实验结果与分析

在第一级放大中,实验首次使用了长度为 8.5 m 的 Tm$^{3+}$: ZBLAN 光纤。图 7.10(a)和(b)分别展示了光纤放大器方案的输出功率和增益曲线。在泵浦功率为 14 W 时,获得了 246 mW 的 2.3 μm 输出功率,相应的增益为 24.1 dB,光光效率为 1.8%。很明显可以看出 2.3 μm 波段激光呈小信号放大趋势,输出效率随着泵浦功率的提高而提高。同时,在最高功率下也没有观察到明显的增益饱和现象,这似乎表示后续只需要单纯的增加泵浦功率即可进一步提高 2.3 μm 的输出功率。然而,与以往采用约 0.79 μm 泵浦光源的 2.3 μm 波段 Tm$^{3+}$光纤激光器方案相同,该系统在约 2 μm 波段处具有强烈的激光运转。对于 2.3 μm 光纤放大器而言,约 2 μm 波段激光极易演变成自激振荡从而对光纤造成不可逆的损伤。因此,为了防止增益光纤和种子源的损伤,泵浦功率没有进一步增加。

图 7.10(d)所示的是光谱仪记录的泵浦功率分别为 0.6 W、5 W 和 12 W 时的输出光谱,为记录完整的光谱信息,测量点位于 DM 前。在不同功率水平下都观察到相当成分的 2 μm 波段 ASE。由于光纤的长度和高增益,当泵浦功率仅为 0.6 W 时观察到约 1.9 μm 附近的自激振荡,中心波长为 1 947 nm。随着泵浦功率的进一步增加,系统的自激振荡变得更加强烈和不稳定,此时系统可以看作是一个没有种子注入的放大器。如图 7.10(c)所示,2 μm 波段激光产生的最大输出功率为 3.1 W,相应的斜率效率为 23.4%。

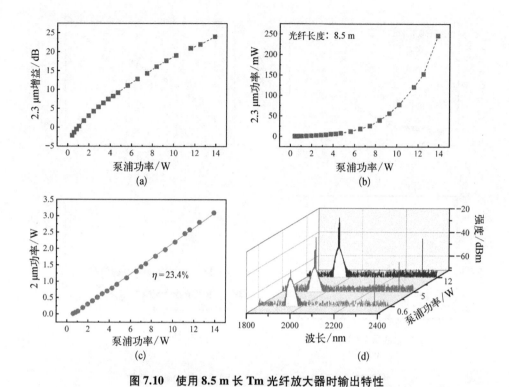

**图 7.10　使用 8.5 m 长 Tm 光纤放大器时输出特性**

(a) 2.3 μm 波段的输出功率;(b) 2.3 μm 波段的增益曲线;(c) 2 μm 波段的输出功率;
(d) 不同功率下输出光谱

随后实验中进一步研究了光纤长度对 2.3 μm 功率放大的影响,实验中使用了相同参数的长度为 4 m 的增益光纤。如图 7.11(a) 和 (b) 所示,当泵浦功率为 11.6 W 时,在 2 331.9 nm 处获得了 79.4 mW 的最大输出功率和 19.2 dB 的增益。在泵浦功率小于 4.7 W 时,输出功率和增益略大于长度为 8.5 m 时的结果,这是由于所使用的增益光纤在 2.3 μm 处的损耗为 0.38 dB/m 所致。随着泵浦功率的进一步增加,由于泵浦吸收效率有限(约 6 dB),放大性能逐渐落后于长光纤方案。尽管缩短了光纤,但是在 2 μm 处仍然存在大量竞争性的激光跃迁,自激振荡中心移动到了 1 910 nm,如图 7.11(d) 所示。然而,短光纤获得了更高的 2 μm 输出,斜率效率为 24.5%,如图 7.11(c) 所示。这可能是由于短光纤在 2 μm 处的重吸收损耗减少所导致的。尽管从功率输出曲线来看,2.3 μm 功率还有相当大的提高空间,但当泵浦功率进一步增加到 11.6 W 时,由于系统内存在着大量 2 μm 自激振荡,在光纤距离泵浦端约 0.8 m 处发生了断裂。

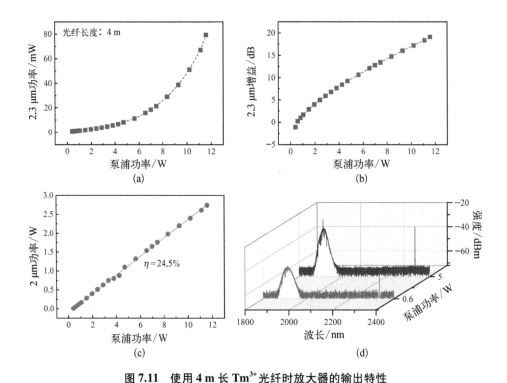

**图 7.11 使用 4 m 长 Tm³⁺ 光纤时放大器的输出特性**

(a) 2.3 μm 波段的输出功率;(b) 2.3 μm 波段的增益曲线;(c) 2 μm 波段的输出功率;
(d) 不同功率下输出光谱

为进一步提高 2.3 μm 输出功率,进行了二级放大实验,结构如图 7.9(b)所示。在第二级放大结构中,在提高了种子功率后,2.3 μm 的输出曲线不再是小信号增长曲线,而是基本保持线性增长,如图 7.12(a)所示。在泵浦功率为 20 W时,获得了 1 W 的最大输出功率。相应的,此时的 2 μm 输出曲线如图 7.12(b)所示。系统中仍然出现了大量的 2 μm 输出,相比于第一级放大,2 μm 输出的斜率效率明显降低,前向输出斜效率降低至 10.2%,后向输出斜效率则为 13.6%。这表明提高 2.3 μm 种子功率可以在一定程度上抑制 2 μm 激光输出。

图 7.13(a)展示了在滤除 2 μm 激光后的输出光谱,可以看到在 1 200~2 400 nm 范围内仅有 2 332 nm 一个输出波长,同时在 2.3 μm 波段没有明显的 ASE 现象产生。图 7.13(a)中进一步展示了输出光谱的细节部分,可以得到 3 dB 线宽约为 0.05 nm。需要注意的是,光谱测量时候所使用的光谱仪最高分辨率只有 0.05 nm,因此无法达到后续泵浦 CO 气体激光器泵浦系统所需要的兆

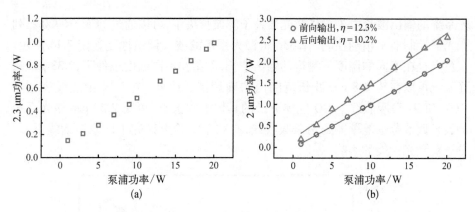

**图 7.12　第二级放大系统中(a) 2.3 μm 波段的输出功率;(b) 2 μm 波段的输出功率**

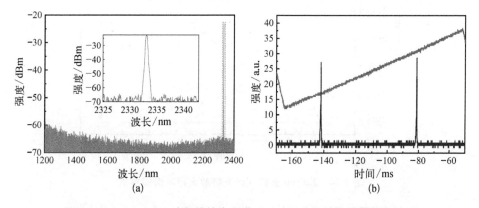

**图 7.13　(a) 2.3 μm 波段的输出光谱;(b) F－P 干涉仪测量线宽结果**

赫兹量级线宽表征的要求。由 3.2 节可知 CO 分子振动能级 $v=0\rightarrow2$ 吸收谱线线宽在百兆赫兹量级,因此需要确保泵浦线宽要小于几百兆赫兹才能被 CO 分子充分吸收,为此 2.3 μm 输出光谱需由 F－P 干涉仪进行测量,其典型的测量结果如图 7.13(b)所示,在 F－P 腔一个扫描电压周期里,仅测得两个脉冲,间隔 $\Delta T$ 约为 61 ms,单个脉冲的半高宽 $\Delta t$ 约为 0.4 ms。根据公式(6.4)可得线宽约为 10 MHz。因此可以认为自行搭建的 2.3 μm 波段 $Tm^{3+}$ : ZBLAN 光纤放大器系统输出线宽是远小于 CO 分子的吸收线宽,可以被 CO 气体分子充分吸收。

　　由 3.2 节可知 CO 气体分子吸收带宽十分窄(仅为百兆赫兹量级),且会随着温度气压等条件改变发生微小漂移,而泵浦波长需要与跃迁谱线精确一致,因此对泵浦波长的精确调谐性提出了一定要求。图 7.9(b)所示的 2.33 μm 激光系统的输出波长由半导体激光器种子源波长决定,可以通过 LCM-6000 系列激光器控制器来精确控制。2.33 μm 激光系统的波长调谐性能如图 7.14 所示。灰色点是在不同的温度下测得的输出波长,可见在不同温度条件下,2.33 μm 激光系统可以在约 2.8 nm 波长范围内精确调谐。此外,图 7.14 中虚线表示了 R(6) 和 R(7) 吸收线下 CO 气体分子的具体吸收波长,可见 2.33 μm 激光系统的波长调节范围能覆盖到两条吸收线,有利于实验上探究不同泵浦谱线下 CO 分子对激光性能的影响。

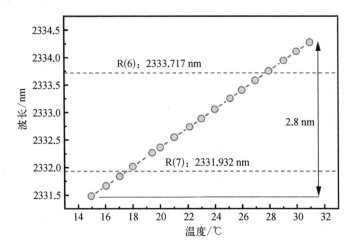

图 7.14  2.3 μm 波段 Tm 光纤放大器的调谐性能

## 7.4  一氧化碳光纤气体激光

电激发 CO 气体激光器最早出现于 20 世纪 60 年代,在 5~6 μm 的许多波段都有宽带输出[32,33],并获得了高达 50% 的效率输出[34]和高达 200 kW 的连续输出[35]。光泵浦 CO 气体激光器是一种将泵浦激光频率直接转换到 4.5~4.8 μm 大气传输窗口的方法,这一波段可用于遥感大气。此外,与放电 CO 激光系统不同,光泵浦是一种选择性共振技术,可以为 CO 中能量转移过程的动力学研究提供一种简单的激发选择[36]。1998 年,德国波恩大学的 O. Schulz 等[37]首次在不借助电激励的情况下,通过光泵浦 CO 气体激光器实现激光输出。1999 年,美国空军研究实验室的 J. E. McCord 等[38]利用 Nd:YAG 泵浦的 OPO 系统作为泵浦源,进一步研究了 CO 气体激光器的激光脉冲动力学和碰撞弛豫速率。次年,J. E. McCord 等[39]进一步改进 OPO 泵浦系统,在 4.6~4.9 μm 范围内最高实现了 4 mJ 脉冲输出,峰值功率高达 $10^4$ W。2013 年,美国俄亥俄州立大学的 E. Ivanov 等[36]对高温下 CO 气体激光器的性能进行了进一步研究。以上 CO 气体激光器都是基于传统的气体腔,结构复杂,难以实现实际应用。2012 年,受限于 HCF 的发展,美国新墨西哥大学的 A. M. Jones 等[40]分别将 CO 充入镀银毛细玻璃管中,利用 OPO 作为泵浦源,分别选择 R(7)泛频吸收线作为泵浦波长。由于转动能级弛豫,同时出现了 4.67 μm 的 R(7)和 4.78 μm 的 P(6)谱线,但是研究中并未测得功率数据。随着近些年来 HCF 制备工艺的成熟,CO 气体在 HCF 中获得激光输出成为可能。

### 7.4.1　一氧化碳气体激光器实验系统

图 7.15 为连续波 HCF 中 CO 气体激光的实验结构图,泵浦源系统就是 7.2 节介绍的 2.33 μm 波段窄线宽连续波 $Tm^{3+}$: ZBLAN 光纤放大器泵浦源。泵浦光首先经过一个平凸透镜 L1(焦距 11 mm,未镀膜)进行准直,经由两个镀银膜反射镜(0.45~20 μm 平均透过率大于 96%)后通过第二个平凸透镜 L2(氟化钙基底,焦距 50 mm,未镀膜)聚焦耦合进 HCF 中。

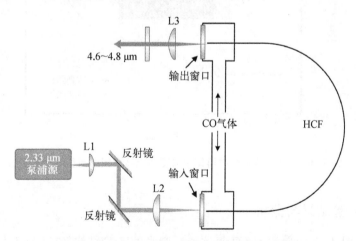

**图 7.15　连续波空芯光纤 CO 气体激光实验装置**

HCF 的输入端采用一个 5 mm 厚度的 D 镀膜蓝宝石窗口片,在 2.3 μm 波段透过率约为 98%。在考虑上述器件后的 2.33 μm 泵浦光耦合效率约为 60%。在

HCF 的输出端,采用一个 5 mm 厚度的未镀膜氟化钙窗口片,在 2.33 μm 波段透过率约为 93.5%。产生的约 4.6 μm 波段激光和残余泵浦光共同通过透镜 L3(焦距 40 mm,未镀膜)进行准直,以便后续表征工作。在 L3 的后面放置一块红外带通滤波器(4.6 μm 波段透过率 80%,2.33 μm 波段透过率<0.1%)用于将残余的泵浦光滤除,最终输出产生的 4.6 μm 波段激光。气体腔充气的一侧与不锈钢管道连接,管道的一端接入抽真空分子泵,另一侧则接入 CO 气体瓶用于充入气体。

实验中所使用的 HCF 为无节点反共振空芯光纤,其光纤横截面与仿真的传输损耗如图 7.16 所示。空芯光纤的纤芯直径约为 95 μm,纤芯区域被 7 个未接触的毛细管包围。通过使用标准的截断法测得该空芯光纤在 2.33 μm 波段的传输损耗为 0.38 dB/m。由于缺少合适的光源,因此未测得该光纤在 4.5~4.8 μm 波段的传输损耗。根据仿真结果,该光纤在 4.6 μm 和 4.8 μm 的传输损耗分别为 0.16 dB/m 和 0.96 dB/m。

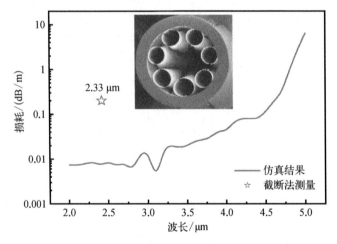

**图 7.16  CO 气体激光中所使用的空芯光纤横截面与仿真损耗谱**

### 7.4.2  实验结果与分析

基于图 7.15 中单程的 CO 气体光纤激光的实验结构,在不同气压条件下对输出的中红外光谱和功率特性进行了初步的实验研究。实验中,由于所使用的 HCF 对于应力十分敏感,因此 HCF 光纤被平放置于铝板上,弯曲直径约为 1.2 m。图 7.17(a)展示了 0.8 mbar 气压条件下,使用 R(7)泵浦线泵浦 CO 时输

出光谱随泵浦功率的变化。所使用的光谱仪为傅里叶变换光谱分析仪(分辨率
7.5 GHz,适用范围 1~12 μm)。从表 3.14 可知,P(9)辐射谱线的发射截面要大
于 R(7)谱线,因此在低泵浦功率下,率先观测到 P(9)激光谱线。随着泵浦功
率的增加,R(7)辐射谱线达到激光阈值,因此在较高泵浦功率下也观测到
R(7)激光辐射。如果进一步增加泵浦功率,P(9)激光谱线的下能级上积累的
粒子数会逐渐增多,导致 P(9)激光谱线上下能级的反转粒子数下降,发生增益
饱和。与此同时,R(7)激光谱线的下能级积累的粒子数较少,反转粒子数更
多,增益会超过 P(9)激光谱线。因此,理论上进一步增加泵浦功率会使得
R(7)激光谱线的强度超过 P(9)辐射谱线。这一点与 HBr 气体是相似的,然而
受限于目前 2.3 μm 泵浦源的功率,未能在实验中观察到这一现象。

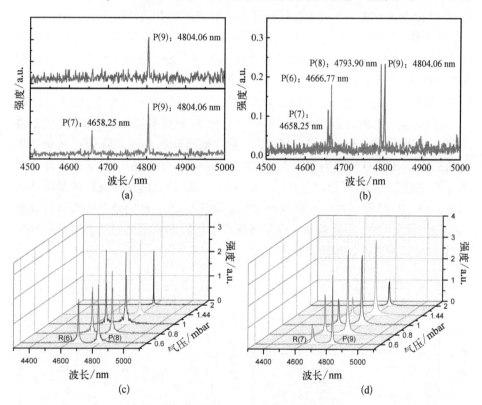

**图 7.17　空芯光纤 CO 气体激光光谱信息**

(a) 0.8 mbar 气压下,R(7)泵浦线下光谱随泵浦功率的变化;(b) R(6)和 R(7)泵浦线下总输出光谱;
(c) R(6)泵浦线下不同气压的输出光谱;(d) R(7)泵浦线下不同气压的输出光谱

图 7.17 为实验中 2.3 μm 激光光源覆盖的 2 条吸收线作为泵浦,产生的 4 条总的输出谱线。图中左侧的线为 R 支谱线,右侧的线为 P 支谱线。其中最短波长为 4 658.25 nm,最长波长为 4 804.06 nm,分别对应 R(7)辐射线和 P(9)辐射线。对于 R(6)泵浦线,在低功率泵浦下同样先观察到 P(8)辐射谱线,随着功率的增加进而观察到 R(6)辐射谱线。这一现象与 R(7)泵浦是相同的,此处不再赘述。图 7.18 展示了在最高泵浦功率下,两条泵浦线下不同气压时的输出光谱信息。可以看到,当气压在 0.6~1.44 mbar,不同气压下的 P 支和 R 支输出谱线基本相同,P 支强度总要大于 R 支强度。而当气压提高到 2 mbar 时,不论是 R(6)还是 R(7)泵浦线均未观察到 R 支光谱,这是由于当气压提高后,激光输出阈值也随之提高,即使在最高泵浦功率下也未达到 R 支跃迁的阈值。因此,在理论上需要进一步增加泵浦功率来才能观察到 R 支输出谱线。

图 7.18(a)和(b)展示了不同气压下 R(6)和 R(7)泵浦线下所获得的约 4.6 μm 输出功率。所使用的功率计适用波长范围 2.9~5.5 μm,适用功率 $10^{-6}$~3 W,分辨率 10 nW,可以准确地对低功率>4 μm 激光进行表征。对于这两个不同的泵浦线,有着类似的规律。二者最高功率均出现在 0.8 mbar 气压下,随着气压的升高,阈值也在不断升高,如图 7.18(c)所示。在最高泵浦功率下,各气压条件均未出现增益饱和现象,因此高气压下最大输出功率会逐渐降低。气压较低(<0.8 mbar)时,CO 气体对于 2.3 μm 泵浦光的有效吸收降低,进而最大输出功率降低如图 7.18(d)所示。在 0.8 mbar 气压下,R(7)泵浦线所获得的最大功率为 0.4 mW,R(6)泵浦线所获得的最大功率为 0.3 mW。这两条泵浦线具有相近的吸收和发射截面,造成两条吸收泵浦线功率差异的可能原因是实验中所使用的 HCF 在不同波段的传输损耗不同。

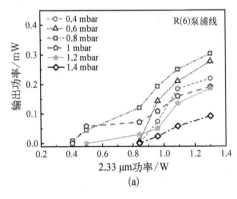

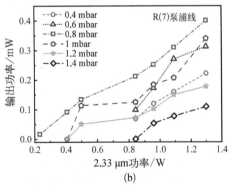

(a)                              (b)

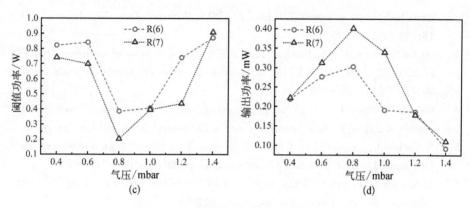

**图 7.18 空芯光纤 CO 气体激光输出功率**

（a）不同气压下 R(6)泵浦线的功率输出曲线；（b）不同气压下 R(7)泵浦线的功率输出曲线；
（c）阈值随气压的变化；（d）最大输出功率随气压的变化

## 7.5 本章小结

我们首次将一氧化碳气体充入 HCF 中,对光泵浦 HCF 中 CO 气体激光开展初步实验研究工作。自行搭建了能够满足 CO 分子有效吸收的 2.3 μm 连续波窄线宽泵浦系统,可覆盖 CO 气体分子 R(6)和 R(7)两条吸收谱线。通过两级放大系统实现了瓦级输出,线宽约为 10 MHz,可被 CO 气体充分吸收。是目前功率最高的连续波 2.3 μm 波段窄线宽光纤光源。通过该光源泵浦充有 CO 气体的石英基 HCF,在 4.658~4.804 μm 范围内共实现了 4 条谱线输出。在 0.85 mbar 气压下使用 R(7)泵浦线泵浦实现了约 0.4 mW 最大输出功率。4 804 nm 输出是目前有功率记载的连续光纤激光最长输出波长。

## 参考文献

［1］ Mirov S B, Fedorov V V, Martyshkin D V, et al. Progress in mid-IR Cr²⁺ and Fe²⁺ doped
II-VI materials and lasers[J]. Optical Materials Express, 2011, 1(5): 898-910.

［2］ Geerlings E, Rattunde M, Schmitz J, et al. Widely tunable GaSb-Based external cavity diode laser emitting around 2.3 μm [ J ]. IEEE Photonics Technology Letters, 2006, 18(18): 1913 - 1915.

[ 3 ]  Boehm G, Bachmann A, Rosskopf J, et al. Comparison of InP- and GaSb-based VCSELs emitting at 2.3 μm suitable for carbon monoxide detection[ J ]. Journal of Crystal Growth, 2011, 323(1): 442 - 445.

[ 4 ]  Sudesh V, Piper J A. Spectroscopy, modeling, and laser operation of thulium-doped crystals at 2.3μm[ J ]. Ieee Journal of Quantum Electronics, 2000, 36(7): 879 - 884.

[ 5 ]  Shterengas L, Belenky G L, Gourevitch A, et al. High-power 2.3-μm GaSb-based linear laser array[ J ]. IEEE Photonics Technology Letters, 2004, 16(10): 2218 - 2220.

[ 6 ]  Ehrenreich T, Leveill R, Majid I, et al. 1-kW, All-Glass Tm: Fiber laser[ C ]. SPIE Conference on Fiber Lasers, San Jose, 2010: Ath5A.2.

[ 7 ]  Reisfeld R, Jørgensen C K. Chapter 58 Excited state phenomena in vitreous materials [ M ]//Handbook on the Physics and Chemistry of Rare Earths. Amsterdam: Elsevier, 1987: 1 - 90.

[ 8 ]  Walsh B M, Barnes N P. Comparison of Tm: ZBLAN and Tm: Silica fiber lasers; Spectroscopy and tunable pulsed laser operation around 1.9 μm[ J ]. Applied Physics B, 2004, 78(3): 325 - 333.

[ 9 ]  Jackson S D, Jain R K. Fiber-based sources of coherent MIR radiation: Key advances and future prospects[ J ]. Optics Express, 2020, 28(21): 30964 - 31019.

[ 10 ]  Allen R, Esterowitz L. CW diode pumped 2.3 μm fiber laser[ J ]. Applied Physics Letters, 1989, 55(8): 721 - 722.

[ 11 ]  Smart R G, Carter J N, Tropper A C, et al. Continuous-wave oscillation of $Tm^{3+}$-doped fluorozirconate fibre lasers at around 1.47 μm, 1.9 μm and 2.3 μm when pumped at 790 nm[ J ]. Optics Communications, 1991, 82(5): 563 - 570.

[ 12 ]  Carter J N, Smart R G, Tropper A C, et al. Thulium-doped fluorozirconate fibre lasers[ J ]. Journal of Non-Crystalline Solids, 1992, 140: 10 - 15.

[ 13 ]  McAleavey F J, O'Gorman J, Donegan J F, et al. Narrow linewidth, tunable Tm doped fluoride fiber laser for optical-based hydrocarbon gas sensing[ J ]. IEEE Journal of Selected Topics in Quantum Electronics, 1997, 3(4): 1103 - 1111.

[ 14 ]  McAleavey F J, O'gorman J, Donegan J F, et al. Operation of $Tm^{3+}$ fiber laser at lambda= 2.3 μm coupled to a silica fiber Bragg grating[ J ]. Optical and Quantum Electronics, 2001, 33(2): 151 - 164.

[ 15 ]  Muravyev S V, Anashkina E A, Andrianov A V, et al. Dual-band $Tm^{3+}$-doped tellurite fiber amplifier and laser at 1.9 μm and 2.3 μm[ J ]. Scientific Reports, 2018, 8: 16164.

[ 16 ]  Denker B I, Dorofeev V V, Galagan B I, et al. 2.3 μm laser action in $Tm^{3+}$-doped tellurite glass fiber[ J ]. Laser Physics Letters, 2019, 16(1): 015101.

[17] Denker B I, Dorofeev V V, Galagan B I, et al. A 200 mW, 2.3 μm Tm³⁺-doped tellurite glass fiber laser[J]. Laser Physics Letters, 2020, 17(9): 095101.

[18] Jia C, Shastri B J, Prucnal P R, et al. Simultaneous Q-switching of a Tm³⁺: ZBLAN fiber laser at 1.9 μm and 2.3 μm using graphene[J]. IEEE Photonics Technology Letters, 2017, 29(4): 405-408.

[19] El-Agmy R M, Al-Hosiny N M. 2.31 μm laser under up-conversion pumping at 1.064 μm in Tm³⁺: ZBLAN fibre lasers[J]. Electronics Letters, 2010, 46(13): 936-U94.

[20] Tyazhev A, Starecki F, Cozic S, et al. Watt-level efficient 2.3 μm thulium fluoride fiber laser[J]. Optics Letters, 2020, 45(20): 5788-5791.

[21] Dianov E M, Bufetov I A, Khopin V M, et al. Raman fibre lasers emitting at a wavelength above 2 μm[J]. Quantum Electronics, 2004, 34(8): 695-697.

[22] Cumberland B A, Popov S V, Taylor J R, et al. 2.1 μm continuous-wave Raman laser in GeO₂ fiber[J]. Optics Letters, 2007, 32(13): 1848-1850.

[23] Rakich P T, Fink Y, Soljačić M. Efficient mid-IR spectral generation via spontaneous fifth-order cascaded-Raman amplification in silica fibers[J]. Optics Letters, 2008, 33(15): 1690-1692.

[24] Jiang H, Zhang L, Feng Y. Silica-based fiber Raman laser at > 2.4 μm[J]. Optics Letters, 2015, 40(14): 3249-3252.

[25] Jiang H, Zhang L, Yang X, et al. Pulsed amplified spontaneous Raman emission at 2.2 μm in silica-based fiber[J]. Applied Physics B, 2016, 122(4): 74.

[26] Fortin V, Bernier M, Carrier J, et al. Fluoride glass Raman fiber laser at 2185 nm[J]. Optics Letters, 2011, 36(21): 4152-4154.

[27] Fortin V, Bernier M, Faucher D, et al. 3.7 W fluoride glass Raman fiber laser operating at 2231 nm[J]. Optics Express, 2012, 20(17): 19412-19419.

[28] Jackson S, Anzueto-Sánchez G. Chalcogenide glass Raman fiber laser[J]. Applied Physics Letters, 2006, 88: 221106.

[29] Troles J, Coulombier Q, Canat G, et al. Low loss microstructured chalcogenide fibers for large non linear effects at 1995 nm[J]. Optics Express, 2010, 18(25): 26647-26654.

[30] White R T, Monro T M. Cascaded Raman shifting of high-peak-power nanosecond pulses in As₂S₃ and As₂Se₃ optical fibers[J]. Optics Letters, 2011, 36(12): 2351-2353.

[31] Vanier F, Peter Y-A, Rochette M. Cascaded Raman lasing in packaged high quality As₂S₃ microspheres[J]. Optics Express, 2014, 22: 28731-28739.

[32] Patel C K N. CW laser on vibrational-rotational transitions of CO[J]. Applied Physics Letters, 1965, 7(9): 246-247.

[33] Joseph W. Rich. Kinetic modeling of the high-power carbon monoxide laser[J]. Journal of Applied Physics, 1971, 42(7): 2719-2730.

[34] Grigor'ian G, Dymshits B, Izyumov S. Enhancement of the efficiency and specific output energy of an electric-discharge CO-laser through the intensification of heat transfer with the walls[J]. Kvantovaia Elektronika Moscow, 1987, 17(11): 1385 – 1387.

[35] Dymshits B M, Ivanov G V, Mescherskiy A N, et al. Continuous wave 200 kW supersonic CO laser[C]. High-Power Gas and Solid State Lasers, Vienna, 1994: 109.

[36] Ivanov E, Frederickson K, Leonov S, et al. An optically pumped carbon monoxide laser operating at elevated temperatures[J]. Laser Physics, 2013, 23(9): 095004.

[37] Schulz O, Plönjes E, Urban W. Laser action in an optically pumped carbon monoxide plasma[J]. Chemical Physics Letters, 1998, 298(4): 385 – 389.

[38] McCord J E, Miller H C, Hager G, et al. Experimental investigation of an optically pumped mid-infrared carbon monoxide laser[J]. IEEE Journal of Quantum Electronics, 1999, 35(11): 1602 – 1612.

[39] McCord J E, Ionin A A, Phipps S P, et al. Frequency-tunable optically pumped carbon monoxide laser[J]. IEEE Journal of Quantum Electronics, 2000, 36(9): 1041 – 1052.

[40] Jones A M, Fourcade-Dutin C, Mao C, et al. Characterization of mid-infrared emissions from $C_2H_2$, CO, $CO_2$, and HCN-filled hollow fiber lasers[C]. Proc. of SPIE 8237, Fiber Lasers IX: Technology, Systems, and Applications, San Francisco, 2012: 82373Y.

# 第八章　中红外光纤气体拉曼激光技术

## 8.1　引言

前述章节主要介绍了基于粒子数反转的光纤气体激光技术,利用乙炔[1~4]、二氧化碳[5]、溴化氢[6~9]、一氧化碳实现 3 μm 和 4 μm 波段窄线宽中红外激光输出。然而,气体分子的输出谱线范围毕竟有限,在各条谱线之前的光谱区域,无法通过基于粒子数反转的光纤气体激光器实现激光输出,此时,基于受激拉曼散射(SRS)的非线性效应的方式,则是丰富光纤气体激光输出的重要手段。基于空芯光纤中气体 SRS 效应的气体拉曼激光器已被证明是一种产生中红外激光的有效方法[10],利用 1 μm 激光器作为泵浦源,通过级联的方式,可以实现从 1~3 μm 以上的远距离频率变换[11~14]。使用 1.5 μm 波段的泵浦源,泵浦甲烷[15,16]或者氘气[17]等气体,可以实现 3 μm 波段中红外激光输出;通过泵浦氢气[18,19]气体,可以实现 4 μm 波段中红外激光输出。理论上,选择合适传输带的 HCF,通过改变泵浦源的波长,基于气体的 SRS 效应,可以实现任意中红外波长激光输出,这是中红外光纤气体拉曼激光器的重要优势。

本章主要介绍了单级结构和级联结构中红外光纤气体拉曼激光:对于单级结构中红外光纤气体拉曼激光,使用调制放大的可调谐 EDFA 泵浦源,泵浦充有甲烷或者氘气的 HCF,实现可调谐 2.8 μm 波段中红外拉曼激光输出;对于级联结构中红外拉曼激光,使用 1 μm 固体激光器作为泵浦源,利用甲烷-甲烷、甲烷-氘气两级级联的实验结构,实现 2.8 μm 波段中红外拉曼激光输出。

## 8.2 单级结构中红外光纤气体拉曼激光

### 8.2.1 实验系统

#### 1. 高功率可调谐 1.5 μm 泵浦源

中红外光纤气体拉曼激光光源的泵浦源的实验装置如图 8.1 所示。泵浦源为可调高峰值功率激光器(平均输出功率为 50 W,脉冲持续时间最低为 4 ns,重复频率可调谐,波长范围为 1 540~1 560 nm),由 1.5 μm 可调谐种子源(调谐范围 1 527~1 567 nm,最大输出功率 15 dBm)、电光调制器(EOM,工作波长 1 550 nm)和定制的内置可调谐带通滤波器(TBF)的三级掺铒光纤放大器(EDFA)组成。可调谐种子源的输出首先由电光调制器调制成脉宽为 4 ns 左右的脉冲激光,然后由定制的掺铒光纤放大器放大以产生平均功率高达 50 W 的脉冲激光,内置的可调谐滤波器的中心波长随种子源波长变化实时调节。放大器的输出光纤是 PLMA-GDF-25/300 的保偏多模光纤,熔接 C 镀膜的石英端帽,石英端帽能有效抑制输出激光在输出端的反射回光。虽然可调谐种子源具有较宽的波长调节范围,但是为抑制放大的自发辐射(ASE),使调制脉冲得到有效的放大,泵浦源工作在 1 540~1 560 nm 的波段范围内。

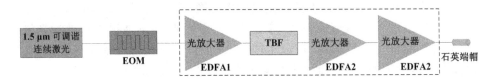

**图 8.1　高功率可调谐泵浦源结构示意图**

图 8.2(a)为泵浦源在 1 540~1 560 nm 的波长范围内输出功率为 50 W 时的光谱,此时调制信号的重复频率设置为 1.7 MHz,脉冲宽度设置为 8 ns。通过光谱积分,可以计算出波长调谐范围内放大信号的 30 dB 能量比大于 99%,因此放大的自发辐射得到了很好的抑制。由此估算出泵浦脉冲的峰值功率约为 3.7 kW。图 8.2(b)为泵浦源在最高输出功率时的脉冲波形,可以看到,脉冲的下降沿被放大的程度小于上升沿,而且,随着波长的降低,这种差异变得更加明显。

#### 2. 空芯光纤

单级结构中红外光纤气体拉曼激光器使用的光纤为无节点型反共振空芯

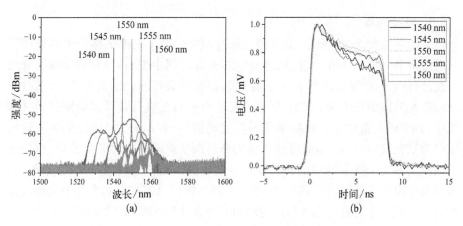

**图 8.2　重频为 1.7 MHz、脉宽为 8 ns 时泵浦源的输出特性**

（a）泵浦源输出光谱；（b）泵浦源输出脉冲

光纤,由北京工业大学提供。空芯光纤纤芯由互相无接触的 6 个包层毛细管包围,纤芯直径约为 70 μm,包层直径为 250 μm,毛细管的管壁厚大约 1.8 μm。实验系统使用的空芯光纤长度约为 26.7 m,其横截面的扫描电镜图如图 8.3 中的插图所示。通过截断法可以测量空芯光纤的传输谱,结果如图 8.3 所示,1.55 μm 的损耗约为 0.15 dB/m,2.80 μm 的损耗约为 0.4 dB/m,2.86 μm 的损耗约为 0.2 dB/m。实际上在实验过程中发现,空芯光纤在 1.55 μm 损耗要远低于图 8.3 中的损耗结果,这可能是由于光纤损耗的不均匀分布导致的损耗谱测量偏高,根据实际功率耦合情况,预估使用的 26.7 m 空芯光纤在 1.55 μm 损耗小于 0.1 dB/m。

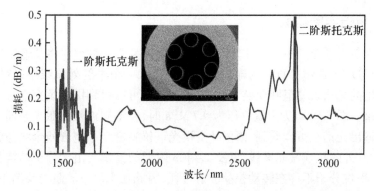

**图 8.3　无节点型反共振空芯光纤的传输谱图与横截面扫描电镜图**[15]

### 3. 实验结构

实验装置如图 8.4 所示,泵浦激光通过两块放置于三维平移台的 C 镀膜平凸透镜调节光束大小和位置,耦合至空芯光纤。其中半波片(HWP)和四分之一波片(QWP)放置在两个平凸透镜之间,以优化泵浦激光的偏振度,以及改变泵浦激光的线偏振方向。空芯光纤的两端均密封在嵌有镀膜玻璃窗口的气体腔中,其中输入窗口为 C 镀膜熔融石英玻璃窗口(1.5 μm 透过率>99%),输出窗口为氟化镁窗口(2.8 μm 透过率约 95%),两块玻璃窗口均倾斜了 8°,以防止表面反射回光干扰泵浦源的正常运行。气体腔的侧壁连接气压计、管道阀门,再与真空泵以及气瓶连接到一起,通过管路系统可以实现空芯光纤中高纯气体的充入。泵浦激光在空芯光纤内与增益气体发生作用后,产生的拉曼激光以及残余泵浦激光经由玻璃窗口输出后,通过一块氟化钙平凸透镜准直,再通过中红外/近红外双色镜分离,分别由相应的探测设备测量。

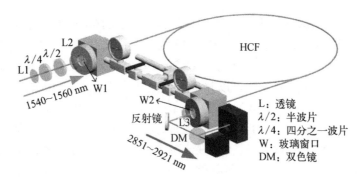

**图 8.4　实验系统结构图**

## 8.2.2　甲烷实验结果

当空芯光纤充入甲烷气体,可以获得甲烷拉曼激光输出。将从输出气体腔出射并经过 L3 透镜准直后的输出激光耦合进入一根中红外跳线中,然后再将跳线导出的光输入傅里叶变换光谱仪进行测量,可以得到甲烷填充空芯光纤的光谱结果。图 8.5(a)为甲烷气压为 0.7 MPa 时,在不同波长的激光泵浦下空芯光纤的输出光谱。可以看到,傅里叶变换光谱仪测量结果包含残余泵浦激光的谱线,中红外的拉曼激光谱线,以及 1.4 μm 附近的谱线。由于分子结构的立方对称性,甲烷分子不存在转动拉曼散射过程,因此在 1.55 μm 激光泵浦下,输出光谱仅含一条中红外拉曼谱线,当将泵浦源的波长从 1 540 nm 调谐到 1 560 nm

时,可以得到波长范围为 2 796~2 863 nm 的可调谐光纤气体拉曼激光光源,对应的调谐宽度 67 nm。通过使用光栅光谱仪测量残余泵浦激光的光谱可以发现,1.4 μm 附近的谱线并不存在,如图 8.5(b)所示。从数值上来看,1.4 μm 附近谱线的波长正好是中红外拉曼谱线的波长的一半,这表明了傅里叶变换光谱仪在测量脉冲激光时,可能会出现倍频的错误谱线结果。

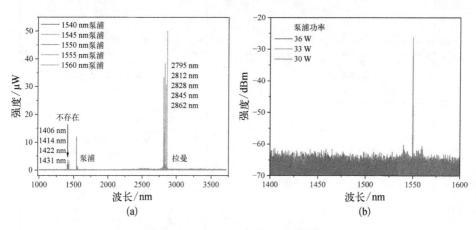

图 8.5　光纤甲烷拉曼激光光谱结果

(a) 拉曼激光光谱结果;(b) 残余泵浦激光光谱结果

图 8.6 为 2.8 μm 拉曼激光功率和近红外残余激光功率的测量结果。需要说明的是,图中的功率值是通过去除窗口、透镜等光学元件的损耗得到的。通过调节调制信号的重复频率,可以在一定的平均功率下改变每个脉冲的峰值功率。不同气压下的拉曼功率如图 8.6(a)所示。可以看出,当甲烷气压为 1.6 MPa、脉冲重复频率为 2.5 MHz、脉宽为 4 ns 时,受激拉曼散射的平均功率阈值最低。然而,最高拉曼功率仅为 63 mW。随着泵浦功率的进一步增加,拉曼功率不再增加,但残余功率会突然下降,如图 8.6(b)所示。很明显,最大拉曼功率随着气压的减小而增大。当气压降至 0.5 MPa 时,最大拉曼功率开始下降。由于泵浦源的最大峰值功率受到非线性效应的限制,拉曼转换会在较低的气压下以较高的阈值下降。如果提高泵浦源的峰值功率,可以在较低的甲烷气压下获得较高平均功率的拉曼激光。为了进一步提高拉曼功率,选择降低 HCF 中的甲烷气压以观察输出情况。不同重复频率和气压下的拉曼功率如图 8.6(a)所示,可以明显地看到,随着气压的下降,拉曼激光的平均功率增加。在气压为 0.5 MPa 的时

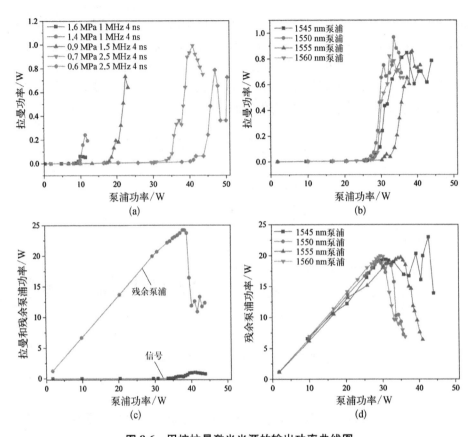

**图 8.6 甲烷拉曼激光光源的输出功率曲线图**

(a) 不同气压和(b)不同泵浦波长下拉曼功率曲线;(c) 信号和残余泵浦功率对比结果;
(d) 不同泵浦波长下残余泵浦功率曲线

候,拉曼光功率有所下降。这是因为泵浦源最高峰值功率受限于非线性效应,所以在阈值较高的低气压条件下,拉曼转化有限。如果泵浦源的峰值功率可以提升,那么在更低的甲烷气压下,应当可以实现更高平均功率的拉曼激光输出。

从图 8.6(a)得知,气压为 0.7 MPa、1 550 nm 激光泵浦时,拉曼功率最大,约为 1 W,因此测量了该气压下不同波长泵浦后的输出功率曲线,结果如图 8.6(b)和 (d)所示。不同波长泵浦下,拉曼功率结果略微有些差别,因为 EDFA 对不同波长激光的放大能力不同,所以在平均功率一样的情况下,脉冲的峰值功率以及光谱的非线性展宽现象会有不同。例如使用调制放大的 1 540 nm 激光进行泵浦,仅获得非常微弱的谱线结果,如图 8.5(a)所示。图 8.6(c)同时绘制了拉曼功率和残余泵浦功率曲线,可以明显地看到,随着泵浦功率的增加,残余泵浦激光发生突然的下降,导致拉曼激光无法实现有效的转化。这表明甲烷气体在SRS过程中存在特殊的机理,使得拉曼转化无法有效地进行。

通过测量空芯光纤的输出光斑可以发现,甲烷填充空芯光纤存在明显的横向模式不稳定现象,结果如图8.7所示。当耦合功率较低时,空芯光纤传输激光的光场不发生变化;当耦合功率超过某一特定功率,即模式不稳定阈值时,光束质量迅速退化,出现明显的光场抖动,输出光场在基模和$LP_{11}$模之间来回跳变,与此同时,传输激光的功率出现骤降现象。随着耦合功率进一步的提升,光束质量愈发恶化,呈现出杂乱的高阶模特性。由于空芯光纤的对高阶模存在极大的损耗,当出现横向模式不稳定现象时,高阶模迅速从光纤中泄漏出来,导致空芯光纤传输功率的迅速下降,这解释了图8.6(c)功率骤降的现象。

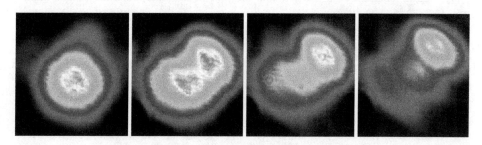

**图 8.7　甲烷气压为 1.1 MPa 时空芯光纤输出光斑图**

## 8.2.3　氘气实验结果

当图8.4所示实验系统中的空芯光纤充入氘气,可以获得氘气拉曼激光输出。采用两台光学光谱分析仪(Thorlabs,OSA207C,测量范围为$1 \sim 12$ μm;Yokogawa,AQ6375E,测量范围为$1\ 200 \sim 2\ 400$ nm)分别测量中红外光谱和近红外光谱。不同波长泵浦的中红外光谱如图8.8(a)所示,由于氘的振动拉曼频移为$2\ 986$ cm$^{-1}$,通过调节泵浦波长从$1\ 540$ nm变化到$1\ 560$ nm,可以获得$2\ 851 \sim 2\ 921$ nm范围内的可调谐中红外拉曼激光。另外,测量结果中还出现了1.4 μm附近的谱线,但在光栅光谱仪测量的近红外光谱中没有观察到这些谱线,因此实际上这些谱线并不存在,为OSA207C光谱仪测量脉冲激光时产生的错误倍频谱线所导致,在波长大小上,1.4 μm附近的谱线刚好是拉曼谱线波长的一半,表明了光谱仪测量脉冲激光可能带来倍频的错误谱线。图 8.8(b)和(c)为

1 560 nm 泵浦时,残余激光的近红外光谱。可以看到,除了泵浦谱线外,近红外光谱中还出现了 1 667.9 nm(拉曼位移 415 cm⁻¹)处的一级转动斯托克斯线、1 791.8 nm 处的二级转动斯托克斯线和 1 465.2 nm 处的一级转动反斯托克斯线。随着泵浦功率的增加,1 667.9 nm 处的转动拉曼谱线强度逐渐增加,开始出现二阶转动斯托克斯线和一阶反斯托克斯线,如图 8.8(b)所示。这些转动斯托克斯线与振动斯托克斯线相互竞争,是影响振动拉曼效率的因素之一。图 8.8(d)显示了氘气压强对输出光谱的影响结果。可以看出,随着氘气压强的增加,残余激光的光谱没有明显的变化。一阶转动斯托克斯谱线与残余泵浦激光谱线的强度差在 4~10 dB 的范围内变化,主要受泵浦光偏振态的影响。氘气气压在 0.5~1.3 MPa 范围内变化不会导致额外谱线的出现。

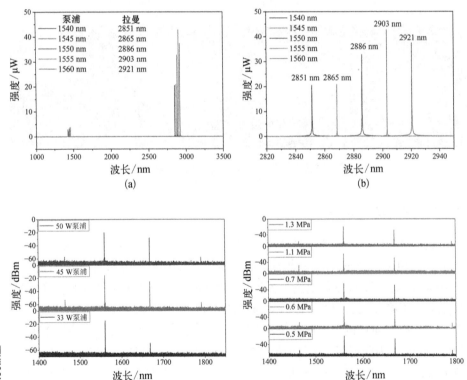

图 8.8 光纤氘气拉曼激光器光谱结果

(a) 中红外波段光谱;(b) 中红外拉曼光谱细节图;不同(c) 泵浦功率和(d) 气压下近红外光谱

　　输出的中红外拉曼功率和脉冲能量如图 8.9(a)和(b)所示,图中的功率是去除输出窗口和透镜的传输损耗的结果。可以看到,激光器的平均功率阈值在 24~32 W 范围内(耦合效率估计为 80%)。根据 8 ns 的脉冲宽度和 1.7 MHz 的重复频率,可以计算出峰值功率阈值在 1.8~2.4 kW 之间。虽然平均功率阈值较高,但峰值功率阈值远低于以往报道[17,13,14]。较长的 HCF 和较小的芯径有利于阈值的进一步降低。从图 8.9(a)中可以看到,随着氘气压强的增加,SRS 阈值逐渐减小,拉曼功率逐渐增大。最大拉曼功率随气压增加的变化曲线如图 8.9(c)所示。随着氘气压强的增加,拉曼功率趋于饱和,认为这是由于气压增加转动 SRS 增强,抑制了振动拉曼功率的增长。实验获得的最大拉曼转换效率(拉曼功率/泵浦源功率)约为 12%。图 8.9(b)显示了不同波长泵浦下拉曼

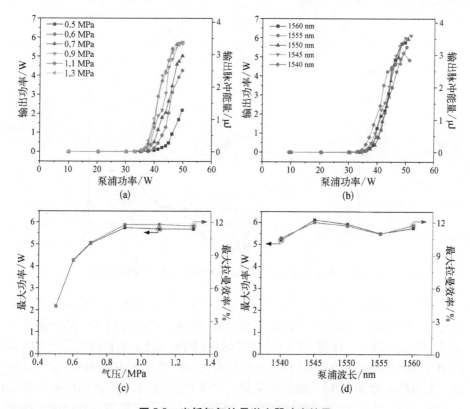

**图 8.9　光纤氘气拉曼激光器功率结果**

不同(a)气压和(b)泵浦波长下拉曼功率随泵浦源输出功率的变化;最大拉曼功率和拉曼转化效率随(c)气压以及(d)泵浦波长的变化

功率随泵浦功率的变化。可以看到,泵浦波长的改变对拉曼功率的影响不大,因为在这些波长下氘气的拉曼增益几乎相同。不同泵浦波长下的最大拉曼功率和拉曼转换效率如图 8.9(d)所示,当泵浦波长为 1 545 nm 时,实验获得最大拉曼功率约为 6.1 W 的 2 865 nm 中红外拉曼激光输出,对应的拉曼转换效率约为 12%,脉冲能量约为 3.6 μJ。

图 8.10 给出了 0.9 MPa 气压下,测量得到氘气拉曼功率曲线和通过第三章的耦合波方程组计算得到的功率曲线结果的对比图。数值计算使用的光纤损耗为 0.04 dB/m,耦合效率为 0.85,氘气振动拉曼增益系数约为 0.01 cm/GW。可以看到,计算的结果能较好地拟合实验结果,表明耦合波方程能够比较准确地描述光纤气体拉曼激光的基本规律。

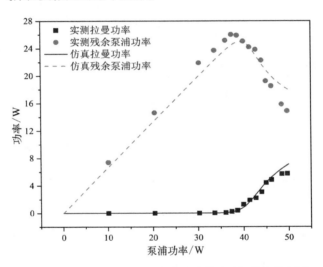

**图 8.10　气压为 0.9 MPa 时功率曲线的实验和仿真结果图**

图 8.11(a)和(b)给出了不同泵浦功率和气压下测量的残余脉冲形状。可以看到,由于 SRS 过程中分子极化需要时间,脉冲上升沿的相当一部分能量无法转化为拉曼激光。根据式(3.47)氘气在 0.9 MPa 气压下的振动拉曼线宽约为 1 GHz,因此退相时间约为 0.3 ns。随着泵浦功率的增加,拉曼转换更加明显,但是在泵浦功率为 50 W 时的测量结果是一个例外,这是由泵浦源的偏振不稳定性所造成的,此时可以通过旋转半波片和四分之一波片来调节拉曼功率和残余近红外功率。图 8.11(b)为最大泵浦功率下不同气压下的残余近红外脉冲形状。可以明显看出气压的增加增强了泵浦脉冲前沿的拉曼转换,有利于 SRS 阈

值的降低和拉曼转换效率的提高。然而,氘气压强的进一步增加会增强转动SRS,因谱线竞争抑制振动SRS,进而降低中红外激光的转换效率。当气压低于0.5 MPa时,由于退相时间长和拉曼增益低,SRS难以发生。因此,为了获得更高的拉曼转换效率,需要增大泵浦激光的脉冲宽度,相信通过使用具有更宽脉冲宽度的优化泵浦源,可以在氘气填充的HCF中获得更高效的拉曼激光输出。

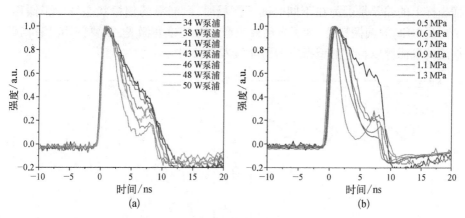

图 8.11　光纤氘气拉曼激光器脉冲形状

（a）不同泵浦功率下结果；（b）不同气压下结果

　　为了提高拉曼效率,实验研究了半波片角度和四分之一波片角度对HCF传输功率和中红外拉曼功率的影响,结果如图8.12所示。对于半波片的旋转,四分之一波片已被调节为最大化泵浦功率的偏振度。对于四分之一波片的旋转,半波片保持不动。图8.12(a)绘制了透射泵浦功率随半波片角度和四分之一波片角度的变化曲线。可以看出,传输泵浦功率随半波片角度和四分之一波片角度的增加呈周期性变化,表明HCF的传输损耗具有偏振依赖性。两者的周期均在90°左右,幅值均小于6%。半波片旋转90°将导致偏振方向旋转180°,因此经HCF传输后的功率随偏振方向变化的周期约为180°。这表明尽管包层中含有6个玻璃管的HCF是六边形对称的,但是只存在两个正交的偏振方向,HCF分别具有最大和最小的传输损耗。传输功率随四分之一波片角度变化的周期为90°,因为四分之一波片旋转90°会使线偏振变为圆偏振,然后又变回线偏振。拉曼功率随半波片角度变化的周期约为45°,如图8.12(b)中黑色曲线所示。这意味着拉曼功率随偏振方向变化的周期约为90°,为经HCF传输后泵浦功率周期的一半。其中的原因可能是HCF的偏振退化,众所周知,振动拉曼增益在线偏振激光泵浦时最大。为了验证这个原因,测量了在半波片旋转90°后,经 HCF 传输后的泵浦功率的偏振消光比,结果如图 8.12(b)中红色曲线所示。可以看到,振动拉曼功率确实与透射泵浦功率的偏振消光比有关。因此对于 HCF 存在两个正交的偏振方向,当泵浦光以这两个偏振方向耦合进 HCF 中,可以在传输之后保持它们的偏振消光比不会有大的下降。图中两条曲线在横坐标上的偏差是因为在不同时间下测量时,泵浦源的偏振状态发生了漂移。考虑到 HCF 的偏振特性,为了更高效地产生振动拉曼激光,需要使用具有高偏振度的泵浦源以特定的偏振方向将光注入 HCF 中。

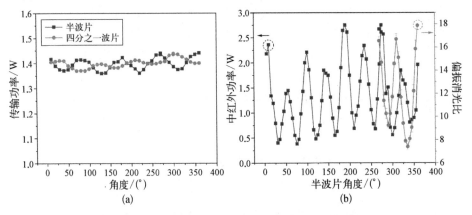

**图 8.12　波片角度对光纤氖气拉曼激光功率的影响**

(a) 传输功率随半波片和四分之一波片角度的变化;(b) 中红外拉曼功率和
传输功率的偏振消光比随半波片角度的变化

## 8.3　级联结构中红外光纤气体拉曼激光

### 8.3.1　实验系统

如图 8.13 所示,级联结构中红外光纤气体拉曼激光器实验系统包含两级:第一级泵浦源是波长为 1 064.6 nm,线宽约为 6 pm,脉宽约为 0.4 ns,重复频率为1 kHz,平均功率约为 160 mW 的高峰值功率脉冲微芯激光器。实验中通过使用两个镀膜反射镜对泵浦光束进行准直,然后利用两个平凸透镜组成的望远镜系统将其扩束并耦合进入第一级充入甲烷的空芯光纤 HCF1 内。经过甲烷的拉曼效应,实现了从 1 064 nm 泵浦波长到 1 544 nm 斯托克斯波长的转换。随后,在第二级,使用另一个类似的望远镜系统将从第一级输出的激光耦合到第二级的空芯光纤 HCF2 内,两级对应的泵浦耦合效率分别为 60% 和 78%。在第二级输出端使用滤波片(2 808.9 nm 的透射率约 85%,1 064.6 nm 和 1 543.9 nm 的损耗大于 20 dB)来去除残留的 1 064.6 nm 泵浦光和 1 544 nm 一级斯托克斯光,仅留下 2.8 μm 的二级斯托克斯光用于测量。

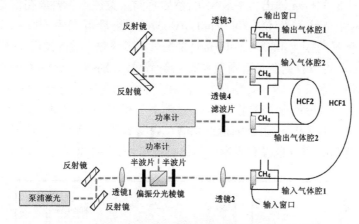

**图 8.13　甲烷级联拉曼实验原理图**

　　实验第一级用到的空芯光纤 HCF1 是由英国巴斯大学 J. Knight 教授课题组提供的,其端面电镜图和损耗谱如图 8.14 所示,1 064 nm 泵浦激光和 1 544 nm 斯托克斯光的损耗分别为 0.12 dB/m 和 0.22 dB/m。第二级用到的空芯光纤

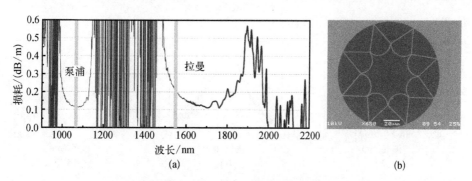

**图 8.14　级联结构中红外光纤气体拉曼激光器第一级光纤**[12]

(a) 损耗谱;(b) 电镜图

HCF2 是由北京工业大学课题组提供的,其损耗谱用截断法测量的结果如图 8.3 所示,HCF2 在 1.54 μm 和 2.8 μm 的损耗分别为 0.15 dB/m 和 0.4 dB/m。

### 8.3.2 甲烷-甲烷级联拉曼实验结果

由于第一级甲烷拉曼效应的输出特性已在以往的实验报道中详细讨论过[20],因此在级联实验中,在第一级直接选择了 2 m 的光纤长度和 2 bar 的甲烷气压,使得 1 543.9 nm 输出功率最大化,然后将测量关注点主要放在第二级。

使用两个光谱分析仪(Yokogawa, AQ6370D,测量范围为 600 ~ 1 700 nm; AQ6376D,测量范围为 1 500 ~ 3 400 nm)来测量第二级输出端的光谱,测量结果如图 8.15 所示。可以看到在光谱图上只有三条谱线,分别位于 1 064.6 nm(泵浦波长),1 543.9 nm 和 2 808.9 nm(分别为一阶和二阶振动斯托克斯光,对应 $v_1$ 模式)。图 8.15(b) ~ (d) 分别是当光谱分析仪分辨率为 0.02 nm 时测量的 1 064.6 nm,1 543.9 nm 和 2 808.9 nm 附近的精细光谱。如图 8.15(a) 所示,即使 HCF2 的传输带很宽,通过光谱仪也没有观察到其他拉曼信号,主要原因是在室温下 $v_1$ 模式

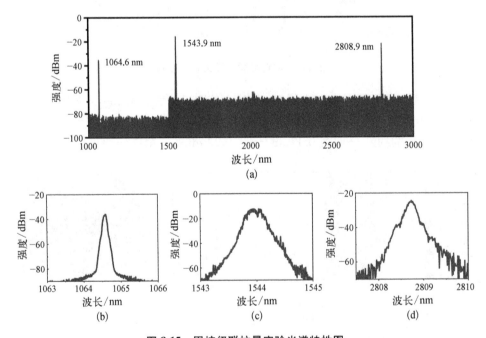

图 8.15　甲烷级联拉曼实验光谱特性图

(a) 输出光谱;(b) 泵浦波长、(c) 一阶斯托克斯波长和(d) 二阶斯托克斯波长光谱细节图

的拉曼散射增益系数远高于其他模式的拉曼散射增益系数,在 SRS 开始阶段,各阶散射模式将随着泵浦功率增长而线性增长,但是由于更高的拉曼增益,$v_1$ 模式将很快占据主导地位,功率近乎以指数函数快速增长,使得大部分泵浦功率转换到 $v_1$ 模式,因此其他 SRS 模式将被极大抑制。

图 8.16 所示为在 2 m 长光纤、2 bar 甲烷气压下的第一级输出功率谱线。在第一级的输出端使用一个长通滤波器(1 543.9 nm 的透射率约 80%,1 064.6 nm 的衰减>20 dB)来分离残余泵浦功率和一阶斯托克斯光功率。从图中可以看到当泵浦功率超过拉曼阈值时,1 543.9 nm 处的输出斯托克斯功率随泵浦功率增加而线性增加。在这种实验条件下甲烷的拉曼阈值较低,几乎所有的泵浦功率都转换为拉曼功率,从 HCF1 输出端测量到的残余泵浦功率很少。系统第一级通过甲烷拉曼效应,获得了最大功率为 51.2 mW 的 1.5 μm 拉曼光输出,拉曼转换效率约为 61%,对应量子效率约为 87%。

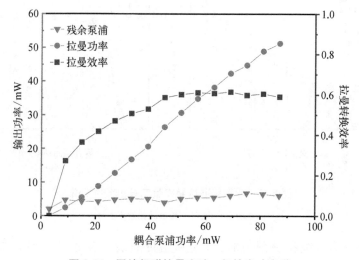

**图 8.16** 甲烷级联拉曼实验一级输出功率谱

在第二级输出端使用滤波片来去除残留的 1 064.6 nm 泵浦光和 1 544 nm 一阶斯托克斯光,仅留下 2.8 μm 的二阶斯托克斯光用于功率测量,测量结果如图 8.17 所示。根据图 8.17,可以通过在线监测第一阶段输入 1 064.6 nm 泵浦功率来获得耦合到 HCF2 中的 1 543.9 nm 泵浦功率。从图 8.17(a)可以看出,当 1.5 μm 泵浦功率超过拉曼阈值时,2 808.9 nm 二阶斯托克斯功率随耦合泵浦功率的增加而线性增加。第二级拉曼散射的阈值随甲烷气压的增加而降低,在

14 bar 甲烷气压下平均阈值功率可下降至 5 mW。当增加气压时,2.8 μm 输出功率呈现先升高后降低的趋势,在 11 bar 甲烷气压下取得最大值,为 13.8 mW,这是因为当甲烷气压低于 11 bar 时,过高的拉曼阈值会降低转换效率,而若气压高于 11 bar,由于高阶拉曼效应阈值降低,1.5 μm 泵浦光可能会转移到其他高阶拉曼谱线,这也会降低目标谱线的转换效率。

图 8.17(b)给出了拉曼转换效率随甲烷气压变化的曲线。从图中可以看出,拉曼转换效率在泵浦功率达到阈值后随着耦合泵浦功率的增加而急剧增加,当泵浦功率增大到一定程度时达到饱和。在 2.2 m 光纤长度和 11 bar 甲烷气压的实验条件下,实现了最大平均输出功率为 13.8 mW 的 2.8 μm 中红外激光输出,第二级的光光转换效率为 41%,对应量子效率为 75%。结合第一级中87% 的拉曼转换量子效率,整个级联拉曼系统的总量子效率为 65%。

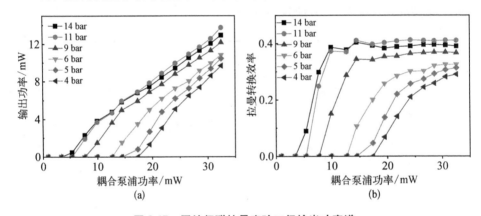

**图 8.17　甲烷级联拉曼实验二级输出功率谱**

(a) 功率曲线;(b) 拉曼转化效率曲线

在测量第二级拉曼阈值时,首先利用带通滤波器来分离残余泵浦光和2 808.9 nm 拉曼光,然后使用一个 PbSe 光电探测器(测量范围 1 500~4 500 nm)对透过的 2.8 μm 斯托克斯光进行测量,在这里设置阈值标准是当示波器中显示的脉冲电压峰值为 10 mV。根据耦合波方程式(3.71)可以得到理论计算的阈值公式:

$$P_{\text{th}} = \frac{A_{\text{eff}}}{\gamma_{\text{s}}} \frac{\alpha_{\text{p}}(G_{\text{th}} + \alpha_{\text{s}}L)}{1 - \exp(-\alpha_{\text{p}}L)} \tag{8.1}$$

其中,$A_{\text{eff}}$ 表示光场的有效模场面积;$\gamma_{\text{s}}$ 表示拉曼增益,与气压和温度相关;$\alpha_{\text{p}}$、$\alpha_{\text{s}}$分别表示泵浦光与拉曼光在光纤中的传输损耗;$L$ 为光纤长度;$G_{\text{th}} = g_{\text{s}}LP_{\text{th}}/A_{\text{eff}}$,

表示阈值时的拉曼净增益,与具体实验条件有关,在这里取 $G=4.8$。阈值测量结果如图 8.18 所示,实验测量的拉曼阈值与气体压强成反比,大体上与理论计算相匹配,而误差出现的原因主要是没有对应 2.8 μm 波段的快速响应光电探测器,实验中用到的探测器响应度不够,容易造成测量误差。

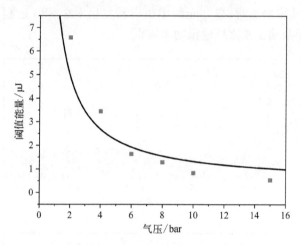

**图 8.18　甲烷级联拉曼实验二级阈值特性**

### 8.3.3　氘气−甲烷级联拉曼实验结果

理论上来氘气也适合用来作为气体拉曼激光器的介质,因此本小节开展了氘气−甲烷的级联实验。由于氘气的振动拉曼频移系数(2 977 cm$^{-1}$)与甲烷(2 917 cm$^{-1}$)接近,在同一泵浦源的作用下产生波长接近的拉曼光,所以不用更换光纤以及改变实验结构,直接在图 8.13 所示的甲烷−甲烷级联系统的实验结构基础上,将一级空芯光纤内的气体换成氘气即可。首先对氘气的一级拉曼效应进行了相关的研究,使用了两个光谱仪(Yokogawa,AQ6375,测量范围为 300~1 200 nm;AQ6370D,测量范围为 1 200~2 400 nm)测量空芯光纤 HCF1 输出端的光谱情况,结果如图 8.19 所示,在 1 200 nm 处的峰值是由两个 OSA 的灵敏度差异引起的,与实验无关。图 8.19(a)是在 4 bar 氘气气压,70 mW 泵浦功率的实验条件下测得,图 8.19(b)在 10 bar 氘气气压、70 mW 泵浦功率的实验条件下测得。比较图 8.19(a)和(b),可以发现,当气压在 4 bar 时,空芯光纤中只有振动斯托克斯光产生,对应转换效率较高,当气压增大到 10 bar 时,由于氘气的转动拉曼增益较高,可以看到泵浦和 AS1 周围都出现了相应的一阶转动斯托克斯光和反斯托克斯光(频移 415 cm⁻¹),而图中 S1 线之后甚至出现了两阶转动斯托克斯光(1 668 nm 和 1 792 nm),在光谱上没有出现以 S1 为泵浦源的转动反斯托克斯光,是因为它们处于光纤的传输带外,损耗很高。由于氘气的转动拉曼增益较高,所以对氘气来说,在高气压下,很难像甲烷那样实现纯振动拉曼转换:当耦合泵浦光功率增加时,空芯光纤中很容易发生多个 SRS 过程,消耗掉泵浦功率,使得目标振动拉曼谱线输出功率降低。

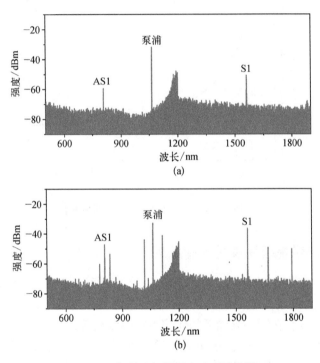

**图 8.19　氘气一级拉曼实验光谱特性**

(a) 4 bar 气压下结果;(b) 10 bar 气压下结果

　　时域特性测量结果如图 8.20 所示。测量泵浦光时,空芯光纤内未充入气体,测量拉曼光时,空芯光纤中充入 3 bar 氘气并控制泵浦功率刚达到阈值条件,在第一级的输出端使用一个 1 550±40 nm 的带通滤波片来提取 1 561 nm 的拉曼光。实验得到的泵浦脉冲脉宽约为 1.47 ns,如图 8.20(a)所示,而拉曼光的脉宽约为 1.37 nm,如图 8.20(b)所示,通过比较图 8.20(a)和(b),可以发现拉曼光的上升沿比泵浦光的上升沿陡,这体现了 SRS 的脉冲压缩效应。

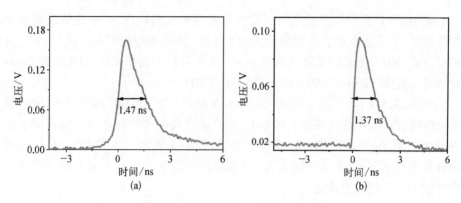

**图 8.20　氕气一级拉曼实验时域特性**

（a）泵浦脉冲；（b）拉曼脉冲

　　氕气的一阶振动拉曼光的功率谱如图 8.21 所示。从图中可以看到气压越高,拉曼阈值越低,当泵浦功率刚达到各个气压对应的阈值时,所有曲线中的拉曼功率都呈现线性增长趋势,而在高气压下当泵浦功率增加到一定程度时,输出拉曼光功率会出现饱和现象,这主要是由于高气压下转动和高阶振动拉曼阈值降低,不仅消耗掉了位于 1 064 nm 的泵浦功率,也使得 1 561 nm 的振动拉曼光发生了相应的转化。在 2 m 长光纤的条件下,一级氕气 SRS 的测量最佳气压为 4 bar,最大输出功率为 27 mW,对应量子转换效率为 44%。

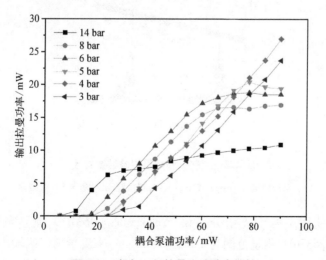

**图 8.21　氕气一级拉曼实验功率特性**

　　使用 F－P 干涉仪测量氘气一级拉曼效应的线宽特性,其中测量泵浦激光线宽的 F－P 干涉仪的自由光谱范围为 10 GHz,波长响应范围 800~1 275 nm,分辨率为 67 MHz,测量拉曼激光线宽的 F－P 干涉仪的自由光谱范围为 10 GHz,波长响应范围 1 275~2 000 nm,分辨率为 67 MHz。

　　图 8.22 为 4 bar 气压下泵浦光和不同泵浦功率下(35 mW 和 70 mW)的拉曼激光的线宽。泵浦光线宽为 1.19 GHz,而拉曼谱线会在高功率泵浦的情况下出现略微展宽,在 35 mW 耦合泵浦功率下,拉曼激光线宽为 1.32 GHz,在 70 mW 耦合泵浦功率下,拉曼激光线宽为 1.4 GHz。拉曼激光线宽大体上等于泵浦光线宽加上氘气的拉曼线宽。

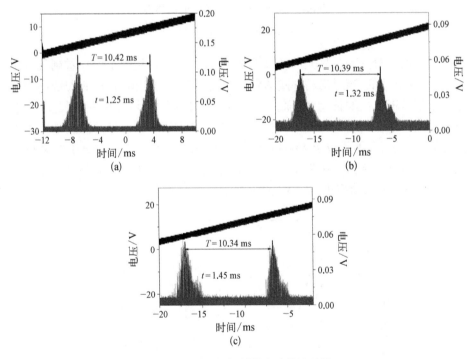

**图 8.22　氘气一级拉曼实验线宽特性**

(a) 泵浦线宽;(b) 35 mW 和(c) 70 mW 耦合泵浦功率下拉曼线宽

　　实验中使用了两个光谱分析仪( Yokogawa, AQ6370D,测量范围为 600~1 700 nm;AQ6376D,测量范围为 1 500~3 400 nm)来测量第二级输出端的光谱,测量结果如图 8.23 所示,其中图 8.23(a)表示第二级甲烷气压为 14 bar 时的测量结果,图 8.23(b)表示在这个测量条件下 2 865.5 nm 拉曼波长处的精细光谱,对应光谱仪精细度为 0.02。在图 8.23(a)中可以看到在 HCF2 的输出端只有三条谱线,分别位于 1 064.6 nm(泵浦波长),1 561 nm(氘气一阶振动拉曼波长)和 2 866 nm(甲烷一阶振动拉曼波长)。在氘气一级拉曼实验中,虽然在 10 bar 气压下会产生很多条谱线,但是当把气压控制在最佳气压 4 bar 时,泵浦光会充分地向振动拉曼光转化,不会有多余谱线产生。当通过望远镜系统将 1 561 nm 的拉曼光耦合进第二级光纤中,由于第二级光纤中甲烷的 $v_1$ 振动模式的高拉曼散射增益系数使得其占据主导地位,抑制了其他 SRS 模式的产生,所以在第二级光纤中,通过甲烷的拉曼效应只会有 2 866 nm 的拉曼光产生。此外,由于第一级中剩余 1 064 nm 泵浦功率比较少,再加上用于耦合 1 561 nm 拉曼光的望远镜

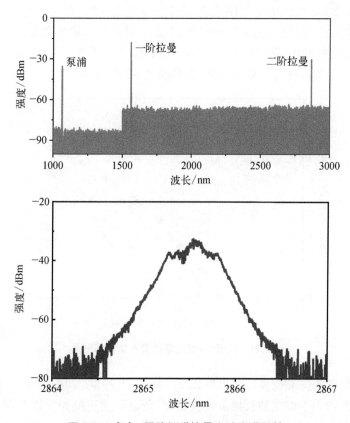

**图 8.23　氘气-甲烷级联拉曼实验光谱特性**

(a)输出光谱;(b)二阶斯托克斯波光谱细节图

系统对于 1 064 nm 耦合效率很低,因此耦合进入 HCF2 的 1 064 nm 激光不能达到拉曼阈值,所以在第二级中没有以 1 064 nm 为泵浦产生的 1 544 nm 的拉曼光产生,这也是为什么在图中只能看到描述的这三条谱线的原因。

　　类似于甲烷-甲烷级联实验中第二级功率的测量方法,在第二级输出端使用滤波片(2 866 nm 的透射率约 84%;1 561 nm 和 1 064 nm 损耗大于 20 dB)来去除残留的 1 064.6 nm 泵浦光和 1 561 nm 拉曼光,仅留下 2 866 nm 的拉曼光用于功率测量,测量结果如图 8.24 所示。根据图 8.21,可以通过在线监测第一级输入 1 064.6 nm 泵浦功率来获得耦合到 HCF2 中的 1 561 nm 光功率。从图 8.24可以看出,当 1 561 nm 泵浦功率超过阈值时,2 866 nm 的拉曼光功率随耦合泵浦功率的增加而线性增加。拉曼散射的阈值随第二级光纤中甲烷气压的增加而降低,在 18 bar 气压下平均阈值功率可下降至 7 mW。在第二级光纤长度为2.2 m 和 14 bar 甲烷气压的实验条件下,实现了最大平均输出功率为 7.5 mW 的2 866 nm 中红外输出,第二级拉曼效应实现的最高量子效率为 77%。结合第一级中 44%的拉曼转换量子效率,整个级联拉曼系统的总量子效率为 34%。

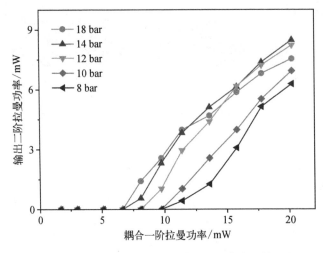

图 8.24　氖气-甲烷级联拉曼实验功率特性

　　由于氖气的振动拉曼频移系数(2 977 cm$^{-1}$)与甲烷(2 917 cm$^{-1}$)接近,在同一泵浦源的作用下产生波长接近的拉曼光,所以不用更换光纤以及改变实验结构,直接在氖气-甲烷的实验结构基础上,将第二级空芯光纤内的气体换成氖气即可实现氖气-氖气级联拉曼系统。

与之前的操作相同,使用两个光谱分析仪(Yokogawa,AQ6370D,测量范围为600~1 700 nm;AQ6376D,测量范围为1 500~3 400 nm)来测量第二级输出端的光谱,测量结果如图8.25所示,其中图8.25(a)表示在第一级氘气气压4 bar,第二级氘气气压14 bar的情况下光谱的测量结果,图8.25(b)为此时2 865.5 nm拉曼波长处的精细光谱,对应光谱仪精细度为0.02。从图8.25(a)可以看到,在第二级光纤中,1 561 nm泵浦光有很大一部分转移到了氘气的转动拉曼谱线上,使得2 924.5 nm振动拉曼光的功率很小,对应转换效率较低。通过滤波片和热功率计测量了第二级输出端2 924.5 nm振动拉曼光的功率,发现其小于0.5 mW,对应转换量子效率小于5%。通过实验证明,由于高的转动拉曼增益系

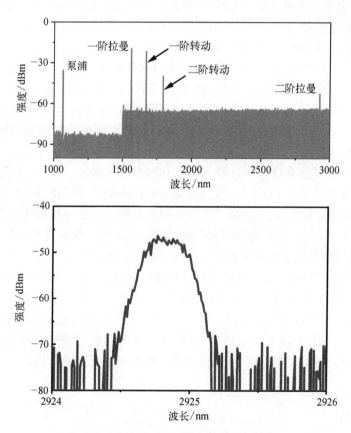

**图8.25　氘气-氘气级联拉曼实验光谱特性**

(a)输出光谱图;(b)二阶斯托克斯波光谱细节图

数,氖气-氖气级联实验输出效率很低,第二级的空芯光纤不适合用来做氖气-氖气级联实验。但是如果通过设计第二级光纤的结构来改变其传输损耗谱,使得其在仅在 1 561 nm 附近存在一个窄的传输带,抑制 1 668 nm、1 792 nm 处转动拉曼光的产生,那么就能提高 2 925 nm 处的振动拉曼光的功率,实现高效率转换。

## 8.4  本章小结

本章首先介绍单级结构中红外光纤气体拉曼激光技术。使用可调谐连续光种子源、电光调制器和脉冲放大器搭建了平均功率高达 50 W 的可调谐高峰值功率脉冲泵浦源,泵浦一段长 26.7 m 的充有甲烷气体的 HCF,利用甲烷分子的 SRS 获得了 2 796~2 863 nm 范围内的中红外激光输出。当气压为 7 bar 时,泵浦波长为 1 550 nm 时,获得了约 1 W 的 2 829 nm 的最高功率输出的初步结果。当 HCF 中的气体换成氖气后,获得了 2 851~2 921 nm 范围内的可调谐中红外拉曼激光输出。当泵浦波长为 1 545 nm 时,实验获得最大拉曼功率约为 6.1 W 的 2 865 nm 中红外拉曼激光输出,对应的拉曼转换效率约为 12%,脉冲能量约为 3.6 μJ。

之后介绍了级联结构中红外光纤气体拉曼激光技术。其中,甲烷-甲烷级联拉曼实验实现了从 1 064 nm 泵浦光到 2 809 nm 的频率转换,得到了 13.8 mW 的 2 809 nm 激光输出,对应总量子效率为 65%。而在氖气-甲烷级联拉曼实验中,实现了从 1 561 nm 泵浦光到 2 866 nm 斯托克斯光的频率转换,量子效率为 77%,此时级联系统总的量子效率为 34%。同时,初步尝试了氖气-氖气级联实验,实验产生了 2 925 nm 的斯托克斯波长输出,但是功率和转换效率很低,主要是因为转动斯托克斯光的产生抑制振动斯托克斯光效率。通过固体激光泵浦的级联实验,有效证明了级联结构光纤气体拉曼激光器在实现中红外激光输出方面的潜力,只要泵浦光峰值功率足够,以及在有合适传输带的空芯光纤的条件下,就能够通过不同气体的组合来实现不同波长激光的高效输出。

## 参考文献

[ 1 ]  Zhou Z, Tang N, Li Z, et al. High-power tunable mid-infrared fiber gas laser source by

acetylene-filled hollow-core fibers[J]. Optics Express, 2018, 26(15): 19144 - 19153.

[ 2 ] Huang W, Zhou Z, Cui Y, et al. 4.5 W mid-infrared light source based on acetylene-filled hollow-core fibers[J]. Optics & Laser Technology, 2022, 151: 108090.

[ 3 ] Huang W, Wang Z, Zhou Z, et al. Fiber laser source of 8 W at 3.1 μm based on acetylene-filled hollow-core silica fibers[J]. Optics Letters, 2022, 47(9): 2354 - 2357.

[ 4 ] Huang W, Zhou Z, Cui Y, et al. Mid-infrared fiber gas amplifier in acetylene-filled hollow-core fiber[J]. Optics Letters, 2022, 47(18): 4676 - 4679.

[ 5 ] Cui Y, Wang Z, Zhou Z, et al. Towards high-power densely step-tunable mid-infrared fiber laser from 4.27 to 4.43 μm in $CO_2$-filled anti-resonant hollow-core silica fibers[J]. Journal of Lightwave Technology, 2022, 40(8): 2503 - 2510.

[ 6 ] Zhou Z, Wang Z, Huang W, et al. Towards high-power mid-IR light source tunable from 3.8 to 4.5 μm by HBr-filled hollow-core silica fibres[J]. Light: Science & Applications, 2022, 11(1): 15.

[ 7 ] Zhou Z, Huang W, Cui Y, et al. Numerical simulation and observed rotational relaxation in CW and pulsed HBr-filled hollow-core fiber lasers[J]. Optics Express, 2023, 31(3): 4739 - 4750.

[ 8 ] Zhou Z, Cui Y, Huang W, et al. Nanosecond fiber laser step-tunable from 3.87 to 4.5 μm in HBr-filled hollow-core silica fibers[J]. Journal of Lightwave Technology, 2023, 41(1): 333 - 340.

[ 9 ] Zhou Z, Huang W, Cui Y, et al. 3.1 W mid-infrared fiber laser at 4.16 μm based on HBr-filled hollow-core silica fibers[J]. Optics Letters, 2022, 47(22): 5785 - 5788.

[10] 王泽锋, 黄威, 李智贤, 等. 光纤气体激光光源研究进展及展望(Ⅰ): 基于受激拉曼散射[J]. 中国激光, 2021, 48(4): 0401008.

[11] Cao L, Gao S F, Peng Z G, et al. High peak power 2.8 μm Raman laser in a methane-filled negative-curvature fiber[J]. Optics Express, 2018, 26(5): 5609 - 5615.

[12] Li Z, Huang W, Cui Y, et al. Efficient mid-infrared cascade Raman source in methane-filled hollow-core fibers operating at 2.8 μm[J]. Optics Letters, 2018, 43(19): 4671 - 4674.

[13] Huang W, Cui Y, Li Z, et al. 1.56 μm and 2.86 μm Raman lasers based on gas-filled anti-resonance hollow-core fiber[J]. Chinese Optics Letters, 2019, 17(7): 071406.

[14] Gladyshev A, Yatsenko Y, Kolyadin A, et al. Mid-infrared 10-μJ-level sub-picosecond pulse generation via stimulated Raman scattering in a gas-filled revolver fiber[J]. Optical Materials Express, 2020, 10(12): 3081 - 3089.

[15] Huang W, Cui Y, Li Z, et al. Diode-pumped single-pass tunable mid-infrared gas Raman source by methane-filled hollow-core fiber[J]. Laser Physics Letters, 2019, 16(8): 085107.

[16] Zhang X, Peng Z, Dong Z, et al. High-power mid-infrared 2.8-μm ultrafast Raman laser based on methane-filled anti-resonant fiber[J]. IEEE Photonics Technology Letters, 2022, 34(19): 1007-1010.

[17] Gladyshev A V, Bufetov I A, Dianov E M, et al. 2.9, 3.3, and 3.5 μm Raman lasers based on revolver hollow-core silica fiber filled by $^1H_2/D_2$ gas mixture[J]. IEEE Journal of Selected Topics in Quantum Electronics, 2018, 24(3): 0903008.

[18] Astapovich M S, Gladyshev A V, Khudyakov M M, et al. 4.4-μm Raman generation with an average power above 1 W in silica revolver fibre[J]. Quantum Electronics, 2018, 48(12): 1084-1088.

[19] Astapovich M S, Gladyshev A V, Khudyakov M M, et al. Watt-level nanosecond 4.42-μm Raman laser based on silica fiber[J]. IEEE Photonics Technology Letters, 2019, 31(1): 78-81.

[20] Chen Y, Wang Z, Li Z, et al. Ultra-efficient Raman amplifier in methane-filled hollow-core fiber operating at 1.5 μm[J]. Optics Express, 2017, 25(17): 20944-20949.